国家科学技术学术著作出版基金资助出版

空间技术与应用学术著作丛书

导航卫星系统自主运行技术

李国通　尚　琳　常家超　著

科学出版社

北　京

内 容 简 介

本书作为导航卫星系统自主运行技术专著，内容来自作者团队十多年参与北斗卫星导航系统建设的理论研究和工程实践，注重理论知识的系统性和工程应用的实用性。本书给出了导航系统自主运行的定义和指标体系，介绍了导航系统时空参考框架、卫星轨道动力学模型等理论知识以及导航时频系统、星间链路等关键载荷技术，研究了导航卫星自主定轨与时间同步、导航载荷自主故障检测与恢复、卫星自主健康管理等自主运行相关技术，并结合北斗等GNSS系统开展了算法仿真和基于在轨实测数据的测试验证。创新性地提出了多种先进的自主运行方案和算法，对推动导航卫星智能化运行，提升导航系统服务性能和抗毁能力具有重要的工程应用价值。

本书可作为相关专业的本科生、研究生及导航领域的科技工作者了解学习卫星导航系统导航载荷、星间链路、自主导航、自主健康管理等技术的参考书。

图书在版编目(CIP)数据

导航卫星系统自主运行技术／李国通，尚琳，常家超著.
—北京：科学出版社，2020. 12
(空间技术与应用学术著作丛书)
ISBN 978-7-03-066836-3

Ⅰ. ①导…　Ⅱ. ①李…②尚…③常…　Ⅲ. ①卫星导航—全球定位系统　Ⅳ. ①P228.4

中国版本图书馆CIP数据核字(2020)第221068号

责任编辑：徐杨峰／责任校对：谭宏宇
责任印制：黄晓鸣／封面设计：殷　靓

科学出版社 出版
北京东黄城根北街16号
邮政编码：100717
http：//www.sciencep.com

南京展望文化发展有限公司排版
苏州市越洋印刷有限公司印刷
科学出版社发行　各地新华书店经销

*

2020年12月第　一　版　开本：787×1092　1/16
2020年12月第一次印刷　印张：17 1/4
字数：364 000

定价：130.00元

前　言　PREFACE

全球导航卫星系统(global navigation satellite systems,GNSS)可为陆海空及近地空间用户提供全天候、高精度的连续实时导航定位授时服务,是关乎国民经济发展和国家安全的战略性空间基础设施。在导航系统传统运行体制中,导航卫星的管理、导航电文的生成及上注均由地面站完成,地面站被毁将导致导航系统瘫痪。为提高导航系统的抗毁能力,各国 GNSS 系统均对导航卫星自主运行技术进行了研究。目前,我国的北斗导航系统正在快速发展中,从卫星到大系统方案设计均充分考虑了卫星自主运行需求。就作者所知,目前还没有系统总结研究导航卫星自主运行技术的论著。

本书根据国内外 GNSS 系统自主运行技术的发展现状以及作者多年参与导航系统设计建设的经验,给出了导航系统自主运行的定义及指标体系,从导航卫星自主定轨与时间同步、导航载荷自主故障检测与恢复、卫星自主健康管理等方面对导航卫星自主运行技术进行了研究。同时,本书介绍了导航系统时空参考框架、卫星轨道动力学模型等理论知识,以及导航时频系统和星间链路等关键载荷技术,为导航卫星自主运行研究提供了理论基础和工程基础。

第 1 章在充分调研国内外 GNSS 系统自主运行的基础上,给出了导航卫星自主运行的定义及自主运行的技术体系和技术指标,详细地介绍了导航卫星自主运行技术对卫星各分系统的功能和指标要求,为后续的自主运行研究提供了指标约束。

第 2 章详细地介绍了导航卫星时间参考系统、各种时间系统的转换关系以及轨道动力学模型等理论知识,给出了导航系统提供导航授时服务的时空参考基准,同时也为开展自主定轨与时间同步研究提供了理论基础。

第 3 章和第 4 章分别介绍了导航卫星涉及的时频技术和星间链路两个关键技术。时频技术是导航卫星生成与播发导航信号的时间基准,实现时频系统自主故障检测与恢复是导航卫星自主运行的重要组成部分。第 3 章详细地介绍了星载原子钟和时频系统的设计方案,为后续时频系统完好性研究提供了基础。第 4 章则介绍了导航卫星星间链路的方案体制、测量模型和观测数据预处理的方法。星间链路将整个导航星座连接为网络,是在星座水平上实现自主导航和自主故障检测等功能的物理基础。

第 5 章和第 6 章介绍了导航电文自主生成技术。首先,第 5 章对导航卫星自主定轨及星历更新技术进行了研究,详细地讨论了使用星间链路、星敏感器/红外地平仪、X 射线脉冲星等多种测量手段的自主定轨方案,并提出了融合多种测量数据的自主定轨方法,以消除或降低星座整体旋转误差,提供长期稳定的自主定轨服务。并在此基础上，详细地讨论了基于开普勒根数和第一类无奇点根数的18参数广播星历的自主生成技术，以生成导航电文服务于地面用户。然后，第6章详细地研究了基于星间链路的自主时间同步技术，并提出了融合上述测量数据的自主守时技术，使卫星可以自主解算星钟参数，以提供导航服务。这两章系统地介绍了导航卫星自主导航技术，是导航卫星自主提供导航服务的信息基础，是导航卫星系统自主运行技术的重要组成部分。

第7章和第8章从卫星技术角度介绍了导航卫星平台自主控制技术和导航卫星载荷的自主完好性技术。第7章对卫星平台工作模式自主管理、热控自主运行、能源自主管理、SADA自主控制等功能进行了介绍，保证自主运行期间卫星热控、能源、姿态等功能正常，是载荷自主运行的基础。第8章对导航信号播发子系统和时频子系统两个导航卫星核心载荷的完好性监测技术进行了详细的研究，讨论了导航信号完好性监测的目的、原理以及具体的实现方法。同时，结合星载原子钟的性能、时频系统的实现方案和星间测距性能，详细地研究了基于锁相环、统计学和星间链路的星钟异常自主监测方法。导航卫星平台及其核心载荷的稳定运行是导航系统提供服务的物理基础，这两章内容详细地介绍了其自主故障检测技术，是导航卫星系统自主运行技术的重要组成部分。

第9章详细地介绍了多种基于数据统计分析的故障监测方法，如基于增量聚类的异常检测方法、主成分分析的异常检测方法、相关概率模型的异常检测方法等，并针对某卫星的电源系统进行了仿真分析，为卫星整星故障检测提供了多种方法，随着卫星监测和数据能力的提升，可应用至整星多个层面的故障检测。

本书从导航卫星自主运行方案设计、自主运行算法设计等方面对当前导航系统自主运行技术的发展现状进行了总结。针对多个导航卫星关键载荷，创新性地提出了先进的自主运行手段和算法，对推动导航卫星智能化运行，提升导航系统服务性能和抗毁能力具有重要的工程应用价值。同时，本书提出的多种数据处理算法、自主导航算法、自主故障诊断算法对各类统计信号处理算法的工程应用具有重要的参考意义。本书可作为相关专业的本科生、研究生以及导航领域的科技工作者了解学习星间链路、导航载荷、自主导航、自主健康管理等技术的参考书。

本书的主要成果是课题组各位同事共同长期研究所得，在整个编写的工作中得到了课题组各位同仁的大力支持，其中冯磊博士参编了本书的第3章和第8章，任前义研究员参编了本书的第8章，杨琼、张鸽、孙宇豪参编了本书的第9章。在此，对上述各位参编人员的辛苦工作表示衷心的感谢！同时，对出现在本书参考文献中的各个专著和论文的作者表示衷心的感谢，你们的工作给本书的编写提供了大量的素材，为本书的完成奠定了基础。此外，也对国家高层次人才特殊支持计划（“万人计划”）和国家科学技术学术著作出版基金对本书研究以及出版工作的支持表示衷心的感谢。

由于作者水平有限，书中必定会出现一些不妥和错误，敬请读者不吝指正。

李国通

2020年6月19日

目　录 CONTENTS

前言

第 1 章　概述 …… 1
1.1　卫星自主运行的定义 …… 1
1.2　导航卫星自主运行技术的意义 …… 2
1.3　卫星自主运行技术的发展 …… 3
1.3.1　GPS 星座自主运行发展 …… 3
1.3.2　GLONASS 系统自主运行发展 …… 5
1.3.3　Galileo 系统自主运行发展 …… 5
1.4　导航卫星自主运行的技术体系 …… 5
1.5　导航卫星自主运行技术指标 …… 8
1.5.1　对星间链路测量的指标要求 …… 8
1.5.2　对卫星自主导航业务处理的要求 …… 8
1.5.3　对导航星历发播切换的要求 …… 9
1.5.4　对卫星自主健康管理的要求 …… 9
1.5.5　对导航载荷自主完好性监测的要求 …… 9
1.6　本章小结 …… 10

第 2 章　导航卫星高精度轨道动力学建模 …… 11
2.1　时间参考系统 …… 11
2.1.1　时间系统的定义 …… 11
2.1.2　各种时间系统的转换关系 …… 13
2.2　坐标参考系统 …… 13
2.2.1　坐标系统的定义 …… 13
2.2.2　地固系与惯性系的转换 …… 15
2.3　导航卫星轨道动力学模型 …… 16
2.3.1　卫星摄动力模型 …… 16
2.3.2　太阳光压摄动 …… 17

2.4 动力学预报测试结果 …… 27
2.4.1 初值拟合方法 …… 27
2.4.2 偏导数求解方法 …… 29
2.4.3 动力学模型外推结果 …… 30
2.5 本章小结 …… 31

第3章 导航卫星时频技术 …… 33
3.1 导航卫星星上时间的建立 …… 33
3.1.1 基于导航卫星的定位原理 …… 33
3.1.2 导航卫星时间系统 …… 34
3.2 导航卫星星载原子钟技术 …… 35
3.2.1 导航卫星星载铷原子钟技术 …… 36
3.2.2 铷钟物理部分 …… 36
3.2.3 导航卫星星载氢原子钟技术 …… 39
3.2.4 导航卫星新型星载原子钟技术 …… 41
3.3 导航卫星时频生成与保持技术 …… 42
3.3.1 GPS的时频生成与保持系统 …… 43
3.3.2 Galileo的时频生成与保持系统 …… 45
3.3.3 北斗卫星的时频生成与保持系统 …… 46
3.4 星载原子钟模型 …… 47
3.4.1 星载原子钟数据模型 …… 47
3.4.2 星载原子钟频率稳定度分析 …… 48
3.5 导航卫星主备原子钟无缝切换技术 …… 52
3.5.1 基于双混频测相的主备链路同步方案 …… 53
3.5.2 基于过采样和锁相的主备链路同步方案 …… 54
3.6 本章小结 …… 59

第4章 导航卫星星间链路精密测距技术 …… 60
4.1 星间链路测距方案 …… 60
4.1.1 UHF宽波束体制 …… 61
4.1.2 Ka窄波束体制 …… 62
4.1.3 激光体制方案 …… 64
4.2 星间链路拓扑分析 …… 65
4.2.1 北斗系统星座构型 …… 65
4.2.2 星间链路可见性 …… 66
4.2.3 卫星可见性仿真 …… 67

4.3　星间链路测量模型 …… 68
4.4　星间观测数据预处理 …… 70
4.4.1　野值剔除 …… 71
4.4.2　对流层延迟 …… 72
4.4.3　相位中心改正 …… 73
4.4.4　相对论效应改正 …… 75
4.4.5　测距历元归算 …… 77
4.5　北斗星间链路在轨验证结果 …… 81
4.6　本章小结 …… 82

第5章　导航卫星自主定轨及星历更新技术 …… 83
5.1　星间链路自主定轨技术 …… 83
5.1.1　导航卫星自主导航总体方案 …… 83
5.1.2　导航卫星自主轨道预报技术 …… 87
5.1.3　标准卡尔曼滤波自主定轨算法 …… 89
5.1.4　扩展卡尔曼滤波(EKF)自主定轨算法 …… 100
5.1.5　基于锚固站的自主定轨方法 …… 105
5.1.6　小结 …… 108
5.2　星敏感器/红外地平仪自主定轨技术 …… 108
5.2.1　星敏感器和红外地平仪原理介绍 …… 108
5.2.2　星敏感器/红外地平仪自主定轨原理 …… 109
5.2.3　测试与分析 …… 111
5.3　X射线脉冲星自主定轨技术 …… 115
5.3.1　脉冲星简介 …… 115
5.3.2　脉冲星信号模型 …… 116
5.3.3　脉冲星自主导航原理 …… 117
5.3.4　仿真与分析 …… 118
5.4　组合自主定轨及信息融合技术 …… 120
5.4.1　联邦滤波算法 …… 120
5.4.2　分步卡尔曼滤波信息融合算法设计 …… 122
5.4.3　仿真与分析 …… 125
5.5　导航卫星自主星历更新技术 …… 128
5.5.1　广播星历介绍 …… 128
5.5.2　自主星历生成技术 …… 132
5.5.3　无奇点星历生成技术 …… 139
5.5.4　仿真分析 …… 141

5.6 本章小结 …… 148

第6章 导航卫星自主时间同步技术 …… 149
6.1 自主守时技术 …… 149
6.1.1 地面守时模式 …… 149
6.1.2 自主守时模式 …… 154
6.2 基于星间链路的自主时间同步技术 …… 155
6.2.1 自主时间同步观测方程 …… 155
6.2.2 自主时间同步时钟状态模型 …… 156
6.2.3 测试分析 …… 157
6.3 X射线脉冲星自主守时技术 …… 161
6.3.1 X射线脉冲星授时方案 …… 161
6.3.2 仿真与分析 …… 162
6.4 融合观测自主时间守时算法 …… 163
6.4.1 星间测距与脉冲星观测组合自主守时算法 …… 163
6.4.2 仿真分析 …… 164
6.5 本章小结 …… 164

第7章 导航卫星平台自主控制技术 …… 165
7.1 工作模式自主管理 …… 165
7.2 平台轨道自主管理 …… 165
7.2.1 地面注入轨道外推 …… 166
7.2.2 自主导航电文外推 …… 168
7.3 平台时间自主保持 …… 169
7.4 能源自主管理 …… 169
7.5 热控自主运行 …… 169
7.6 SADA自主控制 …… 170
7.7 本章小结 …… 171

第8章 导航卫星载荷自主完好性技术 …… 172
8.1 导航系统完好性技术 …… 172
8.2 星载实现原理 …… 174
8.2.1 星上告警事件及手段 …… 174
8.2.2 自主完好性监测实现原理 …… 174
8.3 导航信号自主完好性监测技术 …… 175
8.3.1 发射功率异常监测 …… 175

8.3.2　时延异常监测 …… 176
8.3.3　信号相关峰的质量监测 …… 177
8.3.4　伪码与载波一致性监测 …… 178
8.4　星载原子钟自主完好性监测技术 …… 179
8.4.1　基于锁相环的星钟异常自主监测方法 …… 179
8.4.2　基于统计学的星钟异常自主监测方法 …… 185
8.4.3　卫星信息处理自主完好性监测技术 …… 208
8.5　监测风险 …… 209
8.6　小结 …… 210

第9章　导航卫星自主健康管理技术 …… 211
9.1　导航卫星遥测数据及故障特点分析 …… 212
9.1.1　遥测数据特性分析 …… 212
9.1.2　常见故障特性分析 …… 218
9.2　基于数据驱动的异常检测技术 …… 221
9.2.1　基于增量聚类的异常检测方法 …… 221
9.2.2　基于 GPR 模型的异常检测方法 …… 228
9.2.3　基于主成分分析的异常检测方法 …… 235
9.2.4　基于相关概率模型的异常检测方法 …… 241
9.3　故障诊断技术 …… 247
9.3.1　常用故障诊断方法 …… 248
9.3.2　基于 TEAMS 的故障诊断方法 …… 250
9.4　综合故障诊断框架 …… 251
9.5　本章小结 …… 254

后记 …… 255

参考文献 …… 257

第1章 概述

1957 年 10 月,第一颗人造地球卫星发射成功,揭开了人类利用卫星来开发导航、定位系统的序幕。半个多世纪以来,卫星导航在经济、军事、科学等各个领域得到广泛应用。截至 2019 年底,人类已向太空发射了近 9 000 颗卫星,每天有 2 000 多颗有效卫星在轨道上运行。

卫星导航系统是以卫星为基础进行定位、测速和授时的系统,卫星载荷平台的稳定运行、轨道/钟差的确定和相关信息的发播是维系卫星导航系统运行的关键因素。目前,导航卫星由地面监测站对其运行状态进行实时监测,并由地面人员对其进行管理,以维持卫星的稳定运行。而导航卫星轨道/钟差信息的产生和发播模式是:地面运行监测站实时收集导航卫星下行信号观测数据,将数据统一发送到地面主控站数据处理中心,由地面主控站集中完成导航卫星定轨和钟差解算,通过轨道和钟差预报生成导航星历参数并定期上注到卫星。上述模式的缺点是运控系统主控站承担的系统运行风险较大,地面运控系统的毁坏将直接导致导航系统无法提供正常导航服务,从而导致重要战略武器或重要基础设施不能正常发挥作用,影响人们日常的出行生活等方方面面。

实现导航卫星自主运行对于提高导航系统的性能和扩展空间应用具有重要的意义。首先,导航卫星自主运行可以减少地面设备的工作量,缓解因国土资源限制而造成的地面站布设的困难,降低整个导航系统的维护成本;其次,自主运行降低了卫星对地面站的依赖作用,提高了导航系统的生存能力,即使出现地面跟踪测量在一段时间内被迫中断的恶劣问题,仍可以保持导航系统的连续性。因此,导航卫星自主运行技术成为导航系统设计中一个重要的研究课题。

1.1 卫星自主运行的定义

导航卫星自主运行的主要含义为在卫星不依赖于地面测控和运控系统支持的条件下,卫星平台能够自主完成姿态的稳态对地控制、热控和能源管理,载荷能够保证导航信号的连续性和完好性,自主生成导航电文并完成播发任务,满足自主运行期间用户导航定位精度的要求。

要保证卫星自主运行，卫星需具备以下三个方面能力：

(1) 影响卫星自主运行的功能单机要具备高可靠性，保证运行期间单机工作正常；

(2) 卫星正常运行期间地面支持的工作由地面变成星上自主完成，同时满足精度要求；

(3) 当卫星出现异常状态时，具备自主重构和恢复工作的功能，恢复工作后保证任务不间断，能继续正常工作，满足各项精度指标要求。

1.2 导航卫星自主运行技术的意义

全球卫星导航系统(GNSS)可为陆海空及近地空间用户提供全天候、高精度的连续实时导航定位授时服务，是关乎国民经济发展和国家安全的战略性空间基础设施(文援兰等,2009)。由美国全球定位系统(Global Positioning System, GPS)的经验可看到，GNSS 可大大提高军队的信息化程度，增强军队在恶劣条件下的生存能力，也可极大地提高精密导引武器的杀伤效能，增强军队作战实力。同时，GNSS 在车辆导航、野外救护、户外运动、特殊人士跟踪、大气监控以及基于位置的拓展服务等民用领域也显现了非常广阔的应用前景和巨大的商业市场。

为此，美国在不断地更新 GPS 系统，俄罗斯在恢复苏联时代遗留下来的 GLONASS 系统，欧盟也在积极建设自主可控的 Galileo 系统(Parkinson et al. ,1996；谢钢，2013；冯磊，2016)。我国作为世界上最大的发展中国家，拥有广阔的领土和海域，为确保国防和军事安全，必须拥有自己的卫星导航系统。2012 年，完成了面向亚太地区的区域北斗导航定位系统建设；从 2015 年 3 月开始，先后发射了 2 颗倾斜地球同步卫星轨道(inclined geosynchronous satellite orbit, IGSO)卫星和 3 颗中地球轨道(medium earth orbit, MEO)卫星，组成了新一代北斗导航卫星星座，验证了星间链路、新型星载原子钟、新型导航信号体制、星地联合卫星轨道钟差测定方法等全球系统新技术体制和性能(陈金平等，2016；唐成盼等，2017)；目前，北斗全球卫星导航系统正在如火如荼地建设中，在 2018 年覆盖了“一带一路”沿线国家，并在 2020 年形成由 3 颗地球同步轨道(geosynchronous earth orbit, GEO)和 27 颗非静止卫星组成的完整卫星导航星座，实现全球无源导航服务能力的目标。

卫星导航系统是保障现代信息战的重要基础设施，使其成为敌方实施战略打击的重要目标，而地面主控站作为导航系统的控制核心，很容易成为首要的打击对象。此外，不可预料的重大自然灾害也可能导致主控站被毁。为提高导航系统的抗毁能力，各 GNSS 系统均对导航卫星自主运行模式进行了研究，使卫星在脱离地面站支持的情况下，仍可自主对卫星进行管理，并自主更新导航电文，在一定时间内保持较高的服务性能，提高卫星导航系统在复杂环境中的生存能力，满足导航战的需要(Ananda et al. ,1990；Abusali et al. ,

1998;Shang et al. ,2013)。

另外,自主运行技术对保证卫星导航系统稳定运行具有重要意义。按照目前卫星导航系统常态运行模式,如果地面运控系统不能定期更新导航星历,卫星只能依靠预报星历维持导航定位服务,而依照现有的轨道动力学模型及卫星钟差预报技术,预报星历精度大约为预报 60 d,用户测距误差(user range error,URE)大于 600 m,对应的用户定位精度将达到公里级。因此,完全基于星历预报不能保证用户导航定位精度,利用星间测量和在轨数据处理更新星历的自主导航对保证卫星导航信号的精度具有重要意义(Codik,1985;Eissfeller et al. ,2000;帅平等,2006)。例如,2019 年 7 月 Galileo 系统由于地面系统故障导致无法正常更新卫星星历,从而中断服务持续近一周,严重影响了导航系统的服务可靠性。

此外,受国情限制,北斗系统很难在境外布设地面站,而现有基于地面运控系统的导航电文更新模式需要经过监测站数据采集与传输、主控站数据处理、电文上注等几个环节,数据采集和电文上注均需要在卫星可视条件下完成,北斗系统受限的地面站分布导致地面对卫星无法全弧段观测,电文无法实时上注,使得轨道和钟差解算精度下降,电文数据龄期超过 6 h,最终影响系统服务性能。自主导航模式直接基于星载观测数据解算导航电文,提供了一种快速更新导航电文的模式,更新周期可减少到 5 min。电文更新周期减小意味着轨道钟差预报时间缩短和预报精度提高,从而可以提高导航系统的服务性能。

同时,目前导航卫星完好性由地面监测站完成监测,并由主控站将其编排到导航电文中上注卫星进行广播,该完好性检测方法延迟长,平均检测时延在 2 h 以上。自主运行模式区别于地面运控系统的独立数据源和数据处理方式,使其可在线检核地面上注的导航电文、在线完成信号检测,及时发布卫星完好性信息,提高卫星导航系统完好性的实时监测能力(李理敏,2011)。

因此,导航卫星自主运行在提高导航系统生存能力、缩短导航电文更新周期、弱化系统对地面站的依赖和在线核检导航电文及时发布完好性信息等方面的重要意义,是我国北斗卫星导航系统建设的重点研究方向之一。

1.3　卫星自主运行技术的发展

1.3.1　GPS 星座自主运行发展

自从 Ananda 提出基于导航星座内的相对伪距测量实现卫星自主导航方案以来,该方案以其较高的定轨精度,成为国内外的研究热点,并被世界上四大 GNSS 系统采用。

GPS 系统是目前最为成熟的导航系统,其从设计之初就考虑设计了具有通信测量功能的星间链路,为基于星间测距的自主导航提高了必要的基础。1984 年,Ananda 等在美国航空航天学会(American Insitute of Aeronautics and Astronautics,AIAA)会议上提出了利用 GPS 卫星间的相对伪距测量实现自主导航的想法，给出了实现自主导航的三个过程：星间测距、星间数据交换和星历星钟解算，初步讨论了星座整体旋转、地球定向参数不可测等问题，并使用 21 颗卫星间的模拟星间观测进行了自主导航试验，仿真结果表明基于长期预报星历自主运行 180 d，轨道径向误差小于 5.78 m，切向及法向误差小于 32 m，钟差误差小于 1.3 m，URE 小于 7.33 m（Ananda et al.，1990）。同时，Rockwell 公司卫星研制部门论证了该方案在工程中的可行性。到 1990 年 6 月，Rockwell 公司卫星系统部和通用电子公司宇航部在 Block II－R 卫星的研制合同中，完成了自主导航的理论、设计和验证工作，并将其成功搭载到 1997 年发射的 Block II－R 卫星上。Rajan 等（2003a）分析了特高频（ultra high frequency，UHF）频段星间测距值中的各类误差，并讨论了多种测量误差消除方法，使用 8 颗 Block II－R 卫星的在轨测量数据，事后自主定轨 13 d，URE 小于 3 m，自主定轨 75 d，URE 小于 4 m（Rajan，2002）。截至 2018 年 3 月，在轨的 31 颗卫星中，除了 PRN18 Block II－A 卫星之外，其他 Block II－R、Block II－RM、Block II－F 卫星均支持自主导航功能。对于自主导航卫星，可工作在如下三种模式：① 地面段支持的常规运行方式；② 卫星工作在自主导航模式，地面段实时处理星历星钟参数，每月更新一次；③ 脱离地面段支持，卫星自主运行。

现有 GPS 自主导航方案仅考虑了惯性系中星座整体旋转问题，并提出了旋转参数约束法以提供空间基准，其思想是将导航卫星升交点赤经和轨道倾角约束到地面上注的长期预报星历的轨道定向参数上，以控制星座的整体旋转误差（Menn and Bernstein，1994），该方法可以消除由算法误差引入的旋转误差，但是长期预报星历中包含的旋转误差无法消除，也无法消除地球定向参数（earth orientation parameter，EOP）预报误差带来的地固系星座整体旋转，并且现有 UHF 频段星间链路抗干扰性能也较差。因此，新一代 GPS III 系统拟采用 Ka 频段或者 V 频段窄波束星间链路，以提高其抗干扰能力、数据传输容量和实时性，同时提出利用地面“锚固站”消除导航星座整体旋转和时间基准漂移的方案，并进行了仿真分析（Rajan et al.，2003b）。

此外，GPS Block IIR 卫星开始具备自主完好性监测功能，其实现方法是，卫星对星间链路传输的测距帧和数据帧所含信息进行处理后，先对发送给用户的信息的精度进行验证，然后再传输给用户。一个出故障的 GPS 卫星可将其工作状态标志发送给附近的地面用户和其他 GPS 卫星。针对单粒子翻转，Block IIR 卫星中设置有看门狗，当看门狗将处理器重启之后，卫星会连续传输非标准码，直到卫星本身自动恢复到发送标准码的状态或者直到地面主控站（master control station，MCS）发出相关指令让卫星重新发送标准码为止。GPS 卫星完好性监测器设计要求未检测到的错误概率小于 0.001（该错误将引起单机用户测距误差达到 20 m 或更大），采用满足民航信号空间完好性 10^{-7}/h 的要求（相应的精密进近时间为 150～250 s），它同时满足军用部门的要求。

美国正在部署的 GPS III 卫星整体性能有很大提升，民用导航精度较之前的二代星提高了 3 倍，从 3 m 提升至 1 m，提供给美军乃至北约盟国的定位精度至少要高出一个数量级，精度更高可使得美军的精确打击能力再次提升。GPS III 卫星高度关注信号抗干扰和导航战需求，卫星的抗干扰能力比二代卫星提升8倍，增加导航信号频段，可以迅速关闭对某些特定位置的导航服务，主动“打击”敌人，同时利用星间链路实现完好性需求、近实时遥控遥测、高安全性自主导航，最终实现导航战的应用需求。

纵观GPS星座系统自主运行技术的发展可以看出，GPS卫星导航系统在不断地升级换代过程中，自主导航精度指标始终参考正常导航系统的URE指标逐步提升，导航信号完好性在自主运行中的作用逐步加强。

1.3.2 GLONASS系统自主运行发展

GLONASS卫星导航系统的发展同样面临区域布站的问题，为弥补区域布站带来的导航服务精度缺陷、增强GLONASS导航系统战时生存能力，GLONASS M、GLONASS K系列卫星在系统设计阶段就考虑了星间链路和自主运行功能。GLONASS M系列卫星拟采用S波段星间测距、测速体制(林益明等，2010)。S波段星间链路为宽波束链路，其测量及通信模式采用时分结合的模式。考虑到基于星间测距的自主导航存在的星座整体旋转问题，GLONASS系统卫星采用以星间链路地面指控站辅助自主导航为主的模式。

GLONASS M系列卫星URE精度为1.4 m，GLONASS K系列卫星拟采用通信能力更强、测量精度较高的激光星间链路，其数据通信能力和星间时间同步精度有显著提高，导航卫星URE精度为0.6 m。

1.3.3 Galileo系统自主运行发展

Galileo系统也计划增加星间双向测量进行定轨，并对其可行性进行详细研究。Wolf(2000)和Hammesfahr等(1999)针对Galileo系统组合使用星地/星间测量信息进行卫星定轨的可行性及其性能提升进行研究。为支撑Galileo系统的发展，在欧洲航天局(European Space Agency，ESA)的支持下，Fernández(2011)和Sánchez等(2008)开展了“GNSS+”和“ADVISE”项目研究，其重点研究方向是星间链路测量通信技术及其可行性、基于星间链路的自主导航等，研究表明采用Ka频段窄波束方案可实现星间链路小型化，联合使用星间/星地双向测量数据可自主生成导航电文。系统正常运行模式下采用地面集中式数据处理，定轨精度优于0.2 m；在自主运行模式下，系统采用卫星星上分布式数据处理，自主运行14 d，定轨精度优于1 m。

1.4 导航卫星自主运行的技术体系

导航卫星自主运行期间，卫星平台需要保证载荷正常工作的热控、能源、姿态等功能正常,载荷要能保证导航系统时间稳定、自主生成导航电文以及播发导航信号正常,所有影响导航卫星自主运行的地面处理工作变成星上自主完成。卫星具备热控、能源、姿态和导航电文自主管理功能,同时保证系统出现异常时能自主诊断并恢复,自主完成导航任务。

卫星系统需具备如图 1.4.1 所示的功能,才可以保证卫星自主运行,其中平台自主运行为导航卫星自主运行的基础,载荷自主运行才是导航卫星提供正常服务的前提。本书在简要介绍平台自主运行的基础上,从时间、信号、信息三个方面对载荷自主运行技术进行详细分析。

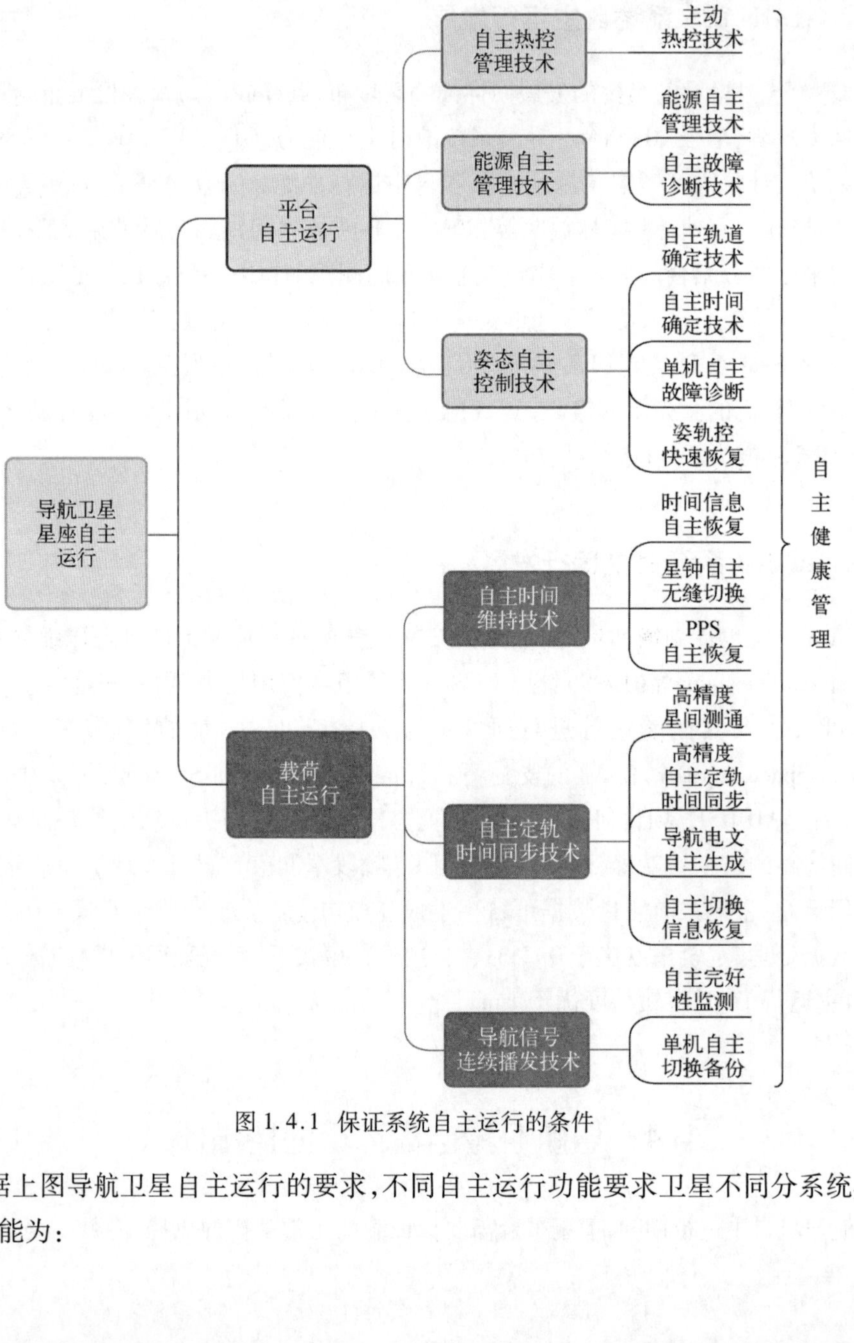

图 1.4.1 保证系统自主运行的条件

根据上图导航卫星自主运行的要求,不同自主运行功能要求卫星不同分系统具备的功能、性能为:

1）自主热控管理技术

导航卫星自主热控技术主要由热控分系统实现，其涉及的单机包括温度传感器、加热器、星载计算机、数据处理终端等，要求卫星具备的功能为：

（1）星上自主热控设计；

（2）温度传感器和加热器具备自主诊断和重构能力；

（3）热控重要数据保存，保证星载计算机切机、重启后自主恢复工作，不影响卫星热控。

2）能源自主管理技术

导航卫星能源自主管理技术主要由能源分系统、结构与机构分系统实现，其涉及的单机包括太阳帆板驱动机构（solar array drive assembly，SADA）、电源控制器、蓄电池组、星载计算机等，要求卫星具备的功能为：

（1）自主充放电管理；

（2）单机具备自主诊断和重构能力；

（3）单机重构后自主恢复工作，不影响卫星能源供应。

3）姿态自主控制技术

导航卫星姿态自主控制技术主要由姿轨控分系统实现，其涉及的单机包括敏感器（星敏感器、陀螺、模拟太敏、红外地球敏感器、数字太阳敏感器）、反作用飞轮、星载计算机等，要求卫星具备的功能为：

（1）自主定轨，保证轨道连续可用；

（2）星上时间连续可用；

（3）单机具备自主诊断和重构能力，重构后定姿模式自主切换；

（4）单机重构后迅速恢复工作模式，保证对地姿态；

（5）重要数据存储，保证星载计算机切机或重启后恢复状态，保证卫星仍处于正常模式。

4）自主时间维持技术

导航卫星自主时间维持技术主要由载荷分系统实现，其涉及的单机包括原子钟、基频处理机、频率合成器、导航任务处理机等，要求卫星具备的功能为：

（1）单机具备自主诊断和重构能力；

（2）单机重构后自主恢复工作，时间正确、稳定；

（3）秒脉冲（pulse per second，PPS）自主恢复；

（4）时间信息自主恢复；

（5）星历在切机后自主恢复。

5）自主定轨时间同步技术

导航卫星自主定轨时间同步技术主要由自主运行分系统实现，其涉及的单机包括自主运行单元、星间链路、导航任务处理机、高速数据处理机等，要求卫星具备的功能为：

(1) 自主定轨,生成星历和钟差校正;

(2) 单机具备自主诊断和重构能力;

(3) 单机重构后自主恢复工作,保证自主导航任务正常,定轨精度满足要求。

6) 导航信号连续播发技术

导航卫星自主热控技术主要由载荷分系统实现,其涉及的单机包括导航任务处理机、导航信号生成器、B1/B2/B3 发射机、完好性监测、三工馈电网络、天线等,要求卫星具备的功能为:

(1) 单机具备自主诊断和重构能力;

(2) 单机重构后自主恢复工作,不影响导航任务;

(3) 自主完好性监测,并播发完好性信息;

(4) 自主选择播发星历来源,进行完好性监测。

1.5 导航卫星自主运行技术指标

1.5.1 对星间链路测量的指标要求

导航卫星星间链路为自主运行期间星上自主导航软件提供星间测距观测量,并传输自主导航软件计算需要的他星位置、轨道和钟差协方差信息、卫星完好性等辅助信息。导航卫星自主运行对星间测量指标的典型要求如下,该指标也用于后面章节中研究具体自主导航算法时的仿真验证参数:

(1) 星间测距随机误差: ≤0.3 ns;

(2) 星间测距系统误差: ≤0.5 ns;

(3) 双向伪距测量间隔: ≤3 s;

(4) 星座遍历测量时间: ≤60 s;

(5) 两次星座测量遍历时间间隔: 小于 300 s;

(6) 单星最小链路数: ≥9 条(含 3 条备份链路);

(7) 单星伪距测量几何分布: PDOP<1.5。

1.5.2 对卫星自主导航业务处理的要求

导航卫星自主导航软件接收并存储地面运控上注的卫星预报轨道、滤波器初始化参数等信息,利用星间链路接收他星的星间测距数据和卫星位置、钟差及其协方差信息,综合利用地面运控上注参考钟差信息、星间测量信息、锚固星地测量信息改进卫星轨道,实现星间精密时间同步。

导航卫星自主导航业务的精度指标为无地面支持情况下，自主运行 60 d，预报 2 h，URE≤3 m（不含 EOP 预报误差）。

1.5.3 对导航星历发播切换的要求

当导航任务处理单元接收到地面自主运行模式切换控制指令或本星存储的导航星历数据龄期过期时，导航任务处理单元自主切换下行导航电文数据来源，利用星上自主导航电文生成下行 L 波段导航广播信号，实现发播导航星历切换功能。

导航卫星自主运行功能对导航任务处理单元星历切换功能要求为切换时间小于 1 min，且能够保证下行导航信号的连续性。

1.5.4 对卫星自主健康管理的要求

卫星正常工作模式下，星上单机的故障识别由地面完成，根据卫星遥测，判断卫星各单机工作状态，当某个单机发生异常时，通过遥控指令对单机进行故障隔离和故障恢复。

自主运行模式下，卫星平台和载荷单机的故障监测和故障隔离由卫星自主完成。要求卫星能够对异常测量数据实现隔离，不影响自主定轨结果；实现对卫星自身故障的监测，并根据卫星状态更新导航电文中的健康标志；要求自主诊断卫星异常，对已有常见故障建立卫星知识库，采取相关处理措施并恢复正常状态，使本星具备提供正常服务的能力；对于未知故障，能够采取关机、开机或复位进行恢复，对于无法解决的故障，将卫星置为不可用状态，并与星座其他卫星隔离。

1.5.5 对导航载荷自主完好性监测的要求

卫星导航系统的完好性是指系统在不能用于导航时为用户提供及时告警的能力。卫星导航系统必须进行多层次、全方位的完好性监测，才能够满足用户对高可靠性导航服务的需求，特别是与生命安全密切相关的服务需求，其中卫星自主完好性监测是其中重要的监测手段之一。结合生命安全服务领域对 GNSS 系统完好性的要求，分解到导航卫星的自主完好性监测要求如下。

（1）卫星自身能够进行下行导航信号的自主完好性监测。

（2）具备对关键导航载荷工况的完好性监测告警能力，主要的监测内容包含：导航信号，即发射功率异常、时延异常变化、相关峰畸变、码载波偏离等；卫星钟，即卫星钟快变异常；信息处理异常。

（3）导航信号的卫星自主完好性监测精度：信号功率电平监测精度：0.5 dB；时延监测精度：0.2 ns。

(4) 完好性风险：虚警概率：小于 10^{-5}/h；漏警概率：小于 10^{-3}。

1.6 本章小结

本章在充分调研国内外各大 GNSS 系统自主运行技术及其发展现状的基础上，针对导航卫星给出了自主运行的定义及其指标体系，进而分析了导航卫星自主运行技术对卫星分系统的功能和指标要求，从工程实践的角度给出了后续章节自主运行技术各个研究内容的指标约束。

第2章 导航卫星高精度轨道动力学建模

研究导航卫星的轨道运动规律，需要选定参考坐标系统作为参照。要建立卫星运动方程和参数估计的观测方程，必须给出各坐标系统的定义及其互相的转换关系。坐标系之间的转换，又涉及各种时间参考系统之间的转换关系。

本章介绍了卫星导航涉及的各种时间系统和坐标系统及其相互之间的转换关系，给出了卫星的各种轨道动力学摄动模型，分析了各种摄动力对卫星轨道的影响，重点分析了影响导航卫星轨道外推精度的光压摄动力经验模型。使用IGS(international GNSS service,IGS)组织网站提供的GPS在轨卫星事后精密轨道进行地面光压参数标定算法验证，评估各经验型光压模型的精度。

2.1 时间参考系统

2.1.1 时间系统的定义

要测量时间，必须建立一个测量基准，即时间的单位(尺度)和原点(起始历元)。任意可观察的周期运动都可以作为确定时间的基准(刘林,2000;文援兰等,2009)。不同计时手段，描述的时刻和时间间隔也不相同，从而有了不同时间参考系统的定义。

1) 世界时

格林尼治(Greenwich)平太阳时(格林尼治地方平时)，称为世界时(universal time,UT)，其定义为平太阳相对格林尼治子午面的时角加12 h。世界时是民用时中重要的一种，对于任意天文经度的地方，地方平时为世界时与当地天文经度的和。

由于地球存在极移及自转速度变化，世界时的变化是不均匀的。根据对世界时变化的不同修正，世界时可分为UT0、UT1和UT2。UT0是通过天文观测直接得到的，考虑极移修正后的世界时为UT1，再考虑地球自转速度所引起的季节性变化修正的世界时为UT2。

2）格林尼治恒星时

恒星时为由春分点的周日视运动所确定的时间，将春分点连续两次上中天的时间间隔定义为一个恒星日。格林尼治恒星时（Greenwich sidereal time，GST）为春分点相对于格林尼治子午面的时角，它把春分点和地固系的参考点联系起来。春分点在惯性空间中随岁差和章动不断移动，对应于真春分点的恒星时为格林尼治真恒星时 S_G（Greenwich apparent sidereal time，GAST），对应于平春分点的恒星时为格林尼治平恒星时角 S_0（Greenwich mean sidereal time，GMST）。

3）国际原子时

国际单位制定义位于海平面上的铯原子（Cs－133）基态的两级间跃迁辐射振荡9 192 631 770 周期所持续的时间作为1 s的长度，称为国际单位秒。通过与国际上的原子钟相互比对，经数据处理推算出统一的世界时称为国际原子时（temps atomique international，TAI）。国际原子时于1972年1月1日引入，原点为1958年1月1日0时的UT1，即调整原子时所指示的时间与该时刻的世界时的钟面所指示的时刻一致，但由于技术原因，两者在该时刻存在0.003 9 s的差值。

4）世界协调时

由于地球自转有长期变慢的趋势，国际原子时和世界时UT1之间的差距变得越来越大，即TAI－UT1随时间增长，在1958年两者差距大约为0，至2020年6月，该值已增长到37 s。为了避免这种不断增长的差异，产生了世界协调时（universal time coordinate，UTC）。UTC采用国际原子时秒长，但与原子时相差一个整秒数值，与UT1时刻之差不超过1 s。UTC既能保持时间尺度的均匀性，又能近似地反映地球自转的变化。

5）地球动力学时（terrestrial dynamical time，TDT）和质心动力学时（barycentric dynamical time，TDB）

考虑到相对论的影响时，实验室所测的原子时就会不一致。地球动力学时是连续且均匀的时间系统，它的时间尺度与国际原子时相同，但是两者存在32.184 s的差异。

$$\mathrm{TDT} = \mathrm{TAI} + 32.184\ \mathrm{s} \tag{2.1.1}$$

质心动力学时是用作相对于太阳质心运动的动力学问题的时间引数，也用作岁差和章动模型的时间引数。质心动力学时与地球动力学时之间相差一个周期性相对论效应项。在导航卫星轨道动力学计时中，岁差和章动公式是根据质心动力学时时间给出的，由于质心动力学时和地球动力学时相差很小，在工程中可以直接用地球动力学时系统代替质心动力学时系统计算岁差和章动。

6）卫星导航系统时

为了精密导航和定位，每个卫星导航系统都有自己独立的时间系统，如GPS系统的GPST（Global Position System Time），北斗导航系统的BDT（BeiDou Time）等，这些时间系统均采用国际原子时的时间尺度，与世界时和国际原子时在一定精度范围内保持同步。

GPS 系统时间是由 GPS 卫星星载原子钟和地面监控站原子钟组成的一种原子时基准,与国际原子时保持有 19 s 的常数差,并 GPS 标准历元 1980 年 1 月 6 日 0 时与 UTC 保持一致。

北斗导航时间系统(BDT)是国际原子时(TAI)从 2006 年 1 月 1 日 0 时开始计算的原子时,它与国际原子时保持有 33 s 的常数差。

$$\mathrm{GPST} = \mathrm{TAI} - 19\ \mathrm{s} \tag{2.1.2}$$

$$\mathrm{BDT} = \mathrm{TAI} - 33\ \mathrm{s} \tag{2.1.3}$$

2.1.2 各种时间系统的转换关系

前面一节给出了各种时间系统的定义,也给出了部分时间系统之间的转换关系,本节全面给出各种时间系统之间的转换图。各种时间系统之间的关系和转换关系如图 2.1.1 所示。

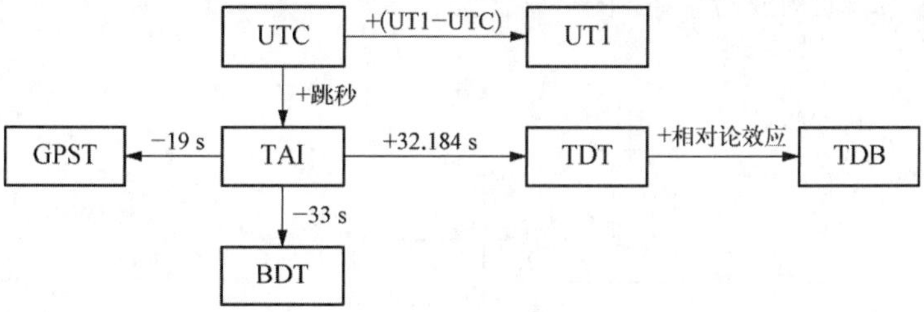

图 2.1.1 各种时间系统之间的转换关系

2.2 坐标参考系统

卫星导航系统涉及地心赤道坐标系、地心地固坐标系、卫星星固坐标系和卫星轨道坐标系等,以及各个坐标系统之间的转换(文援兰等,2009)。

2.2.1 坐标系统的定义

1) 地心赤道坐标系

地心赤道惯性坐标系的原点在地心,基准面是赤道面,X 轴从地心指向春分点,Z 轴指向北极,Y 轴与 X 轴和 Z 轴构成右手系。此坐标系不固定在地球上,也不跟随地球转动。根据春分点的不同,又可以定义历元平赤道地心系、瞬时平赤道地心系和瞬时真赤道地心系。

历元平赤道地心系能方便地描述卫星的运动，目前历元平赤道地心系采用 J2000 惯性坐标系，平春分点为 2000 年 1 月 1 日 12 时。

2）地心地固坐标系

为描述地面观测点的位置，有必要建立与地球固联在一起的坐标系，即地心地固坐标系（earth-centered earth-fixed reference frame，ECEF）。地心地固坐标系的定义为：原点 O 在地球质心，基本面为地球的赤道面，基本方向为 X 轴指向格林尼治子午面与地球赤道面的交点 E，Z 轴指向北极，Y 轴与 X 轴、Z 轴构成右手系。地固坐标系随地球一起自转，便于描述卫星的对地覆盖，描述地球重力场，对卫星的观测仿真也是在地固系中进行的。

目前 GPS 建立了 WGS84 坐标系，GLONASS 建立了 PZ－90 坐标系，伽利略系统建立了 GTRF 坐标系，我国北斗导航系统建立了 CGS2000 坐标系（宋小勇，2009）。

3）卫星本体坐标系

卫星本体坐标系常用来描述卫星各部件间的相对安装位置关系，其原点 O_b 为卫星质心，三轴 X_b、Y_b、Z_b 的定义一般选取卫星某些部件的安装方向作为参考。以北斗导航卫星为例，Z_b 轴定义为载荷天线安装面法线方向，X_b 轴定义为卫星推力器安装面法线反方向，Y_b 轴与 X_b、Z_b 轴构成右手系（图 2.2.1）。

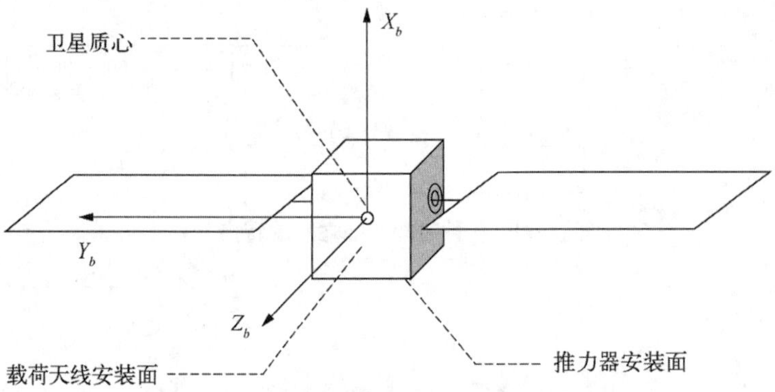

图 2.2.1 北斗导航卫星本体坐标系定义

4）卫星轨道坐标系

卫星轨道坐标系常用来描述卫星的在轨姿态，其原点 O_o 为卫星质心，卫星轨道平面为坐标平面，Z_o 轴由卫星质心指向地心，Y_o 轴指向轨道面的负法向，X_o 轴在轨道面内与 Z_o 轴垂直指向卫星运动方向。

5）卫星 RTN 坐标系

卫星 RTN 坐标系是依据卫星位置的径向、切向和法向三个向量定义的。RTN 坐标系 Z 轴指向为地球质心与卫星质心连线方向，Y 轴为卫星速度单位向量与 Z 轴单位向量叉积方向，X 轴与 Y 轴、Z 轴构成右手系。RTN 坐标系的另一种定义方式为：Z 轴为地球质心与卫星质心的连线方向，X 轴为卫星速度方向，而 Y 轴与 X 轴、Z 轴构成右手系。RTN

坐标系用于构建卫星经验力模型及评价卫星轨道精度(宋小勇,2009)。

6) 卫星星固坐标系

卫星星固坐标系的原点在卫星质心,Z 轴指向地球质心,X 轴指向卫星至地心的向量与太阳至卫星的向量的矢量积方向,Y 轴与 Z 轴、X 轴构成右手系。星固坐标系主要用于构建卫星太阳光压模型。星固坐标轴在 J2000 系中的单位矢量可以借助惯性系中的卫星位置向量和太阳位置向量表示。星固系与 J2000 坐标系的关系见图 2.2.2(宋小勇,2009)。

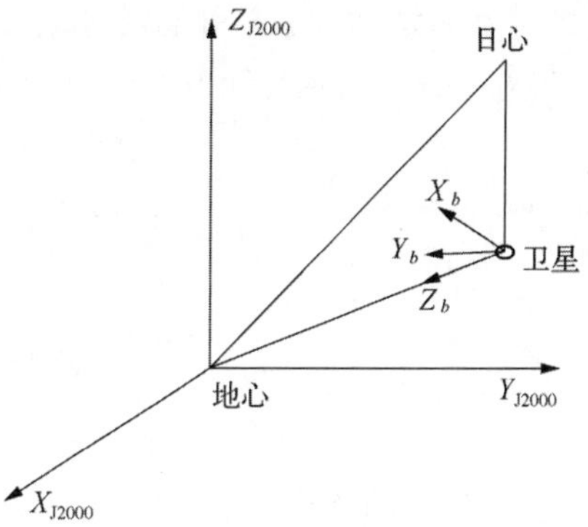

图 2.2.2 星固坐标系与 J2000 坐标系的关系图

2.2.2 地固系与惯性系的转换

导航卫星精密定轨时,轨道动力学外推一般在惯性系中进行,而部分摄动力模型是在地心地固坐标系中描述的,如地球引力场模型等,这就需要涉及地心地固系和惯性系间的转换。

地固系与惯性系之间的转换由岁差、章动、自转和极移矩阵四部分组成,计算公式如下:

$$\boldsymbol{r}_{\mathrm{ECEF}} = \mathbf{PR}(t)\mathbf{NR}(t)\mathbf{ER}(t)\mathbf{EP}(t)\boldsymbol{r}_{\mathrm{J2000}} \tag{2.2.1}$$

$$\boldsymbol{r}_{\mathrm{J2000}} = \mathbf{EP}^{\mathrm{T}}(t)\mathbf{ER}^{\mathrm{T}}(t)\mathbf{NR}^{\mathrm{T}}(t)\mathbf{PR}^{\mathrm{T}}(t)\boldsymbol{r}_{\mathrm{ECEF}} \tag{2.2.2}$$

(1) 岁差矩阵 $\mathbf{PR}(t)$ 计算:

$$\mathbf{PR}(t) = \boldsymbol{R}_z(-Z_A)\boldsymbol{R}_y(-\theta_A)\boldsymbol{R}_z(-\zeta_A) \tag{2.2.3}$$

式中,三个赤道岁差参数为

$$\zeta_A = 2\,306''.218\,1t + 0''.301\,88t^2 + 0''.017\,998t^3$$

$$\theta_A = 2\,004''.310\,9t - 0''.426\,65t^2 - 0''.041\,833t^3$$

$$Z_A = 2\,306''.218\,1t + 1''.094\,68t^2 + 0''.018\,203t^3$$

式中,t 为从 J2000 年开始计算的儒略世纪数。

(2) 章动矩阵 $\mathbf{NR}(t)$ 计算:

$$\mathbf{NR}(t) = \boldsymbol{R}_x[-(\varepsilon_0 + \Delta\varepsilon)]\boldsymbol{R}_z(-\Delta\psi)\boldsymbol{R}_x(\varepsilon_0) \tag{2.2.4}$$

其中,考虑到岁差影响的黄赤交角计算公式为

$$\varepsilon_0 = 23°26'21''.448 - 46''.815\,0t - 0''.000\,59t^2 + 0''.001\,813t^3 \tag{2.2.5}$$

关于章动量 $\Delta\varepsilon$ 和 $\Delta\psi$，取自 IAU1980 章动序列，该序列给出黄经章动 $\Delta\psi$ 和交角章动 $\Delta\varepsilon$ 的计算公式，共 106 项，其形式为

$$\begin{cases}\Delta\psi = \sum\limits_{j=1}^{106} (A_{0j} + A_{1j}t)\sin\left(\sum\limits_{i=1}^{5} k_{ji}\alpha_i(t)\right) \\ \Delta\varepsilon = \sum\limits_{j=1}^{106} (B_{0j} + B_{1j}t)\cos\left(\sum\limits_{i=1}^{5} k_{ji}\alpha_i(t)\right)\end{cases} \tag{2.2.6}$$

式中，各变量和系数的详细计算方法见参考文献。

（3）自转矩阵 $\mathbf{ER}(t)$ 计算：

$$\mathbf{ER}(t) = \boldsymbol{R}_z(S_g) \tag{2.2.7}$$

式中，S_g 为格林尼治恒星时角，其计算公式为

$$S_g = \bar{S} + \Delta\psi\cos\varepsilon \tag{2.2.8}$$

式中，$\Delta\psi\cos\varepsilon$ 为赤经章动，计算方法可见章动矩阵的计算公式；$\bar{S}$ 为格林尼治平恒星时，其表达式为

$$\bar{S} = 18^h.697\,374\,6 + 879\,000^h.051\,336\,7t + 0^s.093\,104t^2 - 6^s.2\times 10^{-6}t^3 \tag{2.2.9}$$

（4）极移矩阵 $\mathbf{EP}(t)$ 计算：

由于极移小于 30 cm，常以 CIO 为原点建立一个水平的平面坐标系表示极移。过原点与格林尼治子午线相切的方向为 X 轴方向，Y 轴与之垂直构成左手系。瞬时极相对于 CIO 的位置可用 (x_p, y_p) 表示。(x_p, y_p) 经观测台站测定，由 IERS 定期公布。根据 IERS 给出的极移表可以内插出任意时刻的 (x_p, y_p) 。极移矩阵为

$$\mathbf{EP}(t) = R_y(-x_p)R_x(-y_p) \tag{2.2.10}$$

2.3 导航卫星轨道动力学模型

2.3.1 卫星摄动力模型

卫星在轨受力情况非常复杂，主要包括地球中心引力 $\boldsymbol{F}_0$、地球非球形引力 $\boldsymbol{F}_E$、太阳和月球第三体引力 $\boldsymbol{F}_N$、太阳光压 $\boldsymbol{F}_A$、地球潮汐力 $\boldsymbol{F}_T$、地球反照辐射力 $\boldsymbol{F}_{AL}$ 等，除地球中心引力外，其他各种摄动力很难精确建模。而星载计算能力有限，综合考虑各类摄动力的复杂动力学模型计算量太大，因此自主导航计算过程中需要针对 MEO 轨道进行动力学模型简化，仅计算主要摄动力。

$$\boldsymbol{F} = \boldsymbol{F}_0 + \boldsymbol{F}_E + \boldsymbol{F}_N + \boldsymbol{F}_A + \boldsymbol{F}_T + \boldsymbol{F}_{AL} + \cdots \tag{2.3.1}$$

MEO 卫星所受摄动力加速度量级及其两天轨道外推误差如表 2.3.1 所示(王家松等,2012)。可以看出,对于 MEO 卫星而言,非球形引力、日月第三体引力、太阳光压是对轨道影响最大的摄动力,其他摄动力相对较小,在自主定轨解算中可以忽略。

表 2.3.1　MEO 卫星所受摄动力影响

摄 动 因 素	量级/(m/s^2)	2 d 外推影响/m
非球形引力	9.6×10^{-5}	35 000
太阳引力	1.7×10^{-6}	2 000
月球引力	4.5×10^{-6}	8 500
太阳光压摄动	1.5×10^{-7}	800
固体潮汐	3.7×10^{-10}	0.30
地球反照	1.6×10^{-10}	0.16
相对论	4.8×10^{-10}	0.7

上述摄动力中,高精度非球形引力摄动需要计算多阶勒让德多项式,会占用大量的计算资源,而高阶非球形引力摄动量级非常小,对短弧轨道外推影响非常小,为了节省计算资源,自主定轨轨道外推过程中可使用 6 × 6 阶重力场模型。在日月三体引力摄动计算过程中,若直接使用解析法计算日月位置,其误差较大。为提高摄动力计算精度,可由地面基于喷气推进实验室(Jet Propulsion Laboratory,JPL)发布 DE 系列星历计算日月精密轨道,并上注卫星使用。光压摄动力与太阳、地球和卫星间的相对位置有关,也与光照强度、卫星有效截面积和质量有关。针对 GPS 卫星,常用的模型有标准光压模型、BERNE 模型、ROCK42 模型和 T20 模型等,目前尚没有针对北斗导航卫星建立高精度光压模型,仍需进一步开展研究。考虑到自主定轨过程轨道外推时间较短,可使用标准光压模型。地球非球形引力球谐函数以及日月等三体引力计算方法可参见章仁为(1998)、刘林(2000)、王家松等(2012)等参考文献,常用光压摄动力模型参见下节。

2.3.2　太阳光压摄动

1. 机制分析

根据光的波粒二象性理论,光束就是运动速度为光速的粒子流,具有能量和动量,当其撞击卫星或者从卫星辐射时,会改变卫星运动状态,表现为辐射压力。对于卫星,可按上述理论分析的摄动力主要包括太阳直射辐射压力、卫星自身热辐射摄动、地球反照辐射摄动、卫星电磁辐射摄动。分析各类光压摄动的作用机制,建立高精度光压模型,并精确标定其光压参数,是实现高精度定轨与轨道预报的基础,下面对 4 类光压摄动机制进行分析。卫星在轨运行过程中,受辐射源与卫星间相对位置和卫星姿态变化影响,辐射面积、照射角度实时变化,并且卫星各部分材料形状各不相同,导致其所受光压摄动不同。常用的解决思路是将卫星分为有限个面元,分别计算每一个面元所受光压辐射,然后进行矢量积分获得卫星整体所受光压摄动。此处,针对某一面元所受的 4 类辐射压力进行研究。

1) 太阳直射辐射摄动

太阳直接辐射压力是光压摄动的主要部分,由直接照射卫星的太阳光引起。太阳光照射到卫星星体和太阳能帆板上,一部分会被吸收转化为电能或热能,另一部分则被反射到太空,使卫星受到入射辐射力和反射辐射力,一般将其统称为直接辐射压力或太阳光压。太阳光压与卫星处的光照强度、卫星表面的反射率(包括镜面反射系数和漫反射系数)、光照面积和地月阴影等因素相关,主要包括入射压、镜面反射压、漫反射压三部分,下面依次对三部分进行分析。

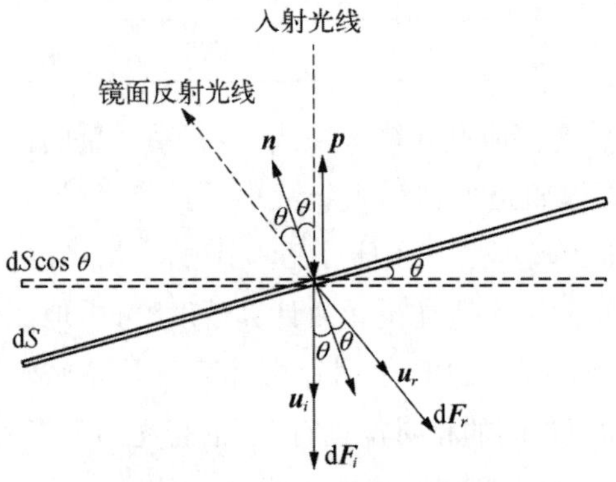

图 2.3.1　入射压和镜面反射压

面积元 dS 所受入射压和镜面反射压如图 2.3.1 所示,图中 $\boldsymbol{n}$ 为面积元法向, $\boldsymbol{p}$ 为太阳方向, θ 为入射角, $\boldsymbol{u}_i$ 为入射方向单位矢量, $\boldsymbol{u}_r$ 为反射方向单位矢量,则

$$\mathrm{d}\boldsymbol{F}_i = \frac{\boldsymbol{\Phi}}{c}\mathrm{d}S\cos\theta\boldsymbol{u}_i \tag{2.3.2}$$

式中, $\boldsymbol{\Phi}$ 为面积元处单位面积接收的太阳光子能量,单位为 W/m^2; c 为真光速。取距离太阳一个天文单位 A_U 处的太阳辐射平均能量为 $\boldsymbol{\Phi}_0$,则距离太阳 r 处:

$$\boldsymbol{\Phi} = \boldsymbol{\Phi}_0 \frac{A_U^2}{r^2} \tag{2.3.3}$$

将式(2.3.3)代入式(2.3.4),并取: $P_0 = \dfrac{\boldsymbol{\Phi}_0}{c}$, 则式(2.3.4)可写为

$$\mathrm{d}\boldsymbol{F}_i = P_0 \frac{A_U^2}{r^2}\mathrm{d}S\cos\theta\boldsymbol{u}_i \tag{2.3.4}$$

类似地,若只考虑镜面反射压力,镜面反射系数取为 β, 则

$$\mathrm{d}\boldsymbol{F}_r = \beta P_0 \frac{A_U^2}{r^2}\mathrm{d}S\cos\theta\boldsymbol{u}_r \tag{2.3.5}$$

将面元所受入射压力和镜面反射压力分解到入射方向和镜面法向,合力可表示为

$$\mathrm{d}\boldsymbol{F}_p = \mathrm{d}\boldsymbol{F}_i + \mathrm{d}\boldsymbol{F}_r = -(1-\beta)P_0\frac{A_U^2}{r^2}\mathrm{d}S\cos\theta\boldsymbol{p} - 2\beta P_0\frac{A_U^2}{r^2}\mathrm{d}S\cos^2\theta\boldsymbol{n} \tag{2.3.6}$$

上述过程仅考虑镜面反射,实际包含镜面反射和漫反射两类,若取 δ 为镜面反射系数,则镜面反射率可写为 $\delta\beta$,漫反射率为 $(1-\delta)\beta$。将式(2.3.6)中的 β 替换为 $\delta\beta$ 即为入射压力和镜面反射压力合力。光线漫反射引起的辐射压力比较复杂,其在某方向上的漫反射等效为该方向的镜面反射,一般认为其在各方向上的漫反射能量密度符合朗伯定律,即某方向上漫反射的能量密度与该方向和平面法向的夹角的余弦成比例。然后对各方向的辐射压力进行向量积分,可得到漫反射压力为

$$\mathrm{d}\boldsymbol{F}_{\mathrm{dr}} = -\frac{2}{3}\frac{A_U^2}{r^2}(1-\delta)\beta P_0\mathrm{d}S\cos\theta\boldsymbol{n} \tag{2.3.7}$$

综合式(2.3.6)和式(2.3.7),同时考虑地月影,可得面积元 dS 所受的太阳光压为

$$\begin{aligned}\mathrm{d}\boldsymbol{F}_p &= \gamma(\mathrm{d}\boldsymbol{F}_i + \mathrm{d}\boldsymbol{F}_{\mathrm{sr}} + \mathrm{d}\boldsymbol{F}_{\mathrm{dr}})\\ &= -\gamma P_0\frac{A_U^2}{r^2}\cos\theta\left\{\left[2\delta\beta\cos\theta + \frac{2}{3}(1-\delta)\beta\right]\boldsymbol{n} + (1-\delta\beta)\boldsymbol{p}\right\}\mathrm{d}S\end{aligned} \tag{2.3.8}$$

式中,γ 为蚀因子。对卫星每个面元所受太阳光压按照式(2.3.8)积分,可以得到整个卫星的太阳光压力,除以卫星质量 M,便可得到卫星的加速度 $\boldsymbol{a}_p$ 为

$$\boldsymbol{a}_p = \left(\iint_S \mathrm{d}\boldsymbol{F}_p\right)/M \tag{2.3.9}$$

高精度的太阳光压计算,需要将卫星划分为尽量多的面元,分别标定每个面元的面积、反射率和反射系数,同时还要考虑各面元间的相互遮挡等,计算相当复杂。因此,一般使用盒翼(BOX-WING)模型对导航卫星受照面进行简化,该模型将卫星星体看作一个长方体,将太阳能帆板看作一个长方形的受照平面。如将其简化为 N 个平面,则太阳光压加速度可写为

$$\boldsymbol{a}_p = -\frac{\gamma P_0}{M}\frac{A_U^2}{r^2}\sum_{i=1}^{N}\alpha_i S_i\cos\theta_i\left\{\left[2\delta_i\beta_i\cos\theta + \frac{2}{3}(1-\delta_i)\beta_i\right]\boldsymbol{n}_i + (1-\delta_i\beta_i)\boldsymbol{p}_i\right\} \tag{2.3.10}$$

式中,P_0 为一个天文单位处太阳辐射流量,$P_0 = 4.56\times10^{-6}\ \mathrm{N/m^2}$;$\gamma$ 为蚀因子;r 为卫星到太阳的距离;S_i 为第 i 个平面的面积;α_i 为第 i 个平面的方向因子,$\cos\theta_i > 0$ 时 $\alpha_i = 1$,$\cos\theta_i \leqslant 0$ 时 $\alpha_i = 0$;β_i 为第 i 个平面反射率;δ_i 为第 i 个平面反射系数;$\boldsymbol{n}_i$ 为第 i 个平面法向量;$\boldsymbol{p}_i$ 为卫星到太阳的单位方向向量。

导航卫星一般工作在动态偏航模式,太阳光始终垂直照射太阳能帆板,星体对地面和被地面轮流受照,东面始终受照(陈秋丽等,2013),为此可以将卫星进一步简化为球形卫

星。球形卫星的太阳辐射压摄动加速度可以写为

$$\boldsymbol{a}_p = \gamma P_0 \frac{A_P}{M} \frac{A_U^2}{|\boldsymbol{r}_D|^3}(1+\beta)\boldsymbol{r}_D \tag{2.3.11}$$

式中，A_P 为卫星等效受照面积；$\frac{A_P}{M}$ 为面质比；$\boldsymbol{r}_D$ 为太阳到卫星的矢量。

虽然，式(2.3.8)~式(2.3.11)给出了明确的太阳光压精密计算公式和简化计算公式，但是其中的反射系数、反射率很难精确标定，且受材料老化等因素影响，会发生变化，而太阳辐射能量密度与太阳活动周期相关，本身就是时变参数。因此，精密的太阳直射辐射压模型是很难给出的，而太阳光压是光压摄动最主要的组成部分，对卫星定轨和预报有较大影响，后面将对多种现有光压模型进行讨论。

2）卫星自身热辐射摄动

卫星与环境间的热传递使卫星以一定的功率辐射光子，根据动量守恒定律，持续的光子辐射将在物体表面形成一个反向力，这就是热辐射致力的来源。卫星在轨运动过程中，将直接受到太阳光照射，卫星表面材料的不同，太阳入射角度的不同，将导致卫星不同部分吸收不同的太阳能，具有不同的温度，特别卫星阳照面和背阴面会存在比较大的温度差，这将导致卫星各部分的热辐射功率不同，各方向热辐射致力也不同，最终引起综合的热辐射净作用力。

卫星的热不平衡摄动与卫星各个部分的温度分布直接相关，导航卫星一般工作在三轴稳定对地偏航机动控制模式，由于存在长时间的光照面和背阴面，导致卫星星体各部分会存在较大温差。如动态偏航模式下，其将对地面和被地面轮流受照，东面始终受照，太阳能帆板始终跟踪太阳入射光线，导致不同部分受照不同，使得各部分温差较大。这样，各部分辐射能量不同，引起卫星表面存在净辐射通量，构成对卫星的净反作用力，将会影响卫星轨道的长期运动，即卫星自身热辐射光压摄动力。

根据 Stefan - Boltzmann 定律，单位面积全频谱辐射功率 E_r 为(Vigue et al.,1993)

$$E_r = \varepsilon\sigma T^4 \tag{2.3.12}$$

式中，σ 为 Stefan - Boltzmann 常数[5.6699×10^{-9} W/(m$^2\cdot$K^4)]；ε 为固体的表面辐射系数，与物体的固有属性相关；T 为物体绝对温度。

若将一个物体看作一个散射体（这种假设对于大部分物体表面是合理的），可用 Lambert 定律分析辐射体在各个方向上的辐射能流密度，即辐射体在某个方向上的辐射能量密度与该方向和平面法向的夹角的余弦成比例，导致其在某个方向上的热辐射致力也与该余弦成比例，使得仅在辐射平面负法向存在热致力。某面元受到的热辐射致力可写为(Adhya,2005)

$$\mathrm{d}\boldsymbol{F}_{\mathrm{tr}} = -\frac{2}{3c}\varepsilon\sigma T^4 \mathrm{d}S\boldsymbol{n} \tag{2.3.13}$$

对式(2.3.13)积分可获得卫星热辐射摄动加速度:

$$\boldsymbol{a}_{\mathrm{tr}} = -\frac{2}{3Mc}\iint_S \varepsilon\sigma T^4 \mathrm{d}S\boldsymbol{n} \tag{2.3.14}$$

卫星热辐射致力是除太阳直射压之外最大的辐射摄动力,其摄动加速度量级约为太阳直射加速度的5%,最大甚至可以达到10%。所以在建立分析型光压模型时,需要根据卫星表面材料和热设计,按照式(2.3.14)计算卫星热辐射加速度。

3) 地球反照辐射摄动

地球将以光学辐射和红外辐射两种方式释放太阳辐射能量,以保持自身热平衡。光学辐射是地球表面对太阳辐射的反射部分,可使用反射率描述其强度;红外辐射是地球吸收太阳辐射之后转化为的次级热辐射,可使用发射率来描述。两种辐射都将对卫星产生光压摄动,其不仅与卫星的形状、姿态和光学特性相关,还受地面、海洋、云层等各种地表物理因素影响,使建立分析型的地球辐射压模型更加困难,地球反照辐射特性可根据大量的测量数据拟合描述。

地球光学辐射强度依赖于太阳位置,太阳垂直照射地面时,光学辐射强度最大。光学辐射将在轨道径向和横向产生摄动加速度,当卫星在地球白昼中心上空时,存在最大的径向摄动加速度;位于昼夜交界处时,横向加速度最大;位于黑夜区时,不存在光学辐射加速度。红外辐射强度与太阳入射位置无关,只与地面平均绝对温度相关,无论卫星在光照区还是黑夜区,都会受到地球红外辐射压力,其主要在卫星径向产生摄动加速度。

地球反照辐射压很难定量建模,对于中高轨导航卫星而言,其摄动力为太阳光压的1%~2%,几乎淹没在太阳光压模型误差里面,可使用经验型光压模型吸收。

4) 卫星电磁辐射摄动

导航卫星都搭载了L波段直发赋形天线,以广播测距信号和导航电文信息。该天线一般由一组螺旋天线组成天线阵,以一定形状、一定功率的发射波束向地面发射导航信号。从量子力学的角度分析,导航信号波束实际上是一定波长的光子束,由于光子束存在动量,其离开天线时将会对卫星产生反向的作用力,引起卫星轨道变化,这就是卫星电磁辐射摄动力。

对理想的天线辐射模型,即天线在设计的波束角内功率均匀分布,且波束绕中心轴线旋转对称,则卫星电磁辐射力将沿中心轴线方向指向卫星。若单位立体角内辐射能量密度为e_{den},立体角$\mathrm{d}\Omega$内电磁辐射产生的径向辐射反力$\mathrm{d}\boldsymbol{F}_{\mathrm{ar}}$为

$$\mathrm{d}\boldsymbol{F}_{\mathrm{ar}} = -\frac{e_{\mathrm{den}}}{c}\mathrm{d}\Omega\cos\theta\boldsymbol{n} \tag{2.3.15}$$

式中,θ为立体角$\mathrm{d}\Omega$与天线轴向的夹角;$\boldsymbol{n}$为天线中心轴线指向,对于导航卫星而言,直发天线稳定对地,理想情况下,$\boldsymbol{n}$与卫星位置矢量方向相反。对式(2.3.15)在天线波束

角内积分,可得天线辐射摄动合力,其球坐标表示形式为

$$\boldsymbol{F}_{\mathrm{ar}} = -\frac{e_{\mathrm{den}}}{c}\int_0^{2\pi}\mathrm{d}\varphi\int_0^{\theta_M}\cos\theta\sin\theta\mathrm{d}\theta\boldsymbol{n} \tag{2.3.16}$$

式中,φ 为立体角 $\mathrm{d}\Omega$ 的方位角;θ_M 为天线波束半锥角。若天线的辐射功率为 E,则天线辐射功率密度为

$$e_{\mathrm{den}} = \frac{E}{\int_0^{2\pi}\mathrm{d}\varphi\int_0^{\theta_M}\sin\theta\mathrm{d}\theta} = \frac{E}{2\pi(1-\cos\theta_M)} \tag{2.3.17}$$

将式(2.3.17)代入式(2.3.16)得卫星电磁辐射摄动径向加速度为

$$\boldsymbol{F}_{\mathrm{ar}} = -\frac{E(1-\cos 2\theta_M)}{4Mc(1-\cos\theta_M)}\boldsymbol{n} \tag{2.3.18}$$

若要求 IGSO 卫星覆盖地表 1 000 km 以上范围,波束半锥角约为 10.1°;对 MEO 卫星,同样的覆盖要求需要波束半锥角达到 15.3°。辐射功率在 70~80 W 的 GPS 直发天线,对质量为 1 000 kg 的卫星产生的摄动加速度在 $2.7\times10^{-10}\ \mathrm{m/s^2}$ 量级,与地球反照辐射产生的摄动加速度量级相当。

实际工程中,很难保证直发天线为理想天线,主波束边缘不可避免地会存在能量损失,天线旁瓣也会损失部分能量。并且严格的轴对称天线是不存在的,卫星还会存在姿态控制残差,这将导致天线辐射反力在卫星轨道切向和法向上也存在微弱的分量,不过该分量非常小,一般不会超过径向电磁辐射加速度的 3%~5%,几乎可以忽略。实际天线的辐射特性,可通过远场实验或微波暗室进行测量,基于测量天线方向图数据,可以逐点处理获得相对真实的电磁辐射反力。

卫星电磁辐射摄动力相比太阳直接辐射摄动为小量,小于后者的 1%,实际标定过程中几乎淹没在太阳光压模型误差里面,可使用经验型光压模型吸收。

2. 常用光压模型

本章节主要研究太阳光压参数的标定方法,不针对建模方法进行深入研究。因此,借鉴 GPS 光压摄动模型的理论与试验成果,针对目前 GPS 精密定轨中常用的经验型太阳光压模型进行研究,主要有 SPHRC 模型、SRDYZ 模型、SRXYZ 模型、SRDYB 模型、BERNE 模型、BERN1 以及 BERN2(ECOM)模型,而标准光压模型计算量较小,适用于星载自主定轨算法,下面对上述几种光压模型进行介绍(陈俊平和王解先,2006)。

经验型光压模型一般认为光压对卫星轨道在某几个方向影响最大,不同模型定义的摄动力指向坐标轴各不相同,主要包括 $\boldsymbol{e}_x$、$\boldsymbol{e}_y$、$\boldsymbol{e}_z$、$\boldsymbol{e}_D$、$\boldsymbol{e}_B$,若取惯性系中卫星和太阳的位置矢量分别为 $\boldsymbol{r}$、$\boldsymbol{r}_s$,则上述方向矢量定义如下:

$$\boldsymbol{e}_z=-\frac{\boldsymbol{r}}{|\boldsymbol{r}|},\quad \boldsymbol{e}_D=\frac{\boldsymbol{r}-\boldsymbol{r}_s}{|\boldsymbol{r}-\boldsymbol{r}_s|},\quad \boldsymbol{e}_y=-\frac{\boldsymbol{e}_z\times\boldsymbol{e}_D}{|\boldsymbol{e}_z\times\boldsymbol{e}_D|},$$

$$\boldsymbol{e}_x=\frac{\boldsymbol{e}_y\times\boldsymbol{e}_z}{|\boldsymbol{e}_y\times\boldsymbol{e}_z|},\quad \boldsymbol{e}_B=\frac{\boldsymbol{e}_y\times\boldsymbol{e}_D}{|\boldsymbol{e}_y\times\boldsymbol{e}_D|} \tag{2.3.19}$$

上述经验型光压模型依次定义的坐标轴指向如表 2.3.2 所示。

表 2.3.2　各光压模型的坐标轴指向

光压模型	坐　标　轴	参数个数	光压模型	坐　标　轴	参数个数
标准模型	$\boldsymbol{e}_D$	1	SRDYB	$\boldsymbol{e}_D$，$\boldsymbol{e}_y$，$\boldsymbol{e}_B$	3
SPHRC	$\boldsymbol{e}_D$，$\boldsymbol{e}_y$，$\boldsymbol{e}_z$	3	BERNE	$\boldsymbol{e}_D$，$\boldsymbol{e}_y$，$\boldsymbol{e}_B$	9
SRDYZ	$\boldsymbol{e}_D$，$\boldsymbol{e}_y$，$\boldsymbol{e}_z$，$\boldsymbol{e}_x$	3	BERN1	$\boldsymbol{e}_D$，$\boldsymbol{e}_y$，$\boldsymbol{e}_B$，$\boldsymbol{e}_x$，$\boldsymbol{e}_z$	9
SRXYZ	$\boldsymbol{e}_x$，$\boldsymbol{e}_y$，$\boldsymbol{e}_z$	3	BERN2	$\boldsymbol{e}_D$，$\boldsymbol{e}_y$，$\boldsymbol{e}_B$，$\boldsymbol{e}_x$，$\boldsymbol{e}_z$	6

1）标准模型

标准光压模型仅考虑太阳光压摄动，且将卫星模型简化为球形，加速度为

$$\boldsymbol{a}_p=\gamma P_0\frac{A_P}{M}\left(\frac{A_U}{|\boldsymbol{r}_D|}\right)^2(1+\beta)\boldsymbol{e}_D \tag{2.3.20}$$

式中，各个参数定义与式(2.3.11)相同。式(2.3.20)中包含卫星面质比 $\frac{A_P}{M}$ 和反射率 β 两个待估参数，但这两个参数无法解耦，所以通常拟合估计面质比参数。

2）SPHRC 模型

该光压模型加速度公式为

$$\boldsymbol{a}_p=\left(\frac{A_U}{|\boldsymbol{r}_D|}\right)^2 D_0[\gamma \mathrm{SRP}(1)\boldsymbol{e}_D+\mathrm{SRP}(2)\boldsymbol{e}_y+\mathrm{SRP}(3)\boldsymbol{e}_z] \tag{2.3.21}$$

式中，$\mathrm{SRP}(i)$ $(i=1, 2, 3)$ 为待估的三个轴向系数；D_0 为按照 ROCK 模型计算的理论加速度，不同卫星型号取值不同。各型号卫星 D_0 参数定义如下：Block－I 卫星，$D_0=4.54\times10^{-5}/M$；Block－II 卫星、Block－IIA 卫星，$D_0=8.695\times10^{-5}/M$；Block－IIR 卫星，$D_0=11.5\times10^{-5}/M$；Block－IIF 卫星，$D_0=16.7\times10^{-5}/M$；M 为卫星质量。

3）SRDYZ 模型

该光压模型加速度公式为

$$\boldsymbol{a}_p=\left(\frac{A_U}{|\boldsymbol{r}_D|}\right)^2\{D_0[\gamma \mathrm{SRP}(1)\boldsymbol{e}_D+\mathrm{SRP}(2)\boldsymbol{e}_y+\mathrm{SRP}(3)\boldsymbol{e}_z]+\gamma[X(B)\boldsymbol{e}_x+Z(B)\boldsymbol{e}_z]\} \tag{2.3.22}$$

式中，$\mathrm{SRP}(i)$ $(i=1, 2, 3)$ 为待估系数；$X(B)$、$Z(B)$ 为 $\boldsymbol{e}_x$、$\boldsymbol{e}_z$ 方向上的周期项，对不同

型号卫星其定义如式(2.3.23)~式(2.3.25),其他变量定义同式(2.3.21)。

(1) Block-I 卫星:

$$\begin{cases} X(B)=\dfrac{[0.01\sin(B)-0.08\sin(2B+0.9)+0.06\cos(4B+0.08)-80]\times 10^{-8}}{M} \\ Z(B)=\dfrac{[-0.2\sin(2B-0.3)+0.03\sin(4B)]\times 10^{-8}}{M} \end{cases} \tag{2.3.23}$$

(2) Block-II 卫星、Block-IIA 卫星:

$$\begin{cases} X(B)=\dfrac{[0.265\sin(B)-0.16\sin(3B)-0.1\sin(5B)+0.07\sin(7B)]\times 10^{-8}}{M} \\ Z(B)=-\dfrac{0.265\times 10^{-8}\cos(B)}{M} \end{cases} \tag{2.3.24}$$

(3) Block-IIR 卫星:

$$\begin{cases} X(B)=\dfrac{[-0.15\sin(B)+0.2\sin(3B)-0.2\sin(5B)]\times 10^{-8}}{M} \\ Z(B)=\dfrac{[0.15\cos(B)-0.1\cos(3B)-0.2\cos(5B)]\times 10^{-8}}{M} \end{cases} \tag{2.3.25}$$

(4) Block-IIF 卫星:

$$X(B)=Z(B)=0 \tag{2.3.26}$$

式(2.3.22)~式(2.3.26)中,$B=\arccos(-\boldsymbol{e}_D\cdot\boldsymbol{e}_z)$,为太阳与地球对卫星的张角。

4) SRXYZ 模型

该光压模型加速度公式为

$$\boldsymbol{a}_p=\left(\frac{A_U}{|\boldsymbol{r}_D|}\right)^2[\gamma \mathrm{SRP}(1)X(B)\boldsymbol{e}_x+\mathrm{SRP}(2)D_0\boldsymbol{e}_y+\mathrm{SRP}(3)Z(B)\boldsymbol{e}_z] \tag{2.3.27}$$

式中,SRP(i) (i=1, 2, 3)为待估系数;$X(B)$、$Z(B)$ 为 $\boldsymbol{e}_x$、$\boldsymbol{e}_z$ 方向上的周期项,对不同型号卫星其定义如式(2.3.28)~式(2.3.30),其他变量定义同式(2.3.22)。

(1) Block-I 卫星:

$$\begin{cases} X(B)=\dfrac{[-4.55\sin(B)+0.08\sin(2B+0.9)-0.06\cos(4B+0.08)+0.08]\times 10^{-8}}{M} \\ Z(B)=\dfrac{[-4.54\cos(B)+0.20\sin(2B-0.3)-0.03\sin(4B)]\times 10^{-8}}{M} \end{cases} \tag{2.3.28}$$

(2) Block－II 卫星、Block－IIA 卫星：

$$\begin{cases} X(B)=\dfrac{[-8.96\sin(B)+0.16\sin(B)+0.1\sin(5B)-0.07\sin(7B)]\times 10^{-8}}{M} \\ Z(B)=-\dfrac{8.43\times 10^{-8}\cos(B)}{M} \end{cases} \tag{2.3.29}$$

(3) Block－IIR 卫星：

$$\begin{cases} X(B)=\dfrac{[-11\sin(B)+0.2\sin(3B)-0.2\sin(5B)]\times 10^{-8}}{M} \\ Z(B)=\dfrac{[-11.3\cos(B)-0.1\cos(3B)-200\cos(5B)]\times 10^{-8}}{M} \end{cases} \tag{2.3.30}$$

(4) Block－IIF 卫星：

$$X(B)=Z(B)=0 \tag{2.3.31}$$

5) SRDYB 模型

该光压模型加速度公式为

$$\boldsymbol{a}_p=\left(\frac{A_U}{|\boldsymbol{r}_D|}\right)^2 D_0[\gamma \mathrm{SRP}(1)\boldsymbol{e}_D+\mathrm{SRP}(2)\boldsymbol{e}_y+\mathrm{SRP}(3)\boldsymbol{e}_B] \tag{2.3.32}$$

式中，SRP(i) ($i=1, 2, 3$)为待估的三个轴向系数；其他参数定义同式(2.3.21)。

6) BERNE 模型

BERNE 光压摄动模型认为在 $\boldsymbol{e}_D$、$\boldsymbol{e}_y$、$\boldsymbol{e}_B$ 三个方向上存在辐射压和周期性摄动，因此估计三个方向上的辐射压系数和周期项摄动系数，其加速度公式为

$$\boldsymbol{a}_p=\left(\frac{A_U}{|\boldsymbol{r}_D|}\right)^2 [D(u)\boldsymbol{e}_D+Y(u)\boldsymbol{e}_y+B(u)\boldsymbol{e}_B] \tag{2.3.33}$$

$$\begin{cases} D(u)=D_0[\gamma \mathrm{SRP}(1)+\mathrm{SRP}(4)\cos(u)+\mathrm{SRP}(5)\sin(u)] \\ Y(u)=D_0[\mathrm{SRP}(2)+\mathrm{SRP}(6)\cos(u)+\mathrm{SRP}(7)\sin(u)] \\ B(u)=D_0[\mathrm{SRP}(3)+\mathrm{SRP}(8)\cos(u)+\mathrm{SRP}(9)\sin(u)] \end{cases} \tag{2.3.34}$$

式中，SRP(i) ($i=1, 2, \cdots, 9$)为待估参数；u 为轨道平面内从升交点节线到卫星矢量扫过的角度，$u\in[0°, 360°)$；其他参数定义同式(2.3.21)。

7) BERN1 模型

BERN1 模型认为在 $\boldsymbol{e}_D$、$\boldsymbol{e}_y$、$\boldsymbol{e}_B$ 方向上存在辐射压，并在 $\boldsymbol{e}_D$、$\boldsymbol{e}_y$、$\boldsymbol{e}_B$、$\boldsymbol{e}_x$、$\boldsymbol{e}_z$ 方向上存在周期性摄动，仅估计 $\boldsymbol{e}_D$、$\boldsymbol{e}_y$、$\boldsymbol{e}_B$ 三个方向上的辐射压系数和周期项摄动系数，其加速度公式为

$$\boldsymbol{a}_p=\left(\frac{A_U}{|\boldsymbol{r}_D|}\right)^2\{D(u,\beta)\boldsymbol{e}_D+Y(u,\beta)\boldsymbol{e}_y+B(u,\beta)\boldsymbol{e}_B+[X_1(\beta)\cdot\sin(u-u_0)+X_3(\beta)\sin(3u-u_0)]\boldsymbol{e}_x+Z(\beta)\sin(u-u_0)\boldsymbol{e}_z\} \tag{2.3.35}$$

$$\begin{cases}D(u,\beta)=\gamma[\mathrm{SRP}(1)D_0+D_{C2}\cos(2\beta)+D_{C4}\cos(2\beta)]+D_0[\mathrm{SRP}(4)\cos(u)+\mathrm{SRP}(5)\sin(u)]\\ Y(u,\beta)=\mathrm{SRP}(2)D_0+Y_C\cos(2\beta)+D_0[\mathrm{SRP}(6)\cos(u)+\mathrm{SRP}(7)\sin(u)]\\ B(u,\beta)=\mathrm{SRP}(3)D_0+B_C\cos(2\beta)+D_0[\mathrm{SRP}(8)\cos(u)+\mathrm{SRP}(9)\sin(u)]\end{cases} \tag{2.3.36}$$

$$\begin{cases}X_1(\beta)=X_{10}+X_{1C}\cos(2\beta)+X_{1S}\sin(2\beta)\\ X_3(\beta)=X_{30}+X_{3C}\cos(2\beta)+X_{3S}\sin(2\beta)\\ Z(\beta)=Z_0+Z_{C2}\cos(2\beta)+Z_{S2}\sin(2\beta)+Z_{C4}\cos(4\beta)+Z_{S4}\sin(4\beta)\end{cases} \tag{2.3.37}$$

式中，SRP(i)（$i=1, 2, \cdots, 9$）为待估参数；β 为太阳矢量与卫星轨道面的夹角；u_0 为轨道平面内从升交点节线到太阳矢量在轨道面内的投影矢量扫过的角度，$u\in[0°, 360°)$；对于 Block－II 卫星、Block－IIA 卫星型号，各系数定义如表 2.3.3 所示，其他型号相应参数取为 0；式中其他参数定义同式(2.3.33)。

表 2.3.3　BERN1 光压模型系数定义

参数名	参数值/(10^{-9} m/s^2)	参数名	参数值/(10^{-9} m/s^2)	参数名	参数值/(10^{-9} m/s^2)
D_{C2}	−0.813	X_{10}	−0.015	Z_0 (Block－II)	1.024
D_{C4}	0.517	X_{1C}	−0.018	Z_0 (Block－IIA)	0.979
Y_C	0.067	X_{1S}	−0.033	Z_{C2}	0.519
B_C	−0.385	X_{30}	0.004	Z_{S2}	0.125
		X_{3C}	−0.046	Z_{C4}	0.047
		X_{3S}	−0.398	Z_{S4}	−0.045

8）BERN2 模型

BERN2 模型又称为 ECOM 模型，认为在 $\boldsymbol{e}_D$、$\boldsymbol{e}_y$、$\boldsymbol{e}_B$ 方向上存在辐射压，并在 $\boldsymbol{e}_x$、$\boldsymbol{e}_z$ 方向上存在周期性摄动，该模型估计 $\boldsymbol{e}_D$、$\boldsymbol{e}_y$、$\boldsymbol{e}_B$ 三个方向上的辐射压系数和 $\boldsymbol{e}_x$、$\boldsymbol{e}_z$ 方向上的周期项摄动系数，其加速度计算公式为

$$\boldsymbol{a}_p=\left(\frac{A_U}{|\boldsymbol{r}_D|}\right)^2\{D(\beta)\boldsymbol{e}_D+Y(\beta)\boldsymbol{e}_y+B(\beta)\boldsymbol{e}_B+[X_1(\beta)\cdot\sin(u-u_0)+X_3(\beta)\sin(3u-u_0)]\boldsymbol{e}_x+Z(\beta)\sin(u-u_0)\boldsymbol{e}_z\} \tag{2.3.38}$$

$$\begin{cases} D(\beta) = \gamma[\mathrm{SRP}(1)D_0 + D_{C2}\cos(2\beta) + D_{C4}\cos(2\beta)] \\ Y(\beta) = \mathrm{SRP}(2)D_0 + Y_C\cos(2\beta) \\ B(\beta) = \mathrm{SRP}(3)D_0 + B_C\cos(2\beta) \end{cases} \tag{2.3.39}$$

$$\begin{cases} X_1(\beta) = \mathrm{SRP}(4)\cdot D_0 + X_{10} + X_{1C}\cos(2\beta) + X_{1S}\sin(2\beta) \\ X_3(\beta) = \mathrm{SRP}(5)\cdot D_0 + X_{30} + X_{3C}\cos(2\beta) + X_{3S}\sin(2\beta) \\ Z(\beta) = \mathrm{SRP}(6)\cdot D_0 + Z_0 + Z_{C2}\cos(2\beta) + Z_{S2}\sin(2\beta) + Z_{C4}\cos(4\beta) + Z_{S4}\sin(4\beta) \end{cases} \tag{2.3.40}$$

式中,$\mathrm{SRP}(i)$ $(i=1, 2, \cdots, 6)$为待估参数;其他参数定义同式(2.3.35)。

2.4 动力学预报测试结果

2.4.1 初值拟合方法

光压模型参数可通过轨道拟合求解,即用一组高精度位置速度序列拟合得到卫星轨道初值和光压模型参数的方法,该初值和光压模型参数可用于描述拟合弧段和外推弧段的运动。常用的方法有基于最小二乘算法的批处理方法和基于卡尔曼滤波的递推算法,地面一般使用批处理方法拟合轨道初值和光压模型参数,而卡尔曼滤波递推方法计算量较小,可用于光压参数在轨自标校。

通常卫星初始轨道参数 $\boldsymbol{r}_0$、$\boldsymbol{v}_0$ 和光压模型参数 $\boldsymbol{p}_0$ 是无法精确已知的,仅能获得其待估值 $\boldsymbol{r}_0^*$、$\boldsymbol{v}_0^*$ 和 $\boldsymbol{p}_0^*$。以一组卫星位置速度为虚拟观测量,通过拟合可提高卫星运动状态精度,获得初始状态估计值 $\hat{\boldsymbol{r}}_0$、$\hat{\boldsymbol{v}}_0$、$\hat{\boldsymbol{p}}_0$。取状态量 $\boldsymbol{X}_0 = (\boldsymbol{r}_0^{\mathrm{T}}, \boldsymbol{v}_0^{\mathrm{T}}, \boldsymbol{p}_0^{\mathrm{T}})^{\mathrm{T}}$,$t$ 时刻卫星位置速度为 $\boldsymbol{Y}_t = (\boldsymbol{r}_0^{\mathrm{T}}, \boldsymbol{v}_0^{\mathrm{T}})^{\mathrm{T}}$, 则 $\boldsymbol{Y}_t = \boldsymbol{f}[\boldsymbol{X}_0, t_0, t]$, 观测方程可写为

$$\boldsymbol{Y} = \begin{bmatrix} \boldsymbol{Y}_1 \\ \boldsymbol{Y}_2 \\ \vdots \\ \boldsymbol{Y}_N \end{bmatrix} = \begin{bmatrix} \boldsymbol{f}[\boldsymbol{X}_0, t_0, t_1] \\ \boldsymbol{f}[\boldsymbol{X}_0, t_0, t_2] \\ \vdots \\ \boldsymbol{f}[\boldsymbol{X}_0, t_0, t_N] \end{bmatrix} = \boldsymbol{F}[\boldsymbol{X}_0, t_0] \tag{2.4.1}$$

取第 i 次迭代估计值为 $\hat{\boldsymbol{X}}_{i/0} = (\hat{\boldsymbol{r}}_{i/0}^{\mathrm{T}}, \hat{\boldsymbol{v}}_{i/0}^{\mathrm{T}}, \hat{\boldsymbol{p}}_{i/0}^{\mathrm{T}})^{\mathrm{T}}$, 将式(2.4.1)在 $\hat{\boldsymbol{X}}_{i/0}$ 处展开, 得

$$\boldsymbol{Y} = \boldsymbol{F}[\hat{\boldsymbol{X}}_{i/0}, t_0] + \left.\frac{\partial \boldsymbol{F}}{\partial \boldsymbol{X}_0^{\mathrm{T}}}\right|_{\boldsymbol{X}_0 = \hat{\boldsymbol{X}}_{i/0}} (\boldsymbol{X}_0 - \hat{\boldsymbol{X}}_{i/0}) + o(\boldsymbol{X}_0 - \hat{\boldsymbol{X}}_{i/0})^2 \tag{2.4.2}$$

取

$$\boldsymbol{y}_i = \boldsymbol{Y} - \boldsymbol{F}[\hat{\boldsymbol{X}}_{i/0},\ t_0],\quad \boldsymbol{x}_i = \boldsymbol{X}_0 - \hat{\boldsymbol{X}}_{i/0},\quad \boldsymbol{H}_i = \left.\frac{\partial \boldsymbol{F}}{\boldsymbol{X}_0^{\mathrm{T}}}\right|_{\boldsymbol{X}_0 = \hat{\boldsymbol{X}}_{i/0}},\quad \boldsymbol{v}_i = o(\boldsymbol{X}_0 - \hat{\boldsymbol{X}}_{i/0})^2 \tag{2.4.3}$$

则

$$\boldsymbol{y}_i = \boldsymbol{H}_i\boldsymbol{x}_i + \boldsymbol{v}_i \tag{2.4.4}$$

根据最小二乘原则,可获得 $\boldsymbol{x}_i$ 的最优估计:

$$\hat{\boldsymbol{x}}_i = (\boldsymbol{H}_i^{\mathrm{T}}\boldsymbol{H}_i)^{-1}\boldsymbol{H}_i^{\mathrm{T}}\boldsymbol{y}_i \tag{2.4.5}$$

可获得第 i 次迭代的结果为

$$\hat{\boldsymbol{X}}_{i+1/0} = \hat{\boldsymbol{X}}_{i/0} + \hat{\boldsymbol{x}}_i \tag{2.4.6}$$

通过不断迭代,可以获得 $\boldsymbol{X}_0$ 的最优估计 $\hat{\boldsymbol{X}}_0$。上述迭代过程关键在于计算式(2.3.42)中的轨道外推 $\boldsymbol{F}[\hat{\boldsymbol{X}}_{i/0},\ t_0]$ 和偏导数矩阵 $\left.\frac{\partial \boldsymbol{F}}{\partial \boldsymbol{X}_0^{\mathrm{T}}}\right|_{\boldsymbol{X}_0 = \hat{\boldsymbol{X}}_{i/0}}$。基于第 i 次迭代初值 $\hat{\boldsymbol{X}}_{i/0}$ 使用数值积分方法可以获得 t 时刻位置速度为 $\boldsymbol{Y}_{i/t}(t = 1,\ 2,\ \cdots,\ N)$。$t$ 时刻观测量 $\boldsymbol{Y}_t$ 对初始状态的偏导数矩阵可写作式(2.4.7),则 $\boldsymbol{H}_i = [\boldsymbol{H}_{i1}^{\mathrm{T}}\quad \boldsymbol{H}_{i2}^{\mathrm{T}}\quad \cdots\quad \boldsymbol{H}_{iN}^{\mathrm{T}}]^{\mathrm{T}}$ 为

$$\boldsymbol{H}_{it} = \frac{\partial \boldsymbol{Y}_t}{\partial \boldsymbol{X}_0^{\mathrm{T}}} = \begin{bmatrix} \dfrac{\partial \boldsymbol{r}_t}{\partial \boldsymbol{r}_0^{\mathrm{T}}} & \dfrac{\partial \boldsymbol{r}_t}{\partial \boldsymbol{v}_0^{\mathrm{T}}} & \dfrac{\partial \boldsymbol{r}_t}{\partial \boldsymbol{p}_0^{\mathrm{T}}} \\ \dfrac{\partial \boldsymbol{v}_t}{\partial \boldsymbol{r}_0^{\mathrm{T}}} & \dfrac{\partial \boldsymbol{v}_t}{\partial \boldsymbol{v}_0^{\mathrm{T}}} & \dfrac{\partial \boldsymbol{v}_t}{\partial \boldsymbol{p}_0^{\mathrm{T}}} \end{bmatrix} \tag{2.4.7}$$

对比 EKF 自主定轨算法中的状态转移矩阵公式(5.1.63),可以看到式(2.4.7)即为状态转移矩阵,可以通过偏微分方程积分方法获得,如式(5.1.85)。而偏微分方程的关键是计算受力模型对状态量的偏导数矩阵,即计算:

$$\boldsymbol{G}(t) = \left.\begin{bmatrix} \dfrac{\partial \boldsymbol{v}(t)}{\partial \boldsymbol{r}^{\mathrm{T}}(t)} & \dfrac{\partial \boldsymbol{v}(t)}{\partial \boldsymbol{v}^{\mathrm{T}}(t)} & \dfrac{\partial \boldsymbol{v}(t)}{\partial \boldsymbol{p}^{\mathrm{T}}(t)} \\ \dfrac{\partial \boldsymbol{a}(t)}{\partial \boldsymbol{r}^{\mathrm{T}}(t)} & \dfrac{\partial \boldsymbol{a}(t)}{\partial \boldsymbol{v}^{\mathrm{T}}(t)} & \dfrac{\partial \boldsymbol{a}(t)}{\partial \boldsymbol{p}^{\mathrm{T}}(t)} \\ \dfrac{\partial \dot{\boldsymbol{p}}(t)}{\partial \boldsymbol{r}^{\mathrm{T}}(t)} & \dfrac{\partial \dot{\boldsymbol{p}}(t)}{\partial \boldsymbol{v}^{\mathrm{T}}(t)} & \dfrac{\partial \dot{\boldsymbol{p}}(t)}{\partial \boldsymbol{v}^{\mathrm{T}}(t)} \end{bmatrix}\right|_{\boldsymbol{X}(t) = \hat{\boldsymbol{X}}(t)} = \left.\begin{bmatrix} \boldsymbol{0} & \boldsymbol{I} & \boldsymbol{0} \\ \dfrac{\partial[\boldsymbol{a}_o(t) + \boldsymbol{a}_p(t)]}{\partial \boldsymbol{r}^{\mathrm{T}}(t)} & \boldsymbol{0} & \dfrac{\partial \boldsymbol{a}_p(t)}{\partial \boldsymbol{p}^{\mathrm{T}}(t)} \\ \boldsymbol{0} & \boldsymbol{0} & \boldsymbol{0} \end{bmatrix}\right|_{\boldsymbol{X}(t) = \hat{\boldsymbol{X}}(t)} \tag{2.4.8}$$

式中,$\boldsymbol{a}_p(t)$ 为太阳光压摄动加速度;$\boldsymbol{a}_o(t)$ 为其他受力加速度。相对式(5.1.78),标定光压参数需要计算 $\boldsymbol{G}_{\mathrm{pr}}(t) = \dfrac{\partial \boldsymbol{a}_p(t)}{\partial \boldsymbol{r}^{\mathrm{T}}(t)}$、$\boldsymbol{G}_{\mathrm{pp}}(t) = \dfrac{\partial \boldsymbol{a}_p(t)}{\partial \boldsymbol{p}^{\mathrm{T}}(t)}$。$\boldsymbol{G}_{\mathrm{pr}}(t)$ 相对 $\dfrac{\partial \boldsymbol{a}_o(t)}{\partial \boldsymbol{r}^{\mathrm{T}}(t)}$ 为小量,在状

态转移矩阵积分计算过程中可忽略。下节给出各光压模型中 $\boldsymbol{G}_{\mathrm{pp}}(t)$ 的计算方法。

2.4.2 偏导数求解方法

本节将针对 2.3.2 节中多种经验型光压模型，给出式(2.4.8) 中 $\boldsymbol{G}_{\mathrm{pp}}(t)$ 的计算公式。

(1) 标准模型：

$$\boldsymbol{G}_{\mathrm{pp}}(t) = \gamma P_0(A_U/|\boldsymbol{r}_D|)^2(1+\beta)\boldsymbol{e}_D \tag{2.4.9}$$

(2) SPHRC 模型：

$$\boldsymbol{G}_{\mathrm{pp}}(t) = (A_U/|\boldsymbol{r}_D|)^2 D_0[\gamma\boldsymbol{e}_D \quad \boldsymbol{e}_y \quad \boldsymbol{e}_z] \tag{2.4.10}$$

(3) SRDYZ 模型：

$$\boldsymbol{G}_{\mathrm{pp}}(t) = (A_U/|\boldsymbol{r}_D|)^2[D_0\gamma\boldsymbol{e}_D \quad D_0\boldsymbol{e}_y \quad D_0\boldsymbol{e}_z] \tag{2.4.11}$$

(4) SRXYZ 模型：

$$\boldsymbol{G}_{\mathrm{pp}}(t) = (A_U/|\boldsymbol{r}_D|)^2[\gamma X(B)\boldsymbol{e}_x \quad D_0\boldsymbol{e}_y \quad Z(B)\boldsymbol{e}_z] \tag{2.4.12}$$

(5) SRDYB 模型：

$$\boldsymbol{G}_{\mathrm{pp}}(t) = (A_U/|\boldsymbol{r}_D|)^2 D_0[\gamma\boldsymbol{e}_D \quad \boldsymbol{e}_y \quad \boldsymbol{e}_z] \tag{2.4.13}$$

(6) BERNE 模型：

$$\begin{aligned}\boldsymbol{G}_{\mathrm{pp}}(t) = \left(\frac{A_U}{|\boldsymbol{r}_D|}\right)^2 D_0[&\gamma\boldsymbol{e}_D \quad \boldsymbol{e}_y \quad \boldsymbol{e}_B \quad \cos(u)\boldsymbol{e}_D \quad \sin(u)\boldsymbol{e}_D \\ &\cos(u)\boldsymbol{e}_y \quad \cos(u)\boldsymbol{e}_y \quad \cos(u)\boldsymbol{e}_B \quad \cos(u)\boldsymbol{e}_B]\end{aligned} \tag{2.4.14}$$

(7) BERN1 模型：

$$\begin{aligned}\boldsymbol{G}_{\mathrm{pp}}(t) = \left(\frac{A_U}{|\boldsymbol{r}_D|}\right)^2 D_0[&\gamma\boldsymbol{e}_D \quad \boldsymbol{e}_y \quad \boldsymbol{e}_B \quad \cos(u)\boldsymbol{e}_D \quad \sin(u)\boldsymbol{e}_D \\ &\cos(u)\boldsymbol{e}_y \quad \cos(u)\boldsymbol{e}_y \quad \cos(u)\boldsymbol{e}_B \quad \cos(u)\boldsymbol{e}_B]\end{aligned} \tag{2.4.15}$$

(8) BERN2 模型：

$$\boldsymbol{G}_{\mathrm{pp}}(t) = \left(\frac{A_U}{|\boldsymbol{r}_D|}\right)^2 D_0[\gamma\boldsymbol{e}_D \quad \boldsymbol{e}_y \quad \boldsymbol{e}_B \quad \sin(u-u_0)\boldsymbol{e}_x \quad \sin(3u-u_0)\boldsymbol{e}_x \quad \sin(u-u_0)\boldsymbol{e}_z] \tag{2.4.16}$$

2.4.3　动力学模型外推结果

将式(2.4.9)~式(2.4.16)代入式(2.4.8)并积分可获得状态转移矩阵 $\boldsymbol{H}_i$，将其代入式(2.4.5)通过迭代可拟合获得光压参数的最优估计。本节使用 IGS 提供的 GPS 事后精密轨道进行地面光压参数标定算法验证，并评估上述各经验型光压模型的精度。由 2.3.2 节的分析发现，Block－II、Block－IIA 型号卫星的光压模型最为全面，此处对 PRN18 卫星(Block－IIA)从 2012 年 8 月 5 号 12 时 0 分 0 秒(GPST)开始的数据进行分析。

首先，使用第一天的数据进行拟合获取卫星初始时刻的位置速度和光压模型参数，然后以此拟合参数为初值轨道外推 7 d，并将外推数据与 IGS 精密轨道进行对比，可以评估光压模型的精度，其中第 1 d 数据为拟合残差，后 6 d 数据为轨道外推误差。上述 8 种光压模型的拟合外推轨道精度如图 2.4.1，各图中红线、蓝线、绿线依次为轨道径向(R)、切向(T)、法向(N)误差。各光压模型拟合残差和轨道外推误差统计数据如表 2.4.1。

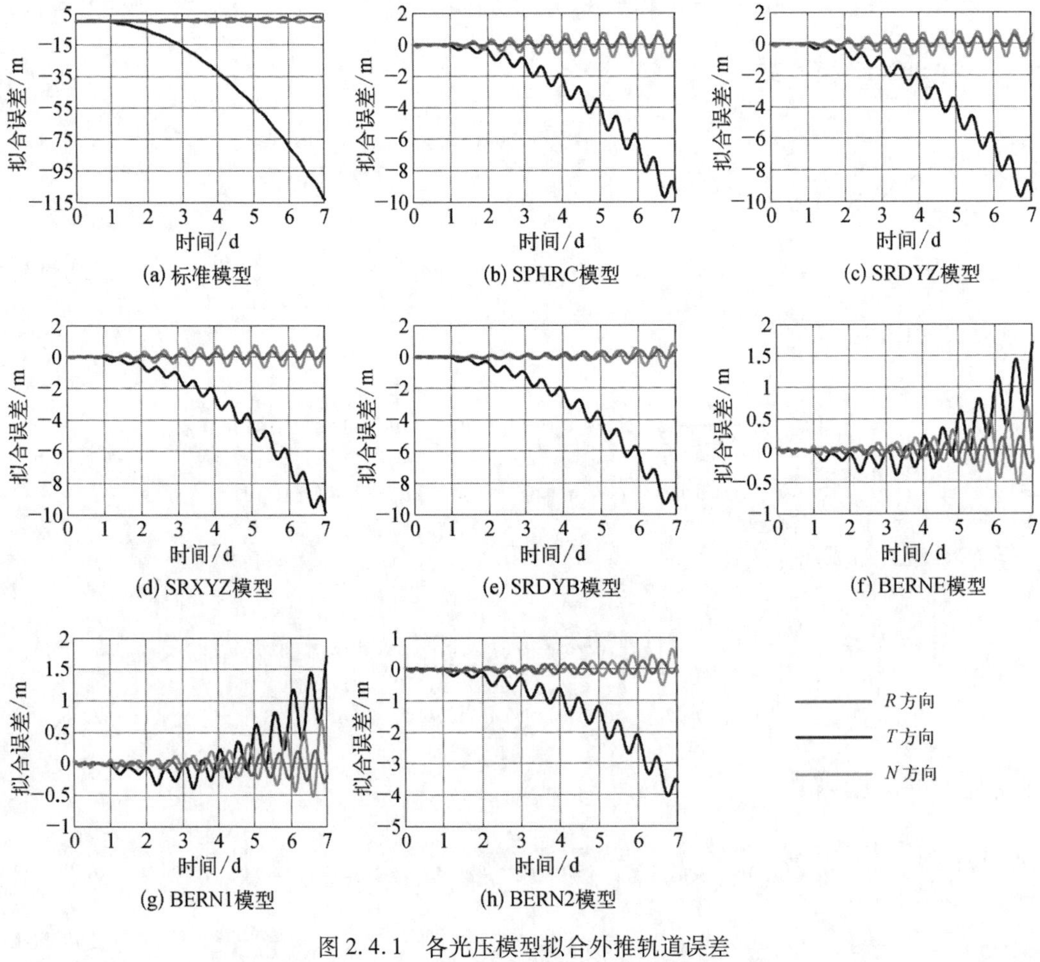

彩图

图 2.4.1　各光压模型拟合外推轨道误差

表 2.4.1 各光压模型拟合外推轨道误差统计

光压模型	拟合残差均方根/m				外推 6 d 最大误差/m			
	R	*T*	*N*	3D	*R*	*T*	*N*	3D
标准模型	0.073	0.177	0.07	0.204	2.882	112.60	0.77	112.61
SPHRC 模型	0.020	0.017	0.069	0.074	0.545	9.72	0.829	9.721
SRDYZ 模型	0.020	0.017	0.069	0.074	0.545	9.721	0.829	9.721
SRXYZ 模型	0.018	0.012	0.044	0.049	0.497	9.694	0.781	9.718
SRDYB 模型	0.031	0.012	0.046	0.057	0.427	9.331	0.79	9.355
BERNE 模型	0.012	0.006	0.027	0.031	0.294	1.629	0.688	1.645
BERN1 模型	0.012	0.006	0.027	0.031	0.294	1.63	0.688	1.646
BERN2 模型	0.028	0.007	0.043	0.052	0.264	4.053	0.62	4.054

由图 2.4.1 可看到，各光压模型轨道外推误差在三个方向上都存在周期项，且切线方向误差最大，说明光压摄动对卫星轨道存在周期性影响，且切向最大。由于 BERNE、BERN1 和 BERN2 光压模型引入了周期项系数，其外推精度更高，说明引入周期项可更好地描述光压摄动的影响。由表 2.4.1 中统计数据可知，上述 8 种光压模型根据其参数个数以及拟合外推误差可分为三类：标准光压模型估计 1 个参数，拟合误差约为 0.2 m，外推 6 天误差 113 m，误差最大；SPHRC、SRDYZ、SRXYZ、SRDYB 四种模型估计 3 个光压参数，四种模型拟合和外推精度相当，拟合误差在厘米量级，外推 6 天误差约为 10 m；BERNE、BERN1、BERN2 三种模型估计 6 个或者 9 个参数，包含周期项摄动系数，精度最高，拟合误差小于 5 cm，外推误差小于 4 m，特别是 9 个参数的 BERNE 模型、BERN1 模型，外推 6 天误差小于 2 m。

上述试验结果说明使用批处理方式可拟合获得轨道初值和光压参数，基于拟合参数进行轨道外推可获得长期预报星历，或将其直接上注卫星，以支持自主导航。各光压模型参数个数不同，拟合外推轨道精度也不同，参数越多，精度越高。地面计算能力强大，且需进行长时间轨道预报，可以使用复杂的 BERNE 模型、BERN1 模型、BERN2 模型，其外推精度下降速度相对来说较慢。而卫星计算能力有限，且仅需进行短弧预报，因此在轨光压参数标定可使用标准光压模型或者 3 个参数模型。

2.5 本章小结

本章首先介绍了卫星导航所涉及的各种时间系统（UT、UTC、TDB、TAI、GPST 等）和坐标系统（地心地固坐标系、惯性系、卫星本体坐标系等）及其转换关系；介绍了卫星的各种轨道动力学摄动模型（地球非球形引力、日月引力、太阳光压、潮汐、大气等），并给出了各种摄动力引起的摄动加速度的量级和外推两天对轨道误差的影响;重点分析导航卫星光压摄动力机制及几种常用的太阳光压经验模型,使用IGS组织网站提供的GPS在轨卫星事后精密轨道进行地面光压参数标定算法验证,结果表明采用BERNE模型、BERN1模型9个参数拟合和轨道外推的精度最高,拟合误差小于5 cm,外推6天误差小于2 m,适合于导航卫星地面精密定轨和长期轨道预报。

第3章 导航卫星时频技术

3.1 导航卫星星上时间的建立

3.1.1 基于导航卫星的定位原理

导航卫星最主要的功能在于,它可以为海陆空各个层面的物体提供高精度的定位和授时服务。定位就是三维位置的获取,而授时可以认为是得到接收机时间相对于 GNSS 系统时间(基准时间,下面用 GNSST 表示)的偏差。接下来简单介绍一下地面用户的定位原理,借以说明时间信息对于定位的重要作用。

如图 3.1.1 所示(谢钢,2009),GNSS 接收机在 t_u 时刻收到卫星 s 发送的卫星信号,t_u 是接收机本地时间,同时假设此时刻的卫星信号是卫星于 t^s 时刻发出,t^s 是卫星信号的发射时间,由卫星星载原子钟来维持。需要指出的是,卫星时间、接收机时间和 GNSS 系统时间并不同步,如果以 GNSST 作为时间基准,那么卫星时间和接收机时间都存在时差,分别以 δt^s 和 δt_u 来表示,而且它们的值会随着时间变化,所以接下来将以 $\delta t^s(t)$ 和 $\delta t_u(t)$ 来区分不同时刻的钟差,而时标 t 指 GNSST。

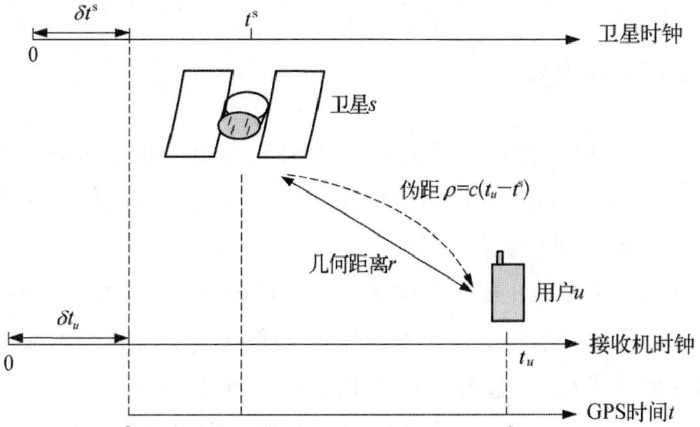

图 3.1.1 伪距测量示意图

GNSS 接收机根据接收机时钟在 $t_u(t)$ 时刻采样 GNSS 信号(锦晓曦,2016),然后处理采样信号,可以从 GNSS 信号中解调出卫星信号的发射时间 $t^s(t-\tau)$,其中 τ 为信号传输时延。伪距 $\rho(t)$ 的定义如式(3.1.1)所示,是信号接收时间 $t_u(t)$ 与发射时间 $t^s(t-\tau)$ 的差值再乘以真空中光速 c。

$$\rho(t)=c[t_u(t)-t^s(t-\tau)]=c\tau+c[\delta t_u(t)-\delta t^s(t-\tau)] \tag{3.1.1}$$

由于大气电离层和对流层的作用,在大气层中电磁波的传播速度小于真空中的光速 c,将引入额外的时延(罗明亮等,2012)。因此,GPS 的实际传输时延 τ 可以认为是两项内容的加和:一个是电磁波以真空光速穿越星地距离 r 所消耗的实际时间,另一个是大气折射带来的延迟[又可分为电离层延迟 $I(t)$ 和对流层延迟 $T(t)$],即

$$\tau=\frac{r(t-\tau,t)}{c}+I(t)+T(t) \tag{3.1.2}$$

因此伪距可以表示如下:

$$\rho(t)=r(t-\tau,t)+c[\delta t_u(t)-\delta t^s(t-\tau)]+cI(t)+cT(t)+\varepsilon_\rho(t) \tag{3.1.3}$$

式中,$\varepsilon_\rho(t)$ 为其他所有未能直接体现出的误差之和,如卫星星历误差、卫星钟差模型误差以及接收机噪声等多种因素。

式(3.1.3)中,$\delta t^s(t-\tau)$、$I(t)$ 与 $T(t)$ 可以从导航电文中获取,而 $\varepsilon_\rho(t)$ 由卫星和接收机两方面因素决定,也可以视为已知量,而卫星位置可以由导航电文的卫星星历计算得出。因此式(3.1.3)只有接收机的位置和钟差四个未知量,理论上如果同时获得了四颗卫星的观测值,那么就可以对接收机进行定位。

从上面的接收机位置求解中不难看出,实现定位功能的一个关键点就在于时间信息的获取。系统时间或者说基准时间是定位的基础,同时需要导航卫星和接收机的时钟都同步于系统时间,这样才能保证时间的统一,接下来将对导航卫星的时间系统进行介绍。

3.1.2 导航卫星时间系统

每颗导航卫星都可以看作一个精密的时间系统,导航卫星以星载原子钟为参考来维持一个高稳高准的卫星时间,并将时间信息加载到其下发的导航信号中来。本小节将对导航卫星时间系统的建立进行介绍。

如图 3.1.2 所示,卫星以星载原子钟输出的 10 MHz 信号为参考,经过基频处理机得到 10.23 MHz 的基频信号,基频信号一方面作为上变频或下变频的本振参考源以支持信号的调制与解调;另一方面,经过分频得到 PPS 秒脉冲以建立卫星时间。可以使用四个要素来描述星上时间系统的组成:“时间源”“时间起点”“时间间隔”与“时间信息”。所谓“时间源”是指由星载原子钟的 10 MHz 输出生成的 10.23 MHz 基准频率信号;“时间起

点”就是卫星时间模块自主维持的时间，如卫星时间模块刚开机时的0周0秒；“时间间隔”是指由时间模块分频得来的秒脉冲(PPS)，通过对其累加，就可以记录时间。而时间信息可以认为是卫星的钟面时与系统时间的偏差，如地面上注的星钟模型参数以及调频、调相或初同步指令等。

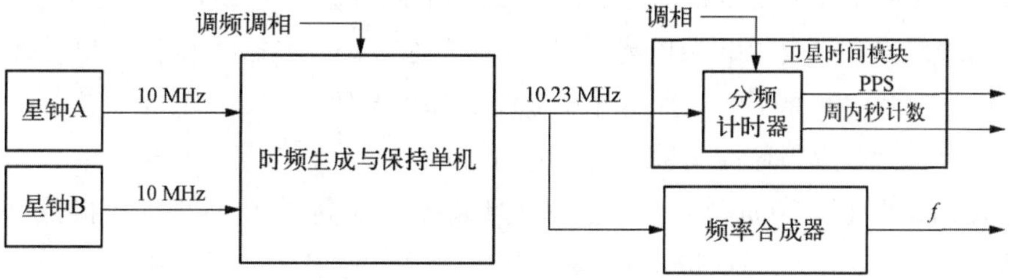

图3.1.2　导航卫星时间系统

卫星时间模块刚刚开机时，使用分频来的PPS进行计时，但是卫星无法获知此时的系统时间，即卫星时间建立的初期是没有准确的时间起点的，只能从某个事先规定的时间(0周0秒)开始累加，因此卫星在下发导航信号之前首先需要完成星地时间同步，这包括初同步和精同步。

时间模块加电之初从上注信息中提取伪距测距值，然后按照式(3.1.4)计算卫星调相值，在下一秒对PPS的相位进行调节。

$$\Delta p = (l_0 - l)/(c \cdot 97.75\ \text{ns}) \tag{3.1.4}$$

式中，Δp 为PPS调相值；l_0 为预置星地距离；l 为上注接收机伪距测量值。之后地面站根据星地双向测距值计算出卫星的钟差，当卫星钟差超出了1 ms，就通过上注指令调节卫星PPS的相位，同时地面上注的导航电文中包含星钟模型参数，以便下行用户在定位的时候计算卫星钟差。

3.2　导航卫星星载原子钟技术

从导航卫星的定位原理来看，时间测量是其重要内容，时间的准确与否对定位精度的影响很大，因此为了建立并维持一个高稳高准的卫星本地时间，每颗卫星都需要配备高性能的频率源。目前来看，全球几大导航系统都在其卫星上搭载了原子钟，而且伴随着技术的发展，星载原子钟在准确度、稳定性、体积、功耗以及可靠性等方面都有了很大程度的提升。

本节将对现今应用最为广泛的星载铷原子钟和星载氢原子钟的工作原理加以介绍，并对下一代星载原子钟的发展做出展望。

3.2.1 导航卫星星载铷原子钟技术

高精度星载铷原子钟是一种被动型原子频标。由于其体积小、质量轻、功耗小、可靠性高,被广泛应用于各大导航系统之中,是星载原子钟的主力。铷钟主要包括物理和电路两部分,物理部分主要由^{87}Rb 放电光源、^{85}Rb 滤光泡、^{87}Rb 吸收泡、微波谐振腔以及光敏管检测器组成,利用铷原子的光抽运作用为晶振提供鉴频参考。电路系统是晶振和物理部分之间的纽带,形成闭环控制系统,在环路控制带宽外由晶振提供电性能,包括远端相位噪声(100 Hz 以上)、10 ms 频率稳定度;在环路控制带宽内,由物理部分提供电性能指标,包括近端相位噪声(10 Hz 以下)、1 s 至 1 d 的频率稳定度和天漂移率指标(杨杰辉,2005;翟造成等,2009;陈智勇,2013;孙兵锋,2014)。

3.2.2 铷钟物理部分

铷原子是原子序数为 37 的一种碱金属原子,其基态为 $5^2S_{1/2}$,第一激发态两个精细能级为 $5^2P_{1/2}$ 和 $5^2P_{3/2}$。^{87}Rb 和^{85}Rb 是铷原子的两种同位素,通常以^{87}Rb 原子基态超精细能级跃迁频率作为铷原子(孙兵锋,2014)。

图 3.2.1 为^{87}Rb 和^{85}Rb 基态和第一激发态能级结构(翟造成等,2009;孙兵锋,2014)。^{87}Rb 原子基态 $5^2S_{1/2}$ 分裂为 $F = 1$ 和 $F = 2$ 两个超精细能级,两个超精细能级的差约为 6 835 MHz。第一激发态两个精细能级结构中,$5^2P_{1/2}$ 分裂为 $F = 1$ 和 $F = 2$,该分裂较小,为 812 MHz;$5^2P_{3/2}$ 分裂为 $F = 0, 1, 2, 3$,能级间距更小,为几十至几百 MHz。D_1 线

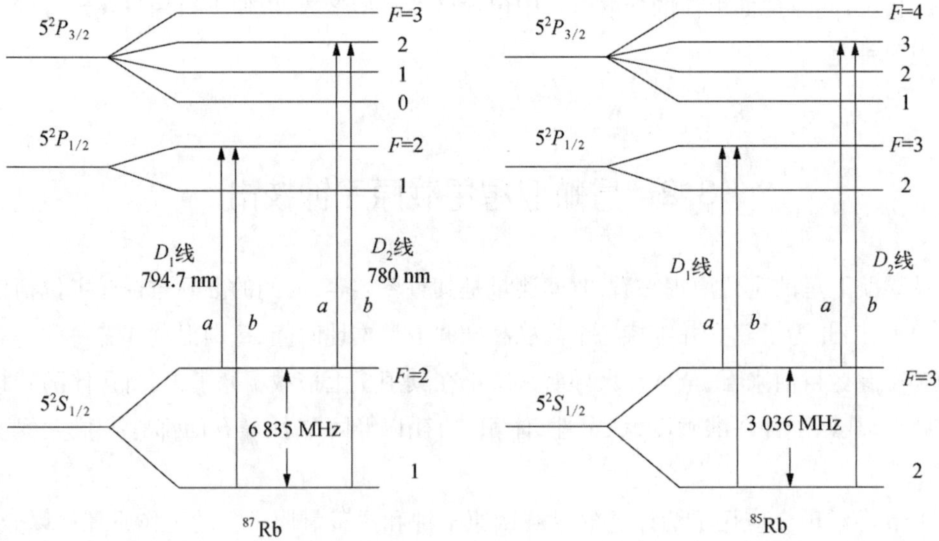

图 3.2.1 ^{87}Rb 和^{85}Rb 能级结构

和 D_2 线是基态^{87}Rb 原子与第一激发态之间的跃迁光谱，其波长分别为 794.7 nm 和 780 nm。在此基础上，每条谱线又分裂为两个超精细谱线 a 线和 b 线，对应于基态的超精细分裂（黄学人，2001）。

铷钟物理部分必须能在常压、真空两种条件下正常工作，主要包括光谱灯组件、滤光泡组件、吸收泡组件和光检测部分，其基本组成部分如图 3.2.2 所示。

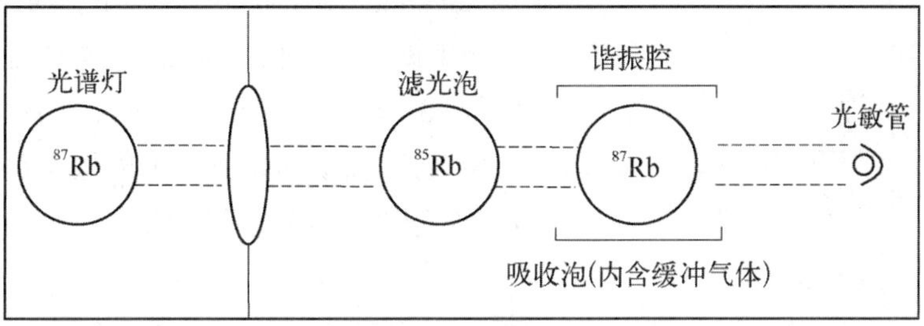

图 3.2.2　铷钟物理部分组成简图

在光谱灯中充有^{87}Rb，^{87}Rb 在高频信号激发下发光作为抽运光进入谐振腔。^{87}Rb 吸收泡中的^{87}Rb 原子的最外层电子在抽运光的作用下，基态 $F=1$ 能级会被抽运光抽运到 $5^2P_{1/2}$ 或 $5^2P_{3/2}$ 激发态能级（黄学人，2001）。但是激发态能级不稳定，它们很快又会自发辐射返回到基态，返回基态时等概率低落到 $F=1$ 和 $F=2$ 的能级，但是落到 $F=1$ 能级上后又会被 b 线抽运到 $5^2P_{1/2}$ 或 $5^2P_{3/2}$ 能级。在没有微波场激励的情况下，落在 $F=2$ 能级上的原子将一直停留在这个能级上。通过抽运光作用，^{87}Rb 吸收泡把最外层电子全部抽运到 $F=2$ 能级上，而抽空 $F=1$ 能级。

当抽运光刚开始照到^{87}Rb 吸收泡上时会被^{87}Rb 吸收，但一旦 $F=1$ 能级被抽空，^{87}Rb 将不再吸收抽运光。这时如果再在^{87}Rb 吸收泡上加载 $f=6\,835$ MHz 的微波场，^{87}Rb 最外层电子会在 $F=1$ 和 $F=2$ 能级之间发生磁共振，^{87}Rb 吸收泡中处于能级 $F=2$ 的原子就会发生受激辐射回到能级 $F=1$。但是如果能级 $F=1$ 上仍然存在原子，这些原子将被激发到激发态，降低通过^{87}Rb 吸收泡的光强。因此，^{87}Rb 吸收泡的透射光强的变化即可表征吸收泡内^{87}Rb 最外层电子是否与外加电磁场发生磁共振。外加的微波场进行频率扫描，当光敏管电流最小时，此频率便是所需要的。

输入吸收泡内不同频率电磁场与光检电流之间的关系如式（3.2.1）所示：

$$I(\nu)=I_0\left(1-\alpha\frac{\frac{1}{4}\Delta\nu^2}{(\nu-\nu_0)^2+\frac{1}{4}\Delta\nu^2}\right) \tag{3.2.1}$$

式中，I_0 为光电池上背景光电流；ν 为馈入微波信号的频率；ν_0 为基态 $F=1$ 和 $F=2$ 两个能级之间光量子的频率；$\Delta\nu$ 为原子全宽半高吸收线宽；α 为吸收深度系数。其关系如图

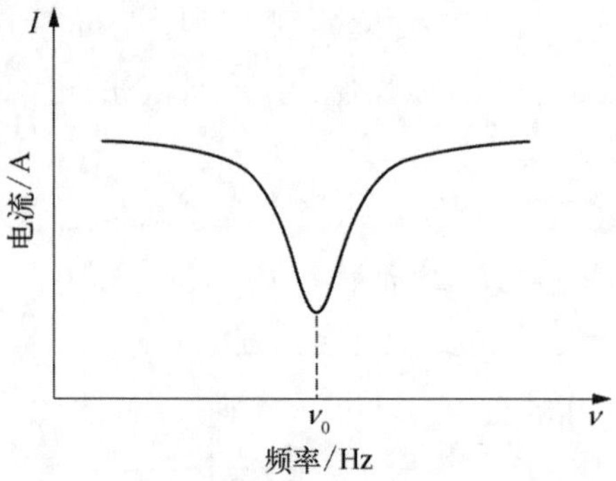

图 3.2.3　输入吸收泡内不同频率电磁场与光检电流之间的关系

3.2.3 所示。

将包含 a、b 两种光谱成分的 ^{87}Rb 光谱灯用作抽运光源，直接对吸收泡中的 ^{87}Rb 原子进行光抽运，不会改变基态 $F=1$ 和 $F=2$ 能级上的离子数（孙兵锋，2014）。由于 ^{85}Rb 的 $F=3$ 能级态跃迁到激发态的跃迁频率与 ^{87}Rb 的 $F=2$ 能级到激发态的跃迁频率极为靠近，在吸收泡和光谱灯之间加入一个 ^{85}Rb 滤光泡，即可以滤除 a 成分，仅保留 b 成分，从而将 $F=1$ 能级上的原子转移到 $F=2$ 能级，实现离子数翻转。

1. 铷钟电路部分

电路部分是晶振与物理部分之间的纽带与桥梁，电路部分通常包含锁频环和锁相环，用于驱动 10 MHz 晶振对原子跃迁频率进行跟踪。图 3.2.4 给出了铷钟的环路控制原理。

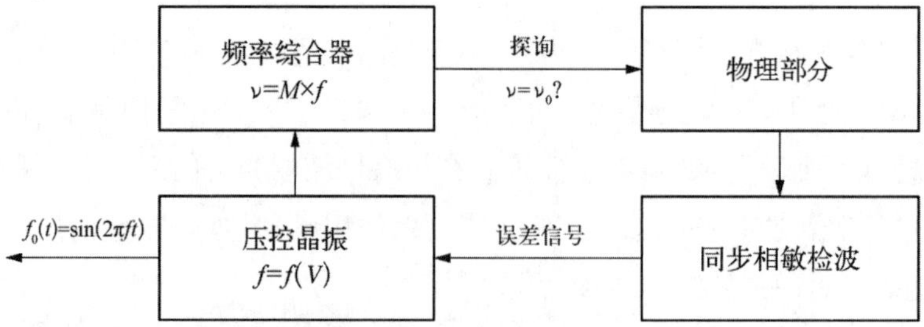

图 3.2.4　铷钟环路控制原理

首先，频率综合压控晶振输出的频率信号 f 得到微波调制信号 ν，并由物理系统对其进行鉴频，这样其光检信号中将包含鉴频信息。其次，放大光检信号并对其进行同步相敏鉴波，得到直流误差信号。最后，用上述直流误差信号去控制压控晶振，保证输出频率锁定在 ^{87}Rb 的跃迁频率上（孙兵锋，2014）。

原子跃迁频率 ν_0 大于微波探测频率 ν 时，调制信号与光检信号反相，对其进行鉴相可得到正的纠偏电压，抬升晶振频率；相反地，原子跃迁频率 ν_0 小于微波探测频率 ν 时，调制信号与光检信号同相，对其进行鉴相可得到负的纠偏电压，降低晶振频率；而当原子跃迁频率 ν_0 与微波探测频率 ν 相等时，光检信号将是微波调制信号的两倍，输出零纠偏电压，环路锁定（杨杰辉，2005；孙兵锋，2014）。

2. 铷钟性能关键因素以及常见故障

前两个小节对星载铷钟的工作原理进行了介绍，接下来将从铷钟工作过程的角度来分析影响铷钟性能的关键因素。

首先要求原子在两个特定能级之间进行稳定的单向跃迁，然后使用微波去探寻该跃迁频率。既然是单向跃迁,那么所有原子都应该处于同一个目标能级上,但是自然条件下,热平衡状态下的原子满足波尔兹曼分布,在两个目标能级上都有分布,而且差别不大,所以要想获得足够强的原子跃迁信号,原子态的制备尤为重要。铷钟中以^{87}Rb光谱灯作为抽运光源,但是光谱灯发光光谱中含有a、b两种成分,因此滤光泡的存在非常重要,它可以滤除a成分的影响,仅保留b成分,否则原子态将无法制备。同时吸收泡内充入缓冲气体,以抑制多普勒展宽,从而降低谱线线宽。

对于星载铷钟,使用可调频率的微波去寻找原子跃迁频率,微波信号通常由晶振输出信号倍频得到,因此原子探测效率主要依赖锁频环路的设计,较窄的环路带宽可以保证较低的环路噪声,从而降低谱线线宽。

此外,腔内温度的变化也会导致跃迁频率的变化以及频谱的展宽,而磁屏蔽效果较差会使得原子跃迁频率受到外磁场的影响,同样恶化铷钟的性能。

实际上,一些常见的故障有铷光谱灯光强下降、腔内温度不稳定、滤光泡或吸收泡破裂、电路部分无法锁定等。

3.2.3 导航卫星星载氢原子钟技术

目前来看,氢钟已经广泛应用于地面守时系统,其短期稳定度和长期稳定度都要好于铷钟,根据工作原理的不同,氢钟分为主动型和被动型,前者体积大但性能更为优良,主要用于地面,而后者相对于前者有较小的体积、质量和较低的功耗,现在已经开始作为星载频率源。

由于目前星载氢钟都为被动型氢钟,所以本小节将仅对被动型氢钟的工作原理进行介绍。

外磁场为零时,氢原子基态具有$F=1$和$F=0$两个超精细能级,其跃迁频率为$\nu_0=$ 1 420 405 751.768 Hz。磁场中,$F=1$能级分裂为$m_F=1, 0, -1$三个能级,而$F=0$的能级仍为一个,如图3.2.5所示。弱磁场下,$F=1$, $m_F=0$和$F=0$, $m_F=0$这一对超精细能级间的跃迁频率和磁场依赖关系很小,可以用作频率标准。氢钟就是采用这样的跃迁,称为σ跃迁。σ跃迁与外磁场的关系为$\nu=\nu_0+2\,750H^2$。

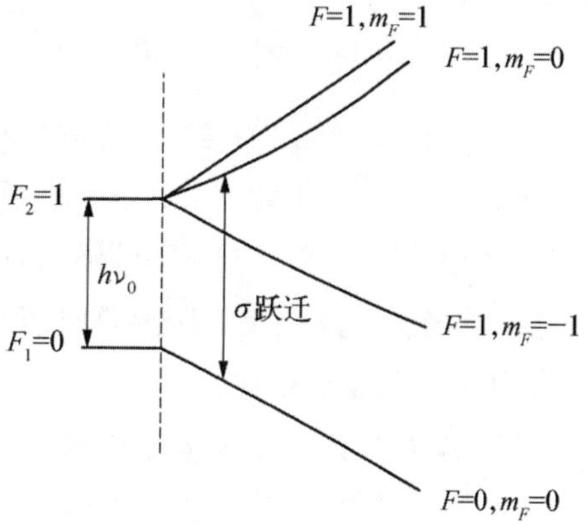

图3.2.5 磁场环境下氢原子的能级结构

1. 星载被动型氢钟物理部分

被动型氢钟物理部分工作流程如图3.2.6所示:首先氢气经过提纯器提纯,而后进入电离泡,采用高频放电的方法将氢分子电离成氢原子,氢原子束通过磁选态器,只有处于$F=1$, $m_F=0$能级的氢原子沿轴线射向储存泡,其他能级的原子在磁场作用下偏离轴线,被吸气剂泵吸收。微波腔的作用是储存微波辐射能量,提供辐射场与原子相互作用以及受激辐射反馈的条件,储存泡内壁涂有聚四氟乙烯等长链分子物质,原子与泡壁的碰撞是弹性的,不影响原子的能级结构,可以较长时间保持在它们的特定能级上。氢原子进入储存泡内,与腔内电磁场作用时间约为 1 s,继而得到很窄的谱线。

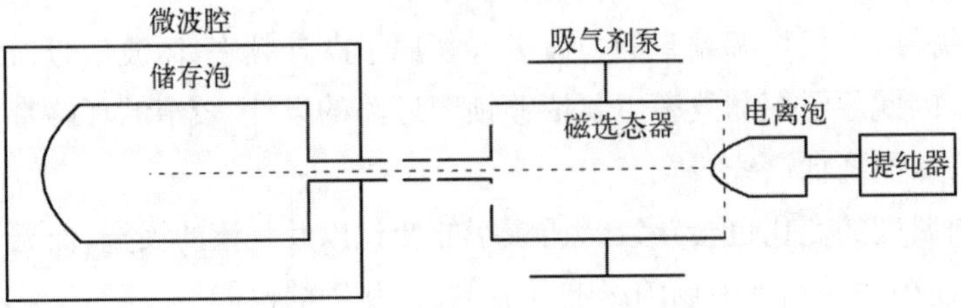

图 3.2.6　氢钟物理部分工作流程

2. 星载被动型氢钟电路部分

图 3.2.7 给出了一个典型被动型氢钟的简化系统方框图。被动型氢钟的电路部分主要由两个锁频环组成,一个用来驱动压控振荡器跟踪原子跃迁频率,另一个用压控振荡器来修正腔频至原子跃迁频率。

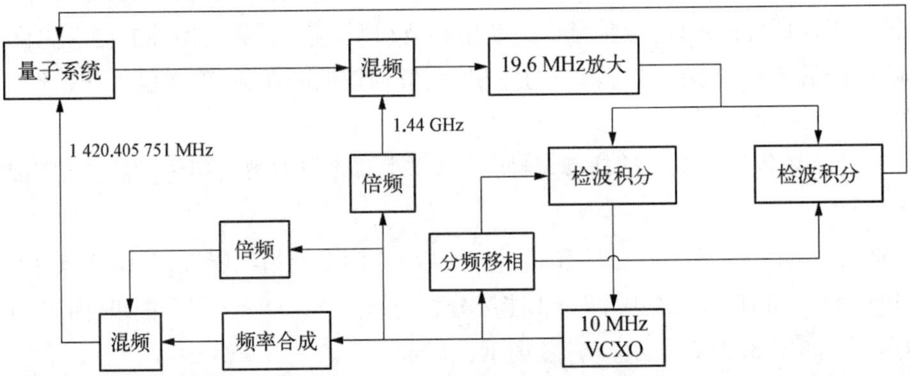

图 3.2.7　被动型氢钟的系统方框图

由量子系统输出的信号,与经由 10 MHz 本振倍频得到的 1.44 GHz 信号混频,经滤波得到 19.6 MHz 的中频信号,经过检波积分得出误差信号,此信号包含两个锁频环的误差信息,分别用来控制压控振荡器输出频率和腔频。从图中也可以看出,压控振荡器的输出主要有两个用途:一是为探测微波信号以及下变频鉴频提供变频本振,二是经过分频时延后送入检波积分模块。

3. 氢钟性能关键因素以及常见故障

虽然星载氢钟与星载铷钟的工作原理并不完全相同,但作为原子频标,其工作过程都包括原子态的制备、原子跃迁的探询以及信号的监测三步。

对于星载氢钟，原子态的制备是通过磁选态器来实现的，它只允许目标能级的原子进入储存泡，同时使用吸气剂泵来吸收非目标能级氢原子，使用钛泵来吸收其他惰性气体，以保证跃迁频谱的纯度。因此磁选态器、吸气剂泵和钛泵都会影响氢钟输出信号的性能。

星载氢钟同样使用可调微波场去探测原子跃迁频率，不同的是氢钟通过感应微波场的强度变化来判断探测信号频率的偏差，氢钟的电路部分包含两个锁频环，分别用来调节腔频和驱动晶振，而探测微波便是由晶振的输出经过倍频得到，锁频环路的设计对于氢钟的性能至关重要。

此外，腔内温度的变化也会导致跃迁频率的变化以及频谱的展宽，而磁屏蔽效果较差会使得跃迁频率受到外磁场的影响而发生偏移，同样恶化氢钟的性能。

实际中，一些常见的故障有电离泡光强变弱、腔温异常、腔频异常、吸收泵异常、储存泡漏气、磁场不稳定以及环路无法锁定等。

3.2.4 导航卫星新型星载原子钟技术

1. 脉冲光抽运铷原子钟

脉冲光抽运是解决光探测噪声、微波腔牵引频移和光频移等影响铷钟稳定度问题的有效方法，其原理在于原子与微波相互作用时，由于没有抽运光场的存在，理论上可以消除原子钟的光频移，提高原子钟的中长期稳定度。随着半导体激光器、脉冲电子等技术的发展，近年来脉冲光抽运原子钟技术成为新型星载原子钟的研究热点。Levi 和 Godone 于 2006 年实现了短稳 1.2×10^{-12} 和天稳 1.2×10^{-14} 的 POP Rb maser 原子钟(Micalizio et al., 2012；Levi et al., 2013)；Micalizio 等(2015)研究结果指出，他们实现了秒稳 1.7×10^{-13}、万秒稳 5×10^{-15}、天漂移 3×10^{-15}，其稳定度大大优于其他小型原子钟，并超过了复杂笨重的被动型氢钟(张首刚，2009)。

目前，欧洲空间局正在开展脉冲光抽运铷原子钟研制工作，目的是将来对 Galileo 卫星导航系统的星载原子钟进行更新换代。国内，中国科学院国家授时中心也在进行脉冲激光抽运铷原子钟的研制工作。

2. 激光抽运铯束原子钟

采用激光进行原子态制备和跃迁检测，可有效提高铯钟的短稳和寿命，并提升检测的信噪比和原子的利用效率。美国与 2005 年资助的美国迅腾有限公司为 GPS－III 研制星载光抽运铯原子钟，实现了短稳 $<5\times10^{-12}$、天稳 $<1\times10^{-14}$、天漂移 $<1.0\times10^{-13}$ 的指标。欧洲空间局向巴黎天文台、瑞士娜莎黛勒天文台投资资金研制激光抽运铯束原子钟，以支持 Galileo 系统的更新换代，实现了 1×10^{-12}@/s。

我国九五期间，也支持了多家单位开展小型光抽运铯束频标研制工作，主要包括北京无线电计量测试技术研究所、信息产业部电子 12 研究所和北京大学等。

3. 主动型 CPT 铷原子钟

相干布居囚禁理论支持下的原子钟实现方案从 1998 年起受到了国际的重视，以消除光频移，并提高探测信噪比。其基本思想是，通过控制两束相干激光的频差，实现激光与原子三能级相互作用，在不制备原子台的条件下，使微波锁定在两个超精细能级上，从而输出高精度频率信号。基于上述理论，原子钟没有一级光频移问题，消除了限制传统铷钟性能的决定性因素。基于相干布居囚禁(Coherent Population Trapping，CPT)的思想，可以实现基于相干微波辐射现象的主动型相干原子钟(CPT - Master 原子钟)和基于电磁感应透明现象的被动型原子钟(DarkLine 原子钟)。其中 CPT - Maser 明显优于 DarkLine 的性能指标，但是 DarkLine 质量小、功耗低(张首刚，2009)。

考虑到 CPT - Maser 的优越性能，国外非常重视 CPT - Maser 原子钟的研制。在 Galileo 计划的支持下，由意大利国家计量院研制的 CPT^{87}Rb - Maser 已实现了 3×10^{-12}@1 s，10 000 s 稳定度 3×10^{-14}@10 000 s，且其质量、功耗、性能指标相对传统星载原子钟均有较大提升。美国空军研究实验室也资助了 Kernco 公司和美国海军导航研究所开展相关技术的研究工作。

4. 积分球冷却原子钟

原子钟的多普勒效应是原子谱线增宽的重要影响因素之一，传统铷钟一般通过气体缓冲降低影响。但是，气体的作用是有限的，并且还将引入其他频移。针对此问题，巴黎天文台提出采用光学积分球原子冷却技术制备原子样品，利用激光将原子囚禁在微波腔中，并对原子进行微波激励。目前，法国 HORACE 的地面实验装置已经实现了 $2.2\times10^{-13}\tau^{-1/2}$@1 s、$4\times10^{-15}$@5 000 s(Esnault et al.，2008；Rossetto et al.，2011)，并在 ESA 的支持下积极开展星载原子钟的研制工作(张首刚，2009)。

早在 1979 年，中国科学院上海光学精密机械研究所的王育竹先生就提出了积分球冷却原子气体的思想。目前，该单位提出的大数目原子、大速度范围积分球分布冷却方法实现了约 1 mK 的温度，并探测到了受激信号跃迁。

3.3 导航卫星时频生成与保持技术

目前，无论是 GPS、Galileo 还是北斗卫星系统，星载原子钟输出信号的频率都为 10 MHz，但是由于扩频伪码周期通常为 1 023(或其整数倍)个码片，无论是上行注入信号，还是下行导航信号，其载波频点都为 10. 23 MHz 的整数倍，在卫星信号的设计中，为了调制解调的便利，通常首先由 10 MHz 的原子钟信号产生 10. 23 MHz 的基准频率信号，作为上变频或下变频的本振参考源。同时为了保证伪码相位与 PPS 相位同步，PPS 信号一般是由 10. 23 MHz 频率信号分频而来，因此对于导航卫星来说，其时间基准与频率基准是同源的。为了提高基频信号的可靠性，卫星的时频单元通常有主备两条链路，而为了保证信号的连续性,就要做到主备链路的同步以实现无缝切换。因此时频生成与保持技术包括基频的生成与主备链路的同步两个方面。

接下来分别对 GPS、Galileo 和北斗的时频生成与保持方案予以介绍。

3.3.1 GPS 的时频生成与保持系统

GPS 系统是目前世界上应用最为广泛、功能最为稳定的全球卫星导航定位系统,也是开展相关领域研究工作较早的系统,其中时频生成与保持技术以 GPS BLOCK IIR 导航卫星最具有代表性。在 GPS 系统 BLOCK IIR 卫星的有效载荷中,卫星时频生成与保持系统被称为时间基准装置(time standard assembly,TSA)。

如图 3.3.1 所示, TSA 以星载原子钟输出的 10 MHz 信号为参考, 由原子钟和压控振荡器(voltage controlled oscillator,VCO)分别净时间产生器合成 1.5 s 时间信号,两路时间信号在相位比较器内鉴相,时差信息在相位差处理控制模块经一定算法处理后去调整 VCO 的输出频率与相位,从而使得 VCO 锁定在原子钟上,最大限度地优化 VCO 的长期稳定度。

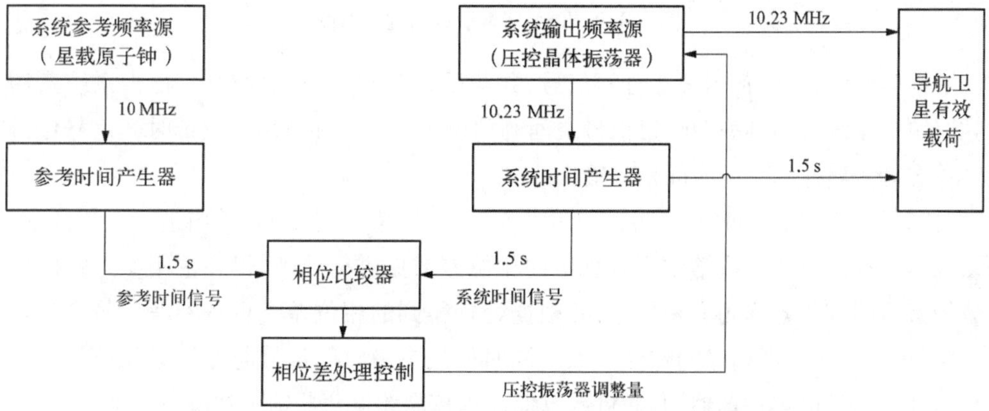

图 3.3.1 TSA 频率基准信号和时间基准信号的生成原理图

TSA 的基本组成结构如图 3.3.2 所示(何雷, 2016)。为了保证系统的稳定性和可靠性,TSA 使用了三台星载原子钟。在任何时间两台铷原子钟都是同时加电的,分别作为主用和备用的参考频率源。当主用的铷原子钟发生故障后,系统将切换到备用的原子钟上。由于在切换过程中高稳压控振荡器可以依然保持精度,并且主用和备用信号在切换之前也已经同步,在整个切换过程并不会对卫星的导航效果带来影响。

TSA 采用了双备份的冗余设计方法,系统包括时间产生模块 A 和时间产生模块 B,每个模块分别包括参考时间产生器、系统时间产生器和相位比较器。时间产生模块 A 以主用星载铷原子钟为参考,产生主用参考时间信号,并与系统时间信号进行对比,得出系统主用参考频率源和系统输出频率源输出信号之间的相位差。时间产生模块 B 以备用星载

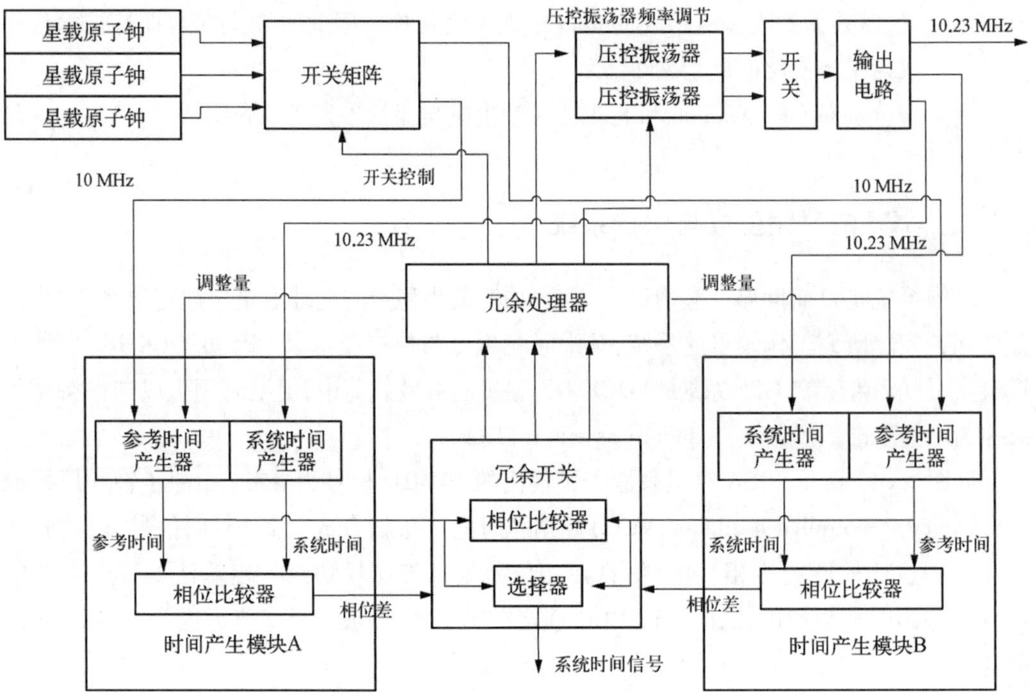

图 3.3.2　TSA 基本组成结构示意图

铷原子钟为参考,产生备用参考时间信号,并与系统时间信号进行对比,得出系统备用参考频率源和系统输出频率源输出信号之间的相位差。主用和备用的系统时间信号经过冗余开关选择一路作为系统时间信号输出。

时间产生模块 A 和时间产生模块 B 生成的时间信号在冗余开关内进行比相,冗余处理器根据相应的算法和数学模型对测得的相位差数据进行处理,得到主用参考时间信号和备用参考时间信号之间的相位差,并根据处理得到的相位差对主备参考信号产生器进行调整,保证主备参考信号的相位一致。同时根据参考时间信号与系统时间信号之间的相位差计算压控晶体振荡器的调整量,以保证压控晶体振荡器锁定在铷原子钟上。

TSA 以高稳压控晶振为输出频率源来保证基准频率信号的短期稳定度,以高性能原子钟作为参考频率源使得基准频率在较长的时间内保持稳定,从而兼顾了短稳与长稳性能。

TSA 中进行相位比较的都是时间信号：在基频生成中,由输出频率源和参考频率源分频得到两路时间信号,完成鉴相以驱动高稳晶振跟踪原子钟;在主备同步中,由两路参考信号分频得到主备时间信号,进行鉴相从而驱动备份参考对主路参考信号进行跟踪。TSA 的整体思路是主路晶振跟踪主路参考,备路参考跟踪主路参考,备路晶振跟踪备路参考。

结构上采用三台星载原子钟,主用和备用链路独立产生频率信号和时间信号,当主用链路信号故障时,可以迅速切换到备用链路信号,大幅提升系统的稳定性和可靠性。

TSA 输出时频参考信号频率为 10.23 MHz,频率调整精度为 1 μHz,频率调整范围为 10 Hz,相位测量精度为 1.67 ns。

3.3.2 Galileo 的时频生成与保持系统

Galileo 系统在借鉴 GPS 卫星的时频生成与保持技术的基础上并有所改进，以时钟监测控制单元(clock monitoring and control unit, CMCU)作为导航卫星时频生成与保持系统，以星载铷原子钟和星载氢原子钟为参考，合成导航卫星所需的基准频率信号和基准时间信号。

CMCU 以原子钟的 10 MHz 输出信号与 VCO 的 10.23 MHz 信号进行混频，得到一路 230 kHz 信号，同时基准频率综合器在原子钟 10 MHz 信号的驱动下生成另一路 230 kHz 信号，两路信号在鉴相器内比相，相位差经环路滤波后驱动 VCO 对原子钟进行跟踪，如图 3.3.3 所示。

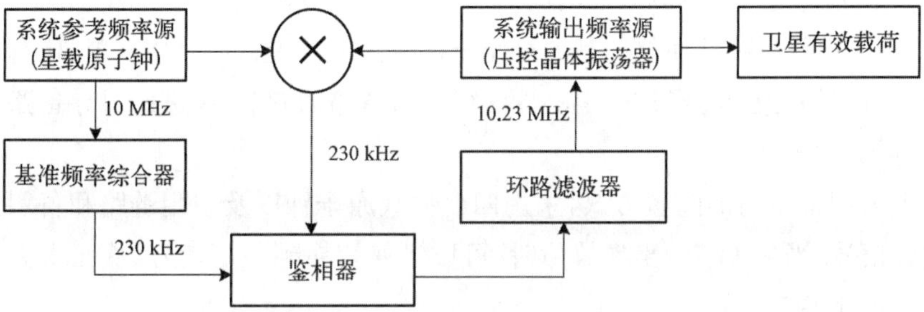

图 3.3.3　CMCU 基准频率信号生成原理

图 3.3.4 为 CMCU 的基本组成结构示意图(Felbach et al., 2003; Felbach et al., 2010b)。四台星载原子钟冗余备份，包括两台铷钟和两台氢钟，输出 10 MHz 频率信号，经过开关矩阵选择两路输出至 CMCU 作为系统参考信号(何雷，2016)。

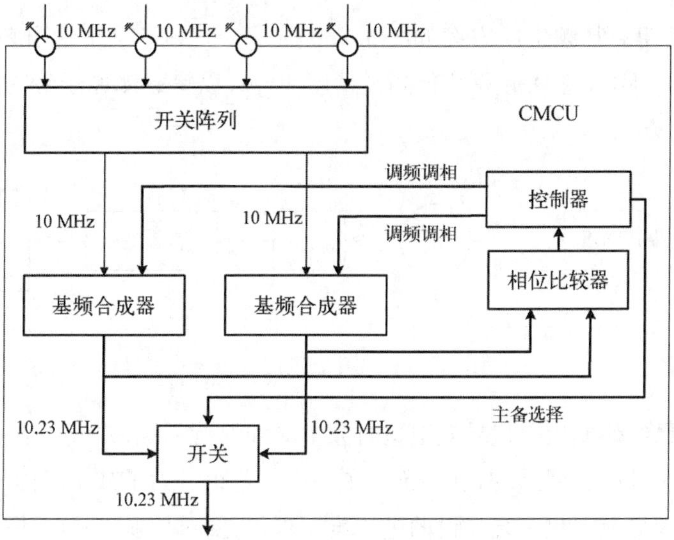

图 3.3.4　CMCU 基本组成结构

单元内部包括主用和备用的两个基频合成器(图 3.3.4)。主用基频信号和备用基频信号同时输入到切换开关中,默认状态选择主用基频信号。当主用基频信号异常时,系统切换备用基频信号。主用基频信号和备用基频信号之间尽可能地保持一致,确保在切换前后系统输出频率信号不发生较大的抖动和变化。CMCU 中使用相位比较器获取主备钟的相差信息,在控制器内经过一系列运算后去调整基频合成器中的直接数字频率合成(direct digital synthesis,DDS)模块,从而使得备用 230 kHz 参考信号始终跟踪主用 230 kHz 信号,这样便实现了备用基频对主用基频的跟踪。

与 GPS 的 TSA 类似,CMCU 同样以星载原子钟作为系统参考频率源,而以高稳压控晶体振荡器作为系统输出频率源,使得基准频率信号具有良好的短期和长期稳定性。

CMCU 不同于 TSA 对分频来的时间信号进行比相:基频生成中,CMCU 对 230 kHz 的中间频率信号进行鉴相,从而保证晶振对原子钟的锁定。主备同步中,CMCU 直接对主备基准信号进行鉴相,控制器经过一定的算法得到对备路的调节量,进而引导备路基频对主路基频进行跟踪。

结构上采用多备份的配置方式,采用四台星载原子钟以及主用链路和备用链路来分别产生基频信号,当主用信号出现故障时,可以迅速切换到备用信号,从而大大提高系统的稳定性和可靠性。

它的输出频率信号为 10.23 MHz,频率调整精度为 0.056 μHz,频率调整范围为 10 Hz,时频基准信号相位测量精度为 24 ps。

3.3.3 北斗卫星的时频生成与保持系统

我国北斗初期的基频生成方案如图 3.3.5 所示。时频子系统输出频率 10.23 MHz,频率调整精度 0.5 MHz,参考频率相位测量精度 40 ps,以星载铷原子钟为参考,采用一热一冷的冗余配置方式。

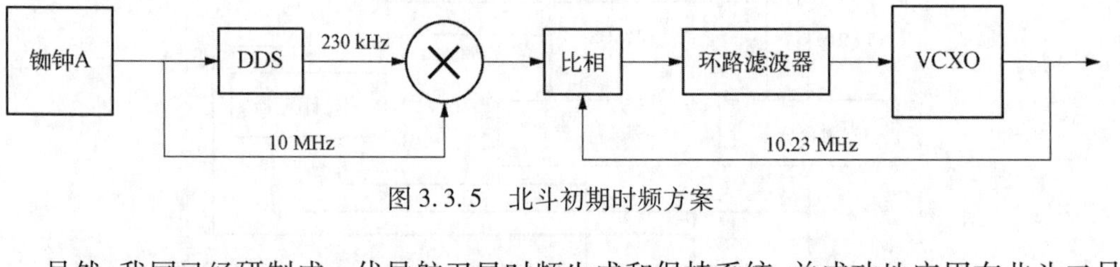

图 3.3.5　北斗初期时频方案

虽然,我国已经研制成一代导航卫星时频生成和保持系统,并成功地应用在北斗二号卫星上,但是与国外的类似系统相比,还存在一定的差距。为了减小与国外时间保持系统的差距,满足国家导航卫星系统建设的进一步需求,需要对导航卫星时频生成与保持技术进行进一步的研究。为此,提出了如图 3.3.6 所示的数字解决方案。

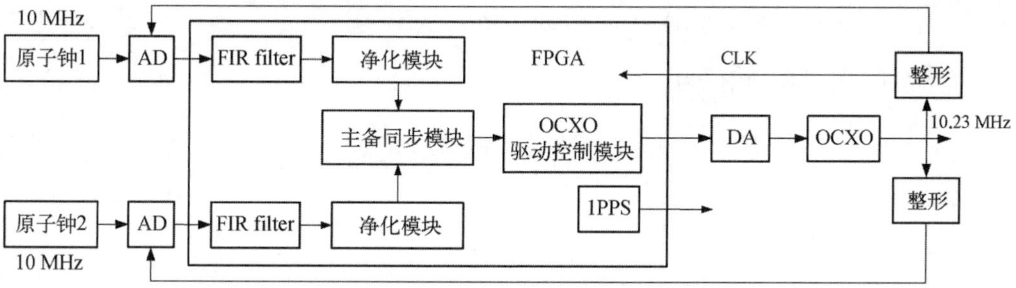

图 3.3.6 数字时频方案

数字方案中,同样以星载原子钟作为参考频率源,恒温晶振(oven controlled crystal oscillator,OCXO)作为输出频率源,10.23 MHz 的基频信号经过整形后作为 AD 的工作时钟对原子钟的 10 MHz 进行采样,得到一路 230 kHz 数字信号,同时 DDS 在 10.23 MHz 时钟信号的驱动下得到另一路 230 kHz 信号,两路信号进行比相,从而驱动 OCXO 对原子钟进行跟踪,在保证基准信号短期稳定度的前提下改善其长期稳定度。

数字方案中,备路参考信号时刻跟踪主路参考信号,以保证主备参考信号的同步,然后从中选出一路作为后面锁相环路的参考,以减小 OCXO 的长期震荡。

数字方案中,输出频率信号为 10.23 MHz,频率调整精度为 0.004 6 μHz,频率调整范围为 5 Hz,时频基准信号相位测量精度为 2 ps。

3.4 星载原子钟模型

3.4.1 星载原子钟数据模型

理想的频率源数学模型如下(郭海荣,2006):

$$V(t) = V_0 \sin(2\pi f_0 t + \phi_0) \tag{3.4.1}$$

式中,V_0 为幅度;f_0 为标称频率。实际的频率源幅度和频率存在偏移:

$$V(t) = [V_0 + \varepsilon(t)] \sin[2\pi f_0 t + \Phi(t)] \tag{3.4.2}$$

式中,$\varepsilon(t)$ 为幅度噪声,为一个随机过程,实际中,一般都存在限幅机制,可以忽略 $\varepsilon(t)$ 的影响。$\Phi(t)$ 为描述频率偏移的相位调制,表达式为

$$\Phi(t) = D_1 t^2 + \Delta\Phi \sin(2\pi f_m t) + \varphi(t) \tag{3.4.3}$$

式中,二次项为相位漂移,也表示线性频率漂移;$\Delta\Phi \sin(2\pi f_m t)$ 为周期性的扰动,一般为杂散;$\varphi(t)$ 为一随机过程,表示相位的随机扰动,称为相位噪声。忽略前两项和幅度噪声,得到简化的模型为

$$V(t) = V_0 \sin[2\pi f_0 t + \varphi(t)] \tag{3.4.4}$$

频率源信号的瞬时相位为

$$2\pi f_o t + \varphi(t) \tag{3.4.5}$$

瞬时频率为

$$f(t) = f_o + \frac{1}{2\pi}\varphi(t) \tag{3.4.6}$$

瞬时相对频差为

$$y(t) = \frac{f(t) - f_o}{f_o} = \frac{1}{2\pi f_o}\varphi(t) \tag{3.4.7}$$

由式(3.4.7)可知，噪声引起的瞬时相对频率起伏 $y(t)$ 是一个随机函数，这正是频率稳定度的研究对象。某个瞬间时间记为 $t_h = t + x(t)$，t 为理想时间，则

$$x(t) = \int_0^t y(\tau)\mathrm{d}\tau \tag{3.4.8}$$

即为瞬时频差引起的原子钟的时间偏差（相位差）。通常情况下，原子钟的时间偏差 $x(t)$ 可以用确定性变化分量和随机变化分量来描述，即

$$x(t) = x_0 + y_0 t + \frac{1}{2}Dt^2 + \varepsilon_x(t) \tag{3.4.9}$$

式中，右边前三项为原子钟的确定性时间分量；x_0 为原子钟的初始相位时间偏差；y_0 为原子钟的初始频率偏差；D 为原子钟的线性频漂；$\varepsilon_x(t)$ 为原子钟时间偏差的随机变化分量。结合式(3.4.8)和式(3.4.9)，原子钟的瞬时相对频率偏差 $y(t)$ 可表示为

$$y(t) = y_0 + Dt + \varepsilon_y(t) \tag{3.4.10}$$

式中，y_0、D 的意义与式(3.4.9)相同；右边前两项为原子钟瞬时相对频率偏差的确定性分量；$\varepsilon_y(t)$ 为其随机变化分量。

由此可见，原子钟的系统变化部分可用一个确定性函数模型来描述，而原子钟的随机变化部分是一个随机变化量，只能从统计意义上来分析。

3.4.2 星载原子钟频率稳定度分析

时钟的频率稳定度是指它在特定的时间内产生的频率保持在一个常值的能力，这个常值可以和标称值不同。频率稳定度就是用来描述频标输出频率受噪声影响而产生的随机起伏情况。

稳定度可以分为长期稳定度和短期稳定度,它们之间并没有明显的界限,通常按不同的应用范围加以区分。例如,在时间的度量衡领域,通常将观测时间大于一天的稳定度称为长稳,而对于电信应用领域观测时间大于 100 s 的稳定度就可称为长期稳定度。

原子钟的稳定性分析就是描述其输出频率受噪声影响而产生的随机起伏情况。实质上就是在给定一个平滑时间内,通过时域或者频域的分析来确定起主要作用的噪声类型及噪声系数,从而分析原子钟定时误差随时间的波动情况。时域的稳定性分析,指的是在一定的平滑时间内,对抖动求其方差,因为这个方差与平滑时间有关,故称为时域分析。通常情况下,时域频域的稳定性测量都可以由时差数据或者瞬时频率来求得。在频域上对时钟稳定性的测量实际上是求相位,时间和频率的抖动的单边功率谱密度,也可简称为频谱。下面分别给出从时域和频域角度分析原子钟频率稳定度的方法。

1. 频率稳定度时域分析

时域频率稳定性分析的目的是从时域角度,用一个简明的、全面的量化标准来描述频标输出频率的随机波动,并分析标称值及其变化情况。阿伦方差是一种常用的时域稳定性分析方法,能方便地识别原子频标的四种常见调频噪声,如调频白噪声、调频闪变噪声、调频随机游走噪声和调频闪变游走噪声,并在此基础上估计噪声水平系数。为了提高平滑时间较长时估值的置信度,有学者提出了一种总方差估计方法,该方法在不增加数据运行长度的前提下,通过数据映射延伸来提高估值的置信度。当平滑时间较长时,Rb 钟还会受到调频随机奔跑噪声影响,此时阿伦方差估计不再收敛。为此,有学者研究了一种新的估计方法——哈达玛方差。为了识别调相白噪声和调相闪变噪声影响,有学者研究改进了阿伦方差(Barnes et al. ,1971;Burgoon and Fischer,1978;Chi,1978;Allan et al. ,1991;Riley,2003;Galleani and Tavella,2010)。

1) 阿伦方差

时钟的不稳定性是由相位或者频率随时间抖动引起的,时域的特性分析是在给定的平滑时间 τ 内统计它的变化量。对于时差和相对频率偏差,因为它们是一个随机过程,因此必须用统计量来描述。对于稳态的随机过程,一般用标准方差来统计,但由于原子钟的幂律谱噪声不仅包括白噪声,还受调频闪变噪声和调频随机游走噪声的影响,标准方差对这两种噪声统计量不收敛,因此电气和电子工程师协会(Institute of Electrical and Electronics Engineers,IEEE)分委会在时域上推荐使用阿伦方差来表示原子钟等高精度时钟的频率稳定度。

(1) 统一的阿伦方差。阿伦方差或称双样方差,是在时域稳定度测量的数据处理中最常用的方法,是基于频率数据的一阶差分、时差数据的二次差分。统一的阿伦方差定义为

$$\langle \sigma_y^2(N,\ T,\ \tau) \rangle \equiv \left\langle \frac{1}{N-1} \sum_{n=1}^{N} \left(\overline{y_n} - \frac{1}{N} \sum_{k=1}^{N} \bar{y}_k \right)^2 \right\rangle \tag{3.4.11}$$

式中，$\langle x\rangle$ 为 x 的期望。

$$\overline{y_k} \equiv \frac{1}{\tau}\int_{t_k}^{t_k+\tau} y(t)\mathrm{d}t = \frac{\phi(t_k+\tau)-\phi(t_k)}{2\pi f_0\tau} \tag{3.4.12}$$

式中，$t_{k+1}=t_k+T,\ k=0,\ 1,\ 2,\cdots$；$T$ 为对持续时间 τ 的取样间隔；N 为总的采样组数。

（2）非重叠阿伦方差。在统一阿伦方差中，取特殊情况 $N=2,\ T=\tau$ 得到特殊形式下的非重叠阿伦方差（连续不间断测量的情况）：

$$\sigma_y^2(\tau) = \langle \sigma_y^2(N=2,\ T=\tau,\ \tau)\rangle = \left\langle \frac{(\bar{y}_{k+1}-\overline{y_k})^2}{2} \right\rangle \tag{3.4.13}$$

其中，$\langle | \rangle$ 取平均值，实际测量情况下表达式为

$$\delta_y^2(\tau) = \frac{1}{2(M-1)}\sum_{i=1}^{M-1}(y_{i+1}-y_i)^2 \tag{3.4.14}$$

式中，τ 为采样时间，单位为 s；y_i 为 τ 时间内相对频率测量值；M 为连续测量次数。对于相位数据公式为

$$\delta_y^2(\tau) = \frac{1}{2(M-1)\tau^2}\sum_{i=1}^{M-1}(x_{i+2}-2x_{i+1}+x_i)^2 \tag{3.4.15}$$

计算结果通常使用阿伦方差的平方根即阿伦偏差来表示，此数值为无间隙的相邻时间间隔的平均频率。进一步得到原子时钟阿伦方差式：

$$\sigma_y^2(\tau) = \frac{3q_0}{\tau^2} + \frac{q_1}{\tau} + \frac{q_2\tau}{3} + \frac{q_3}{20}\tau^3 \tag{3.4.16}$$

式中，q_0 为可用调相白噪声描述；q_1 为可用调频白噪声描述（调相随机游走噪声）；q_2 为可用调频随机游走噪声描述；q_3 为可用调频随机奔跑噪声描述。

（3）重叠阿伦方差。重叠阿伦方差是常规阿伦方差的一种形式，它可以通过 M 个频率测量值估计，其中平滑时间 $\tau=m\tau_0$，m 为平滑因子，τ_0 为基本测量区间，表达式为

$$\sigma_Y^2(\tau) = \frac{1}{2m^2(M-2m+1)}\sum_{j=1}^{M-2m+1}\sum_{i=j}^{j+m-1}[y_{i+m}-y_i]^2 \tag{3.4.17}$$

而对相位数据，重叠阿伦方差可以表示为

$$\sigma_Y^2(\tau) = \frac{1}{2(N-2m)\tau^2}\sum_{i=1}^{N-2m}[x_{i+2m}-2x_{i+m}+x_i]^2 \tag{3.4.18}$$

计算结果通常表示为阿伦方差的平方根即 $\delta_y(\tau)$。

重叠阿伦方差虽然在统计上并非独立，但增加了自由度，所以改善了估计的置信度。对于重叠阿伦方差估计可以计算其自由度数，并且对于一定的置信因子来说可用该自由

度数来建立单边置信区间或双边置信区间,该置信区间建立在χ^2 统计基础上。

2) 哈玛达方差

哈达玛方差是与双样方差相类似的三样方差,它是频率数据的二次差分,相位数据的三次差分,正因为如此,哈达玛方差对于调频闪烁游走噪声($\alpha=-3$)和调频随机游走幂率噪声类型($\alpha=-4$)来说收敛,其结果可以扣除频率线性漂移对其的影响。

(1) 非重叠的哈达玛方差。对于频率数据,非重叠的哈达玛方差描述为

$$H\sigma_y^2(\tau)=\frac{1}{6(M-2)}\sum_{i=1}^{M-2}(y_{i+2}-2y_{i+1}+y_i)^2 \tag{3.4.19}$$

式中,$y(i)$ 为采样间隔为 τ 的 M 个相对频率值的第 i 个频率值。对于相位数据,哈达玛方差定义如下:

$$H\sigma_y^2(\tau)=\frac{1}{6\tau^2(N-3)}\sum_{i=1}^{N-3}(x_{i+3}-3x_{i+2}+3x_{i+1}-x_i)^2 \tag{3.4.20}$$

与阿伦方差类似,哈达玛方差通常用平方根来表示,即哈达玛偏差 HDEV。由式(3.4.20)进一步得到原子时钟哈达玛方差式:

$$H\sigma_y^2(\tau)=\frac{10q_0}{3\tau^2}+\frac{q_1}{\tau}+\frac{q_2\tau}{6}+\frac{11q_3}{120}\tau^3 \tag{3.4.21}$$

式中,q_0、q_1、q_2、q_3 的含义与式(3.4.16)相同。在得到原子时钟在不同平滑时间 τ_i 的哈达玛方差 $H\sigma_y^2(\tau)$ 后,可拟合出相位噪声扩散系数 q_0、q_1、q_2 和 q_3。

(2) 重叠的哈达玛方差。与重叠阿伦方差类似,重叠哈达玛方差在每个平滑时间 τ 内最大限度利用所有可能的重叠三次取样的数据。该数据可以通过 M 个频率策略值估计,其中平滑时间 $\tau=m\tau_0$,m 为平滑因子,τ_0 为基本测量区间,可表示为

$$H\sigma_y^2(\tau)=\frac{1}{6m^2(M-3m+1)}\sum_{j=1}^{M-3m+1}\sum_{i=j}^{j+m-1}(y_{i+2m}-2y_{i+m}+y_i)^2 \tag{3.4.22}$$

对于相位数据,重叠哈达玛方差可以表示为

$$H\sigma_y^2(\tau)=\frac{1}{6(N-3m)\tau^2}\sum_{i=1}^{N-3m}(x_{i+3m}-3x_{i+2m}+3x_{i+m}-x_i)^2 \tag{3.4.23}$$

其结果通常表示为哈达玛方差的平方根——哈达玛偏差。重叠统计的期望值与非重叠哈达玛方差的值相同,但该计算的置信度更好。从统计学角度讲,尽管所有的重叠采样并非独立,但增加了自由度数,因而提高了估计的置信度。和非重叠哈达玛方差统计相比,重叠哈达玛方差能够产生比较平稳的几个,因此使重叠哈达玛方差成为比较有用的分析工具。

2. 频率稳定度频域分析

频域稳定性分析常用来描述噪声能量随频率的变化情况,并能反映原子频标受噪声影响的本质。频域稳定度一般不是通过直接测量频率来确定,而是先用时域测量设备测量出被测频标相对于参考频标的瞬时相对频率偏差和瞬时时间偏差后,再计算其功率谱密度,在此基础上进行频域稳定性分析。

星载原子钟的瞬时相对频率偏差功率谱密度可表示为

$$S_y(f) = \begin{cases} \sum_{\alpha=-4}^{2} h_\alpha f^\alpha & 0 \leqslant f \leqslant f_h \\ 0 & f \geqslant f_h \end{cases} \tag{3.4.24}$$

式中,f 为时钟系统输出频率;f_h 为测量设备的高端截止频率;h_α 为与噪声过程 α 有关的系数,α 取值为-2、-1、0、1 和 2 分别对应调频随机游走噪声、调频闪变噪声、调频白噪声(相位随机游走)、调相闪变噪声和调相白噪声,阿伦方差可以对这 5 种噪声进行描述。哈达玛方差还可以描述平滑时间较长,对铷钟产生影响的甚低频噪声,如调频闪变游走噪声($\alpha=-3$)和调频随机奔跑噪声($\alpha=-4$)。

若时钟频率测量的采样周期与采样时间相等,且每组采样次数取值为 2,则在时间域内的时钟频率稳定度可以表示为

$$\sigma_y^2(\tau) = 2\int_0^\infty S_y(f)\,\frac{\sin^4(\pi f\tau)}{(\pi f\tau)^2}\mathrm{d}f \tag{3.4.25}$$

式中,$\sigma_y^2(\tau)$ 为阿伦方差;τ 为采样间隔。于是,将式(3.4.24)代入式(3.4.25)中,经积分计算可以进一步得到

$$\delta_y^2(\tau) = \frac{2\pi^2 h_{-2}}{3}\tau + 2\ln 2\cdot h_{-1} + \frac{h_0}{2}\cdot\frac{1}{\tau} + \frac{h_1[6+3\ln(2\pi f_h\tau) - \ln 2]}{4\pi^2}\cdot\frac{1}{\tau^2} + \frac{3f_h h_2}{4\pi^2}\cdot\frac{1}{\tau^2} \tag{3.4.26}$$

3.5 导航卫星主备原子钟无缝切换技术

为了提高卫星的可靠性,时频子系统通常采用冗余备份的方法来进行配置,一颗卫星配备 3~4 台原子钟,一台为主钟,一台为热备,其他的为冷备。主钟和热备同时工作,作为主备链路的输入参考源。当监测到主钟性能恶化后切换到备钟,而在切换过程中,为了保证导航信号的连续可用性,应该实现平稳切换,即切换所带来的频率跳变与相位跳变应该尽量小,而实现平稳切换的关键点在于主备链路的同步:① 以一定策略实现主备链路

相位差的高分辨率测量;② 以一定算法实现备用链路对主用链路的高精度跟踪。前者对于系统性能的影响较大,而后者一般采用反馈调节的方法。

传统的相位差测量方法基本上可以分为两大类:直接测量法和间接测量法,直接测量法是指采用计数器对两路信号的相位差进行直接计量,原理简单,但是分辨率较低,取决于被计数的时钟频率,一般不高于纳秒。间接测量法主要包括差拍法、双混频法与相位比较法等,分辨率可以达到皮秒量级。

GPS 卫星使用 600 M 的时钟直接测量相位差,精度只有 1.6 ns(Wu,2007)。伽利略卫星采用双混频时差测量方法,测量精度达到 24 ps(Felbach et al. ,2010a),此种测量法可以得到比较高的测量精度,但本身结构复杂,一般需要混频、滤波、整形与计数器等模块。本章节提出的测量方法不同于传统的时频测量方法,首先通过 ADC 进行高精度过采样,而后在 FPGA 内通过 FIR 滤波和锁相滤波,并提取信号的相位信息,之后再次使用锁相环来实现主备链路的同步,结构简单,超过了伽利略方案的测量精度。

3.5.1 基于双混频测相的主备链路同步方案

伽利略导航卫星上的相位差测量模块使用的是双混频时差测量方法(Felbach et al. ,2010a),其公共振荡源锁定在信号 1 上。信号 1 和信号 2 分别与公共振荡器进行混频,混频后的两路信号经过低通滤波和整形后,作为后续计数器的开始与终止脉冲,对时差进行测量,此测量值经过逻辑控制单元对备用链路进行调节,使得备用链路始终对主用链路进行跟踪(图 3.5.1)。

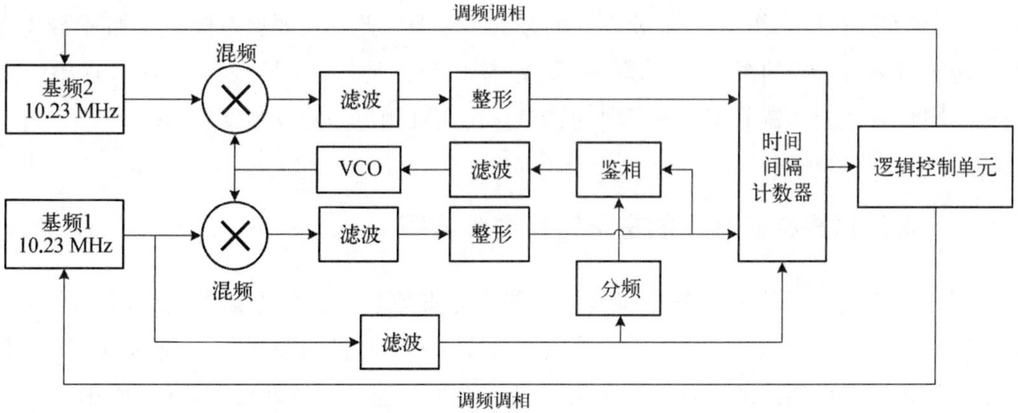

图 3.5.1 基于双混频测相的主备链路同步方案

假设两路信号同频不同相,信号 1、信号 2 与公共振荡源信号分别为

$$f_1(t)=\cos(\omega_1 t+\phi_1),\quad f_2(t)=\cos(\omega_2 t+\phi_2),\quad f_r(t)=\cos(\omega_0 t+\phi_0) \tag{3.5.1}$$

混频后再经过滤波可以得到

$$y_1(t) = \cos(\Delta\omega t + \Delta\phi_{01}), \quad y_2(t) = \cos(\Delta\omega t + \Delta\phi_{02}) \tag{3.5.2}$$

式中，$\Delta\omega = \omega_1 - \omega_0$，$\Delta\phi_{01} = \phi_0 - \phi_1$，$\Delta\phi_{02} = \phi_0 - \phi_2$。

$y_1(t)$ 与 $y_2(t)$ 分别为周期计数器提供开启脉冲和关闭脉冲，计数器对这段时间内的时钟脉冲进行计数。

$$\begin{cases} \Delta\omega t_1 + \Delta\phi_{01} = \dfrac{\pi}{2} + n\pi \\ \Delta\omega t_2 + \Delta\phi_{02} = \dfrac{\pi}{2} + n\pi \end{cases} \tag{3.5.3}$$

将式(3.5.3)中两式做差，得到

$$\Delta t' = \frac{m}{Bf_r} \tag{3.5.4}$$

式中，差拍因子 $B = \dfrac{\omega_1}{\omega_1 - \omega_0}$；$\Delta t'$ 为与两路原子钟信号相位差对应的时差；f_r 为时间间隔计数器的时钟频率；m 为计数器读数。

双混频时差测量系统的测量分辨率取决于时间间隔计数器的时钟频率和差拍因子两方面(Sojdr et al.,2004；李孝辉,2010；Yanagimachi et al.,2013)，伽利略方案中主备链路信号相位差的测量精度达到了 24 ps。

伽利略卫星使用的双混频时差测量方法，虽然可以达到很高的测量精度，但是需要混频、滤波与方波整形操作，而且需要额外的公共振荡源。此外还要通过模拟锁相环实现公共振荡源对参考信号的跟踪，结构复杂，质量、体积与功耗也必然增大，下一小节提出的主备链路同步方案全部在 FPGA 内实现，简单易行，而且相位差测量精度更高。

3.5.2 基于过采样和锁相的主备链路同步方案

图 3.5.2 展示了基于过采样和锁相的同步方案原理图。此方案中，首先使用 14 位的 ADC 对 10 MHz 的原子钟信号进行高精度采样，采样时钟由输出信号源的 10.23 MHz 正弦波经过整形得到。采样后的数字信号进入 FPGA 进行一系列处理，首先使用 FIR 滤波器进行低通滤波，而后使用数字锁相环进行进一步的窄带滤波，同时提取两路信号的相位信息，其中以主路的相位信息作为锁相环的参考信号，鉴相得到的两路信号的相位差信息经过环路滤波后对备路信号的相位进行调节，从而实现了备路对主路的跟踪，当发现主路参考信号发生异常时，由于数字锁相环的保持与跟踪作用，切换带来的相位跳变非常小，主要取决于主备链路的相位差测量精度以及锁相环环路参数。

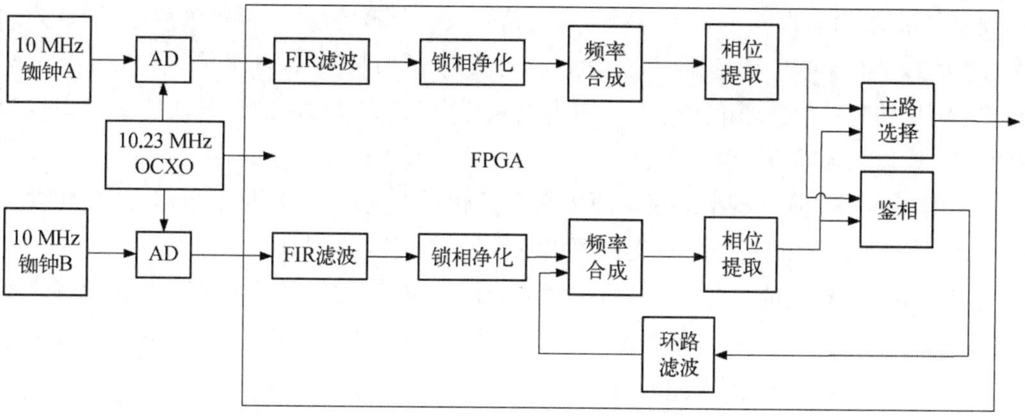

图 3.5.2　基于过采样和锁相的主备链路同步方案

1. 相位差测量精度分析

根据 Oppenheim (1999), Oppenheim et al. (2001), 李国 (2005), 于光平和张昕 (2006), 李刚等 (2009) 中对于过采样以及离散信号的分析, 对本方案的理论分辨率做近似推导。

如果要达到高的相位差测量精度, 理论上只要增加 ADC 的位数就可以实现, 但是实际中不可能无限制地提高 ADC 的位数, 本方案中使用 14 位 ADC 对 10 MHz 信号进行采样, 其时间分辨率为 $\frac{1/10^7}{2^{14}} \approx 6\ \text{ps}$, 同时使用 10.23 MHz 的时钟对 10 MHz 信号进行采样。

假设原子钟的输出信号和输出信号源的输出信号分别为

$$\text{ATOM}(t) = \cos(2\pi f_c t), \quad \text{OCXO} = \sin(2\pi f_o t) \tag{3.5.5}$$

式中, $f_c = 10\ \text{MHz}$, $f_o = 10.23\ \text{MHz}$。晶振的输出需要经过方波整形, 求取晶振输出信号的过零点。

假设 $2\pi f_o t = n2\pi$ 的解为 t_n, 可得

$$\begin{aligned}\cos(2\pi f_c t_n) &= \cos\left[2\pi(f_o - 230K)n\frac{1}{f_o}\right] \\ &= \cos(2\pi \times 230Kt_n)\end{aligned} \tag{3.5.6}$$

由式 (3.5.6) 可以看出, 10.23 MHz 的时钟对 10 MHz 信号的采样与 10.23 MHz 的时钟直接对 230 kHz 的信号采样, 其效果是相同的, 如图 3.5.3 所示。

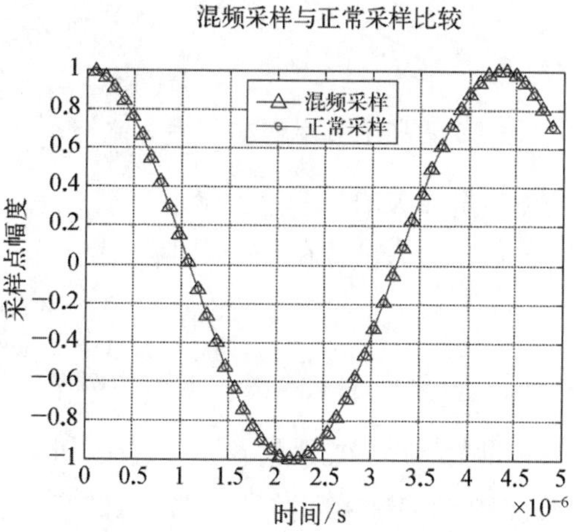

图 3.5.3　两种采样方式的比较

对于基带信号, 根据奈奎斯特采样定理, 为了避免频谱混叠, 采样率应该高于信号最

高频率分量的 2 倍,即 $f_s \geqslant 2f_h$,而对于带通信号只需要满足 $f_s \geqslant 2(f_h - f_l)$。需要注意的是,此处为了得到 10 MHz 的相位信息而对其进行采样并不同于传统的带通采样,10.23 MHz 的时钟频率理论上可以理解为欠采样,但是 230 kHz 的奈奎斯特采样率仅为 460 kHz,所以在当前应用背景下,10.23 MHz 实际上属于过采样。

ADC 的位数决定分辨率的根本原因在于量化误差的存在,量化位数越多,量化误差越小,信噪比越高,因此信噪比的提高可以等效于量化位数的增加。

使用 10.23 MHz 的时钟对 230 kHz 原子钟信号进行采样,其原始信号与量化噪声的功率谱如图 3.5.4(a)所示,图 3.5.4(b)对同样的信号进行采样,但是采样率降为原来的 1/10,两次采样的量化位数相同。

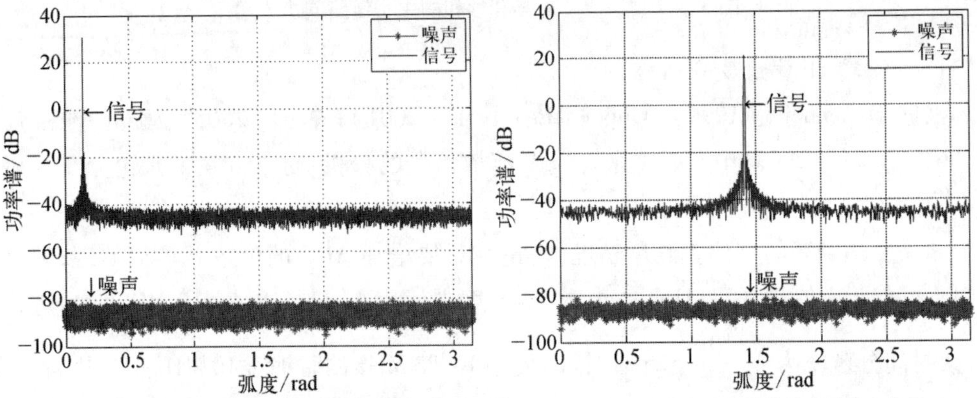

彩图

(a) 高采样率下的功率谱密度曲线　　(b) 低采样率下的功率谱密度曲线

图 3.5.4　不同采样率下信号与噪声功率谱密度

假设连续信号的功率谱密度为 $X_c(j\omega)$,那么,经过采样的离散信号的功率谱则可以表示为

$$X(e^{j\Omega}) = \frac{1}{T}\sum_{k=-\infty}^{\infty} X_c\left[\frac{j(\Omega - 2K\pi)}{T}\right] \tag{3.5.7}$$

信号的功率可以表示为 $P = \int_0^{\omega_c} X(e^{j\Omega})\,\mathrm{d}\Omega$,其中,$\omega_c$ 为有用信号带宽,所以信号功率是与采样率无关的。

假定输入信号在 $[-A, A]$,对于一个 N 位的量化器,量化步长为

$$\Delta = \frac{2A}{M-1} = \frac{2A}{2^N - 1} \tag{3.5.8}$$

量化噪声和输入信号无关,在区间 $[-\Delta/2, \Delta/2]$ 上服从均匀分布,若采样频率为 f_s,那么,其功率谱密度在 $[-f_s/2, f_s/2]$ 上也是均匀分布。

噪声功率为

$$P_n = \sigma_n^2 = \int_{-\frac{\Delta}{2}}^{\frac{\Delta}{2}} x^2 \frac{1}{\Delta} \mathrm{d}x = \frac{\Delta^2}{12} \tag{3.5.9}$$

量化器输出信号功率为

$$P_s = \frac{\left(2^N \dfrac{\Delta}{2}\right)^2}{2} = 2^{2N-3}\Delta^2 \tag{3.5.10}$$

设 f_b 为输入信号频率带宽，f_{Nyquist} 为奈奎斯特采样率，实际的采样率为 f_s，则 $f_{\text{Nyquist}} = 2f_b$，过采样率 $M = \text{OSR} = \dfrac{f_s}{f_{\text{Nyquist}}} = \dfrac{f_s}{2f_b}$。

伴随着采样率的提高，虽然量化噪声的功率谱密度不变，功率也不发生变化，但是高的采样率导致有用信号的带宽变小，从而导致信号带宽内的噪声功率降低，而信号的功率并没有变化，从而信噪比得到提升：

$$\text{Snr} = 10\log_{10}\left(\frac{p_s}{p_n}\right) = 6.02N + 1.76 + 10\log_{10}(M) \tag{3.5.11}$$

可见信噪比每升高 6 dB，就相当于量化位数加 1，而过采样率每翻一番，相当于增加 0.5 位。本方案中的过采样率为

$$M = \frac{10.23M}{460K} = 22.23 > 2^4 \tag{3.5.12}$$

所以最终的有效量化位数为 16 位，分辨率在 2 ps 以内。当然，接下来还需要将此采样信号带宽外的噪声滤掉，这样才能实现分辨率的提升，值得指出的是，由于锁相环的通带很窄，可以抑制通带外的噪声，从而进一步提高信噪比以提升分辨率。

2. 基于锁相的主备钟相位差测量与跟踪

如图 3.5.2 所示，经过过采样的数字信号进入 FPGA 进行 FIR 滤波，之后再经过锁相滤波子模块进行进一步的窄带滤波，锁相滤波模块是一个数字锁相环，在对输入信号进行窄带滤波的同时，从其数控振荡器中直接读取参考信号相位。

至此已经得到了分辨率在 2 ps 以下的数字参考信号，接下来需要得到主备两路信号的相位差，从而引导备路对主路进行跟踪。

经过数字锁相环提取的频差信息直接送入下一级锁相结构，首先重新合成 230 kHz 信号，而后累加得到其相位，之后进行鉴相，可以得到主备两路信号的相位差，由于基于 DDS 技术的数控振荡器(numerically controlled oscillator, NCO)的频率控制字为 48 位，对于相位差的表示精度理论上可以达到 $\dfrac{1}{230K} \cdot \dfrac{1}{2^{48}} \approx 1.5 \times 10^{-20}(\text{s})$，两路信号的相位差经过环路滤波的低通过滤后直接驱动备路对主路信号进行跟踪，下一小节的图 3.5.6 反映了备路对主

路的跟踪与锁定情况。

备路参考信号虽然时刻跟踪主路信号，但是两者之间的频差与相差不可能真正为 0，因此在进行主备链路切换时必然存在频率与相位的跳变，实际中要求主备钟切换带来的频率跳变不得超过 1E－13。在计算频率跳变时，需要对切换前后输出信号的频率进行统计，如果以 $2\text{E}-12/\sqrt{t}$ 来大体描述原子钟输出信号的稳定度，那么当平均时间 $t=1$ s 时，由原子钟输出信号频率的自然震荡所引起的前后两秒的频差为 2E－12，可见如果平均时间太短，根本无法从中分辨出主备切换引起的频率跳变。当 $t=3\ 600$ s 时，由自然震荡引起的前后两个小时的频差为 3.3E－14，此时可以对切换引起的频率跳变进行评估。因此为了对频率跳变的大小进行有效评估，至少要对切换前后一小时的频率数据进行统计。实际测试中发现，当将锁定时间设置为 3 600 s 时，基频处理机加电一小时后备用参考对主用参考的跟踪已经达到稳定，此时可以进行切换，为了减小跟踪过程的震荡，使得锁相环处于过阻尼工作状态，取 $\xi=2$，可以得到 $\omega_n\approx 0.000\,4$，环路带宽 $\text{BL}\approx 0.000\,4$ Hz。

由于在 FPGA 内部设置数字锁相环来辅助备钟对主钟进行跟踪，数字锁相环的保持作用使得即使在切换时也不会有信号的中断，由于环路带宽很窄，主备两路参考信号的相位差接近于 0，切换带来的频率与相位跳变可以参照图 3.5.7。

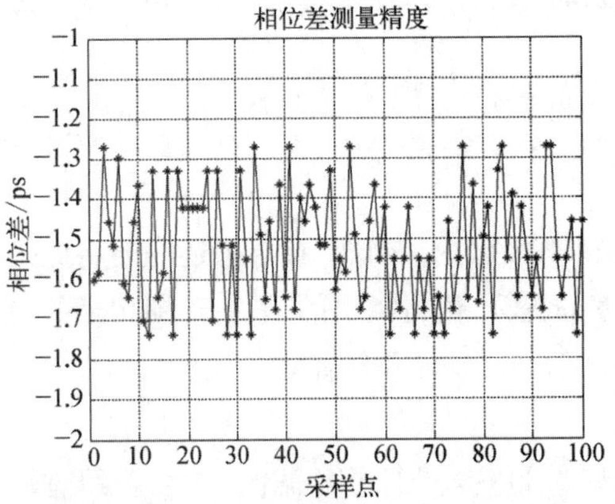

图 3.5.5　主备链路相位差测量精度

3. 主备链路同步模块测试结果

测试中，一方面从遥测参数中解调出主备钟同步模块测得的相位差，另一方面使用高精度相位测量设备 5 110 A 对主备钟相位差进行测量，两项结果进行比较，本方案测量误差如图 3.5.5 所示。测量误差分布在区间[－1.8, －1.2]，均值为－1.52，标准差为 0.145 7。

4. 主备链路切换时频率与相位跳变

使用 Chipscope 对加电之初的入锁过程进行采样，图 3.5.6 分别反映了备用链路在对主用链路的跟踪过程中，两者的频差与相差变化。

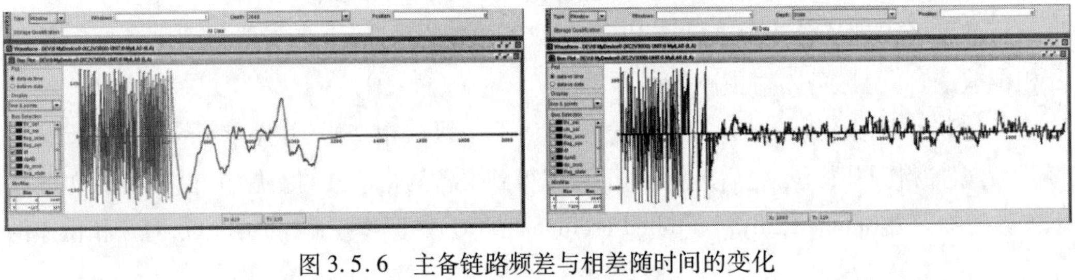

图 3.5.6　主备链路频差与相差随时间的变化

图 3.5.7 为主备链路切换时的频率跳变和相位跳变，如图 3.5.7(a)所示，在第 1 289 个点时进行切换，切换前的平均频率为 2.749 167E－10，切换之后的平均频率为

2.749 765E－10，两者作差为5.98E－14。而图3.5.7(b)中有两次切换，两次的相位跳变分别为19.5 ps和17.9 ps。

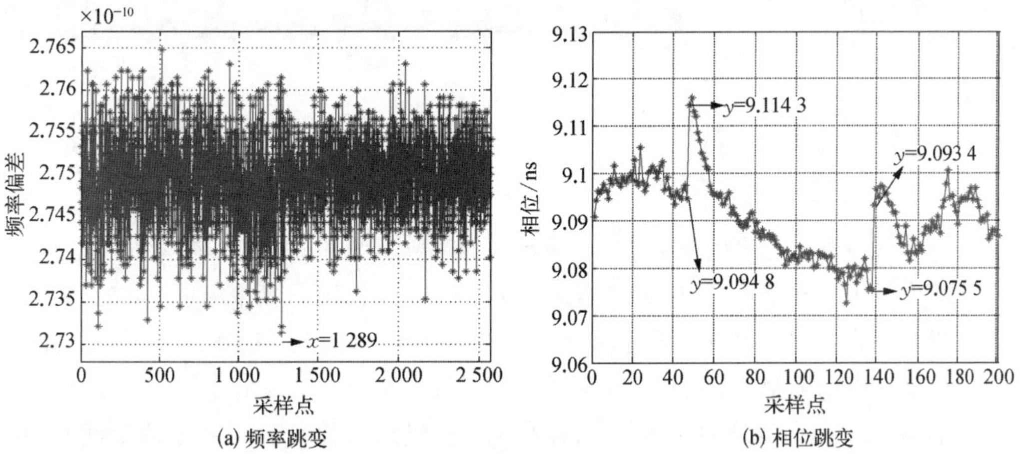

图3.5.7 主备链路切换时的频率跳变和相位跳变

原子钟正常运行时，主钟为整星提供时间源和频率源。此时，地面站持续跟踪卫星信号，进行星地双向测距，解算出星地钟差，而后通过二项式拟合得到星钟模型参数。而不同原子钟的特性不同，其钟差、频差与频漂都不同，如果备用链路未与主用链路同步，当发生星钟切换时，主钟关闭，备钟作为主钟，当前下发的导航电文不再适用，由切换带来的相位与频率跳变很可能导致下行接收机失锁，而且如果继续使用这颗卫星进行定位，将会带来很大的定位误差，甚至产生灾难性的后果，所以此时只能将本星设置为“不可用”，当再次完成星地时间同步并将新计算的星钟参数上注卫星后，这颗卫星才可以正常使用。如果主备钟已同步，即使发生星钟的切换，由于备钟的频差与主钟相同，而频漂本身又很小，通常1 d的时间也只会引起大约10^{-13}量级的频率变化，再次上注导航电文的时间间隔内卫星仍然可用，从而保证了导航信号的连续可用性。

3.6 本章小结

本章详细介绍了导航卫星时频相关技术，具体包括原子钟模型、原理及其发展趋势，导航系统时间的建立技术，以及星上时频生成与保持技术，并对导航卫星主备原子钟的平稳切换技术进行了深入探讨，提出了基于高分辨率采样与锁相的主备链路同步方案，然后从理论上证明了该方案的相位差测量精度在2 ps以内，优于GPS直接测量方案的1.6 ns与Galileo双混频时差测量方案的24 ps，而电路板级的测试表明主备切换时的频率跳变不超过1E－13，而相位跳变小于20 ps。

第4章 导航卫星星间链路精密测距技术

星间链路是现代化全球导航卫星系统的重要组成部分(李献斌等,2014a),将在我国全球卫星导航系统的主要业务处理中发挥重要作用,包括精密定轨与时间同步、导航星座自主导航、系统时间基准的建立与维持等。对于精密定轨与时间同步业务,星间链路双向测距功能可以显著改善地面区域定轨网络在几何布局上的限制,改善定轨处理所需观测量的几何分布,提高了观测量的冗余程度,也能实现星间时间同步,对导航系统精度的进一步提升具有重要作用。同时,兼具高精度测量和通信功能的星间链路是目前实现导航星座自主导航可以唯一采用的技术手段,保证导航卫星在缺乏地面站支持条件下,仍然可以生成高精度导航电文,提供正常的导航服务。此外,星间链路是系统时间基准建立与维持、全系统时间频率统一和时间比对设备时延闭环检核的重要基础,是在区域监测网条件下提高系统完好性服务性能的有效支撑。

我国新一代卫星导航系统设计了 Ka 频段星间链路,现已对其功能性能进行了全面验证,其指标完全满足星地联合定轨、自主导航等业务的需求,为实现星地联合定轨、自主导航提供了必要的物理条件。北斗星间链路采用时分空分双向单程伪码测距体制,卫星工作在半双工模式,并分时地与不同卫星进行测量通信,使得双向测距时刻不同,与不同节点间的测量时刻也不同,并且伪距中包含多径效应、相位中心改正、相对论效应改正、设备收发时延、对流层延迟等误差,所以星间链路原始测量值无法直接用于星地联合定轨、自主导航,需要对其进行预处理,完成测量值归算并消除其中的各类误差。

本章介绍了 GPS 系统 UHF 频段宽波束、北斗系统 Ka 频段反射面窄波束和相控阵窄波束、激光星间链路等多种星间链路体制,并结合北斗全球系统的星座构型对星间链路拓扑进行了分析,然后给出了星间链路测量模型和相应的数据预处理方法。本章内容对北斗系统星间链路体制进行了介绍,是卫星完成自主导航功能的基础,后面章节与其密切相关。

4.1 星间链路测距方案

星间链路是实现自主导航的前提条件,需要兼具高精度测量和一定的数传能力,高精度测量为自主导航提供必要的伪距测量值,数传功能满足自主导航信息交互的需求。星间链路测量通信体制与星座构型和星载设备制造水平等因素相关,星间链路设计需要考虑到星间距离大,多普勒频移大,且它们动态范围大的特点,而卫星平台、星载天线发展水平也都制约着星间链路体制设计。目前,各 GNSS 系统实现的星间链路体制主要有 GPS 系统的 UHF 频段宽波束时分体制和北斗系统的 Ka 频段窄波束时分空分体制,下面对其进行介绍。

4.1.1 UHF 宽波束体制

在 GPS 系统 UHF 宽波束时分多址体制中,卫星采用固定宽波束天线建立广播式星间链路。某时刻,只有一颗卫星发射信号,其他卫星均处于接收状态,可实现发射卫星与所有可见星之间的测量通信。卫星按照分配时隙依次发射信号,即可完成与整网所有可见星之间的双向测距与通信。

如图 4.1.1 所示(李理敏,2011),UHF 天线的波束"对地挖零",地球及其上空 1 000 km 以内不可见,以消除大气层对 UHF 信号的影响。卫星 A 与卫星 B、卫星 C 之间的连线同时在各自天线波束范围内即为可见,即 $\alpha < \phi < \beta$ 时,两颗卫星相互可见,卫星 B、卫星 C 可接收卫星 A 的信号,完成伪距测量,接收 A 星广播数据;反之,若 $\phi < \alpha$ 或 $\phi > \beta$,卫星间不可见。该体制中,天线波束较宽且相对星体固定,可实现一发多收,星间链路拓扑结构简单,对星间链路载荷要求低,便于工程实现。

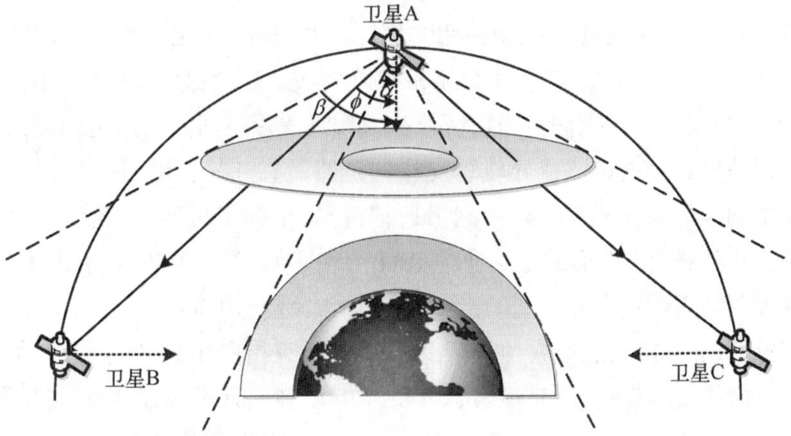

图 4.1.1 UHF 宽波束星间链路体制示意图

该星间链路体制下的自主导航主要包括三个阶段:双向测距、数据交互和自主导航数据处理。双向测距阶段,每颗卫星在各自的发射时隙发射直接扩频测距信号,其他卫星完成测距,星座中所有卫星依次循环即可实现整网双向测距,具体到 GPS 系统,每颗卫星的发射时隙持续 1.5 s,24 颗卫星将在 36 s 内完成整网双向测距。由于 UHF 频率较低,且存在穿过高层大气的链路,所以会受到电离层的影响,为消除其影响,每颗卫星的发射时隙分为两个时段,分别发射不同频点的测距信息。在数据交互阶段,每颗卫星按照发射时序使用跳频方式发送数据,将设备时延、本星轨道钟差修正结果、轨道协方差信息、测距阶段测量获得的伪距值等发送到接收卫星,整网轮询即可完成数据交换。最后,在自主导航数据处理阶段,每颗卫星基于获得的双向双频星间测距数据、他星星历钟差协方差、本星长期预报星历等数据估计自身轨道钟差,实现自主导航(石玉磊,2013)。

4.1.2 Ka 窄波束体制

UHF 宽波束体制技术要求低,便于工程实现,但 UHF 频段信号易受空间传播环境和该频段地面通信活动的干扰,影响系统运行可靠性。为解决 UHF 频段信号干扰问题,GPS III 拟采用 Ka 频段或者 V 频段窄波束星间链路(Maine et al.,2004;Luba et al.,2005)。新一代北斗导航系统为满足自主导航高精度测距和中速数传需求,也设计了 Ka 波段窄波束星间链路。

Ka 波段窄波束星间链路采用空分多址测量通信体制(space division multiple access,SDMA)。由于 Ka 天线波束较窄(波束宽度 3°左右),星间链路采用一对一测量通信模式,建链的两颗卫星必须将波束互相指向对方才可以完成测量通信,因此该体制对星间链路载荷、天线、卫星平台姿态稳定度等有较高要求,但该体制受空间环境影响小,测量精度高,对非来波方向干扰抑制能力强,将有效增强链路的安全性和抗干扰能力。并且天线增益较高,载波频率高,将显著提高星间通信速率,具有很强的工程应用价值。随着航天电子、航天技术的发展,已完全具备了实现 Ka 波段窄波束星间链路的能力。目前新一代北斗导航卫星已成功搭载了 Ka 波段窄波束星间链路载荷,并完成了在轨高精度测距和数据传输功能验证,完全满足自主导航的需求。

Ka 波段窄波束天线主要有反射面和相控阵两类。Ka 反射面采用机械扫描跟踪天线,通过收发分频实现全双工测量通信。该类天线无法短时间内大角度调整天线指向,因此一般建立同轨固定指向链路或异轨缓变指向链路,链路一旦建立便可进行连续测量通信。每套反射面天线只能建立一对一测量通信链路,单颗卫星通过安装多套反射面天线实现与多颗卫星建链,进而形成全连通的星间链路网络,图 4.1.2(a)给出了星座中某颗安装了 4 套反射面天线的 MEO 卫星建链示意图(常家超,2018)。

通过配置 Ka 相控阵天线参数,可灵活改变天线波束指向,配合基于先验信息的波束指向算法和快速捕获跟踪算法(李献斌等,2014b,2014a;滕云万里等,2014),卫星可快速完成天线指向调整与信号捕获跟踪,从而实现在任意可视的星间/星地节点之间建立可捷变的点对点测量通信链路,某时刻部分建链拓扑如图 4.1.2(b)所示(常家超,2018)。Ka 相控阵天线通过收发分时实现同频半双工测量通信,建链两颗卫星分时发射信号,由另一颗卫星完成接收捕获。在每个建链时隙同一卫星最多仅与一颗卫星建链,而相控阵天线波束可捷变的特点使得卫星在不同时隙可与不同的卫星建立多条星间链路,这是一种空分时分多址测量通信方案(space-time-division multiple access,STDMA),其时序如图 4.1.3 所示。通过地面配置建链时隙表,在一段时间内整网可以形成全连通网络,每颗卫星也可以建立多条星间链

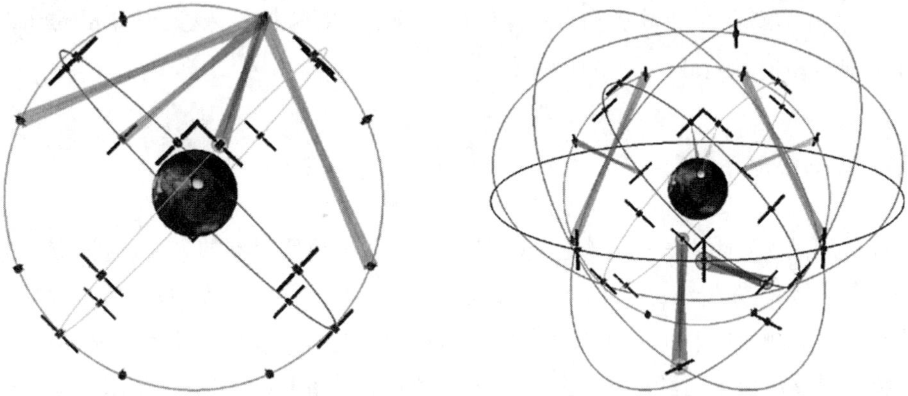

(a) 某星反射面天线固定星间链路拓扑　　(b) 相控阵天线某时刻部分星间链路拓扑

图 4.1.2　Ka 波段窄波束星间链路拓扑

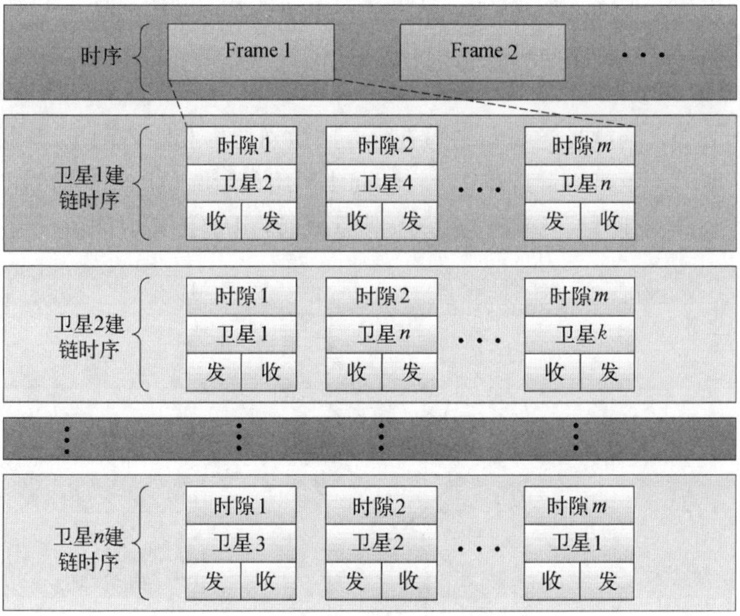

图 4.1.3　Ka 相控阵天线星间链路建链时序图

路，满足自主导航的需求。

基于反射面天线的固定星间链路体制，可进行连续高精度测距，在测量精度与测量频度上具有一定的优势，且其传输容量大、时延短、路由简单，有助于增强数传能力，但其波束指向变化缓慢，只能通过安装多套天线建立多条链路，现有的卫星平台很难满足此要求，无法满足自主导航的需求。而相控阵天线具有波束捷变特性，在一个测量周期内可建立多条星间链路，可满足自主导航需求。理论上，联合使用 Ka 反射面双频连续体制和 Ka 相控阵单频时分体制的混合星间链路，可在通信速率和建链几何架构上达到最优的效果。但是，卫星搭载多套反射面天线星间链路设备成本较高，而通过提高 Ka 相控阵的测量通信能力，完全可以满足星间数传和自主导航的需求，因此本书主要基于 Ka 相控阵天线时分空分星间链路体制开展自主导航研究。

4.1.3 激光体制方案

目前星间激光测距方式主要有三种：第一种是基于角反射器的方法，这种方法对激光器的功率需求较大，难以满足小型轻量化终端的需求；第二种是双程触发测距技术，这种方法的优点是独立测量发射和接收到的脉冲飞行时间，两星即使有钟差也不影响测距精度，但最大的挑战是精确校正和稳定终端发射和接收之间的设备时延；第三种是双向单程激光测距方法，该方法通过双向测量消除钟差，获得星间相对距离和钟差的自主测量，双向单程测距方案的测距精度取决于两个卫星各自时钟的短期稳定精度，与绝对时钟精度没有关系。

考虑到卫星功率资源有限，并配备有短期稳定度优良的晶振或者原子钟，因此通常使用双向单程测距方案。具体测距方案如下所述。

1. 双向单程测量原理

假设激光终端 A 与激光终端 B 之间进行双向激光通信和距离测量，其测量过程示意图如图 4.1.4 所示。距离测量过程中，将帧同步码组最后一位码元的后沿的对应时刻作为帧同步信号采样点，测量并记录该采样点对应时刻的激光终端时间值。

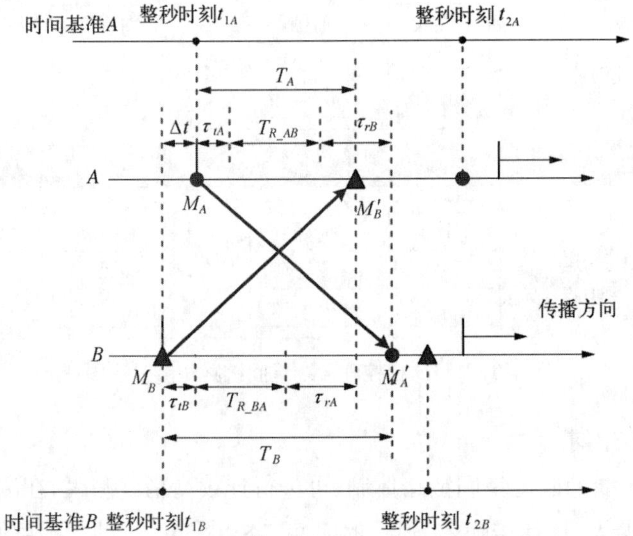

图 4.1.4 双向单程激光链路距离测量过程示意图

2. 测量数据处理

在图 4.1.4 中，Δt 为卫星终端 A 和卫星终端 B 的星钟之间的时差；τ_{tA} 和 τ_{tB} 为卫星终端发送传输帧过程的系统时延；τ_{rA} 和 τ_{rB} 为卫星终端接收传输帧过程的系统时延；T_{R_AB} 为卫星终端 A 到卫星终端 B 的激光空间链路的光传输时延；T_{R_BA} 为卫星终端 B 到卫星终

端 A 的激光空间链路的光传输时延。卫星终端 A 记录发送帧帧同步信号采样点时刻 M_A 和接收帧帧同步信号采样点时刻 M'_B 的时间值,卫星终端 B 记录发送帧帧同步信号采样点时刻 M_B 和接收帧帧同步信号采样点时刻 M'_A 的时间值, Δt 远小于 1 s,所以, M_A、M_B、M'_A 和 M'_B 具有相同的循环秒计数。因此实际计时可表示为

$$\begin{aligned} T_A &= \tau_{tB} + T_{R\_BA} + \tau_{rA} - \Delta t \\ T_B &= \Delta t + \tau_{tA} + T_{R\_AB} + \tau_{rB} \end{aligned} \tag{4.1.1}$$

在 Δt 时间内,卫星终端 A 和卫星终端 B 之间的距离变化可以忽略,即认为 T_{R_AB} 和 T_{R_BA} 近似相等, 统一表示为 T_R, 根据式(4.1.1), 可得卫星终端 A 和卫星终端 B 之间的距离值为

$$R = c \cdot T_R = c \cdot \left[\frac{T_A + T_B}{2} - \frac{(\tau_{tA} + \tau_{rA}) + (\tau_{tB} + \tau_{rB})}{2}\right] \tag{4.1.2}$$

式中, $(\tau_{tA} + \tau_{rA}) + (\tau_{tB} + \tau_{rB})$ 可通过系统零值标定的方法得到。因此,距离 R 的测量精度取决于 T_A 和 T_B 的测量精度, T_A 和 T_B 的测量精度与帧同步信号采样点的测量精度有关。

4.2 星间链路拓扑分析

4.2.1 北斗系统星座构型

导航系统多选用 Walker 星座,以尽量少的卫星实现对全球目标区域的最大覆盖数量(朱俊,2011)。Walker 星座使用高度、倾角均相同的倾斜圆轨道,各轨道面在赤道上等间隔分布,轨道面内相邻卫星的相位间隔也相同,但不同轨道面间卫星的相位关系可调整。Walker 星座构型可表示为 $T/P/F(i,h)$ T 为星座中卫星总数; P 为轨道面数; F 为相位偏移因子,满足 $0 \leqslant F \leqslant P-1$, 相邻轨道面间的相位偏移 ΔM 由式(4.2.1)计算; i 为轨道倾角; h 为轨道高度(寇艳红,2007)。

$$\Delta M = 360°/T \cdot F \tag{4.2.1}$$

北斗全球卫星导航系统使用混合星座,以提高卫星的利用率,满足广域差分、有源定位和短报文等特殊功能的需求(许其凤,2014),包括 3 颗同步轨道卫星(GEO)、3 颗倾斜同步轨道卫星(IGSO)、24 颗中轨道卫星(MEO),并视情部署在轨备份卫星, 其构型如图 4.2.1 所示。GEO 卫星

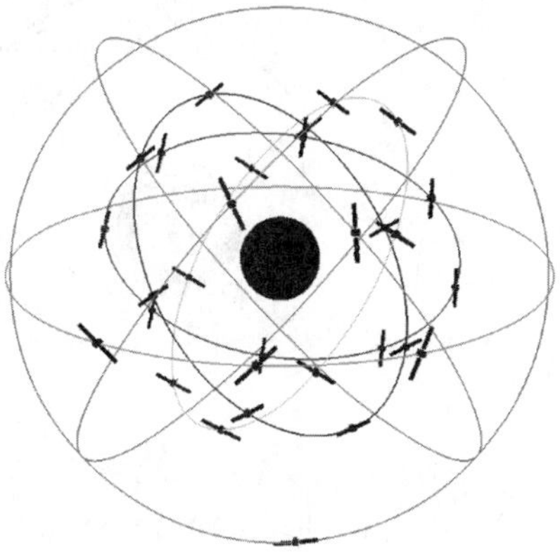
图 4.2.1 北斗系统空间段星座构型

轨道高度为 35 768 km，定点地理经度分别为 80°E、110.5°E、140°E；IGSO 卫星的轨道高度为 35 768 km，轨道倾角为 55°，升交点地理经度为 118°E；MEO 星座为 Walker24/3/1，其轨道倾角为 55°，轨道高度为 21 528 km（中国卫星导航系统管理办公室，2017）。

4.2.2 星间链路可见性

两卫星可见需满足两个条件：一是两星视线可见，不存在地球遮挡；二是满足卫星相控阵天线扫描波束约束。地球遮挡将导致信号无法传递，而相控阵天线一般只能在有限的波束扫描范围内调整波束。图 4.2.2 给出了卫星可见与几种不可见的情况示意图。需要注意对于中高轨卫星间链路，存在中轨卫星在高轨卫星波束范围内，反之不成立的情况，如图 4.2.2(d)所示。因此，在进行可见性判断时需要对建链两颗卫星的波束约束分别进行判断。

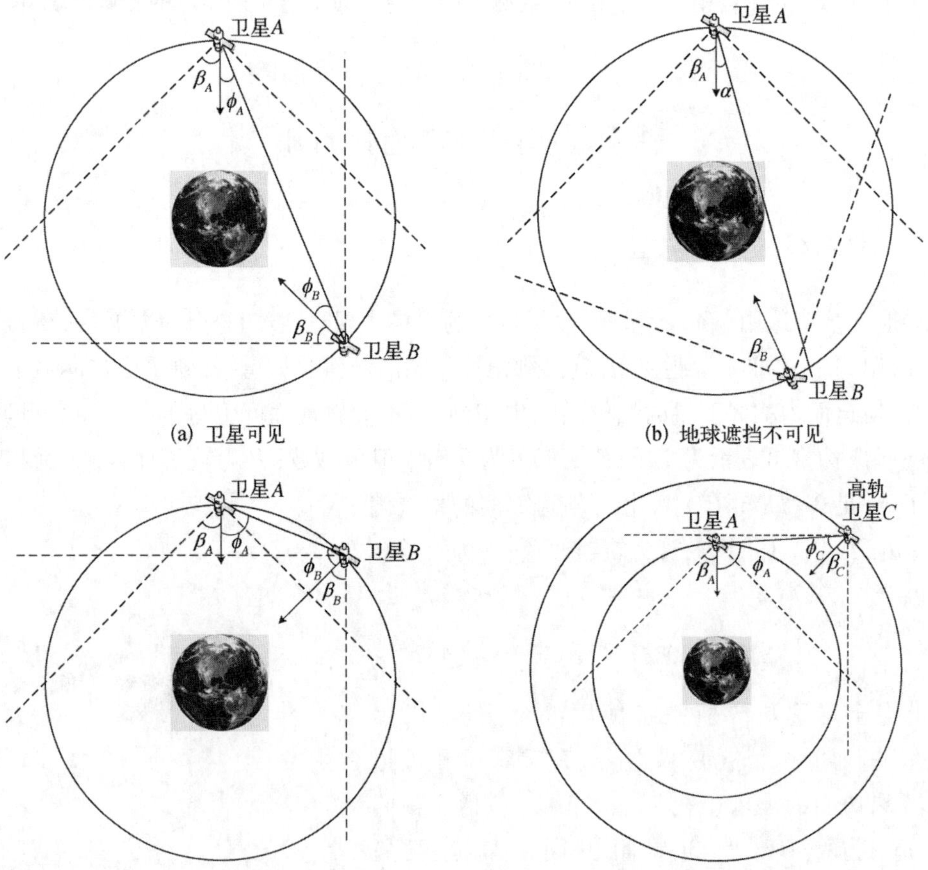

(a) 卫星可见　(b) 地球遮挡不可见

(c) 中轨卫星建链天线约束不可见　(d) 中高轨卫星建链天线约束不可见

图 4.2.2　星间可见性分析

取卫星 A、卫星 B 的地心惯性坐标系(earth-centered inertial reference frame, ECI)坐标分别为 $\boldsymbol{r}_A$、$\boldsymbol{r}_B$，则卫星可见性判断过程如下。

(1) 分别计算两星的建链离轴角：

$$\phi_A = \arccos\left(\frac{-\boldsymbol{r}_{AB} \cdot \boldsymbol{r}_A}{|\boldsymbol{r}_{AB}||\boldsymbol{r}_A|}\right), \quad \phi_B = \arccos\left(\frac{\boldsymbol{r}_{AB} \cdot \boldsymbol{r}_B}{|\boldsymbol{r}_{AB}||\boldsymbol{r}_B|}\right) \tag{4.2.2}$$

式中，$\boldsymbol{r}_{AB}$ 为卫星 A 到卫星 B 的方向矢量，即 $\boldsymbol{r}_{AB} = \boldsymbol{r}_B - \boldsymbol{r}_A$。

(2) 计算地球遮挡角，只需对一颗卫星进行遮挡角计算：

$$\alpha = \arcsin(r_e / |\boldsymbol{r}_A|) \tag{4.2.3}$$

式中，r_e 为地球半径，取为 6 378 km。对于北斗 MEO，$|\boldsymbol{r}_A| = 27\,906$ km，则 $\alpha = 13.3°$。

(3) 可见性判断。取卫星 A 和卫星 B 相控阵天线波束扫描范围为 β_A 和 β_B，则卫星可见的条件为

$$\alpha \leqslant \phi_A \leqslant \beta_A, \quad \phi_B \leqslant \beta_B \tag{4.2.4}$$

4.2.3 卫星可见性仿真

使用卫星工具包(satellite tool kit, STK)软件对 4.2.1 节介绍的星座进行仿真，并分析卫星可建星间链路数量。仿真中，3 颗 IGSO 依次命名为 IGSO1~IGSO3；3 颗 GEO 依次命名为 GEO1~GEO3；24 颗 MEO 依次命名为 MEO01~MEO24。MEO 卫星波束扫描范围设置为 60°，IGSO 和 GEO 卫星波束扫描范围设置为 45°。与北斗系统整网星座的回归周期一致，仿真时间设置为 25 Jan 2018 00:00:00(UTCG)到 01 Feb 2018 00:00:00(UTCG)，共 7 天。以 MEO01 卫星和 IGSO1 卫星为例，分别分析中轨卫星和高轨卫星与其他卫星的可见性，仿真结果如图 4.2.3 所示。

图 4.2.3(a)给出了 MEO01 卫星与整网其他卫星在 7 天内的可见性情况，可以看到 MEO01 卫星可见卫星数在 15~24，说明整网条件下，MEO 卫星至少可建立 15 条星间链路。由图 4.2.3(b)可看出，IGSO1 卫星与整网其他卫星在 7 天内建链卫星数在 11~16，证明 IGSO 卫星至少可建立 11 条星间链路。图 4.2.3(c)还给出了仅考虑 MEO 星座内部建链时，MEO01 可建链的卫星数，可以看到 MEO 星座内部可建链条数在 15~18。实际工程中，规划星间链路建链配置表除了考虑自主导航需求之外，还需考虑数传需求，且会受到建链周期约束。因此，自主导航周期内，卫星实际建路条数需根据多种约束优化，但星间可见性是保证建链的前提条件，仿真结果表明整网任意卫星至少可以建链 11 条链路。根据自主导航仿真结果，在保证 8 条星间链路的条件下，即可以达到预期的定轨与时间同步精度，11 条可见卫星链路完全可以满足自主导航的需求。

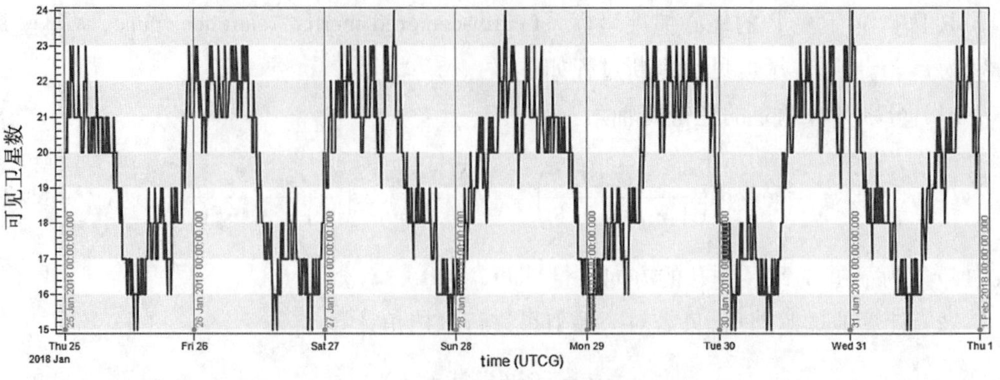

(a) MEO01与整网其他卫星的可见性

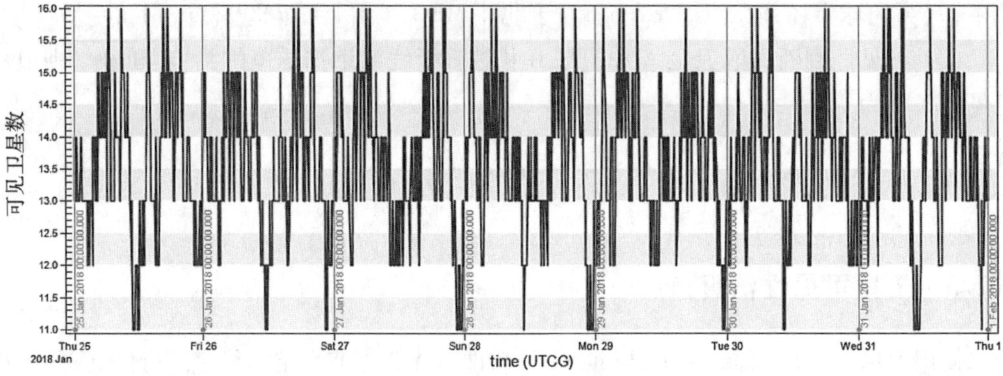

(b) IGSO1与整网其他卫星的可见性

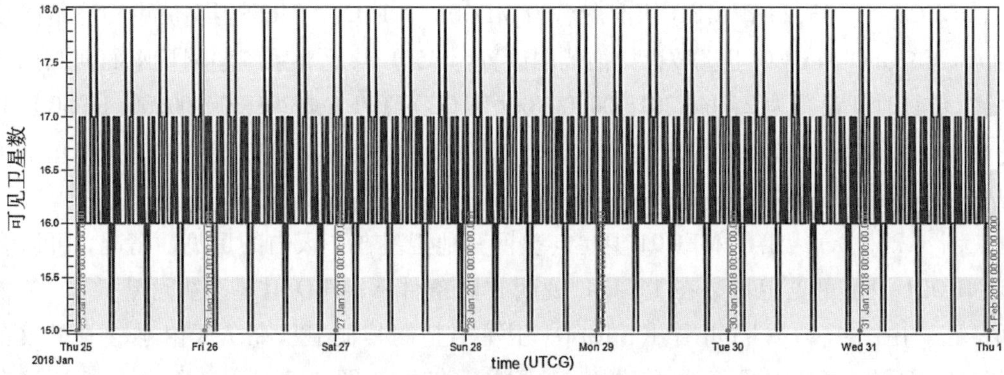

(c) MEO01与所有MEO卫星可见性情况

图 4.2.3　可见卫星数

4.3　星间链路测量模型

伪码测量技术的基本思想是通过测量信号收发时刻,获得信号在空间传输的时间,将其乘以光速,便可得到收发卫星间的距离,某时隙双向伪码测距原理如图 4.3.1 所示(Xu et al. ,2011b,2011a;郭熙业等,2017)。图中包含两个双向测距过程,一是卫星 j 到卫星 i 的伪距测量,其过程为卫星 j 根据自身钟面时在 t_t^j 时刻发射信号,经卫星 j 发射通道时延 $\delta\tau_t^j$,信号在 t_{tp}^j 时刻由卫星 j 天线相位中心发出,经过空间传播时延 τ_{ji},在 t_{rp}^i 时刻到达卫星 i 天线相位中心,最后经卫星 i 接收通道时延 $\delta\tau_r^i$,由卫星 i 在钟面时 t_r^i 时刻捕获;另一个是卫星 i 到卫星 j 的伪距测量,其过程与上述过程相同,不过是卫星 i 发射信号,卫星 j 接收信号。图 4.3.1 中相应的变量定义为 t_t^i 为卫星 i 发射时刻钟面时;$\delta\tau_t^i$ 为卫星 i 发射通道时延;t_{tp}^i 为卫星 i 天线相位中心发射信号时刻;τ_{ij} 为空间传播时延;t_{rp}^j 为信号到达卫星 j 天线相位中心时刻;$\delta\tau_r^j$ 为卫星 j 接收通道时延;t_r^j 为卫星 j 信号捕获时刻钟面时。

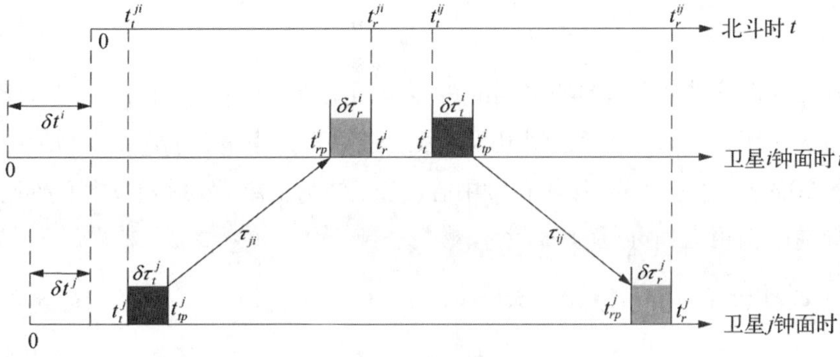

图 4.3－1　双向伪码测距示意图

对于卫星 j 到卫星 i 的测距过程,卫星 i 在钟面时 t_r^i 时刻捕获信号,并对信号进行处理获得标记在测距信号上的发射时刻 t_t^j,然后计算 t_r^i 和 t_t^j 之差,并乘以光速 c,可得伪距测量值。

$$\rho_{ji} = c(t_r^i - t_t^j) \tag{4.3.1}$$

卫星 i 和卫星 j 时钟很难与 BDT 保持严格时间同步,其钟面时相对 BDT 存在钟差,取 t_t^j 和 t_r^i 对应的 BDT 分别为 t_t^{ji} 和 t_r^{ji},则

$$t_r^i = t_r^{ji} + \delta t^i(t_r^{ji}),\quad t_t^j = t_t^{ji} + \delta t^j(t_t^{ji}) \tag{4.3.2}$$

式中,$\delta t^j(t_t^{ji})$ 为卫星 j 在 t_t^{ji} 时刻钟差;$\delta t^i(t_r^{ji})$ 为卫星 i 在 t_r^{ji} 时刻钟差。

信号实际传输的时间包括信号空间传输时延和收发通道时延,可表示为收发时刻对应的 BDT 之差,即

$$\tau_{ji} + \delta\tau_t^j + \delta\tau_r^i = t_r^{ji} - t_t^{ji} \tag{4.3.3}$$

将式(4.3.2)和式(4.3.3)代入式(4.3.1),得

$$\rho_{ji} = c\tau_{ji} + c[\delta t^i(t_r^{ji}) - \delta t^j(t_t^{ji})] + c\delta\tau_t^j + c\delta\tau_r^i \tag{4.3.4}$$

测量信号在空间传播,除了传输距离产生的时延之外,不可避免地会存在多径效应,星地链路还会存在对流层和电离层延迟,且电磁波受引力场影响速度会变慢,引入引力场时

延，对于非圆卫星轨道，相对论效应还会引入额外的时钟偏差。因此，测量伪距公式可写为

$$\rho_{ji} = \rho_{ji}^{p} + c[\delta t^{i}(t_{r}^{ji}) - \delta t^{j}(t_{t}^{ji})] + c\delta\tau_{t}^{j} + c\delta\tau_{r}^{i} + l_{\text{mul}ji} + l_{\text{tro}ji} + l_{\text{ion}ji} + l_{\text{rel}ji} + \varepsilon_{ji} \tag{4.3.5}$$

式中，ρ_{ji}^{p} 为信号收发时刻卫星相位中心之间的几何距离；$l_{\text{mul}ji}$ 为多径误差；$l_{\text{tro}ji}$ 为对流层误差；$l_{\text{ion}ji}$ 为电离层误差；$l_{\text{rel}ji}$ 为相对论效应误差；ε_{ji} 为测量噪声。

另外，式(4.3.5)仅给出了两星星间链路天线相位中心之间的距离，而在实际的自主导航过程中，采用的轨道动力学模型是相对于卫星质心的，所以 ρ_{ji}^{p} 无法直接应用于自主定轨，需要修正天线相位中心相对于卫星质心之间的距离，取

$$\rho_{ji}^{p} = \rho_{ji}^{0} + l_{rp}^{i} + l_{tp}^{j} \tag{4.3.6}$$

式中，ρ_{ji}^{0} 为信号收发时刻卫星质心之间的距离，取卫星 i、卫星 j 质心在 t_{r}^{ji}、t_{t}^{ji} 时刻的惯性系位置向量为 $\boldsymbol{r}^{i}(t_{r}^{ji})$、$\boldsymbol{r}^{j}(t_{t}^{ji})$，考虑到卫星收发通道时延为小量，则 $\rho_{ji}^{0} = |\boldsymbol{r}^{i}(t_{r}^{ji}) - \boldsymbol{r}^{j}(t_{t}^{ji})|$（韩春好等，2009）；$l_{rp}^{i}$ 为卫星 i 接收相位中心改正；l_{tp}^{j} 为卫星 j 发射相位中心改正。综上，用于自主导航的伪距方程可写为

$$\rho_{ji} = \rho_{ji}^{0} + c[\delta t^{i}(t_{r}^{ji}) - \delta t^{j}(t_{t}^{ji})] + c\delta\tau_{t}^{j} + c\delta\tau_{r}^{i} + l_{\text{mul}ji} + l_{\text{tro}ji} + l_{\text{ion}ji} + l_{\text{rel}ji} + l_{rp}^{i} + l_{tp}^{j} + \varepsilon_{ji} \tag{4.3.7}$$

同式(4.3.5)，对于卫星 i 到卫星 j 的测距过程，伪距方程可以写为

$$\rho_{ij} = \rho_{ij}^{0} + c[\delta t^{j}(t_{r}^{ij}) - \delta t^{i}(t_{t}^{ij})] + c\delta\tau_{t}^{i} + c\delta\tau_{r}^{j} + l_{\text{mul}ij} + l_{\text{tro}ij} + l_{\text{ion}ij} + l_{\text{rel}ij} + l_{rp}^{j} + l_{tp}^{i} + \varepsilon_{ij} \tag{4.3.8}$$

式中，ρ_{ij}^{0} 为信号收发时刻卫星质心之间的距离，$\rho_{ij}^{0} = |\boldsymbol{r}^{i}(t_{t}^{ij}) - \boldsymbol{r}^{j}(t_{r}^{ij})|$；$\boldsymbol{r}^{j}(t_{r}^{ij})$、$\boldsymbol{r}^{i}(t_{t}^{ij})$ 为 t_{r}^{ij}、t_{t}^{ij} 时刻卫星 j、卫星 i 质心在惯性系中的位置向量；$\delta t^{j}(t_{r}^{ij})$、$\delta t^{i}(t_{t}^{ij})$ 为收发时刻卫星 j、卫星 i 的钟差；$l_{\text{mul}ij}$ 为多径误差；$l_{\text{tro}ij}$ 为对流层误差；$l_{\text{ion}ij}$ 为电离层误差；$l_{\text{rel}ij}$ 为相对论效应误差；l_{rp}^{j} 为卫星 j 接收相位中心改正；l_{tp}^{i} 为卫星 i 发射相位中心改正；ε_{ij} 为测量噪声。

4.4 星间观测数据预处理

综合式和式，可得双向伪距测量方程为

$$\begin{cases}\rho_{ji} = \rho_{ji}^{0} + c(\delta t^{i}(t_{r}^{ji}) - \delta t^{j}(t_{t}^{ji})) + c\delta\tau_{t}^{j} + c\delta\tau_{r}^{i} + l_{\text{mul}ji} + l_{\text{tro}ji} + l_{\text{ion}ji} + l_{\text{rel}ji} + l_{rp}^{i} + l_{tp}^{j} + \varepsilon_{ji} \\ \rho_{ij} = \rho_{ij}^{0} + c(\delta t^{j}(t_{r}^{ij}) - \delta t^{i}(t_{t}^{ij})) + c\delta\tau_{t}^{i} + c\delta\tau_{r}^{j} + l_{\text{mul}ij} + l_{\text{tro}ij} + l_{\text{ion}ij} + l_{\text{rel}ij} + l_{rp}^{j} + l_{tp}^{i} + \varepsilon_{ij}\end{cases} \tag{4.4.1}$$

收发信机得到的原始伪距测量值中，包含多种测量误差，无法直接应用于自主定轨与

时间同步，需要对其进行预处理，以剔除测量野值，消除原始测量值中的多种误差，并将不同收发时刻的测量值归算到轨道钟差解算历元时刻，获得自主导航算法需要的观测量输入。式(4.4.1)中各物理量的特点及其预处理方法参见表4.4.1。由表可以看到，对原始测量数据的预处理，主要包括野值剔除、伪距归算、对流层误差计算、相对论效应改正计算、天线相位中心改正计算，下面依次介绍相应的预处理方法。

表4.4.1 伪距值误差模型及其预处理方法

变量符号	物理意义	特　点	预处理方法
ρ_{ji}、ρ_{ij}	伪距观测值	受各类因素影响，一定概率出现粗大误差	野值剔除
ρ_{ji}^0、ρ_{ij}^0	卫星质心间距离	包含自主导航待解算轨道数据，为测距收发时刻位置	伪距归算
$\delta t^i(t_r^{ji})$、 $\delta t^j(t_t^{ji})\delta t^j(t_r^{ij})$、 $\delta t^i(t_t^{ij})$	卫星各时刻钟差	包含自主导航待解算钟差数据，为测距收发时刻钟差	伪距归算
$\delta\tau_r^i$、$\delta\tau_t^i$ $\delta\tau_r^j$、$\delta\tau_t^j$	卫星收发通道时延	在一定时间内为常值误差(潘军洋等，2017)	可使用地面标定值
$l_{\mathrm{mul}ji}$、$l_{\mathrm{mul}ij}$	多径误差	卫星空间环境遮挡物很少，多径误差很小(曾旭平，2004；朱俊，2011)	忽略
$l_{\mathrm{tro}ji}$、$l_{\mathrm{tro}ij}$	对流层误差	星间链路对流层时延不考虑，星地链路使用经典对流层误差模型计算(Wang and Li，2016；Zhang et al.，2016)	按照误差模型计算
$l_{\mathrm{ion}ji}$、$l_{\mathrm{ion}ij}$	电离层误差	星间链路电离层时延不考虑，星地链路电离层时延小于0.1 m(Tinin and Konetskaya，2014；Kumar et al.，2015)	忽略
$l_{\mathrm{rel}ji}$、$l_{\mathrm{rel}ij}$	相对论效应改正	由建链卫星的位置速度计算(Hećimović，2013；刘丽丽等，2015)	按照误差模型计算
l_{rp}^i、l_{tp}^i l_{rp}^j、l_{tp}^j	相位中心改正	由卫星姿态、天线安装参数、波束指向计算	按照误差模型计算

4.4.1 野值剔除

星间链路进行伪距测量和数据传输过程中，高能粒子效应、星钟跳变、测量异常、通信异常、数据预处理异常等多种因素都会在测量值中引入粗大误差，与其他测量值截然不同，称为野值(王建富等，2017)。野值误差通常在几十、几百米量级，若不对其处理，将会严重影响定轨与时间同步精度，甚至造成算法发散。因此，在数据预处理过程中必须消除这些包含粗大误差的野值对算法的影响。

对野值的处理主要有两种思路：一种是设计抗差滤波算法，以减弱或消除野值对滤波结果的影响，其基本思想是根据测量值残差与检验门限动态地调整观测值权重，实现对大误差测量值的降权和野值的剔除(徐步云等，2016)；另一种是在数据预处理阶段，通过构建测量值残差检验统计量进行野值检测，判断是否超过设定的检验门限，将超过检验门限的测量值隔离（张昆等，2016）。两种方法都是通过将测量值残差与检验门限比较，消除野值的影响。

而测量值残差的计算通常有两种方法：一种是基于自主导航软件估计的轨道钟差数据，预报测量历元时刻的轨道钟差值，并计算相应的理论距离，将测量值与理论距离作差，获得测量值残差；另一种方法是通过对多个历元时刻的星间测量数据进行多项式拟合获得伪距多项式模型，然后对测量时刻伪距进行预报，将测量值与伪距预报值作差获得测量值残差。第一种方法可靠性高，且与星载分布式卡尔曼滤波算法容易结合，通常星上采用第一种方法进行野值判断。

4.4.2 对流层延迟

对于卫星间链路，可以不考虑对流层时延的影响，但是对于为消除星座旋转而引入的星地测量链路，对流层时延是必须消除的测量误差。对流层时延指的是位于地表 0~60 km 的中性大气对电磁波的折射作用，包括电磁波的传播速度变慢引起的路径延迟和传播路径弯曲产生的距离偏差两部分。对流层延迟与地面温度、大气压力、大气湿度、卫星仰角有密切关系，天顶方向延迟在 1.9~2.5 m，仰角 5°时，对流层延迟增加到 20~80 m。因此，需要消除星地链路中的对流层延迟（殷海涛，2006；文援兰等，2009）。

对流层延迟包含干项和湿项两部分，干项是由大气中干燥气体引起的，占对流层延迟 80%~90%，比较稳定；占比 10%~20%的湿项是由水分子偶极矩引起的，变化不规则（任亚飞和柯熙政，2006）。目前，国内外学者提出了多种对流层改正模型，此处对工程中常用的 Hopfield 模型进行介绍。

Hopfield 模型分别计算在传播路径上对流层延迟的干、湿分量，两项相加便可以得到以米为单位的对流层延迟误差 l_{tro}：

$$l_{\mathrm{tro}} = l_{\mathrm{dry}} + l_{\mathrm{wet}} \tag{4.4.2}$$

若令 $n = \mathrm{dry}, \mathrm{wet}$，干湿分量计算公式如下：

$$l_n = N_n\left(\sum_{k=1}^{9} \frac{\alpha_{k,n}}{k} r_n^k\right) \tag{4.4.3}$$

其中，

$$N_{\mathrm{dry}} = 0.776 \times 10^{-4} \frac{P}{T}, \quad N_{\mathrm{wet}} = \frac{0.373e}{T^2} \tag{4.4.4}$$

$$e = \frac{H}{100}\exp[-37.2456 + 0.213166T - 0.000256908T^2] \tag{4.4.5}$$

$$r_n = \sqrt{(r_0 + h_i)^2 - (r_0\cos E)^2} - r_0\sin E \tag{4.4.6}$$

$$h_{dry} = 40\,136 + 148.72(T - 273.16), \quad h_{wet} = 11\,000 \tag{4.4.7}$$

式中，P 为地面大气压力，单位 mbar①；T 为地面绝对温度，单位 K；H 为相对湿度百分数；e 为水汽压，单位 mbar；r_0 为地面站的地心向径；E 为卫星高度角。

式中的系数定义如下：

$$\begin{array}{lll} \alpha_{1,n} = 1 & \alpha_{2,n} = 4a_n & \alpha_{3,n} = 6a_n^2 + 4b_n \\ \alpha_{4,n} = 4a_n(a_n^2 + 3b_n) & \alpha_{5,n} = a_n^4 + 12a_n^2b_n + 6b_n^2 & \alpha_{6,n} = 4a_nb_n(a_n^2 + 3b_n) \\ \alpha_{7,n} = b_n^2(6a_n^2 + 4b_n) & \alpha_{8,n} = 4a_nb_n^3 & \alpha_{9,n} = b_n^4 \end{array} \tag{4.4.8}$$

$$a_n = -\frac{\sin E}{h_n}, \quad b_n = -\frac{\cos^2 E}{2h_nr_0} \tag{4.4.9}$$

根据地面站的位置，由式(4.4.2)~式(4.4.9)可以完成对流层延迟的计算。但是，可以看到测站的天气参数是计算对流层时延的关键参数，卫星无法直接获得地面站的天气参数。简单的做法是，将天气参数设置为标准大气参数，但是该种方法会使计算的对流层延迟误差相对较大。比较实用的方法是卫星使用先验的大气模型实时计算地面站处的天气参数，并将其作为输入参数，解算对流层时延，大气模型参数可以选择使用经典的全球气压与温度(global pressure and temperature, GPT)模型(Tregoning and Herring, 2006; Boehm et al., 2007; Dach et al., 2011)。

4.4.3 相位中心改正

1. 相位中心改正计算过程

式(4.3.5)中星间链路测量值只包含收发天线相位中心之间的距离，而自主导航过程中，采用的轨道动力学模型是相对于卫星质心的，解算的轨道参数也对应于卫星质心。因此，需要修正相位中心相对于卫星质心的伪距改正，如式(4.3.6)。卫星相位修正过程如图4.4.1所示，图中给出卫星 i 发射信号卫星 j 接收信号过程中，卫星 i 发射相位中心改正 l_{tp}^i 的计算示意图，其中 C_m 为卫星质心；C_A 为星间链路天线相位中心；$\Delta \boldsymbol{r}_A^i$ 为卫星本体坐标系中天线相位中心相对于卫星质心的坐标矢量；α 为天线矢量与卫星质心连线的夹角；$\boldsymbol{\rho}_{ij}^p$ 为两卫星天线相位中心之间的距离矢量；$\boldsymbol{\rho}_{ij}^0$ 为两卫星质心之间的距离矢量。

由于两颗卫星相距很远，相位中心修正 l_{tp}^i 近似为 $\Delta \boldsymbol{r}_A^i$ 在质心连线方向上的投影，即 $l_{tp}^i = \Delta \boldsymbol{r}_A^i \cos(\alpha)$。实际自主导航过程中，卫星根据预先存储的长期预报历书可计算卫星 i、

① 1 bar = 10^5 Pa。

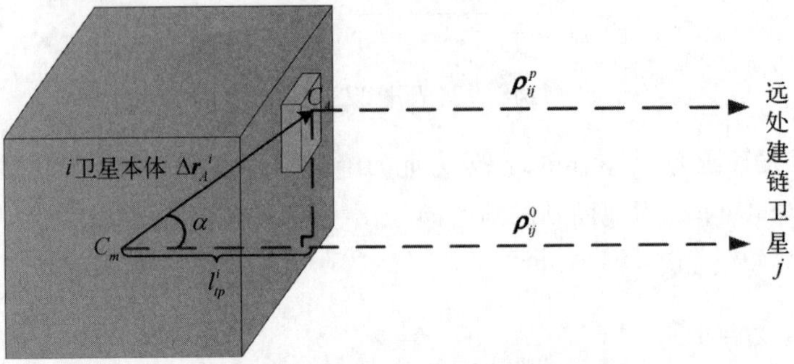

图 4.4.1　相位中心改正计算示意图

卫星 j 在建链时刻的惯性系近似位置矢量 $\boldsymbol{r}^j(t_r^{ij})$、$\boldsymbol{r}^i(t_t^{ij})$，则

$$\boldsymbol{\rho}_{ij}^0 = \boldsymbol{r}^j(t_r^{ij}) - r^i(t_t^{ij}) \tag{4.4.10}$$

$\boldsymbol{\rho}_{ij}^0$ 定义在惯性系中，而 $\Delta \boldsymbol{r}_A^i$ 定义在卫星本体坐标系中，所以无法直接计算矢量投影，需要将 $\boldsymbol{\rho}_{ij}^0$ 转换到卫星本体坐标系：

$$\boldsymbol{\rho}_{ij\_\mathrm{body}}^0 = \boldsymbol{R}_y(\theta)\boldsymbol{R}_x(\phi)\boldsymbol{R}_z(\psi)\boldsymbol{R}_{\mathrm{orb}}(\boldsymbol{r}^i(t_t^{ij}), \boldsymbol{v}^i(t_t^{ij}))\boldsymbol{\rho}_{ij}^0 \tag{4.4.11}$$

式中，$\boldsymbol{\rho}_{ij\_\mathrm{body}}^0$ 为 $\boldsymbol{\rho}_{ij}^0$ 在卫星 i 本体坐标系中的表达式；ϕ、θ、ψ 分别为卫星滚动、俯仰、偏航姿态角；$\boldsymbol{R}_x(\phi)$、$\boldsymbol{R}_y(\theta)$、$\boldsymbol{R}_z(\psi)$ 为相应的姿态旋转矩阵，定义如下：

$$\boldsymbol{R}_x(\phi) = \begin{bmatrix} 1 & 0 & 0 \\ 0 & \cos\phi & \sin\phi \\ 0 & -\sin\phi & \cos\phi \end{bmatrix} \tag{4.4.12}$$

$$\boldsymbol{R}_y(\theta) = \begin{bmatrix} \cos\theta & 0 & -\sin\theta \\ 0 & 1 & 0 \\ \sin\theta & 0 & \cos\theta \end{bmatrix} \tag{4.4.13}$$

$$\boldsymbol{R}_z(\psi) = \begin{bmatrix} \cos\psi & \sin\psi & 0 \\ -\sin\psi & \cos\psi & 0 \\ 0 & 0 & 1 \end{bmatrix} \tag{4.4.14}$$

$\boldsymbol{R}_{\mathrm{orb}}(\boldsymbol{r}^i(t_t^{ij}), \boldsymbol{v}^i(t_t^{ij}))$ 为惯性系到卫星 i 轨道坐标系的转换矩阵，与卫星 i 位置向量 $\boldsymbol{r}^i(t_t^{ij})$、速度向量 $\boldsymbol{v}^i(t_t^{ij})$ 相关，取 $\boldsymbol{y} = -\boldsymbol{r}^i(t_t^{ij}) \times \boldsymbol{v}^i(t_t^{ij})$，则

$$\boldsymbol{R}_{\mathrm{orb}}(\boldsymbol{r}^i(t_t^{ij}), \boldsymbol{v}^i(t_t^{ij})) = \left[\frac{\boldsymbol{r}^i(t_t^{ij})}{|\boldsymbol{r}^i(t_t^{ij})|} \times \frac{\boldsymbol{y}}{|\boldsymbol{y}|} \quad \frac{\boldsymbol{y}}{|\boldsymbol{y}|} \quad -\frac{\boldsymbol{r}^i(t_t^{ij})}{|\boldsymbol{r}^i(t_t^{ij})|} \right]^{\mathrm{T}} \tag{4.4.15}$$

将式(4.4.12)~式(4.4.15)代入式(4.4.11)可得 $\boldsymbol{\rho}_{ij}^0$ 在卫星 i 本体坐标系中的表达式

$\boldsymbol{\rho}^{0}_{ij\_body}$。考虑修正量正负，相位中心修正可按式(4.4.16)计算：

$$l^{i}_{tp} = -\frac{\Delta \boldsymbol{r}^{i}_{A} \cdot \boldsymbol{\rho}^{0}_{ij\_body}}{|\boldsymbol{\rho}^{0}_{ij\_body}|} \tag{4.4.16}$$

其他的相位中心修正 l^{i}_{rp}、l^{j}_{rp}、l^{j}_{tp}，可根据相应收发时刻的卫星位置按照上面的方法进行计算。

2. 相位中心改正误差分析

上述推导过程中，将天线相位中心矢量 $\Delta \boldsymbol{r}^{i}_{A}$ 取为固定值，实际工程中天线相位中心随着波束指向、信号强度的变化而变化，不是一个固定值。实际数据处理过程中，一般将天线相位中心分为两部分：平均相位中心偏差(phase center offset，PCO)和瞬时相位中心变化(phase center variation，PCV)，PCO 为瞬时相位中心平均值相对于卫星质心的偏差，PCV 为观测时刻瞬时相位中心与 PCO 的偏差值(郭靖等，2013)。因此，实际天线相位中心矢量可以表示为

$$\Delta \boldsymbol{r}^{i}_{A}(\beta,\ \gamma) = \text{PCO} + \text{PCV}(\beta,\ \gamma) \tag{4.4.17}$$

式中，β 和 γ 为波束方向在天线坐标系中的离轴角和方位角。

PCO 和 PCV$(\beta,\ \gamma)$ 可以在地面测定，即使卫星在轨环境导致其发生变化，也可以通过后期数据处理进行标定，并且它们变化非常缓慢。因此，实际自主定轨过程中，可以将其存储在卫星作为已知量使用。对于 Ka 星间链路，有研究表明 PCV$(\beta,\ \gamma)$ 小于 20 mm，在自主导航过程中可以将其忽略，仅考虑 PCO 的影响。

4.4.4 相对论效应改正

在相对论时空观下，一方面，卫星运行速度不同引起的狭义相对论效应和卫星轨道引力位不同引起的广义相对论效应，会使得星载原子钟时间基准尺度发生变化，从而导致卫星钟频率发生变化；另一方面，相对论效应还将引起空间信号传播时延不同，在星间测距数据中引入引力场时延。

1. 星钟相对论效应及改正

相对论框架下，卫星钟时间 $\mathrm{d}t'$ 与导航系统时间基准 $\mathrm{d}t$ 之间的数学关系如下：

$$\mathrm{d}t' = \mathrm{d}t\left(1 + \frac{U - \psi_E}{c^2} - \frac{v^2}{2c^2}\right) \tag{4.4.18}$$

式中，U 为星载原子钟地球引力势；c 为光速；ψ_E 为时间基准等效引力势。由国际天文学联合会决定 $\psi_E = -6.969\,290\,134 \times 10^{-10} c^2$，$v$ 为 $\mathrm{d}t$ 时间轴下的卫星惯性系速度。因此，星载原子钟相对于基准时间的误差变化率为

$$z = \frac{\mathrm{d}t' - \mathrm{d}t}{\mathrm{d}t} = \frac{U - \psi_E}{c^2} - \frac{v^2}{2c^2} \tag{4.4.19}$$

式中,第一项和第二项分别为引力场不同和卫星运动导致的时间膨胀。根据卫星轨道动力学:

$$U = -\frac{\mu}{r}, \quad v^2 = \frac{2\mu}{r} - \frac{\mu}{a}, \quad r = a(1 - e\cos E) \tag{4.4.20}$$

式中,$\mu = 3.986\,004\,418 \times 10^{14}\ \mathrm{m^3/s^2}$;$r$ 为卫星向径;a 为轨道半长轴;e 为轨道偏心率;E 为卫星偏近点角。将式(4.4.20)代入式(4.4.19)得

$$z = -\frac{1}{c^2}\left(\psi_E + \frac{3\mu}{2a}\right) - \frac{2\mu}{c^2 a}\frac{e\cos E}{1 - e\cos E} \tag{4.4.21}$$

由式(4.4.21)可以看到,相对论效应引起的时钟误差变化率包括两项,第一项仅与轨道半长轴相关,对于特定卫星轨道为常数项;第二项为卫星轨道偏心率引起的周期项,对于圆轨道该项为0。在导航系统实际运行过程中,通常将时钟误差变化率常数项归算为卫星钟漂改正,通过调整卫星钟频率实现修正,而偏心率引起的周期项无法直接修正,需要根据卫星轨道参数进行实时修正。由式(4.4.21)可得时钟误差周期性变化率为

$$z_p = -\frac{2\mu}{c^2 a}\frac{e\cos E}{1 - e\cos E} \tag{4.4.22}$$

由平近点角 $M = E - \sin E$, 得

$$\mathrm{d}M = (1 - e\cos E)\mathrm{d}E = \sqrt{\frac{\mu}{a^3}}\mathrm{d}t \tag{4.4.23}$$

结合式(4.4.22)和式(4.4.23),时钟误差周期性变化率引起的累计钟差为

$$\delta t = \int z_p \mathrm{d}t = -\frac{2e\sqrt{\mu a}}{c^2}\int \cos E \mathrm{d}E \tag{4.4.24}$$

若在近地点 ($E = 0$) 处对星钟进行校准,即 $E = 0$ 时,$\delta t = 0$;并取卫星在惯性系中的位置速度矢量为 $\boldsymbol{r}$、$\boldsymbol{v}$, 则相对论效应引起的钟差修正为

$$\delta t = -2\frac{\sqrt{\mu a}\, e\sin E}{c^2} = -\frac{2}{c^2}\boldsymbol{r}\cdot\boldsymbol{v} \tag{4.4.25}$$

卫星 i、卫星 j 钟差均受相对论效应影响,代入式(4.4.1)得相对论效应钟差改正为

$$\begin{cases} l_{\mathrm{rel}ji}^{\mathrm{clk}} = -\dfrac{2}{c}\left[\boldsymbol{r}^i(t_r^{ji}) \cdot \boldsymbol{v}^i(t_r^{ji}) - \boldsymbol{r}^j(t_t^{ji}) \cdot \boldsymbol{v}^j(t_t^{ji})\right] \\ l_{\mathrm{rel}ij}^{\mathrm{clk}} = -\dfrac{2}{c}\left[\boldsymbol{r}^j(t_r^{ij}) \cdot \boldsymbol{v}^j(t_r^{ij}) - \boldsymbol{r}^i(t_t^{ij}) \cdot \boldsymbol{v}^i(t_t^{ij})\right] \end{cases} \tag{4.4.26}$$

式中，$\boldsymbol{r}^i(t)$、$\boldsymbol{v}^i(t)$、$\boldsymbol{r}^j(t)$、$\boldsymbol{v}^j(t)$ 分别为卫星 i、卫星 j 惯性系中的位置速度矢量。当卫星 j 为锚固站时，相对论修正为

$$\begin{cases} l_{\mathrm{rel}ji}^{\mathrm{clk}} = -\dfrac{2}{c}\boldsymbol{r}^i(t_r^{ji}) \cdot \boldsymbol{v}^i(t_r^{ji}) \\ l_{\mathrm{rel}ij}^{\mathrm{clk}} = \dfrac{2}{c}\boldsymbol{r}^i(t_t^{ij}) \cdot \boldsymbol{v}^i(t_t^{ij}) \end{cases} \tag{4.4.27}$$

2. 伪距测量值引力场时延

电磁波经过有质量物体时，受引力场影响其传播速度会变慢，在测距值中引入引力场时延。相对论框架下，发射信号的传播时延可以写为

$$\rho_{\mathrm{rel}ji}^0 = \rho_{ji}^0 + \frac{\psi_E}{c^2}\rho_{ji}^0 + \frac{2\mu}{c^2}\ln\frac{r_i + r_j + \rho_{ji}^0}{r_i + r_j - \rho_{ji}^0} \tag{4.4.28}$$

式中，ρ_{ji}^0 为卫星间的欧氏距离；r_i、r_j 为卫星向径；后两项即为相对论效应引起的空间信号传播时延，可以看到引力场时延主要与建链卫星之间的欧氏距离相关。对于北斗系统，最大距离出现在同步轨道高度卫星之间，仿真发现最大的引力场时延小于 3 cm，对分米级的测量精度和米级的自主导航精度可以忽略（刘丽丽等，2015）。综上，在自主导航数据预处理过程中，只需考虑非圆轨道引起的星钟周期性钟差，并按式(4.4.26)和式(4.4.27)计算相对论效应修正量。

4.4.5 测距历元归算

星间链路双向伪距测量模式可解耦自主定轨和自主时间同步观测量。受星间链路设备限制，前面介绍的各类星间链路测量体制均无法做到卫星同步收发。特别地，对于基于相控阵天线的时分空分多址星间链路体制，与不同卫星的建链时隙不同，使得不同星间链路之间的测量时刻也不同。而自主导航算法通常解算历元时刻的卫星轨道钟差参数，因此需要对原始双向测量值进行归算处理，获得收发同时的瞬时虚拟观测量。

常用的测距历元归算方法有两种：直接归算方法和内插归算方法，下面对两种方法分别进行介绍。此处仅讨论历元归算问题，不考虑对流层、相位中心改正等其他测量误差，消除各类测量误差的观测量取为

$$\begin{cases} \rho'_{ji} = \rho_{ji} - (c\delta\tau_t^j + c\delta\tau_r^i + l_{\mathrm{mul}ji} + l_{\mathrm{tro}ji} + l_{\mathrm{ion}ji} + l_{\mathrm{rel}ji} + l_{rp}^i + l_{tp}^j) \\ \rho'_{ij} = \rho_{ij} - (c\delta\tau_t^i + c\delta\tau_r^j + l_{\mathrm{mul}ij} + l_{\mathrm{tro}ij} + l_{\mathrm{ion}ij} + l_{\mathrm{rel}ij} + l_{rp}^j + l_{tp}^i) \end{cases} \tag{4.4.29}$$

并取消除各类测量误差之后的噪声分别为 v_{ji} 和 v_{ij}，式(4.4.29)可简化为

$$\begin{cases} \rho'_{ji} = |\boldsymbol{r}^i(t_r^{ji}) - \boldsymbol{r}^j(t_t^{ji})| + c[\delta t^i(t_r^{ji}) - \delta t^j(t_t^{ji})] + v_{ji} \\ \rho'_{ij} = |\boldsymbol{r}^i(t_t^{ij}) - \boldsymbol{r}^j(t_r^{ij})| + c[\delta t^j(t_r^{ij}) - \delta t^i(t_t^{ij})] + v_{ij} \end{cases} \tag{4.4.30}$$

1. 直接历元归算方法

直接历元归算方法使用自主导航软件估计的卫星轨道钟差参数计算伪距在收发时刻相对于目标历元的距离和钟差改正量,用此改正量直接修正原始观测数据,一步获得收发同时的瞬时虚拟测距观测量。该方法对双向测距独立进行归算,所有伪距测量值归算方法相同,此处仅讨论卫星 j 到卫星 i 伪距的归算方法。

如图 4.4.2 所示,曲线 S_i、曲线 S_j 分别为卫星 i、卫星 j 的运行轨道,t_t^{ji} 为卫星 j 发射信号系统时间,t_r^{ji} 为卫星 i 接收信号系统时间,t_e 为归算目标历元时刻,ρ'_{ji} 为待归算的原始测量值,ρ'_{jie} 为归算之后的测距值,Δt 为接收信号时刻与归算目标历元时刻之间的时间间隔,即 $\Delta t = t_r^{ji} - t_e$,根据自主定轨体制,$\Delta t$ 为小量,绝对值小于 60 s。取 t_e^{ji} 时刻,卫星 i、卫星 j 的真实位置为 $\boldsymbol{r}^i(t_e)$、$\boldsymbol{r}^j(t_e)$,它们的钟差为 $\delta t^i(t_e)$、$\delta t^j(t_e)$;由于归算时间间隔 Δt 为小量,仅考虑星钟的一阶项,取卫星钟速为 a^i、a^j,取信号的传播时间 τ_{ji},$\tau_{ji} \leqslant 0.25$ s,则

$$\begin{cases}\delta t^i(t_r^{ji}) = \delta t^i(t_e) + a^i\Delta t \\ \delta t^j(t_t^{ji}) = \delta t^j(t_e) + a^j(\Delta t - \tau_{ji}) \approx \delta t^j(t_e) + a^j\Delta t\end{cases} \tag{4.4.31}$$

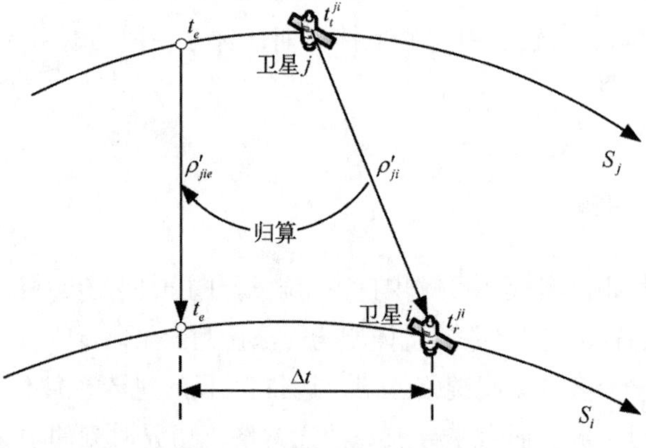

图 4.4.2　直接历元归算示意图

将式(4.4.31)代入式(4.4.30)得

$$\begin{aligned}\rho'_{ji} &= |\boldsymbol{r}^i(t_e + \Delta t) - \boldsymbol{r}^j(t_e + \Delta t - \tau_{ji})| + c[\delta t^i(t_e) - \delta t^j(t_e)] + c(a^i - a^j)\Delta t + v_{ji} \\ &= |\boldsymbol{r}^i(t_e) - \boldsymbol{r}^j(t_e)| + c[\delta t^i(t_e) - \delta t^j(t_e)] + v_{ji} \\ &\quad [(|\boldsymbol{r}^i(t_e + \Delta t) - r^j(t_e + \Delta t - \tau_{ji})| - |\boldsymbol{r}^i(t_e) - \boldsymbol{r}^j(t_e)|) + c(a^i - a^j)\Delta t]\end{aligned} \tag{4.4.32}$$

式中,中括号中的部分为归算修正量,即

$$\Delta\rho_{\text{redu}}^{ji} = (|\boldsymbol{r}^i(t_e + \Delta t) - \boldsymbol{r}^j(t_e + \Delta t - \tau_{ji})| - |\boldsymbol{r}^i(t_e) - \boldsymbol{r}^j(t_e)|) + c(a^i - a^j)\Delta t \tag{4.4.33}$$

卫星基于钟面时进行伪距测量，取 t_r^i 为卫星 i 接收信号钟面时间，则

$$\Delta t = t_r^i - \delta t^i(t_r^{ji}) - t_e = t_r^i - \delta t^i(t_e) - a^i\Delta t - t_e \tag{4.4.34}$$

式中，$a^i\Delta t$ 相对于 Δt 为小量，则

$$\Delta t \approx t_r^i - \delta t^i(t_e) - t_e \tag{4.4.35}$$

归算修正量可以写为

$$\begin{aligned}\Delta\rho_{\text{redu}}^{ji} = &(|\boldsymbol{r}^i(t_r^i - \delta t^i(t_e)) - \boldsymbol{r}^j(t_r^i - \delta t^i(t_e) - \tau_{ji})| - |\boldsymbol{r}^i(t_e) - \boldsymbol{r}^j(t_e)|) + \\ &c(a^i - a^j)(t_r^i - \delta t^i(t_e) - t_e)\end{aligned} \tag{4.4.36}$$

式中，t_r^i 为卫星接收信号时刻钟面时，有接收卫星直接读出；$\delta t^i(t_e)$ 为归算目标历元时刻卫星钟差，可以基于上一历元本星解算的星钟参数进行预报；$\boldsymbol{r}^i(t_e)$、$\boldsymbol{r}^j(t_e)$、$\boldsymbol{r}^i(t_r^i - \delta t^i(t_e))$ 为卫星在相应时刻的位置，可以基于上一历元本星和他星解算的轨道参数进行预报；a^i、a^j 为卫星的钟速，可使用上一历元本星和他星的星钟参数进行预报。因此，仅有信号传播时延 τ_{ji} 无法直接获得，进而导致 $\boldsymbol{r}^j(t_r^i - \delta t^i(t_e) - \tau_{ji})$ 无法直接计算。根据 τ_{ji} 定义：

$$c\tau_{ji} = |\boldsymbol{r}^i(t_r^i - \delta t^i(t_e)) - \boldsymbol{r}^j(t_r^i - \delta t^i(t_e) - \tau_{ji})| \tag{4.4.37}$$

式(4.4.37)无法给出 τ_{ji} 的显示表达式，可以通过迭代方法对其求解。过程如下：

(1) 设置 τ_{ji} 的初值为 τ_{ji0}，$\tau_{ji0} \leqslant 0.25\ \text{s}$；

(2) 基于卫星 j 解算的轨道参数，预报得 $\boldsymbol{r}^j(t_r^i - \delta t^i(t_e) - \tau_{ji0})$；

(3) 将 $\boldsymbol{r}^j(t_r^i - \delta t^i(t_e) - \tau_{ji0})$ 代入式(4.4.37)，计算得 τ_{ji1}；

(4) 判断 $\delta\tau_{ji} = |\tau_{ji1} - \tau_{ji0}|$ 是否小于预设的门限 ε。若 $\delta\tau_{ji} < \varepsilon$，则 $\tau_{ji} = \tau_{ji1}$，解算完成；若 $\delta\tau_{ji} \geqslant \varepsilon$，则 $\tau_{ji0} = \tau_{ji1}$，重新进行第(2)~第(4)步迭代。

由于卫星速度远小于光速，上述迭代过程是收敛的，且3~4次迭代便可使得 $\delta\tau_{ji} < 10^{-11}\ \text{s}$，满足迭代误差的要求(李献斌等，2014a)。至此，式(4.4.36)中等号右端的所有变量均被求出，便可以完成归算修正量的计算，然后将其代入式(4.4.32)便可以获得归算之后的伪距测量值。归算之后的双向伪距测量方程 $\bar{\rho}'_{ji}$、$\bar{\rho}'_{ij}$ 如式(4.4.38)，其中 v_{ji}、v_{ij} 为包含测量噪声、预处理残余误差的观测噪声。

$$\begin{cases}\bar{\rho}'_{ji} = \rho'_{ji} - \Delta\rho_{\text{redu}}^{ji} = |\boldsymbol{r}^i(t_e) - \boldsymbol{r}^j(t_e)| + c(\delta t^i(t_e) - \delta t^j(t_e)) + v_{ji} \\ \bar{\rho}'_{ij} = \rho'_{ij} - \Delta\rho_{\text{redu}}^{ij} = |\boldsymbol{r}^i(t_e) - \boldsymbol{r}^j(t_e)| + c(\delta t^j(t_e) - \delta t^i(t_e)) + v_{ij}\end{cases} \tag{4.4.38}$$

将式(4.4.38)中的两式相加，可以消除钟差的影响，获得仅包含卫星轨道信息的星间几何距离观测量，可用于自主定轨模块；将两式相减，可以消除轨道影响，获得仅包含卫星钟差信息的相对钟差观测量，可用于自主时间同步模块。

直接历元归算方法的本质是基于卫星预报速度计算星间距离变化量，基于预报钟速计算钟差变化量，并将其补偿到原始伪距测量值中，完成归算。由于使用了卫星预报速度

和钟速，当归算时间 Δt 较大时，该方法会损失一定的观测量精度。一般情况下，卫星预报速度误差小于 10^{-3} m/s，预报钟速误差小于 10^{-13} s/s，当 $\Delta t = 60$ s 时，归算误差小于 0.06 m，对于自主导航算法可以忽略（唐成盼等，2017）。因此，该方法简单明了，完全满足自主导航算法的需求。

2. *内插历元归算方法*

内插历元归算方法包括历元时标归算和双向距离归算两步，历元时标归算将不同时刻观测的各卫星间的双向测距值归算至同一接收时刻，然后双向距离归算组合处理接收时刻相同的双向星间测距，形成收发同时的瞬间虚拟测距观测量。

历元时标归算的方法是，以测量时刻为参量，基于星间双向伪距观测量多项式模型采用插值方法可获得卫星在同一指定接收时刻的星间观测量。该方法需要选择合适的多项式内插方法及其阶数，常用的多项式内插方法有拉格朗日插值、切比雪夫多项式插值、埃特金内插法等（宋小勇，2009）。

经过历元时标归算，可将双向测距接收时刻归算到同一时刻，但是它们的发射时刻不同，无法直接应用于自主导航，还需要经过双向距离归算，其目标为将接收时刻相同的双向星间测距观测量进行组合处理，形成星间几何距离观测量和相对钟差观测量，分别应用于自主定轨和自主时间同步模块（毛悦等，2013）。

如图 4.4.3 所示，$\rho'_{ji}(t_e)$ 和 $\rho'_{ij}(t_e)$ 为完成历元时标归算并消除各类测量误差之后的伪距测量值，它们的接收时刻已归算至目标归算时刻 t_e；$\boldsymbol{p}_{jr}$、$\boldsymbol{p}_{ir}$ 为建链两卫星接收信号时刻的位置；$\boldsymbol{p}_{jt}$、$\boldsymbol{p}_{it}$ 为建链两卫星发射信号时刻位置，均可基于上一历元自主定轨结果预报获得；$\bar{\rho}_e$ 为归算之后星间几何距离观测量；α_x、β_x、α_y、β_y 为角度变量，可以基于相应时刻的位置按照式(4.4.39)计算获得

$$
\begin{aligned}
\cos\alpha_x &= \frac{(\boldsymbol{p}_{jt}-\boldsymbol{p}_{ir})(\boldsymbol{p}_{jr}-\boldsymbol{p}_{ir})}{|\boldsymbol{p}_{jt}-\boldsymbol{p}_{ir}||\boldsymbol{p}_{jr}-\boldsymbol{p}_{ir}|} \quad & \cos\alpha_y &= \frac{(\boldsymbol{p}_{it}-\boldsymbol{p}_{jr})(\boldsymbol{p}_{ir}-\boldsymbol{p}_{jr})}{|\boldsymbol{p}_{it}-\boldsymbol{p}_{jr}||\boldsymbol{p}_{ir}-\boldsymbol{p}_{jr}|} \\
\cos\beta_x &= \frac{(\boldsymbol{p}_{jt}-\boldsymbol{p}_{jr})(\boldsymbol{p}_{ir}-\boldsymbol{p}_{jr})}{|\boldsymbol{p}_{jt}-\boldsymbol{p}_{jr}||\boldsymbol{p}_{ir}-\boldsymbol{p}_{jr}|} \quad & \cos\beta_y &= \frac{(\boldsymbol{p}_{it}-\boldsymbol{p}_{ir})(\boldsymbol{p}_{ir}-\boldsymbol{p}_{jr})}{|\boldsymbol{p}_{it}-\boldsymbol{p}_{ir}||\boldsymbol{p}_{ir}-\boldsymbol{p}_{jr}|}
\end{aligned}
\tag{4.4.39}
$$

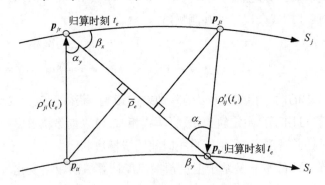

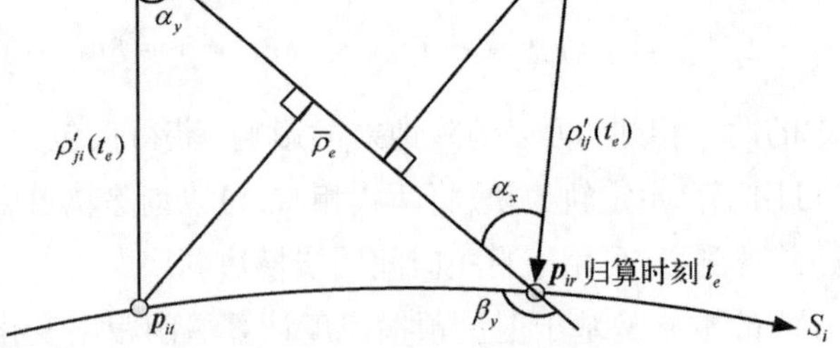

图 4.4.3　双向距离归算示意图

按照图 4.4.3 中的几何关系,推导可得星间几何距离和相对钟差观测量为

$$\bar{\rho}_e = \frac{\cos\alpha_x \cos\alpha_y(\rho'_{ji}(t_e) + \delta t^{ji}) + |\boldsymbol{p}_{jt} - \boldsymbol{p}_{jr}| \cos\beta_x \cos\alpha_y}{\cos\alpha_x + \cos\alpha_y} + \frac{\cos\alpha_x \cos\alpha_y(\rho'_{ij}(t_e) + \delta t^{ij}) - |\boldsymbol{p}_{it} - \boldsymbol{p}_{ir}| \cos\beta_y \cos\alpha_x}{\cos\alpha_x + \cos\alpha_y} \tag{4.4.40}$$

$$\bar{T}_e = \frac{\rho'_{ji}(t_e)\cos\alpha_x + |\boldsymbol{p}_{jt} - \boldsymbol{p}_{jr}| \cos\beta_x}{(\cos\alpha_x + \cos\alpha_y)c} - \frac{\rho'_{ij}(t_e)\cos\alpha_y - |\boldsymbol{p}_{it} - \boldsymbol{p}_{ir}| \cos\beta_y}{(\cos\alpha_x + \cos\alpha_y)c} \tag{4.4.41}$$

内插历元归算方法拟合了观测伪距的变化信息,具有一定的平滑作用,归算精度较高,但该方法较直接改正方法计算量要大,且需要相同卫星对之间连续多历元观测数据,并对星间建链规划提出了更多的约束,特别是对基于相控阵天线的时分空分多址星间链路体制。为此,在实际工程应用中推荐使用直接历元归算方法。

4.5 北斗星间链路在轨验证结果

现阶段,北斗三号卫星导航系统已经基本建设完成,所有在轨卫星均搭载了星间链路载荷,兼具高精度测量和一定的数传能力。在轨测试结果表明星间链路完全实现了设计的测量通信功能,可支持自主定轨、自主时间同步、星间完好性监测等功能。本节基于前期积累的在轨星间测量数据,按照本章前面各个小节的数据处理方法对测量数据进行处理,并评估星间测量数据噪声。

按照 4.4 节的数据预处理方法对星间原始测量数据进行处理得到式(4.4.38)后,$\bar{\rho}'_{ji}$、$\bar{\rho}'_{ij}$ 中依然包含轨道误差,以及各类误差修正残差,无法直接对星间链路测量噪声进行评估。因此,将式(4.4.38)中两式相减消除轨道误差得

$$\bar{\rho}^e_{ij} = \frac{\bar{\rho}'_{ji} - \bar{\rho}'_{ij}}{2} = c(\delta t^i(t_e) - \delta t^j(t_e)) + \frac{v_{ji} - v_{ij}}{2} \tag{4.4.42}$$

按照式(4.4.42)可得卫星 i 相对卫星 j 的相对钟差,但是其中依然包含各类误差修正残差,如对流层模型误差、相对论模型误差、归算误差、通道时延误差残差等。但是,考虑到在短时间内相对钟差近似线性变化,且各类误差残差一般也为缓变误差,则可以对 $\bar{\rho}^e_{ij}$ 进行多项式拟合,其拟合残差将仅包含星钟噪声和各类模型误差残差的非趋势项。此时各类模型误差残差的非趋势项已经为小项,星钟噪声本身就是星间测量噪声的重要组成部分。因此,以 $\bar{\rho}^e_{ij}$ 的多项式拟合残差即可以评估星间链路测量噪声。

按照上面的数据处理方法,对 4 颗北斗导航卫星 2020 年 3 月的星间链路测量数据进

行分析，星间链路测量噪声如图4.5.1所示，拟合残差均方根(root mean square, RMS)如表4.5.1所示。由上表可以看出，北斗星间链路测量噪声拟合残差小于0.15 ns，达到了预期的指标要求，完全可以满足自主定轨、自主时间同步与自主完好性检测的需求，也基本验证了4.4节数据处理方法的正确性。

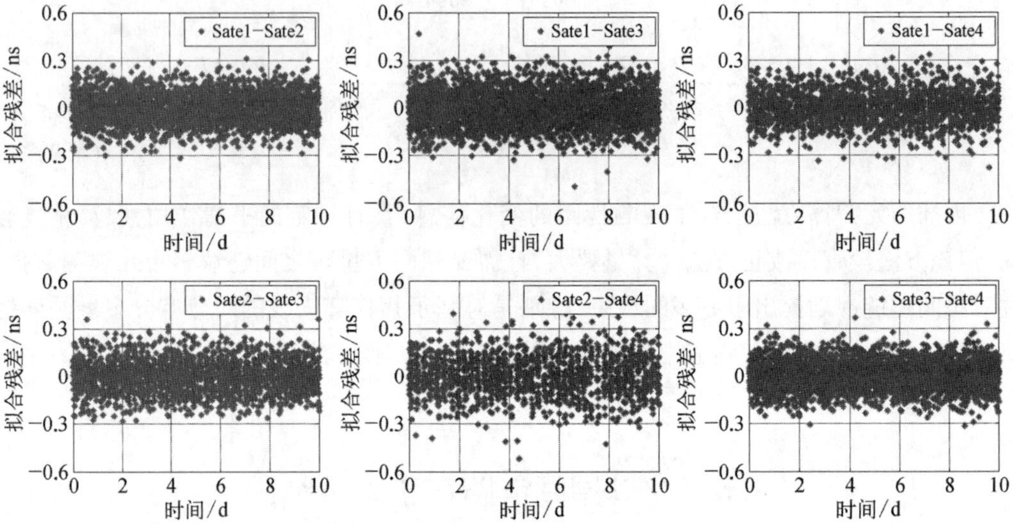

图4.5.1　星间链路测量噪声

表4.5.1　星间链路相对钟差拟合残差　　（单位：ns）

链路	Sate1 - Sate2	Sate1 - Sate3	Sate1 - Sate4	Sate2 - Sate3	Sate2 - Sate4	Sate3 - Sate4
残差	0.095	0.115	0.106	0.104	0.126	0.093

4.6　本章小结

本章对比分析了目前GPS和北斗系统拟采用的三种星间链路体制的特点，基于Ka频段相控阵天线空分时分多址测量通信(STDMA)方案测距精度高，抗干扰能力强，波束指向可捷变的特点使其可以在短时间内建立多条不同的星间链路，且具备中速数传能力，满足北斗系统自主导航需求，本书将针对该体制展开自主导航研究。结合北斗全球系统星座构型对星间链路拓扑进行分析，分析发现星座中IGSO卫星至少可建立11条星间链路，MEO卫星至少可建立15条星间链路。通过分析星间链路双向测量模型，需要对原始测量数据进行预处理以满足自主导航需求，其中对流层误差、相位中心改正、相对论效应改正均可以通过相应的误差模型进行计算，直接历元归算方法计算方法简单，归算精度高，适合北斗自主导航工程应用。最后，对北斗星间链路在轨实测数据的处理结果表明，星间链路测量噪声小于0.15 ns，完全可以满足自主定轨、自主时间同步与自主完好性检测的需求。

第 5 章 导航卫星自主定轨及星历更新技术

鉴于导航卫星自主导航在提高导航系统生存能力,缩短导航电文更新周期,弱化系统对地面站的依赖以及在线核检导航电文及时发布完好性信息等方面的重要意义,北斗卫星导航系统设计了基于星间链路的分布式自主导航功能,每颗卫星可基于星间/星地双向伪距测量值独立地估计本星位置钟差,并生成导航电文。

导航卫星自主导航技术主要包括自主定轨和自主时间同步两方面内容,本章只介绍自主定轨技术,自主时间同步技术将在第 6 章进行介绍。本章首先详细地介绍了多种基于不同测量数据的自主定轨方法,其中 5.1 节主要介绍了基于星间链路的自主定轨技术,5.2 节主要介绍了基于星敏感器/红外地平仪测量数据的自主定轨技术,5.3 节主要介绍了基于 X 射线脉冲星的自主定轨技术。在上述多种测量手段的基础上,5.4 节介绍了融合多种定轨信息的组合自主定轨技术,可有效解决卫星在惯性系的星座旋转问题。在自主定轨的基础上,5.5 节对导航星历自主生成算法进行了详细研究,以支持导航服务。本章节是自主运行导航卫星高精度导航信息生成的核心算法,也是本书的重点阐述内容。

5.1 星间链路自主定轨技术

5.1.1 导航卫星自主导航总体方案

传统模式下,卫星导航系统主控站融合整网多种观测数据进行多星联合定轨,获得卫星高精度轨道钟差参数以及各类动力学模型参数,然后对轨道钟差参数进行长时间高精度预报,并拟合生成导航电文上注卫星,由卫星广播给地面用户。自主导航模式与传统运行模式拟实现的功能相同,其基本思想是星座不依赖地面主控站,使用星间/星地测距值自主地计算卫星轨道与钟差参数,并进行短弧轨道预报,拟合生成导航电文服务于地面用户。根据其数据处理方式可分为集中式自主导航和分布式自主导航。

1. 集中式自主导航

集中式自主导航方案与传统运行模式类似，普通卫星间只进行双向测距，然后通过与主星间的星间链路将所有测量数据集中到主星，由主星统一解算整网卫星轨道钟差参数，并预报所有卫星轨道拟合生成导航电文，通过星间链路传输到普通卫星，由普通卫星广播给地面用户提供服务。该方案的框图如图 5.1.1 所示。

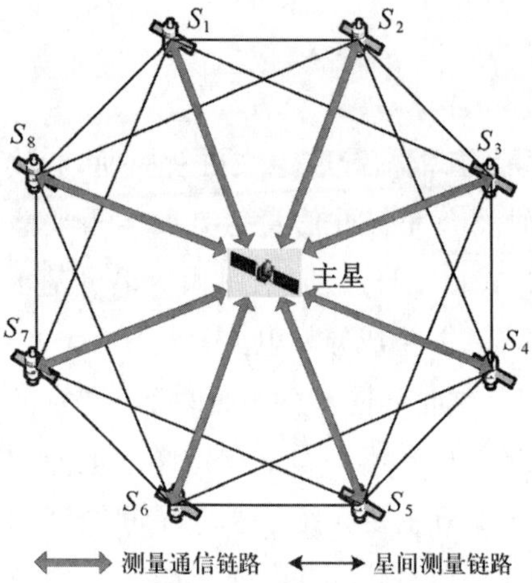

图 5.1.1　集中式自主导航体制

集中式自主导航方案中，普通卫星间链路仅需具备测量能力，完成与其他卫星的双向测距，与主星间的链路需兼具测量通信能力，可将所有的伪距值发送到主星，并从主星接收更新的导航电文。主星作为核心节点，除了具备普通卫星的所有功能之外，还需具备更强的通信能力和强大的计算能力，完成整网观测数据搜集，并对所有观测数据进行预处理，组成全部卫星的状态方程、观测方程和法方程，解算整网卫星的轨道钟差参数并生成导航电文，将其发送给普通卫星。

为降低主星计算量，通过星间链路可将所有卫星的计算能力融合到一起，即由普通卫星完成部分数据处理工作。若普通卫星间链路也具备通信能力，可以获得建链卫星的自主导航结果，则普通卫星可独立完成轨道外推、数据预处理、法方程计算等工作，然后将观测残差和法方程等关键数据通过星间链路集中到主星，由主星统一解算轨道、钟差、动力学参数，最后主星将解算结果发送至普通卫星，由普通卫星进行状态预报并生成导航电文服务于用户。这种类“雾计算”的方式，以增加星间通信数据量为代价，整合整网卫星的计算能力，联合完成集中式自主导航，一定程度上降低了主星计算量，弱化了主星的作用，有利于工程实现。

集中式自主导航方案融合整网所有测量数据，统一解算轨道钟差参数，理论上可获得最优解，自主导航精度也最高。但该方案中，无论是主星完成所有计算，还是其仅进行滤波处理，主星都将承担自主导航系统的核心工作，需要主星具备很强的通信能力和计算能力。目前，星载计算能力及星间数传能力尚不能满足集中式自主导航方案的需求；而各普通卫星强烈依赖主星，主星损坏将直接导致整个自主导航系统瘫痪，鲁棒性不高；另外，整网数据获取、计算与回传所需的计算和通信时延还将降低系统运行效率。为此，北斗系统初步计划采用次优的分布式处理方案。

2. 分布式自主导航

在分布式自主导航方案中，所有星间链路兼具测距与通信功能，所有卫星均可独立地解算本星参数。每颗卫星按照配置的星间链路拓扑与其他节点进行双向测距，并交换测量与自主导航信息，然后基于获得的测量信息、他星轨道钟差参数、本星动力学模型估计本星轨道钟差及简化动力学模型参数，最后对本星轨道进行短弧预报，进而生成导航电文，服务于用户（宋小勇等，2010）。该方案中，每颗卫星仅估计本星轨道钟差参数并生成自身的导航电文，相比集中式自主导航方案，计算量大大降低，可独立地运行在任何一颗卫星上，大大提高了卫星间的独立性，某一颗卫星的异常对整个系统服务能力的影响很小，进一步提高了系统的鲁棒性。理论上，每颗卫星以他星改正轨道钟差参数为参考估计本星参数，是一种次优的滤波算法，无法给出整网最优估计。但是前期研究表明，当星间建链数目足够多时，分布式自主导航精度与解算相同参数的集中式自主导航精度相当。为此，目前北斗系统初步计划采用分布式自主导航方案，如图5.1.2所示。

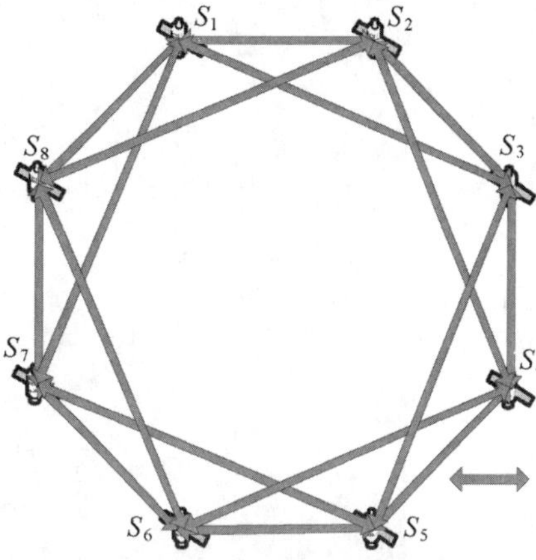

图5.1.2　分布式自主导航体制

3. 导航卫星自主导航算法总体方案

导航卫星自主导航技术基于卡尔曼滤波算法，融合星间/星地双向测量数据，生成尽可能高精度的导航电文发播给用户，其正常运行需要空间段卫星、星间链路、地面锚固站、控制段地面站等多个系统配合完成，是一个复杂的系统工程，其系统框图如图5.1.3所示。

自主导航模式下，导航卫星按照图5.1.3中的框图生成导航电文，工作流程为：

（1）地面段测控/运控站，根据卫星长期观测数据进行精密定轨和精密钟差解算，作为自主导航初值，并对卫星轨道进行长期预报生成卫星历书和长期预报星历等信息，与EOP预报数据和各类星间链路、算法控制指令参数一起上注卫星，满足自主导航期间卫星建链和自主导航算法运行需求。此外，地面站持续接收卫星遥测数据，监测卫星运行状态；

（2）卫星星间链路载荷根据配置指令，进行星间/星地双向测距，获取伪距观测资料，同时与建链卫星交换伪距测量值、轨道钟差估计值、估计协方差、几何修正量估计值等各类信息；

（3）卫星自主导航载荷根据星间交换数据对双向伪距原始测量值进行野值剔除，历元归算，并消除各类测量误差，分别形成定轨和时间同步观测量；

（4）卫星基于定轨和时间同步观测量分别进行自主定轨及时间同步卡尔曼滤波，对一步预测状态量进行测量更新，并获得协方差阵，然后使用他星轨道定向参数和旋转修正量，对卫星轨道进行旋转修正，获得轨道估计值；

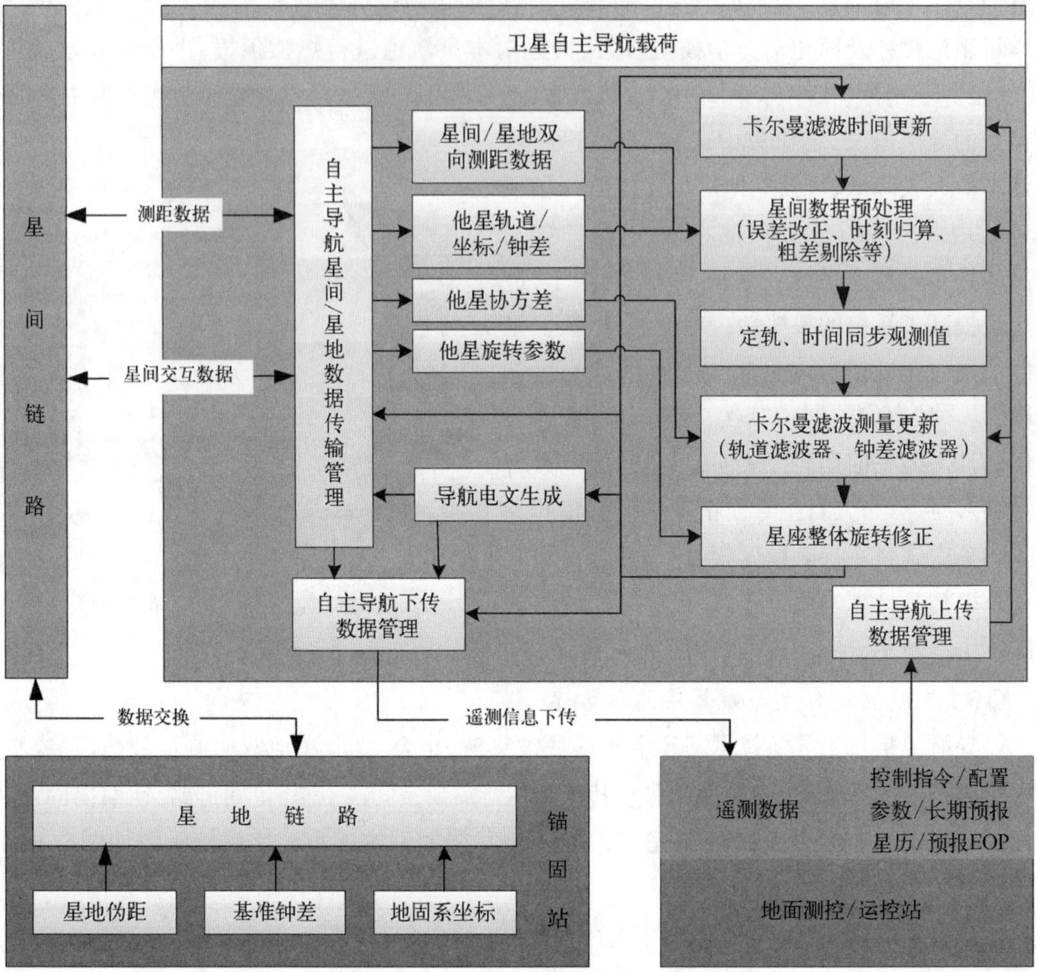

图 5.1.3　自主导航电文生成总体框图

（5）卫星对更新之后的轨道参数进行短弧预报，获得卫星质心坐标序列，并对其进行相位中心修正，转换为卫星导航信号发射天线相位中心坐标序列，最后对该位置序列进行拟合，生成广播星历参数，联合星钟参数估计量一起生成自主导航电文发送给导航载荷，由其发送给地面用户提供服务。

综上，在自主导航周期 T 内要完成星地/星间双向伪距测量、数据准备（包括自主定轨和时间同步状态量时间更新）、数据交换（包括伪距测量值、自主导航电文、估计协方差、几何修正量估计值）、观测数据预处理（包括野值剔除、历元归算、测量误差消除等）、自主定轨与时间同步滤波处理、星座整体旋转修正、广播星历生成等工作。其中，星地/星间伪距测量、数据交换由星间链路载荷完成，数据准备、观测数据预处理、自主定轨与时间同步滤波处理、星座整体旋转修正、广播星历生成由自主导航载荷完成。其工作时序如图 5.1.4 所示。

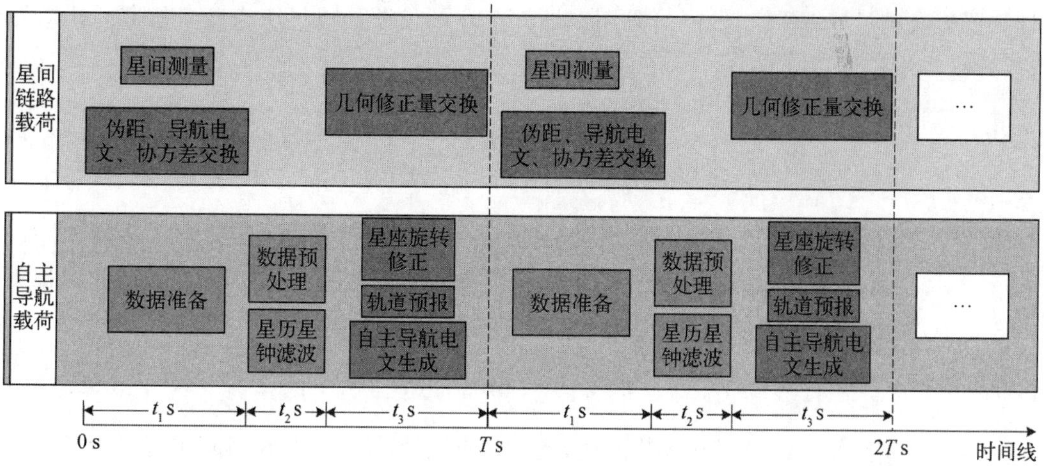

图 5.1.4　自主导航工作时序

5.1.2　导航卫星自主轨道预报技术

卫星计算和存储资源有限,无法使用复杂的动力学模型进行高精度轨道外推,需要综合考虑外推精度和计算资源。当前常用的自主轨道预报技术主要有两种:一种是基于卫星简化摄动力模型的数值积分轨道预报技术,另一种是基于上注标称轨道的轨道预报技术。

1. 数值积分轨道预报技术

卫星连续时间轨道状态方程可以写为

$$\dot{\boldsymbol{X}} = \boldsymbol{g}[\boldsymbol{X}(t),\ t] + w(t) \tag{5.1.1}$$

式中,$w(t)$ 为系统动态噪声,是与初始状态和观测噪声无关的零均值白噪声;$\dot{\boldsymbol{X}}$ 为状态向量对时间的一阶导数,若 $\boldsymbol{X}(t) = [\boldsymbol{r}^{\mathrm{T}}(t),\ \boldsymbol{v}^{\mathrm{T}}(t)]^{\mathrm{T}}$,则 $\dot{\boldsymbol{X}} = [\boldsymbol{v}^{\mathrm{T}}(t),\ \boldsymbol{a}^{\mathrm{T}}(t)]^{\mathrm{T}}$;$\boldsymbol{a}(t)$ 为卫星 t 时刻加速度,可基于 2.3 节中卫星的轨道动力学模型进行计算。

卫星在轨受到多种摄动力的影响,且各种摄动力模型复杂,所以很难获得轨道方程的分析表达式。此外,对于自主导航过程,只需要知道卫星若干采样点处的精密轨道,只需要给出轨道动力学微分方程满足一定精度的离散解即可。这就使得求解微分方程的数值方法在自主定轨过程中占有重要地位。特别是,在当今计算机技术高度发展的时代,数值方法的优越性更加明显。卫星使用数值积分方法在轨完成轨道外推,需要综合考虑计算精度与计算复杂度,常用的数值积分方法有龙格-库塔、Adams－Cowell 和 KSG 积分器等,此类数值积分方法均比较成熟,读者可通过相应的参考文献详细了解(刘林,2000)。

2. 基于标称轨道的轨道预报技术

由于基于卫星动力学模型的数值积分轨道外推方法需要大量的数值计算,部分星载计算器无法满足计算需求,此时可采用以地面上注的长期预报星历为参考轨道的轨道外推算法(王海红等,2012)。

卫星轨道离散时间状态方程可以写为

$$\boldsymbol{X}_k = \boldsymbol{f}[\boldsymbol{X}_{k-1},\ k-1] + \boldsymbol{W}_{k-1} \tag{5.1.2}$$

式中,$\boldsymbol{X}_k$ 为系统状态向量,自主定轨中取卫星在 k 时刻的位置 $\boldsymbol{r}_k$、速度 $\boldsymbol{v}_k$,即 $\boldsymbol{X}_k=(\boldsymbol{r}_k,\ \boldsymbol{v}_k)$;$\boldsymbol{f}[\cdot]$ 为非线性状态向量函数;$\boldsymbol{W}_{k-1}$ 为随机系统动态噪声。其中 $\boldsymbol{W}_{k-1}$ 为彼此不相关的零均值白噪声序列,它们与初始状态也不相关,其统计特性满足:

$$E[\boldsymbol{W}_{k-1}] = \boldsymbol{0},\ E[\boldsymbol{W}_{k-1}\boldsymbol{W}_{j-1}^{\mathrm{T}}] = \boldsymbol{Q}_{k-1}\delta_{k-1,\ j-1} \tag{5.1.3}$$

地面精密定轨系统可以基于精密动力学模型对卫星轨道进行长时间预报获得长期预报星历,并保证预报轨道在一定的精度范围内。若将状态方程围绕长期预报星历做泰勒展开,并仅保留线性项可得

$$\boldsymbol{X}_k = \boldsymbol{f}[\boldsymbol{X}_{k-1}^*,\ k-1] + \frac{\partial \boldsymbol{f}[\boldsymbol{X}_{k-1},\ k-1]}{\partial \boldsymbol{X}_{k-1}^{\mathrm{T}}}\bigg|_{\boldsymbol{X}_{k-1}=\boldsymbol{X}_{k-1}^*}(\boldsymbol{X}_{k-1} - \boldsymbol{X}_{k-1}^*) + \boldsymbol{W}_{k-1} \tag{5.1.4}$$

式中,$\boldsymbol{X}_{k-1}^*$ 和 $\boldsymbol{X}_k^*$ 为地面上注长期预报星历,且满足 $\boldsymbol{X}_k^* = \boldsymbol{f}[\boldsymbol{X}_{k-1}^*,\ k-1]$。若取

$$\begin{cases}\Delta\boldsymbol{X}_k = \boldsymbol{X}_k - \boldsymbol{X}_k^* \\ \Delta\boldsymbol{X}_{k-1} = \boldsymbol{X}_{k-1} - \boldsymbol{X}_{k-1}^*\end{cases} \tag{5.1.5}$$

$$\boldsymbol{\Phi}_{k/k-1} = \frac{\partial \boldsymbol{f}[\boldsymbol{X}_{k-1},\ k-1]}{\partial \boldsymbol{X}_{k-1}^{\mathrm{T}}}\bigg|_{\boldsymbol{X}_{k-1}=\boldsymbol{X}_{k-1}^*} \tag{5.1.6}$$

则式(5.1.4)可以重写为

$$\Delta\boldsymbol{X}_k = \boldsymbol{\Phi}_{k/k-1}\Delta\boldsymbol{X}_{k-1} + \boldsymbol{W}_{k-1} \tag{5.1.7}$$

由式(5.1.7)知,若已知 $k-1$ 时刻状态量 $\Delta\boldsymbol{X}_{k-1}$ 的最优估计 $\Delta\hat{\boldsymbol{X}}_{k-1}$,通过计算状态转移矩阵 $\boldsymbol{\Phi}_{k/k-1}$ 可以预报 k 时刻状态量 $\Delta\hat{\boldsymbol{X}}_{k/k-1}$,进而根据式(5.1.5)可以计算卫星轨道的预测值:

$$\hat{\boldsymbol{X}}_{k/k-1} = \Delta\hat{\boldsymbol{X}}_{k/k-1} + \boldsymbol{X}_k^* \tag{5.1.8}$$

式(5.1.7)和式(5.1.8)描述了基于长期预报星历的轨道预报算法,由上面两式可以看到,以地面上注的长期预报星历为参考轨道,通过计算状态转移矩阵 $\boldsymbol{\Phi}_{k/k-1}$ 即可将 $(k-1)$ 时刻真实轨道相对于参考轨道修正量的最优估计转移为 k 时刻真实轨道相对参考轨道的修正量,进而获得 k 时刻轨道预报值。

上述过程关键在于状态转移矩阵 $\boldsymbol{\Phi}_{k/k-1}$ 的计算,$\boldsymbol{\Phi}_{k/k-1}$ 可以使用数值积分方法通过积

分高精度计算,也可以通过解析方法计算,其具体计算方法可参见本书5.1.3节,其中积分计算状态转移矩阵仍旧需要计算卫星复杂的轨道模型,计算量较大。所以,为降低计算量,在基于标称轨道的轨道预报算法中,通常采用仅考虑中心引力或低阶非球形摄动的解析计算方法。

5.1.3 标准卡尔曼滤波自主定轨算法

1. 状态方程

自主定轨算法基于卫星轨道动力学和星间链路测量值进行轨道参数估计,离散时间状态方程可写为

$$\boldsymbol{X}_k^i = \boldsymbol{f}[\boldsymbol{X}_{k-1}^i,\ k-1] + \boldsymbol{W}_{k-1}^i \tag{5.1.9}$$

式中,$\boldsymbol{X}_k^i$ 为卫星 i 的状态向量,自主定轨中取 t_e 时刻卫星的位置 $\boldsymbol{r}_k^i$、速度 $\boldsymbol{v}_k^i$,即 $\boldsymbol{X}_k^i = (\boldsymbol{r}_k^{i\mathrm{T}},\ \boldsymbol{v}_k^{i\mathrm{T}})^{\mathrm{T}}$;$\boldsymbol{f}[\cdot]$ 为非线性状态向量函数;$\boldsymbol{W}_{k-1}$ 为系统零均值动态白噪声,统计特性满足:

$$E[\boldsymbol{W}_k^i] = \boldsymbol{0},\ E[\boldsymbol{W}_k^i \boldsymbol{W}_m^{i\mathrm{T}}] = \boldsymbol{Q}_k^i \delta_{k,\ m} \tag{5.1.10}$$

主控站基于精密动力学模型可对卫星轨道进行长时间预报,并保证预报轨道在一定精度范围内。以长期预报星历为参考轨道,将状态方程做泰勒展开,仅保留线性项得

$$\boldsymbol{X}_k^i = \boldsymbol{f}[\boldsymbol{X}_{k-1}^{i^*},\ k-1] + \left.\frac{\partial \boldsymbol{f}[\boldsymbol{X}_{k-1}^i,\ k-1]}{\partial \boldsymbol{X}_{k-1}^{i\mathrm{T}}}\right|_{\boldsymbol{X}_{k-1}^i = \boldsymbol{X}_{k-1}^{i^*}} (\boldsymbol{X}_{k-1}^i - \boldsymbol{X}_{k-1}^{i^*}) + \boldsymbol{W}_{k-1}^i \tag{5.1.11}$$

式中,$\boldsymbol{X}_{k-1}^{i^*}$ 和 $\boldsymbol{X}_k^{i^*}$ 为卫星 i 的长期预报星历,满足 $\boldsymbol{X}_k^{i^*} = \boldsymbol{f}[\boldsymbol{X}_{k-1}^{i^*},\ k-1]$。取

$$\Delta \boldsymbol{X}_{k-1}^i = \boldsymbol{X}_{k-1}^i - \boldsymbol{X}_{k-1}^{i^*},\quad \Delta \boldsymbol{X}_k^i = \boldsymbol{X}_k^i - \boldsymbol{X}_k^{i^*} \tag{5.1.12}$$

$$\boldsymbol{\Phi}_{k/k-1} = \left.\frac{\partial \boldsymbol{f}[\boldsymbol{X}_{k-1}^i,\ k-1]}{\partial \boldsymbol{X}_{k-1}^{i\mathrm{T}}}\right|_{\boldsymbol{X}_{k-1}^i = \boldsymbol{X}_{k-1}^{i^*}} \tag{5.1.13}$$

式(5.1.11)可以重写为

$$\Delta \boldsymbol{X}_k^i = \boldsymbol{\Phi}_{k/k-1} \Delta \boldsymbol{X}_{k-1}^i + \boldsymbol{W}_{k-1}^i \tag{5.1.14}$$

式(5.1.14)即为线性化之后的状态方程,其中式(5.1.13)为状态转移矩阵,描述轨道初始状态和模型参数的变化对动力学系统演化的影响,是基于卡尔曼滤波的自主定轨算法必须计算的重要数据之一,可以通过变分方程数值积分方法对其进行高精度计算,但是该方法计算量较大(胡小工等,2000)。为此,很多学者研究了状态转移矩阵的解析计算方法,在满足计算精度的前提下显著降低计算量以适应星载计算机的计算能力,包括

以惯性系位置速度为状态量的状态转移矩阵解析计算方法(刘林等,1998;Liu et al.,1999;刘林,2000),以及以第二类无奇点根数为状态量的状态转移矩阵解析计算方法(王海红等,2010;Wang et al.,2011),不同方法适用于不同的状态量。本章节自主定轨过程状态量取惯性系位置速度,其状态转移矩阵计算方法参见5.1.3节,其他方法可参见相应的参考文献。

2. 测量方程

按照4.4节方法对数据进行预处理之后双向伪距如式(4.4.38)所示, 将两式相加可以得到消除星间钟差的星间几何距离观测量:

$$L_{kij} = (\bar{\rho}'_{ji} + \bar{\rho}'_{ij})/2 = |\boldsymbol{r}^i(t_e) - \boldsymbol{r}^j(t_e)| + v'_{ij} = |\boldsymbol{r}^i_k - \boldsymbol{r}^j_k| + v_{kij} \tag{5.1.15}$$

式中,L_{kij} 为定轨观测量;$\boldsymbol{r}^j_k$ 为卫星 j 位置矢量,由卫星 j 自主定轨软件估计,并通过星间链路交换获得;v_{kij} 为零均值测量白噪声序列,噪声统计特性满足:

$$E[v_{kij}] = \boldsymbol{0},\ E[v_{kij}v^{\mathrm{T}}_{mij}] = R_{kij}\delta_{k,m} \tag{5.1.16}$$

与状态方程相同,将式(5.1.15)围绕长期预报星历泰勒展开,仅保留线性项得

$$L_{kij} = |\boldsymbol{r}^{i*}_k - \hat{\boldsymbol{r}}^j_k| + \left.\frac{\partial L_{kij}}{\partial \boldsymbol{X}^{i\mathrm{T}}_k}\right|_{X^i_k = X^{i*}_k}(\boldsymbol{X}^i_k - \boldsymbol{X}^{i*}_k) + \left.\frac{\partial L_{kij}}{\partial \boldsymbol{X}^{j\mathrm{T}}_k}\right|_{X^j_k = \hat{X}^j_k}(\boldsymbol{X}^j_k - \hat{\boldsymbol{X}}^j_k) + v_{kij} \tag{5.1.17}$$

式中,$\boldsymbol{X}^j_k = (\boldsymbol{r}^{j\mathrm{T}}_k,\ \boldsymbol{v}^{j\mathrm{T}}_k)^{\mathrm{T}}$ 和 $\hat{\boldsymbol{X}}^j_k = (\hat{\boldsymbol{r}}^{j\mathrm{T}}_k,\ \hat{\boldsymbol{v}}^{j\mathrm{T}}_k)^{\mathrm{T}}$ 分别为卫星 j 的状态向量和估计,取

$$\Delta L_{kij} = L_{kij} - |\boldsymbol{r}^{i*}_k - \hat{\boldsymbol{r}}^j_k|,\quad \delta\boldsymbol{X}^j_k = \boldsymbol{X}^j_k - \hat{\boldsymbol{X}}^j_k \tag{5.1.18}$$

$$\boldsymbol{H}_{kij} = \left.\frac{\partial L_{kij}}{\partial \boldsymbol{X}^{i\mathrm{T}}_k}\right|_{X^i_k = X^{i*}_k} = \begin{bmatrix} \dfrac{x^{i*}_k - \hat{x}^j_k}{|\boldsymbol{r}^{i*}_k - \hat{\boldsymbol{r}}^j_k|} & \dfrac{y^{i*}_k - \hat{y}^j_k}{|\boldsymbol{r}^{i*}_k - \hat{\boldsymbol{r}}^j_k|} & \dfrac{z^{i*}_k - \hat{z}^j_k}{|\boldsymbol{r}^{i*}_k - \hat{\boldsymbol{r}}^j_k|} & 0 & 0 & 0 \end{bmatrix} \tag{5.1.19}$$

$$\boldsymbol{H}_{kji} = \left.\frac{\partial L_{kij}}{\partial \boldsymbol{X}^{j\mathrm{T}}_k}\right|_{X^j_k = \hat{X}^j_k} = \begin{bmatrix} \dfrac{\hat{x}^j_k - x^{i*}_k}{|\boldsymbol{r}^{i*}_k - \hat{\boldsymbol{r}}^j_k|} & \dfrac{\hat{y}^j_k - y^{i*}_k}{|\boldsymbol{r}^{i*}_k - \hat{\boldsymbol{r}}^j_k|} & \dfrac{\hat{z}^j_k - z^{i*}_k}{|\boldsymbol{r}^{i*}_k - \hat{\boldsymbol{r}}^j_k|} & 0 & 0 & 0 \end{bmatrix} \tag{5.1.20}$$

式(5.1.17)可重写为

$$\Delta L_{kij} = \boldsymbol{H}_{kij}\Delta\boldsymbol{X}^i_k + \boldsymbol{H}_{kji}\delta\boldsymbol{X}^j_k + v_{kij} \tag{5.1.21}$$

卫星 i 通过星间链路可获得 $\hat{\boldsymbol{X}}^j_k$,分布式自主定轨过程中将其作为参考值,仅估计本星轨道 $\Delta\boldsymbol{X}^i_k$, 则卫星 j 轨道估计误差 $\delta\boldsymbol{X}^j_k$ 将引入额外的测量误差,测量噪声取为 $V_{kij} = \boldsymbol{H}_{kji}\delta\boldsymbol{X}^j_k + v_{kij}$,其统计特性为

$$
\begin{aligned}
R'_{kij} &= E[V_{kij}V_{kij}^{\mathrm{T}}] = E[(\boldsymbol{H}_{kji}\delta\boldsymbol{X}_k^j + v_{kij})(\boldsymbol{H}_{kji}\delta\boldsymbol{X}_k^j + v_{kij})^{\mathrm{T}}] \\
&= E[\boldsymbol{H}_{kji}\delta\boldsymbol{X}_k^j\delta\boldsymbol{X}_k^{j\mathrm{T}}\boldsymbol{H}_{kji}^{\mathrm{T}} + \boldsymbol{H}_{kji}\delta\boldsymbol{X}_k^j v_{kij}^{\mathrm{T}} + v_{kij}(\boldsymbol{H}_{kji}\delta\boldsymbol{X}_k^j)^{\mathrm{T}} + v_{kij}v_{kij}^{\mathrm{T}}] \\
&= \boldsymbol{H}_{kji}E[\delta\boldsymbol{X}_k^j\delta\boldsymbol{X}_k^{j\mathrm{T}}]\boldsymbol{H}_{kji}^{\mathrm{T}} + E[v_{kij}v_{kij}^{\mathrm{T}}] = \boldsymbol{H}_{kji}\boldsymbol{P}_k^j\boldsymbol{H}_{kji}^{\mathrm{T}} + R_{kij}
\end{aligned} \tag{5.1.22}
$$

式中，$\boldsymbol{P}_k^j$ 为卫星 j 轨道估计协方差矩阵，可通过星间链路交换获得。当存在 N 条星间链路时，定轨测量向量方程可写为

$$
\Delta L_i = \begin{bmatrix} \Delta\boldsymbol{L}_{i1} \\ \Delta\boldsymbol{L}_{i2} \\ \vdots \\ \Delta\boldsymbol{L}_{iN} \end{bmatrix} = \begin{bmatrix} \boldsymbol{H}_{ki1} \\ \boldsymbol{H}_{ki2} \\ \vdots \\ \boldsymbol{H}_{kiN} \end{bmatrix} \Delta\boldsymbol{X}_k^i + \begin{bmatrix} V_{ki1} \\ V_{ki2} \\ \vdots \\ V_{kiN} \end{bmatrix} = \boldsymbol{H}_{ki}\Delta\boldsymbol{X}_k^i + \boldsymbol{V}_{ki} \tag{5.1.23}
$$

式中，测量噪声 $\boldsymbol{V}_{ki}$ 的统计特性为

$$
\boldsymbol{R}'_{ki} = E[\boldsymbol{V}_{ki}\boldsymbol{V}_{ki}^{\mathrm{T}}] = \mathrm{diag}(R'_{ki1} \quad R'_{ki2} \quad \cdots \quad R'_{kiN}) \tag{5.1.24}
$$

3. 标准卡尔曼滤波算法

式(5.1.14)和式(5.1.23)即为分布式自主定轨算法的线性化状态方程和观测方程，取 $\Delta\boldsymbol{X}_k^i$ 为状态量，可用卡尔曼滤波算法对其进行估计，其递推过程为(叶中付,2009)

$$
\begin{cases}
\Delta\hat{\boldsymbol{X}}_{k/k-1}^i = \boldsymbol{\Phi}_{k/k-1}\Delta\hat{\boldsymbol{X}}_{k-1}^i \\
\Delta\hat{\boldsymbol{X}}_k^i = \Delta\hat{\boldsymbol{X}}_{k/k-1}^i + \boldsymbol{K}_k[\Delta\boldsymbol{L}_i - \boldsymbol{H}_{ki}\boldsymbol{\Phi}_{k/k-1}\Delta\hat{\boldsymbol{X}}_{k/k-1}^i] \\
\hat{\boldsymbol{X}}_k^i = \Delta\hat{\boldsymbol{X}}_k^i + \boldsymbol{X}_k^{i*} \\
\boldsymbol{P}_{k/k-1}^i = \boldsymbol{\Phi}_{k/k-1}\boldsymbol{P}_{k-1}^i\boldsymbol{\Phi}_{k/k-1}^{\mathrm{T}} + \boldsymbol{Q}_{k-1}^i \\
\boldsymbol{K}_k = \boldsymbol{P}_{k/k-1}^i\boldsymbol{H}_{ki}^{\mathrm{T}}[\boldsymbol{H}_{ki}\boldsymbol{P}_{k/k-1}^i\boldsymbol{H}_{ki}^{\mathrm{T}} + \boldsymbol{R}'_{ki}]^{-1} \\
\boldsymbol{P}_k^i = [\boldsymbol{I} - \boldsymbol{K}_k\boldsymbol{H}_{ki}]\boldsymbol{P}_{k/k-1}^i
\end{cases} \tag{5.1.25}
$$

式(5.1.25)即为分布式自主定轨的递推形式，估计本星当前历元轨道参数仅需即时观测量，无需存储历史观测量，大大节省了计算量和存储空间。同时，基于标准卡尔曼滤波算法的分布式自主定轨方案，使用星间双向观测量对长期预报星历进行实时改进，其中的状态转移矩阵计算、轨道外推算法均使用解析方法，大大节省了单颗卫星的计算量，降低了对星载计算能力的约束。

4. 解析法状态转移矩阵计算

卫星在任意时刻的位置可以表示为无摄部分和受摄部分(刘林等,1998)：

$$
\begin{bmatrix} \boldsymbol{r} \\ \dot{\boldsymbol{r}} \end{bmatrix} = \begin{bmatrix} \boldsymbol{r}^{(0)} \\ \dot{\boldsymbol{r}}^{(0)} \end{bmatrix} + \begin{bmatrix} \Delta\boldsymbol{r} \\ \Delta\dot{\boldsymbol{r}} \end{bmatrix} \tag{5.1.26}
$$

解析法计算状态转移矩阵可以按照摄动部分和非摄动部分来分解(刘林等,1998)，即

$$\boldsymbol{\Phi}_{k/k-1}=\frac{\partial[\boldsymbol{r}^{(0)\mathrm{T}},\ \dot{\boldsymbol{r}}^{(0)\mathrm{T}}]^{\mathrm{T}}}{\partial[\boldsymbol{r}_0^{\mathrm{T}},\ \dot{\boldsymbol{r}}_0^{\mathrm{T}}]}+\frac{\partial[\Delta\boldsymbol{r}^{\mathrm{T}},\ \Delta\dot{\boldsymbol{r}}^{\mathrm{T}}]^{\mathrm{T}}}{\partial[\boldsymbol{r}_0^{\mathrm{T}},\ \dot{\boldsymbol{r}}_0^{\mathrm{T}}]}=\boldsymbol{\Phi}_{k/k-1}^0+\boldsymbol{\Phi}_{k/k-1}^1 \tag{5.1.27}$$

式中，$\boldsymbol{\Phi}_{k/k-1}^0$ 为仅考虑球形引力的状态转移矩阵；$\boldsymbol{\Phi}_{k/k-1}^1$ 为摄动力作用下的状态转移矩阵。每部分的计算过程如下：

1）计算 $\boldsymbol{\Phi}_{k/k-1}^0$

取卫星初始时刻 t_0 的状态 $\boldsymbol{x}_0=[\boldsymbol{r}_0^{\mathrm{T}},\ \dot{\boldsymbol{r}}_0^{\mathrm{T}}]^{\mathrm{T}}=[x_0\quad y_0\quad z_0\quad v_{x0}\quad v_{y0}\quad v_{z0}]^{\mathrm{T}}$，$t$ 时刻的卫星无摄动状态为 $\boldsymbol{x}_{(0)}=[\boldsymbol{r}^{(0)\mathrm{T}},\ \dot{\boldsymbol{r}}^{(0)\mathrm{T}}]^{\mathrm{T}}=[x\quad y\quad z\quad v_x\quad v_y\quad v_z]^{\mathrm{T}}$，则状态转移矩阵 $\boldsymbol{\Phi}_{k/k-1}^0$ 可表示为 $\boldsymbol{x}_0$ 到 $\boldsymbol{x}_{(0)}$ 的偏导数矩阵：

$$\boldsymbol{\Phi}_{k/k-1}^0=\frac{\partial\boldsymbol{x}_{(0)}}{\partial\boldsymbol{x}_0^{\mathrm{T}}}=\frac{\partial[\boldsymbol{r}^{(0)\mathrm{T}},\ \dot{\boldsymbol{r}}^{(0)\mathrm{T}}]^{\mathrm{T}}}{\partial[\boldsymbol{r}_0^{\mathrm{T}},\ \dot{\boldsymbol{r}}_0^{\mathrm{T}}]}=\begin{bmatrix}\dfrac{\partial[\boldsymbol{r}^{(0)\mathrm{T}},\ \dot{\boldsymbol{r}}^{(0)\mathrm{T}}]^{\mathrm{T}}}{\partial\boldsymbol{r}_0^{\mathrm{T}}} & \dfrac{\partial[\boldsymbol{r}^{(0)\mathrm{T}},\ \dot{\boldsymbol{r}}^{(0)\mathrm{T}}]^{\mathrm{T}}}{\partial\dot{\boldsymbol{r}}_0^{\mathrm{T}}}\end{bmatrix}=\begin{bmatrix}\dfrac{\partial\boldsymbol{r}^{(0)}}{\partial\boldsymbol{r}_0^{\mathrm{T}}} & \dfrac{\partial\boldsymbol{r}^{(0)}}{\partial\dot{\boldsymbol{r}}_0^{\mathrm{T}}}\\ \dfrac{\partial\dot{\boldsymbol{r}}^{(0)}}{\partial\boldsymbol{r}_0^{\mathrm{T}}} & \dfrac{\partial\dot{\boldsymbol{r}}^{(0)}}{\partial\dot{\boldsymbol{r}}_0^{\mathrm{T}}}\end{bmatrix}=\begin{bmatrix}A_1 & A_2\\ A_3 & A_4\end{bmatrix} \tag{5.1.28}$$

其中，

$$\begin{cases}A_1=FI+A_{11}(R_1)+A_{12}(R_2)+A_{13}(R_3)+A_{14}(R_4)\\ A_2=GI+A_{21}(R_1)+A_{22}(R_2)+A_{23}(R_3)+A_{24}(R_4)\\ A_3=F'I+A_{31}(R_1)+A_{32}(R_2)+A_{33}(R_3)+A_{34}(R_4)+A_{35}(R_5)+A_{36}(R_6)\\ A_4=G'I+A_{41}(R_1)+A_{42}(R_2)+A_{43}(R_3)+A_{44}(R_4)+A_{45}(R_7)+A_{46}(R_8)\end{cases} \tag{5.1.29}$$

$$I=\begin{bmatrix}1 & 0 & 0\\ 0 & 1 & 0\\ 0 & 0 & 1\end{bmatrix} \tag{5.1.30}$$

式(5.1.29)中的各项依次计算如下：

$$\begin{cases}F=1-\dfrac{a}{r_0}(1-\cos\Delta E)\\ G=\dfrac{n\Delta t-\Delta E+\sin\Delta E}{n},\ \Delta t=t-t_0\end{cases} \tag{5.1.31}$$

$$\begin{cases}F'=-\dfrac{1}{r^{(0)}}\left(\dfrac{\sqrt{\mu a}}{r_0}\sin\Delta E\right)\\ G'=1-\dfrac{a}{r^{(0)}}(1-\cos\Delta E)\end{cases} \tag{5.1.32}$$

$$\frac{1}{a}=\frac{2}{r_0}-\frac{v_0^2}{\mu},\ n=\sqrt{\frac{\mu}{a^3}},\ r_0=|\boldsymbol{r}_0|,\ v_0=|\dot{\boldsymbol{r}}_0|,\ r=|\boldsymbol{r}^{(0)}|,\ v=|\dot{\boldsymbol{r}}^{(0)}| \tag{5.1.33}$$

$$\Delta E=n\Delta t+\left(1-\frac{r_0}{a}\right)\sin\Delta E-\frac{\boldsymbol{r}_0\cdot\dot{\boldsymbol{r}}_0}{\sqrt{\mu a}}(1-\cos\Delta E) \tag{5.1.34}$$

式(5.1.34)中的 ΔE 需要迭代计算。

$$U=1-\left(1-\frac{r_0}{a}\right)\cos\Delta E+\frac{\boldsymbol{r}_0\cdot\dot{\boldsymbol{r}}_0}{\sqrt{\mu a}}\sin\Delta E \tag{5.1.35}$$

$$H=\frac{1}{U}\frac{1}{\sqrt{\mu a}}\frac{a}{r_0}\left[\left(-\frac{3\mu}{a}\right)\Delta t+(1-\cos\Delta E)(\boldsymbol{r}_0\cdot\dot{\boldsymbol{r}}_0)\right] \tag{5.1.36}$$

$$\begin{cases}W_1=-2\left[\dfrac{a}{r_0}(1-\cos\Delta E)+\dfrac{1}{U}\sin^2\Delta E\right]-H\sin\Delta E\\ W_2=-\left[\dfrac{3a}{r_0}(\Delta E-\sin\Delta E)+\dfrac{2}{U}\sin\Delta E(1-\cos\Delta E)\right]-H(1-\cos\Delta E)\\ W_3=\dfrac{a}{r_0}\sin\Delta E\left[1+\dfrac{2}{U}\dfrac{r_0}{a}\cos\Delta E\right]+H\cos\Delta E\end{cases} \tag{5.1.37}$$

$$\begin{cases}A_{11}=\dfrac{1}{r_0^2}\dfrac{a}{r_0}\left\{W_1+\left[(1-\cos\Delta E)+\dfrac{r_0}{a}\dfrac{1}{U}\sin^2\Delta E\right]\right\}\\ A_{12}=\dfrac{1}{\sqrt{\mu a}}\left(\dfrac{a}{r_0}\right)^2\left\{W_2+\left[\dfrac{r_0}{a}\dfrac{1}{U}\sin\Delta E(1-\cos\Delta E)\right]\right\}\\ A_{13}=\dfrac{1}{\sqrt{\mu a}}\left(\dfrac{a}{r_0}\right)\left[\dfrac{1}{U}\sin\Delta E(1-\cos\Delta E)\right]\\ A_{14}=\dfrac{a}{\mu}\left[\dfrac{1}{U}(1-\cos\Delta E)^2\right]\end{cases} \tag{5.1.38}$$

$$\begin{cases}A_{21}=A_{13}\\ A_{22}=A_{14}\\ A_{23}=\dfrac{a}{\mu}W_1\\ A_{24}=\dfrac{1}{n}\dfrac{r_0}{\mu}W_2\end{cases} \tag{5.1.39}$$

$$
\begin{cases}
A_{31} = -\dfrac{1}{r^{(0)}}\dfrac{\sqrt{\mu a}}{r_0^3}\left\{W_3 - \sin\Delta E\left[1 + \dfrac{1}{U}\dfrac{r_0}{a}\cos\Delta E\right]\right\} \\
A_{32} = \dfrac{a}{r^{(0)}}\dfrac{1}{r_0^2}\left\{W_1 + \dfrac{1}{U}\dfrac{r_0}{a}\sin^2\Delta E\right\} \\
A_{33} = \dfrac{1}{r^{(0)}}\dfrac{1}{r_0}\left[\dfrac{1}{U}\cos\Delta E(1 - \cos\Delta E)\right] \\
A_{34} = \dfrac{a}{r^{(0)}}\dfrac{1}{\sqrt{\mu a}}\left[\dfrac{1}{U}\sin\Delta E(1 - \cos\Delta E)\right] \\
A_{35} = \dfrac{1}{(r^{(0)})^2}\left[\dfrac{\sqrt{\mu a}}{r_0}\sin\Delta E\right] \\
A_{36} = \dfrac{1}{(r^{(0)})^2}[a(1 - \cos\Delta E)]
\end{cases}
\tag{5.1.40}
$$

$$
\begin{cases}
A_{41} = A_{33} \\
A_{42} = A_{34} \\
A_{43} = -\dfrac{a}{r^{(0)}}\dfrac{1}{\sqrt{\mu a}}W_3 \\
A_{44} = \dfrac{a}{r^{(0)}}\dfrac{r_0}{\mu}W_1 \\
A_{45} = A_{35} \\
A_{46} = A_{36}
\end{cases}
\tag{5.1.41}
$$

$$
\begin{cases}
R_1 = (\boldsymbol{r}_0)(\boldsymbol{r}_0)^{\mathrm{T}} \\
R_2 = (\dot{\boldsymbol{r}}_0)(\boldsymbol{r}_0)^{\mathrm{T}} \\
R_3 = (R_2)^{\mathrm{T}} \\
R_4 = (\dot{\boldsymbol{r}}_0)(\dot{\boldsymbol{r}}_0)^{\mathrm{T}} \\
R_5 = (\boldsymbol{r}_0)\left(\dfrac{\partial r^{(0)}}{\partial \boldsymbol{r}_0^{\mathrm{T}}}\right) = (\boldsymbol{r}_0)\left(\dfrac{\partial r^{(0)}}{\partial \boldsymbol{r}^{(0)\mathrm{T}}}\dfrac{\partial \boldsymbol{r}^{(0)}}{\partial \boldsymbol{r}_0^{\mathrm{T}}}\right) = (\boldsymbol{r}_0)\left(\dfrac{\partial r^{(0)}}{\partial \boldsymbol{r}^{(0)\mathrm{T}}}A_1\right) \\
R_6 = (\dot{\boldsymbol{r}}_0)\left(\dfrac{\partial r^{(0)}}{\partial \boldsymbol{r}_0^{\mathrm{T}}}\right) = (\dot{\boldsymbol{r}}_0)\left(\dfrac{\partial r^{(0)}}{\partial \boldsymbol{r}^{(0)\mathrm{T}}}\dfrac{\partial \boldsymbol{r}^{(0)}}{\partial \boldsymbol{r}_0^{\mathrm{T}}}\right) = (\dot{\boldsymbol{r}}_0)\left(\dfrac{\partial r^{(0)}}{\partial \boldsymbol{r}^{(0)\mathrm{T}}}A_1\right) \\
R_7 = (\boldsymbol{r}_0)\left(\dfrac{\partial r^{(0)}}{\partial \dot{\boldsymbol{r}}_0^{\mathrm{T}}}\right) = (\boldsymbol{r}_0)\left(\dfrac{\partial r^{(0)}}{\partial \boldsymbol{r}^{(0)\mathrm{T}}}\dfrac{\partial \boldsymbol{r}^{(0)}}{\partial \dot{\boldsymbol{r}}_0^{\mathrm{T}}}\right) = (\boldsymbol{r}_0)\left(\dfrac{\partial r^{(0)}}{\partial \boldsymbol{r}^{(0)\mathrm{T}}}A_2\right) \\
R_8 = (\dot{\boldsymbol{r}}_0)\left(\dfrac{\partial r^{(0)}}{\partial \dot{\boldsymbol{r}}_0^{\mathrm{T}}}\right) = (\dot{\boldsymbol{r}}_0)\left(\dfrac{\partial r^{(0)}}{\partial \boldsymbol{r}^{(0)\mathrm{T}}}\dfrac{\partial \boldsymbol{r}^{(0)}}{\partial \dot{\boldsymbol{r}}_0^{\mathrm{T}}}\right) = (\boldsymbol{r}_0)\left(\dfrac{\partial r^{(0)}}{\partial \boldsymbol{r}^{(0)\mathrm{T}}}A_2\right)
\end{cases}
\tag{5.1.42}
$$

其中，

$$\frac{\partial r^{(0)}}{\partial \boldsymbol{r}^{(0)\mathrm{T}}}=\frac{\partial\sqrt{x^2+y^2+z^2}}{\partial \boldsymbol{r}^{(0)\mathrm{T}}}=\left[\frac{x}{|\boldsymbol{r}^{(0)}|}\quad\frac{y}{|\boldsymbol{r}^{(0)}|}\quad\frac{z}{|\boldsymbol{r}^{(0)}|}\right] \tag{5.1.43}$$

2）计算 $\boldsymbol{\Phi}_{k/k-1}^{1}$

$$\boldsymbol{\Phi}_{k/k-1}^{1}=\frac{\partial[\Delta\boldsymbol{r}^{\mathrm{T}},\ \Delta\dot{\boldsymbol{r}}^{\mathrm{T}}]^{\mathrm{T}}}{\partial[\boldsymbol{r}_0^{\mathrm{T}},\ \dot{\boldsymbol{r}}_0^{\mathrm{T}}]}=\begin{pmatrix}\boldsymbol{B}_1\\ \boldsymbol{B}_2\end{pmatrix}=\{b_{ij}\}_{i,\,j=1,\,2,\,\cdots,\,6} \tag{5.1.44}$$

其中，

$$\begin{aligned}
B_1=\frac{\partial\Delta\boldsymbol{r}^{\mathrm{T}}}{\partial[\boldsymbol{r}_0^{\mathrm{T}},\ \dot{\boldsymbol{r}}_0^{\mathrm{T}}]}&=\frac{3J_2a_e^2}{2p^2}\Delta t\Big\{\sqrt{1-e^2}\left(1-\frac{3}{2}\sin^2 i\right)(A_3,\ A_4)\\
&-a\sqrt{1-e^2}(7-9\sin^2 i)(\dot{\boldsymbol{r}})(\boldsymbol{r}_0,\ \dot{\boldsymbol{r}})^{\mathrm{T}}+n\cos i[-(C_1)+8a(\Omega_1)(\boldsymbol{r}_0\,\dot{\boldsymbol{r}}_0)^{\mathrm{T}}]\\
&+\frac{1}{\sqrt{\mu_p}}[3\sqrt{1-e^2}\cos i(\dot{\boldsymbol{r}})-n(\Omega_1)](\Omega)^{\mathrm{T}}+\frac{1}{a^2\sqrt{1-e^2}}\\
&\left[\left(2-\frac{5}{2}\sin^2 i\right)(D_1)+\frac{5\cos i}{\sqrt{\mu_p}}(\omega_1)(\Omega)^{\mathrm{T}}-a(21-25\sin^2 i)(\omega_1)(\boldsymbol{r}_0\dot{\boldsymbol{r}}_0)^{\mathrm{T}}\right]\\
&+\frac{1}{\sqrt{1-e^2}}\left[-\frac{5n\cos i}{2\sqrt{1-e^2}}(\Omega_1)+\left(3-\frac{15}{4}\sin^2 i\right)(\dot{\boldsymbol{r}})\right.\\
&\left.+\frac{1}{2a^2(1-e^2)}\left(15-\frac{35}{2}\sin^2 i\right)(\omega_1)\right]\frac{\partial e^2}{\partial(\boldsymbol{r}_0,\ \dot{\boldsymbol{r}})}\Big\}
\end{aligned} \tag{5.1.45}$$

$$\begin{aligned}
B_2=\frac{\partial\Delta\dot{\boldsymbol{r}}}{\partial[\boldsymbol{r}_0^{\mathrm{T}},\ \dot{\boldsymbol{r}}_0^{\mathrm{T}}]}&=\frac{3J_2a_e^2}{2p^2}\Delta t\Big\{-\frac{\mu}{r^3}\sqrt{1-e^2}\left(1-\frac{3}{2}\sin^2 i\right)(A_1,\ A_2)\\
&+\left(\frac{\mu}{r^3}\right)a\sqrt{1-e^2}(7-9\sin^2 i)(\boldsymbol{r})(\boldsymbol{r}_0\,\dot{\boldsymbol{r}}_0)^{\mathrm{T}}+n\cos i[-(C_2)+8a(\Omega_2)(\boldsymbol{r}_0\,\dot{\boldsymbol{r}}_0)^{\mathrm{T}}]\\
&+\frac{1}{\sqrt{\mu_p}}\left[-3\left(\frac{\mu}{r^3}\right)\sqrt{1-e^2\cos i(\boldsymbol{r})-n(\Omega_2)}\right](\Omega)^{\mathrm{T}}+\frac{1}{a^2\sqrt{1-e^2}}\\
&\left[\left(2-\frac{5}{2}\sin^2 i\right)(D_2)+\frac{5\cos i}{\sqrt{\mu_p}}(\omega_2)(\Omega)^{\mathrm{T}}-a(21-25\sin^2 i)(\omega_2)(\boldsymbol{r}_0\dot{\boldsymbol{r}}_0)^{\mathrm{T}}\right]\\
&+\frac{1}{\sqrt{1-e^2}}\left[-\frac{5n\cos i(\Omega_2)}{2\sqrt{1-e^2}}-\left(\frac{\mu}{r^3}\right)\left(3-\frac{15}{4}\sin^2 i\right)(\boldsymbol{r})+\frac{\left(15-\frac{35}{2}\sin^2 i\right)(\omega_2)}{2a^2(1-e^2)}\right]\\
&\times\frac{\partial e^2}{\partial[\boldsymbol{r}_0^{\mathrm{T}},\ \dot{\boldsymbol{r}}_0^{\mathrm{T}}]}+\left[\frac{3\mu}{r^4}\right]\sqrt{1-e^2}\left(1-\frac{3}{2}\sin^2 i\right)(\boldsymbol{r})\left(\frac{\partial r}{\partial[\boldsymbol{r}_0^{\mathrm{T}},\ \dot{\boldsymbol{r}}_0^{\mathrm{T}}]}\right]^{(0)}\Big\}
\end{aligned} \tag{5.1.46}$$

$$(\boldsymbol{r}_0\dot{\boldsymbol{r}}_0)=\begin{pmatrix}\dfrac{1}{r_0^3}\boldsymbol{r}_0\\ \dfrac{1}{\mu}\dot{\boldsymbol{r}}\end{pmatrix} \tag{5.1.47}$$

$$(\Omega)=\begin{pmatrix}\Omega_2\\ \Omega_1\end{pmatrix},\ \Omega_1=\begin{bmatrix}-y\\ x\\ 0\end{bmatrix},\ \Omega_2=\begin{pmatrix}-y\\ x\\ 0\end{pmatrix} \tag{5.1.48}$$

$$(\boldsymbol{\omega}_1)=\begin{pmatrix}\dot{x}(y^2+z^2)-x(y\dot{y}+z\dot{z})\\ \dot{y}(z^2+x^2)-y(z\dot{z}+x\dot{x})\\ \dot{z}(x^2+y^2)-z(x\dot{x}+y\dot{y})\end{pmatrix},\quad (\boldsymbol{\omega}_2)=\begin{pmatrix}\dot{x}(y\dot{y}+z\dot{z})-x(\dot{y}^2+\dot{z}^2)\\ \dot{y}(z\dot{z}+x\dot{x})-y(\dot{z}^2+\dot{x}^2)\\ \dot{z}(x\dot{x}+y\dot{y})-z(\dot{x}^2+\dot{y}^2)\end{pmatrix} \tag{5.1.49}$$

$$(C_1)=\begin{bmatrix}-a_{21}&-a_{22}&-a_{23}&-a_{24}&-a_{25}&-a_{26}\\ -a_{11}&-a_{12}&-a_{13}&-a_{14}&-a_{15}&-a_{16}\\ 0&0&0&0&0&0\end{bmatrix} \tag{5.1.50}$$

$$(C_2)=\begin{pmatrix}-a_{51}&-a_{52}&-a_{53}&-a_{54}&-a_{55}&-a_{56}\\ -a_{41}&-a_{42}&-a_{43}&-a_{44}&-a_{45}&-a_{46}\\ 0&0&0&0&0&0\end{pmatrix} \tag{5.1.51}$$

$$(D_1)=\left(\frac{\partial\boldsymbol{\omega}_1}{\partial[\boldsymbol{r}_0^{\mathrm{T}},\ \dot{\boldsymbol{r}}_0^{\mathrm{T}}]}\right) \tag{5.1.52}$$

$$\begin{cases}\dfrac{\partial\omega_{1x}}{\partial[\boldsymbol{r}_0^{\mathrm{T}},\ \dot{\boldsymbol{r}}_0^{\mathrm{T}}]}=\{a_{1j}(-y\dot{y}-z\dot{z})+a_{2j}(2\dot{x}y-x\dot{y})+a_{3j}(2\dot{x}z-x\dot{z})+\\ \qquad a_{4j}(y^2+z^2)+a_{5j}(-xy)+a_{6j}(-xz)\}_{j=1,2,\cdots,6}\\ \dfrac{\partial\omega_{1y}}{\partial[\boldsymbol{r}_0^{\mathrm{T}},\ \dot{\boldsymbol{r}}_0^{\mathrm{T}}]}=\{a_{1j}(2\dot{y}x-y\dot{x})+a_{2j}(-z\dot{z}-x\dot{x})+a_{3j}(2\dot{y}z-y\dot{z})+\\ \qquad a_{4j}(-xy)+a_{5j}(z^2+x^2)+a_{6j}(-yz)\}_{j=1,2,\cdots,6}\\ \dfrac{\partial\omega_{1z}}{\partial[\boldsymbol{r}_0^{\mathrm{T}},\ \dot{\boldsymbol{r}}_0^{\mathrm{T}}]}=\{a_{1j}(2\dot{z}x-z\dot{x})+a_{2j}(2\dot{z}y-z\dot{y})+a_{3j}(-x\dot{x}-y\dot{y})+\\ \qquad a_{4j}(-xz)+a_{5j}(-yz)+a_{6j}(x^2+y^2)\}_{j=1,2,\cdots,6}\end{cases} \tag{5.1.53}$$

$$(D_1)=\left(\frac{\partial\boldsymbol{\omega}_2}{\partial[\boldsymbol{r}_0^{\mathrm{T}},\ \dot{\boldsymbol{r}}_0^{\mathrm{T}}]}\right) \tag{5.1.54}$$

$$\begin{cases} \dfrac{\partial \omega_{2x}}{\partial[\boldsymbol{r}_0^{\mathrm{T}}, \dot{\boldsymbol{r}}_0^{\mathrm{T}}]} = \{a_{1j}(-\dot{y}^2 - \dot{z}^2) + a_{2j}(\dot{x}\dot{y}) + a_{3j}(\dot{x}\dot{z}) + a_{4j}(y\dot{y} + z\dot{z}) + \\ \qquad a_{5j}(\dot{x}y - 2x\dot{y}) + a_{6j}(\dot{x}z - 2x\dot{z})\}_{j=1,2,\cdots,6} \\ \dfrac{\partial \omega_{2y}}{\partial[\boldsymbol{r}_0^{\mathrm{T}}, \dot{\boldsymbol{r}}_0^{\mathrm{T}}]} = \{a_{1j}(\dot{x}\dot{y}) + a_{2j}(-\dot{z}^2 - \dot{x}^2) + a_{3j}(\dot{y}\dot{z}) + a_{4j}(x\dot{y} - 2\dot{x}y) + \\ \qquad a_{5j}(z\dot{z} + x\dot{x}) + a_{6j}(\dot{y}z - 2y\dot{z})\}_{j=1,2,\cdots,6} \\ \dfrac{\partial \omega_{2z}}{\partial[\boldsymbol{r}_0^{\mathrm{T}}, \dot{\boldsymbol{r}}_0^{\mathrm{T}}]} = \{a_{1j}(\dot{x}\dot{z}) + a_{2j}(\dot{y}\dot{z}) + a_{3j}(-\dot{x}^2 - \dot{y}^2) + a_{4j}(x\dot{z} - 2z\dot{x}) + \\ \qquad a_{5j}(y\dot{z} - 2z\dot{y}) + a_{6j}(x\dot{x} + y\dot{y})\}_{j=1,2,\cdots,6} \end{cases} \tag{5.1.55}$$

$$\begin{cases} \dfrac{\partial e^2}{\partial \boldsymbol{r}_0} = 2\left[\left(1 - \dfrac{r_0}{a}\right)\dfrac{v_0^2}{\mu}\left(\dfrac{\boldsymbol{r}_0}{r_0}\right) + \dfrac{(\boldsymbol{r}_0 \cdot \dot{\boldsymbol{r}}_0)}{\mu_a}r_0 - \dfrac{(\boldsymbol{r}_0 \cdot \dot{\boldsymbol{r}}_0)^2}{\mu}\left(\dfrac{\boldsymbol{r}_0}{r_0^3}\right)\right]^{\mathrm{T}} \\ \dfrac{\partial e^2}{\partial \dot{\boldsymbol{r}}_0} = 2\left[\left(1 - \dfrac{r_0}{a}\right)\dfrac{2r_0}{\mu}\boldsymbol{r}_0 + \dfrac{(\boldsymbol{r}_0 \cdot \dot{\boldsymbol{r}}_0)}{\mu_a}r_0 - \dfrac{(\boldsymbol{r}_0 \cdot \dot{\boldsymbol{r}}_0)^2}{\mu}\left(\dfrac{\dot{\boldsymbol{r}}}{\mu}\right)\right]^{\mathrm{T}} \end{cases} \tag{5.1.56}$$

$$e^2 = \left(1 - \frac{r_0}{a}\right)^2 + \frac{(\boldsymbol{r}_0 \cdot \dot{\boldsymbol{r}})^2}{\mu_a} \tag{5.1.57}$$

$$\cos i = \frac{(x_0\dot{y}_0 - y_0\dot{x}_0)}{\sqrt{\mu_p}}, \quad \sin^2 i = 1 - \cos^2 i \tag{5.1.58}$$

5. 测试分析

1）仿真分析

本部分基于模拟数据对分布式自主导航算法进行仿真。仿真星座为 Walker24/3/1 MEO 星座，24 颗 MEO 依次命名为 MEO01 ~ MEO24，MEO01 的轨道根数为半长轴 a = 27 906 km，偏心率 $e = 10^{-3}$，轨道倾角 $i = 55°$，升交点赤经 $\Omega = 0$，近地点幅角 $\omega = 0$，平近点角 $M_0 = 101°$。卫星精密轨道由 STK 软件产生，考虑的摄动力包括 GGM02C 70×70 阶地球非球形引力、日月三体引力、地球固体潮汐摄动和太阳光压摄动（标准光压模型）。卫星钟差使用 IGS 提供的 GPS 卫星钟差最终产品。考虑到 IGS 提供钟差产品的连续可用性，使用 GPS 01、GPS 02、GPS 03、GPS 05、GPS 07、GPS 09、GPS 10、GPS 11、GPS 12、GPS 13、GPS 15、GPS 16、GPS 18、GPS 19、GPS 20、GPS 22、GPS 23、GPS 24、GPS 25、GPS 27、GPS 28、GPS 29、GPS 30、GPS 31 号卫星从 1 914 周 0 秒（GPST）到 1 923 周 0 秒（GPST）的钟差数据，依次模拟星座中 24 颗 MEO 卫星的钟差参数。

基于模拟的卫星精密轨道和精密钟差，按照实际星间链路时分空分双向测量体制模拟生成伪距测量值。双向伪距值中考虑的测量误差包括相对论效应误差、相位中心误差、系统误差和测量噪声误差。根据目前星间链路测量水平,星间链路测量噪声设置为0.1 m。星座中每颗卫星与异轨卫星建立8条星间链路,包括4条固定可见链路和4条随机可见链路。

相对于生成精密轨道的动力学模型,生成长期预报星历的动力学模型做如下三种改变: ① 考虑GGM02C 4×4阶地球非球形引力模型;② 轨道生成初值相对精密轨道初值存在(1 m, 1 m, 1 m, 0.0001 m/s, 0.0001 m/s, 0.0001 m/s)偏差;③ 在精密轨道的太阳光压模型参数上引入10%误差。

与上述精密轨道和精密钟差对比,评估轨道钟差精度。以钟差误差评估时间同步精度,以用户测距误差(user range error,URE)评估轨道精度,不包含钟差误差的URE定义为(Tang et al.,2016)

$$e(i,\ k) = \sqrt{\Delta R^2(i,\ k) + 0.0192(\Delta T^2(i,\ k) + \Delta N^2(i,\ k))} \tag{5.1.59}$$

式中,$e(i,\ k)$为卫星i在k时刻的URE;$\Delta R(i,\ k)$、$\Delta T(i,\ k)$、$\Delta N(i,\ k)$为卫星i在k时刻的径向轨道误差、切向轨道误差、法向轨道误差。通过计算各个时刻所有卫星URE的均方根值$E_{\mathrm{rms}}(k)$,评估整网星座的轨道精度:

$$E_{\mathrm{rms}}(k) = \sqrt{\frac{1}{24}\sum_{i=1}^{24} e^2(i,\ k)} \tag{5.1.60}$$

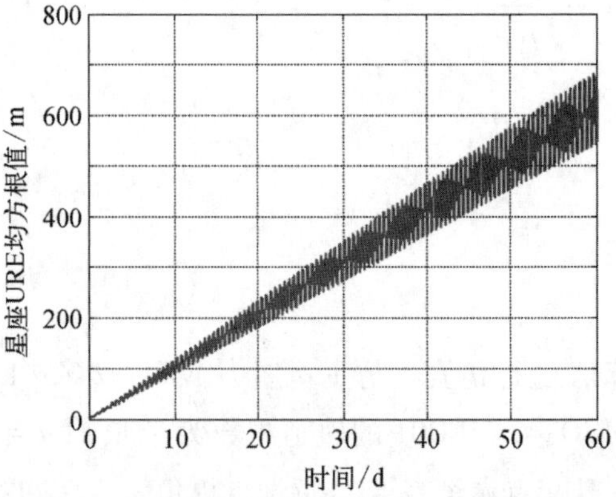

图5.1.5 长期预报星历的星座URE均方根值

按照式(5.1.60)评估长期预报星历的轨道精度如图5.1.5所示。可以看到长期预报星历的整网URE均方根值不断变大,预报60 d达到700 m,明显无法满足用户定位需要。因此,长期轨道预报数据无法支持导航系统提供正常的导航服务,自主导航算法使用星间双向测距对长期预报星历进行实时修正,以提高系统长期自主服务能力。

以长期预报星历为初值进行分布式自主导航算法仿真。图5.1.6给出了分布式自主定轨的星座URE均方根值,其中图5.1.6(a)为惯性系自主定轨结果,图5.1.6(b)为使用预报地球定向参数(earth orientation parameters,EOP)转换获得的地固系自主定轨结果。可以看到,自主定轨60 d惯性系星座URE均方根值小于2.5 m,对比图5.1.5证明自主定轨算法可大大提高星座的平均轨道精度。但由于星间测量值仅包含卫星间的相对位置信息,不包含绝对空间信息,不能修正星座整体旋转参数,导致星座URE均方根值存在增大趋势;另一方面,导航卫星最终要服务于地面用户,其导航电文定义在地固系,而EOP预报误差将在坐标系转换过程中进一步引入旋转误差,使得地固系轨道误差进一步增大(Abusali et al.,1998),如图5.1.6(b)所示,地固系星座URE均方根值60 d达到5 m。

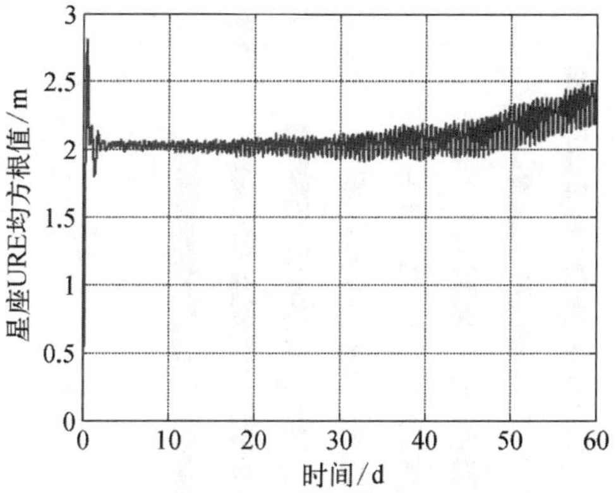

(a) 惯性系自主定轨结果

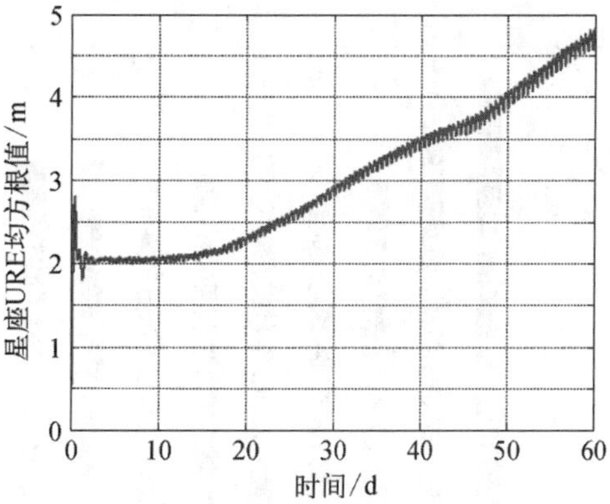

(b) 地固系自主定轨结果

图5.1.6 分布式自主定轨仿真结果

上述定轨结果证明，在60 d内，分布式自主导航算法定轨URE在5 m以内，基本满足定位服务需求。但是由于缺少时空基准，星座定轨误差存在增大趋势，使得自主导航模式无法提供性能稳定的定位服务。

2）基于星间实测数据的自主定轨结果

目前，北斗三号卫星导航系统已经初步建设完成，所搭载的星间链路载荷在轨运行正常，已经获得了大量的星间测量数据。为进一步验证在轨自主定轨算法可行性，基于积累的在轨星间链路实测数据开展自主定轨算法仿真测试。

根据获取星间测量数据精密轨道、长期预报星历等数据的完整性，选择2019年1月至2019年3月北斗18颗MEO之间的星间链路测量数据开展试验，长期预报星历由地面主控站基于精密定轨参数长期外推获得，并使用事后精密定轨数据按照式(5.1.60)评估地固系自主定轨结果，60 d自主定轨URE如图5.1.7所示。其中图5.1.7(a)为每颗卫星60 d内的自主定轨URE变化曲线，图5.1.7(b)为每颗卫星60 d自主定轨URE的均

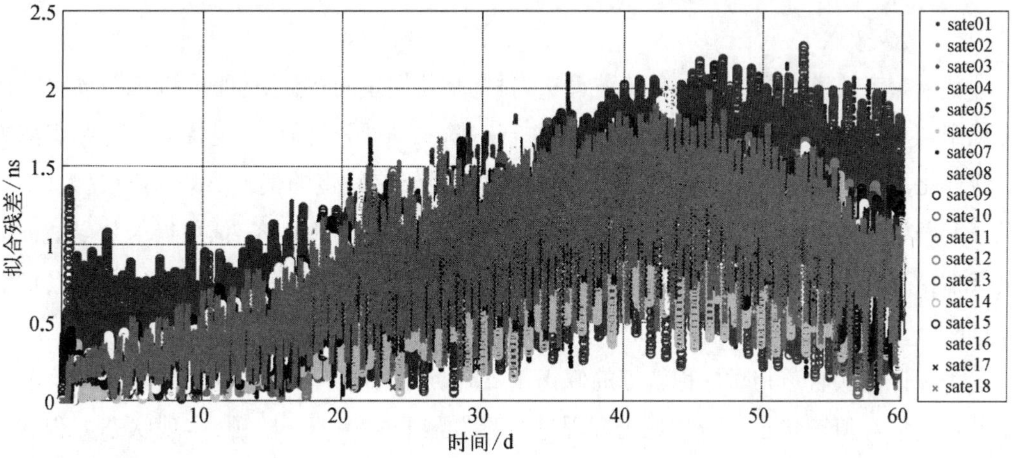

(a) 18颗MEO卫星60 d自主定轨URE

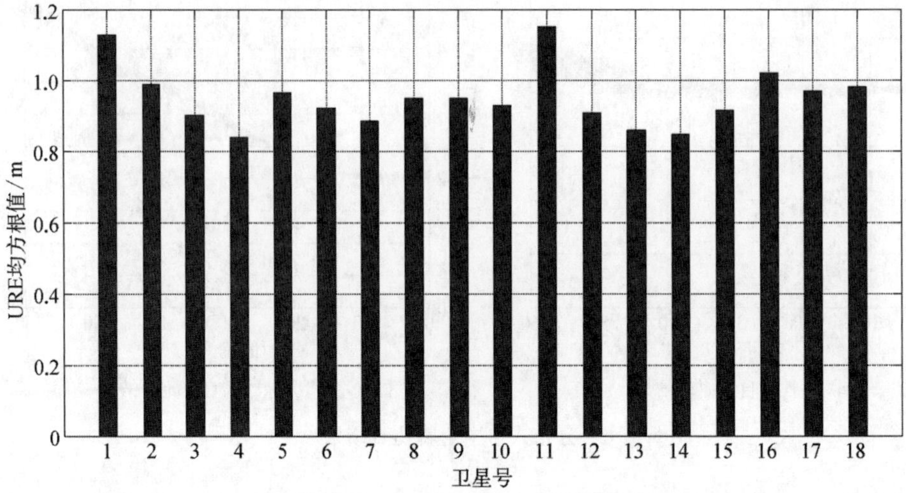

彩图

(b) 18颗MEO卫星60 d自主定轨URE均方根

图 5.1.7　基于在轨实测数据的自主定轨结果

方根值。

由图 5.1.7(a)可以看出，由于缺少空间基准，基于 18 颗 MEO 卫星在轨实测数据的自主定轨误差呈上升趋势，自主定轨 60 d URE 达到 2.5 m；统计每颗卫星自主定轨 60 d URE 均方根值如图 5.1.7(b)所示，可以看到每颗卫星自主定轨 URE 的均方根值几乎相同，均小于 1.2 m。对比图 5.1.6 中基于仿真数据的自主定轨结果，可以看出基于真实在轨的数据的自主定轨结果明显优于仿真结果，这是因为仿真过程中光压模型误差和 EOP 参数误差均按照最大误差添加，而真实工程中上述参数精度均优于仿真条件。

5.1.4　扩展卡尔曼滤波(EKF)自主定轨算法

1. *滤波方程*

基于参考轨道的标准卡尔曼滤波算法，目标是使用星间/星地伪距值将长期预报星历修正到真实轨道。算法中，围绕参考轨道进行一阶泰勒展开近似，实现状态方程和观测方程线性化。但是，随着滤波时间延长，真实轨道相对参考轨道的偏差 $\Delta\boldsymbol{X}_k$ 不断变大，不能保证泰勒展开时 $\Delta\boldsymbol{X}_k$ 足够小，也就不满足泰勒展开取一阶近似的条件，使得卡尔曼滤波的最优估计 $\Delta\hat{\boldsymbol{X}}_k$ 不是真实轨道的最优估计，导致定轨误差不断增大(秦永元等，2015)，如图 5.1.8 所示。

为保证真实轨道相对标称轨道的修正量 $\Delta\boldsymbol{X}_k$ 足够小，扩展卡尔曼滤波算法围绕状态量的最优估计值对状态方程和观测方程进行泰勒展开并保留一阶项，实现状态方程和观测方程线性化，即式(5.1.11)和式(5.1.17)变化为

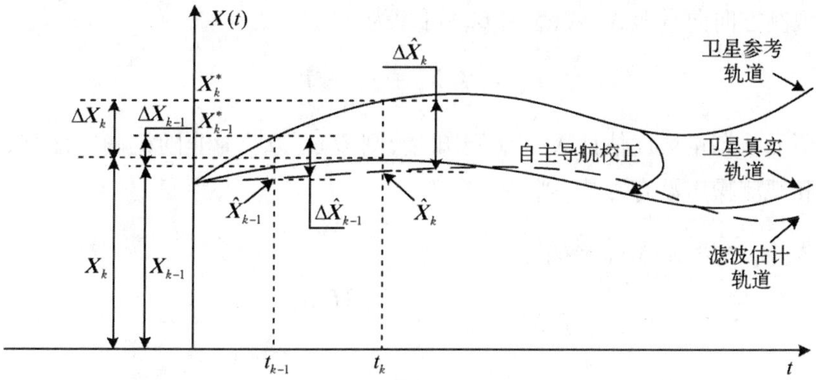

图 5.1.8　基于参考轨道的自主定轨

$$X_k^i = f[\hat{X}_{k-1}^i,\ k-1] + \frac{\partial f[X_{k-1}^i,\ k-1]}{\partial X_{k-1}^{iT}}\bigg|_{X_{k-1}^i = \hat{X}_{k-1}^i} (X_{k-1}^i - \hat{X}_{k-1}^i) + W_{k-1}^i \tag{5.1.61}$$

$$L_{kij} = |\hat{r}_{k/k-1}^i - \hat{r}_k^j| + \frac{\partial L_{kij}}{\partial X_k^{iT}}\bigg|_{X_k^i = \hat{X}_{k/k-1}^i} (X_k^i - \hat{X}_{k/k-1}^i) + \frac{\partial L_{kij}}{\partial X_k^{jT}}\bigg|_{X_k^j = \hat{X}_k^j} (X_k^j - \hat{X}_k^j) + v_{kij} \tag{5.1.62}$$

式中，$\hat{X}_{k-1}^i$ 为 $(k-1)$ 时刻卫星 i 轨道参数最优估计；$\hat{X}_{k/k-1}^i$ 为状态量一步预测值。

取

$$\Phi_{k/k-1} = \frac{\partial f[X_{k-1}^i,\ k-1]}{\partial X_{k-1}^{iT}}\bigg|_{X_{k-1}^i = \hat{X}_{k-1}^i} \tag{5.1.63}$$

$$H_{kij} = \frac{\partial L_{kij}}{\partial X_k^{iT}}\bigg|_{X_k^i = \hat{X}_{k/k-1}^i} = \left[\frac{\hat{x}_{k/k-1}^i - \hat{x}_k^j}{|r_{k/k-1}^i - \hat{r}_k^j|} \quad \frac{\hat{y}_{k/k-1}^i - \hat{y}_k^j}{|r_{k/k-1}^i - \hat{r}_k^j|} \quad \frac{\hat{z}_{k/k-1}^i - \hat{z}_k^j}{|r_{k/k-1}^i - \hat{r}_k^j|} \quad 0 \quad 0 \quad 0\right] \tag{5.1.64}$$

$$V_{kij} = \frac{\partial L_{kij}}{\partial X_k^{jT}}\bigg|_{X_k^j = \hat{X}_k^j} (X_k^j - \hat{X}_k^j) + v_{kij} \tag{5.1.65}$$

$$U_{k-1} = f[\hat{X}_{k-1}^i,\ k-1] - \frac{\partial f[X_{k-1}^i,\ k-1]}{\partial X_{k-1}^{iT}}\bigg|_{X_{k-1}^i = \hat{X}_{k-1}^i} \hat{X}_{k-1}^i \tag{5.1.66}$$

$$Y_{kij} = |\hat{r}_{k/k-1}^i - \hat{r}_k^j| - \frac{\partial L_{kij}}{\partial X_k^{iT}}\bigg|_{X_k^i = \hat{X}_{k/k-1}^i} \hat{X}_{k/k-1}^i \tag{5.1.67}$$

则式(5.1.61)可写为

$$X_k^i = \Phi_{k/k-1} X_{k-1}^i + U_{k-1} + W_{k-1}^i \tag{5.1.68}$$

考虑观测方向向量形式,式(5.1.62)可写为

$$\boldsymbol{L}_{ki} = \boldsymbol{H}_{ki}\boldsymbol{X}_k^i + \boldsymbol{Y}_{ki} + \boldsymbol{V}_{ki} \tag{5.1.69}$$

上一历元状态量最优估计 $\hat{\boldsymbol{X}}_{k-1}^i$ 为已知量,则 $\boldsymbol{U}_{k-1}$、$\boldsymbol{Y}_{ki}$ 为非随机确定序列,对状态预测协方差和观测噪声没有影响,则

$$\begin{aligned}\hat{\boldsymbol{X}}_{k/k-1}^i &= \boldsymbol{\Phi}_{k/k-1}\hat{\boldsymbol{X}}_{k-1}^i + \boldsymbol{U}_{k-1}\\ &= \boldsymbol{\Phi}_{k/k-1}\hat{\boldsymbol{X}}_{k-1}^i + \boldsymbol{f}[\hat{\boldsymbol{X}}_{k-1}^i,\ k-1] - \left.\frac{\partial \boldsymbol{f}[\boldsymbol{X}_{k-1}^i,\ k-1]}{\partial \boldsymbol{X}_{k-1}^{i\mathrm{T}}}\right|_{\boldsymbol{X}_{k-1}^i=\hat{\boldsymbol{X}}_{k-1}^i}\hat{\boldsymbol{X}}_{k-1}^i\\ &= \boldsymbol{f}[\hat{\boldsymbol{X}}_{k-1}^i,\ k-1]\end{aligned} \tag{5.1.70}$$

根据卡尔曼滤波算法, k 时刻最优估计为

$$\begin{aligned}\hat{\boldsymbol{X}}_k^i &= \hat{\boldsymbol{X}}_{k/k-1}^i + \boldsymbol{K}_k[\boldsymbol{L}_{ki} - \boldsymbol{Y}_{ki} - \boldsymbol{H}_{ki}\hat{\boldsymbol{X}}_{k/k-1}^i]\\ &= \hat{\boldsymbol{X}}_{k/k-1}^i + \boldsymbol{K}_k[\boldsymbol{L}_{ki} - \boldsymbol{h}(\hat{\boldsymbol{X}}_{k/k-1}^i,\ k-1)]\end{aligned} \tag{5.1.71}$$

其中, $\boldsymbol{K}_k$ 定义同式(5.1.25); $\boldsymbol{h}(\hat{\boldsymbol{X}}_{k/k-1}^i,\ k-1)$ 定义为

$$\boldsymbol{h}(\hat{\boldsymbol{X}}_{k/k-1}^i,\ k-1) = [|\hat{\boldsymbol{r}}_{k/k-1}^i - \hat{\boldsymbol{r}}_k^1| \quad |\hat{\boldsymbol{r}}_{k/k-1}^i - \hat{\boldsymbol{r}}_k^2| \quad \cdots \quad |\hat{\boldsymbol{r}}_{k/k-1}^i - \hat{\boldsymbol{r}}_k^N|]^{\mathrm{T}} \tag{5.1.72}$$

综上,EKF 自主定轨算法的递推方程为(秦永元等,2015)

$$\begin{cases}\hat{\boldsymbol{X}}_{k/k-1}^i = \boldsymbol{f}[\hat{\boldsymbol{X}}_{k-1}^i,\ k-1]\\ \hat{\boldsymbol{X}}_k^i = \hat{\boldsymbol{X}}_{k/k-1}^i + \boldsymbol{K}_k[\boldsymbol{L}_{ki} - \boldsymbol{h}(\hat{\boldsymbol{X}}_{k/k-1}^i,\ k-1)]\\ \boldsymbol{P}_{k/k-1}^i = \boldsymbol{\Phi}_{k/k-1}\boldsymbol{P}_{k-1}^i\boldsymbol{\Phi}_{k/k-1}^{\mathrm{T}} + \boldsymbol{Q}_{k-1}^i\\ \boldsymbol{K}_k = \boldsymbol{P}_{k/k-1}^i\boldsymbol{H}_{ki}^{\mathrm{T}}[\boldsymbol{H}_{ki}\boldsymbol{P}_{k/k-1}^i\boldsymbol{H}_{ki}^{\mathrm{T}} + \boldsymbol{R}'_{ki}]^{-1}\\ \boldsymbol{P}_k^i = [\boldsymbol{I} - \boldsymbol{K}_k\boldsymbol{H}_{ki}]\boldsymbol{P}_{k/k-1}^i\end{cases} \tag{5.1.73}$$

扩展卡尔曼滤波算法围绕滤波估计值进行泰勒展开,可以认为其参考轨道是一条逐段连续的曲线,每一段参考轨道都是基于上一次滤波估计值进行外推获得的,如图 5.1.9 所示。$\hat{\boldsymbol{X}}_{k-1}^i$ 非常接近真实轨道,且外推时间仅为滤波周期,使得每一段参考轨道都接近真实轨道,保证了式(5.1.61)和式(5.1.62)中 $\delta\boldsymbol{X}_{k-1}^i = \boldsymbol{X}_{k-1}^i - \hat{\boldsymbol{X}}_{k-1}^i$ 和 $\delta\boldsymbol{X}_k^i = \boldsymbol{X}_k^i - \hat{\boldsymbol{X}}_{k/k-1}^i$ 均为小量,使得一阶泰勒展开近似精度更高,从而可以提高自主定轨滤波算法精度。

2. 状态转移矩阵计算

在 EKF 算法中,不存在也不需要参考轨道,需基于卫星动力学模型使用数值积分方法进行轨道外推。下面对状态转移矩阵的数值积分方法进行详细介绍。

卫星连续时间轨道状态方程可以写为

$$\dot{\boldsymbol{X}} = \boldsymbol{g}[\boldsymbol{X}(t),\ t] + \boldsymbol{w}(t) \tag{5.1.74}$$

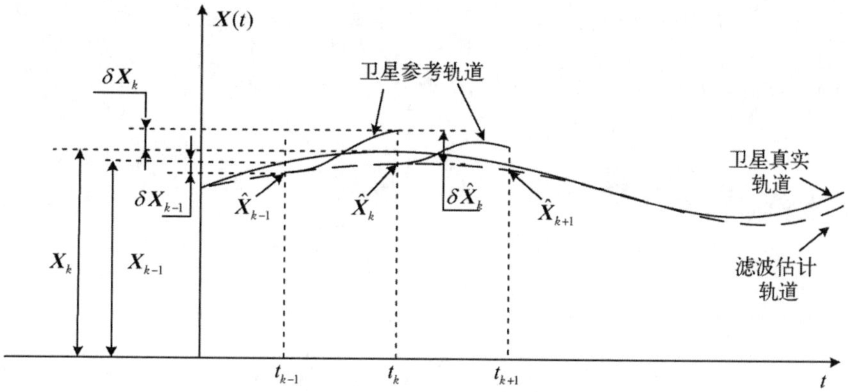

图 5.1.9　基于 EKF 的自主定轨

式中，$w(t)$ 为系统动态噪声，是与初始状态和观测噪声无关的零均值白噪声；$\dot{\boldsymbol{X}}$ 为状态向量对时间的一阶导数，若 $\boldsymbol{X}(t)=[\boldsymbol{r}^{\mathrm{T}}(t),\ \boldsymbol{v}^{\mathrm{T}}(t)]^{\mathrm{T}}$，则 $\dot{\boldsymbol{X}}=[\boldsymbol{v}^{\mathrm{T}}(t),\ \boldsymbol{a}^{\mathrm{T}}(t)]^{\mathrm{T}}$，$\boldsymbol{a}(t)$ 为卫星 t 时刻加速度，则轨道外推可以通过积分实现：

$$\hat{\boldsymbol{X}}_{k/k-1}^{i}=\hat{\boldsymbol{X}}_{k-1}^{i}+\int_{t_{k-1}}^{t_k}\boldsymbol{g}[\boldsymbol{X}(t),\ t]\mathrm{d}t \tag{5.1.75}$$

另外，将状态方程围绕状态量估计值展开：

$$\dot{\boldsymbol{X}}(t)=\boldsymbol{g}[\boldsymbol{X}(t),\ t]\Big|_{\boldsymbol{X}(t)=\hat{\boldsymbol{X}}(t)}+\frac{\partial\boldsymbol{g}[\boldsymbol{X}(t),\ t]}{\partial\boldsymbol{X}^{\mathrm{T}}(t)}\Big|_{\boldsymbol{X}(t)=\hat{\boldsymbol{X}}(t)}(\boldsymbol{X}(t)-\hat{\boldsymbol{X}}(t))+w(t) \tag{5.1.76}$$

取

$$\delta\dot{\boldsymbol{X}}(t)=\dot{\boldsymbol{X}}(t)-\boldsymbol{g}[\boldsymbol{X}(t),\ t]\Big|_{\boldsymbol{X}(t)=\hat{\boldsymbol{X}}(t)},\quad \delta\boldsymbol{X}(t)=\boldsymbol{X}(t)-\hat{\boldsymbol{X}}(t) \tag{5.1.77}$$

$$\begin{aligned}\boldsymbol{G}(t)&=\frac{\partial\boldsymbol{g}[\boldsymbol{X}(t),\ t]}{\partial\boldsymbol{X}^{\mathrm{T}}(t)}\Big|_{\boldsymbol{X}(t)=\hat{\boldsymbol{X}}(t)}=\begin{bmatrix}\dfrac{\partial\boldsymbol{v}(t)}{\partial\boldsymbol{r}^{\mathrm{T}}(t)} & \dfrac{\partial\boldsymbol{v}(t)}{\partial\boldsymbol{v}^{\mathrm{T}}(t)}\\ \dfrac{\partial\boldsymbol{a}(t)}{\partial\boldsymbol{r}^{\mathrm{T}}(t)} & \dfrac{\partial\boldsymbol{a}(t)}{\partial\boldsymbol{v}^{\mathrm{T}}(t)}\end{bmatrix}\Bigg|_{\boldsymbol{X}(t)=\hat{\boldsymbol{X}}(t)}\\&=\begin{bmatrix}\boldsymbol{0} & \boldsymbol{I}\\ \dfrac{\partial\boldsymbol{a}(t)}{\partial\boldsymbol{r}^{\mathrm{T}}(t)} & \dfrac{\partial\boldsymbol{a}(t)}{\partial\boldsymbol{v}^{\mathrm{T}}(t)}\end{bmatrix}\Bigg|_{\boldsymbol{X}(t)=\hat{\boldsymbol{X}}(t)}\end{aligned} \tag{5.1.78}$$

则式(5.1.76)可写为

$$\delta\dot{\boldsymbol{X}}(t)=\boldsymbol{G}(t)\delta\boldsymbol{X}(t)+w(t) \tag{5.1.79}$$

由线性统计理论(李济生，1995)，式(5.1.79)的一般解为

$$\delta\boldsymbol{X}(t)=\boldsymbol{\Phi}(t,\ t_0)\delta\boldsymbol{X}(t_0) \tag{5.1.80}$$

其中，$\boldsymbol{\Phi}(t, t_0)$ 满足如下性质：

$$\boldsymbol{\Phi}(t_0, t_0)=\boldsymbol{I}, \quad \boldsymbol{\Phi}(t, t_0)=\boldsymbol{\Phi}(t, t')\boldsymbol{\Phi}(t', t_0), \quad \boldsymbol{\Phi}(t, t_0)=\boldsymbol{\Phi}^{-1}(t_0, t) \tag{5.1.81}$$

式(5.1.80)两边对时间求导，得

$$\delta\dot{\boldsymbol{X}}(t)=\dot{\boldsymbol{\Phi}}(t, t_0)\delta\boldsymbol{X}(t_0) \tag{5.1.82}$$

将式(5.1.80)和式(5.1.82)代入式(5.1.79)得

$$\dot{\boldsymbol{\Phi}}(t, t_0)\delta\boldsymbol{X}(t_0)=\boldsymbol{G}(t)\boldsymbol{\Phi}(t, t_0)\delta\boldsymbol{X}(t_0) \tag{5.1.83}$$

进而得 $\boldsymbol{\Phi}(t, t_0)$ 的微分方程为

$$\dot{\boldsymbol{\Phi}}(t, t_0)=\boldsymbol{G}(t)\boldsymbol{\Phi}(t, t_0), \quad \boldsymbol{\Phi}(t_0, t_0)=\boldsymbol{I} \tag{5.1.84}$$

则

$$\boldsymbol{\Phi}(t_k, t_{k-1})=\boldsymbol{I}+\int_{t_{k-1}}^{t_k}\boldsymbol{G}(t)\boldsymbol{\Phi}(t, t_{k-1})\mathrm{d}t \tag{5.1.85}$$

3. 仿真分析

考虑 EKF 自主定轨算法需要输入卫星光压模型参数，目前尚未获得所有北斗导航卫星姿轨控模式及其光压模型，因此暂未开展基于在轨实测数据的 EKF 自主定轨算法试验，仅基于仿真数据对该算法进行验证。仿真场景与 5.1.3 节中的相同，卫星精密轨道钟差、锚固站坐标钟差、模拟星间/星地伪距数据均与标准卡尔曼滤波自主定轨算法仿真中使用的数据相同。在基于 EKF 的自主定轨算法中，不再需要长期预报星历参数，但需要增加日月星历和太阳光压参数。仿真过程，基于 JPL 实验室 DE 405 行星精密历表计算日月星历，太阳光压参数与长期预报星历生成过程使用的参数相同，其相对精密太阳光压参数存在 10%误差。

在精密星历初值上添加(1 m, 1 m, 1 m, 0.000 1 m/s, 0.000 1 m/s, 0.000 1 m/s)偏差作为自主定轨初值，以前 5 d 钟差数据拟合的星钟参数为自主时间同步初值，进行基于 EKF 的自主导航算法仿真，将自主定轨结果与惯性系精密轨道进行比较，评估定轨精度，结果如图 5.1.10 所示，其中蓝线为 EKF 自主定轨算法解算轨道的星座 URE 均方根，红线为基于参考轨道的自主定轨算法结果图，即图 5.1.6(a)中结果。可以看到，仿真初始时刻两种算法的自主定轨精度相当，这是因为初始时刻参考轨道精度还比较高。随着自主定轨时间延长，基于参考轨道的自主定轨精度下降明显，在 60 d 时已经达到 2.5 m，而

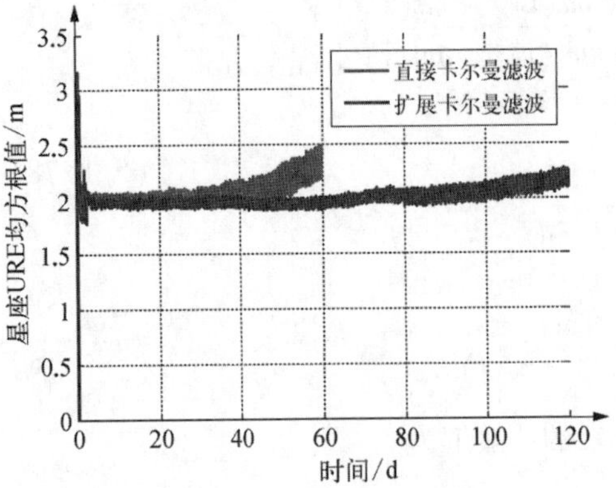

图 5.1.10　EKF 自主定轨算法结果

EKF 自主定轨算法在 60 d 时依然维持在 2 m 左右,明显优于基于参考轨道的自主定轨算法的精度,证明了前文结论。但是,随着定轨时间进一步延长,EKF 自主定轨算法定轨误差也出现增大趋势,在 120 d 时达到 2.3 m,这是因为全星座自主定轨仿真场景中依然是缺少空间基准的,星座旋转仍然是无法避免的。

5.1.5 基于锚固站的自主定轨方法

1. 基于锚固站的自主定轨数据处理模式

由前面的分析可以发现,单纯基于星间双向测距的自主导航算法由于缺少时空基准,存在星座整体旋转问题,表现为星座 URE 均方根值不断增大,如图 5.1.6 和图 5.1.10 所示。为解决地固系中星座整体旋转问题,现阶段各大 GNSS 系统均提出引入锚固站为自主导航提供时空基准。

基于锚固站的自主定轨算法存在两种数据处理方式:一种是锚固站定期与星座进行双向测量,并标定星座旋转误差,然后将标定误差通过星间链路上注卫星,由卫星进行旋转误差修正和时间基准修正(卢珍珠等,2006);另一种方式是锚固站类似于固定在地球表面的虚拟卫星,按照建链配置信息与卫星进行双向测距,并将自身坐标与钟差信息上注卫星,卫星将其作为一类特殊的节点测量信息,与其他星间测量信息一起进行滤波,完成自主定轨处理(Yi et al.,2011;尚琳等,2013)。这不需改变卫星自主定轨滤波算法接口,简化了基于锚固站的自主导航软件设计,一般采用该种数据处理方式,其工作模式如图 5.1.11 所示。

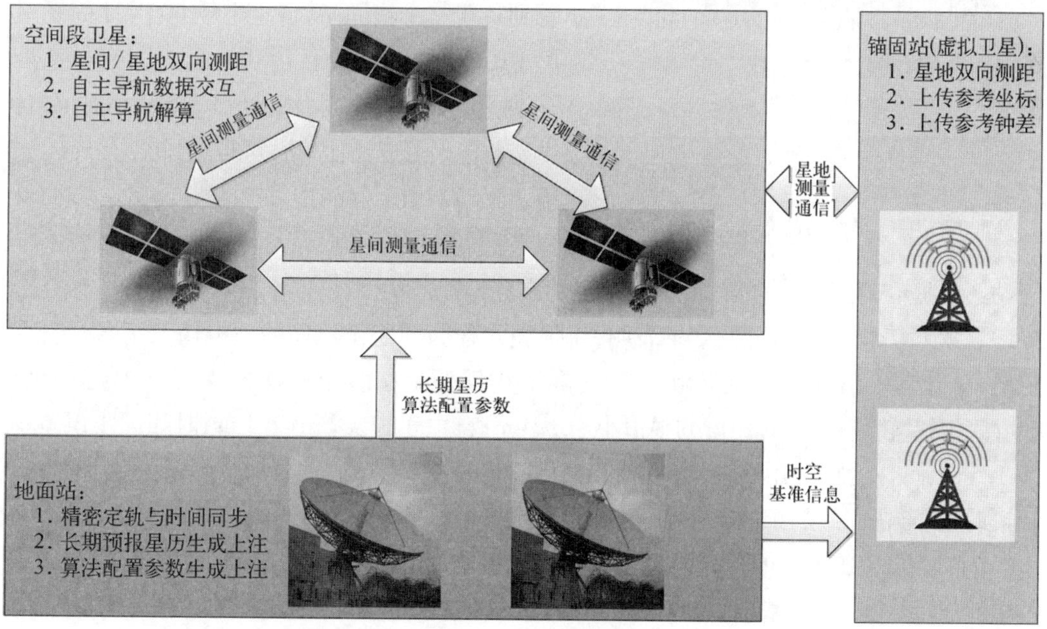

图 5.1.11 锚固站作为虚拟卫星的自主导航模式

星地自主定轨测量方程与星间测量方程式(5.1.23)类似，不过星地测量中锚固站坐标作为参考信息，认为没有误差，所以处理星地数据时，将锚固站位置协方差阵均置为零，即式(5.1.23)中的测量噪声仅包括星地伪距噪声，$V_{kij}=v_{kij}$。但必须注意，由于星地空间环境相对星间更加复杂，会受到对流层延迟等影响，而导致伪距测量噪声更大。

2. 测试分析

1）基于锚固站的标准卡尔曼滤波自主定轨算法

在5.1.3节仿真场景的基础上，增加北京、三亚、西安三个锚固站节点，其地固系坐标如表5.1.1所示。按照星间链路测量体制模拟生成星地伪距测量值，相对星间链路增加考虑对流层延迟误差，且考虑到星地空间环境复杂，星地链路伪距测量噪声设置为0.5 m。星座中与锚固站可见卫星在测距周期内均配置星地测量链路。

表5.1.1　锚固站地固系坐标

序号	锚固站	X/m	Y/m	Z/m
1	北京	−2 177 527.700 641	4 388 901.473 554	4 070 001.155 546
2	三亚	−2 021 804.649 153	5 711 717.977 424	1 985 609.191 742
3	西安	−1 707 772.060 231	4 992 724.578 076	3 570 842.020 265

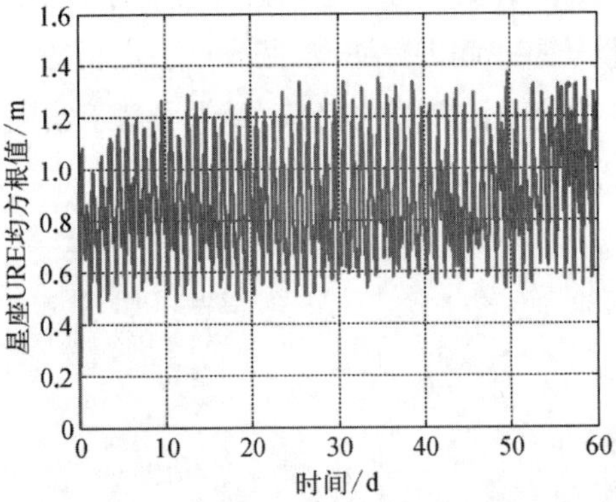

图5.1.12　基于锚固站的自主定轨仿真结果

以相同的初始条件进行基于锚固站的分布式自主定轨算法仿真。将定轨结果转换到地固系，与地固系精密轨道进行比较，图5.1.12给出了整网星座URE均方根值的变化曲线，可以看到基于三个锚固站，自主定轨60 d，地固系星座URE均方根值小于1.4 m，且不存在星座旋转误差增大现象，对比图5.1.6(b)表明在自主定轨过程引入锚固站，可以消除各类旋转误差，将解算轨道维持在稳定的精度；另一方面可以看到，由于锚固站参考坐标精度较高，引入锚固站还将提高卫星的定轨精度，提高系统的服务性能。

上述基于锚固站的定轨结果表明，将锚固站作为固定于地面的虚拟伪卫星参与自主定轨，可以有效消除星座旋转和时间基准漂移问题。在多个锚固站支持下，自主导航60 d，地固系轨道星座URE均方根值小于1.4 m，自主守时误差小于1 ns，时间同步误差小于1.5 ns，可以为地面用户提供稳定的定位授时服务。

2）基于锚固站的扩展卡尔曼滤波自主定轨算法

为消除星座旋转误差，在5.1.4节仿真场景的基础，增加与北京、三亚、西安三个锚固站的星地测量数据，进行基于锚固站的EKF自主定轨算法仿真，仿真结果如图5.1.13所示，其中蓝线为EKF自主定轨算法基于锚固站的定轨结果，红线为在锚固站支持下，基于参考轨道的自主定轨算法结果，即图 5.1.12 中的结果。可以看到，在锚固站支持下，EKF 自主定轨算法定轨 120 d URE 小于 1.3 m，且不存在星座旋转误差增大的现象，锚固站的引入有效地消除了地固系中星座整体旋转误差。相较于图 5.1.12 中的结果，其定轨误差更小。

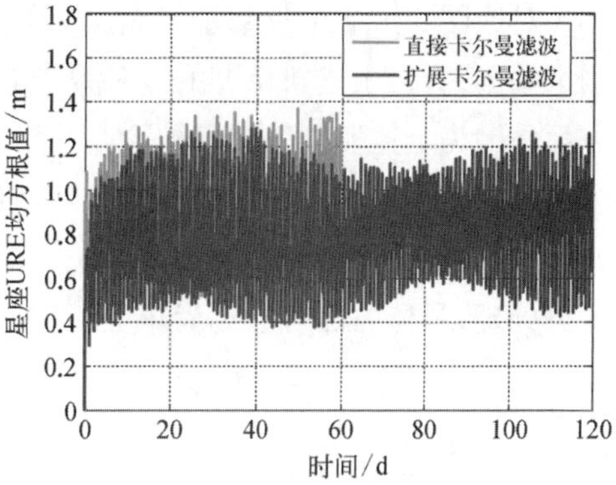

图 5.1.13　基于锚固站的 EKF 自主定轨算法结果

彩图

3）基于星间/星地测量数据的自主定轨结果

在 5.1.3 节在轨实测数据的基础上，增加与地面锚固站的星地实测数据，开展锚固站支持下的标准卡尔曼自主定轨算法测试，测试结果如图 5.1.14 所示。

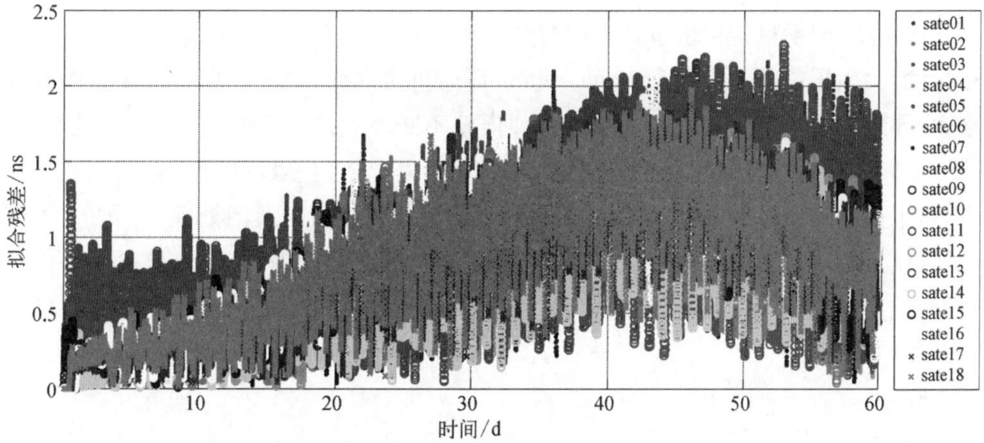

(a) 18颗MEO卫星60 d自主定轨URE

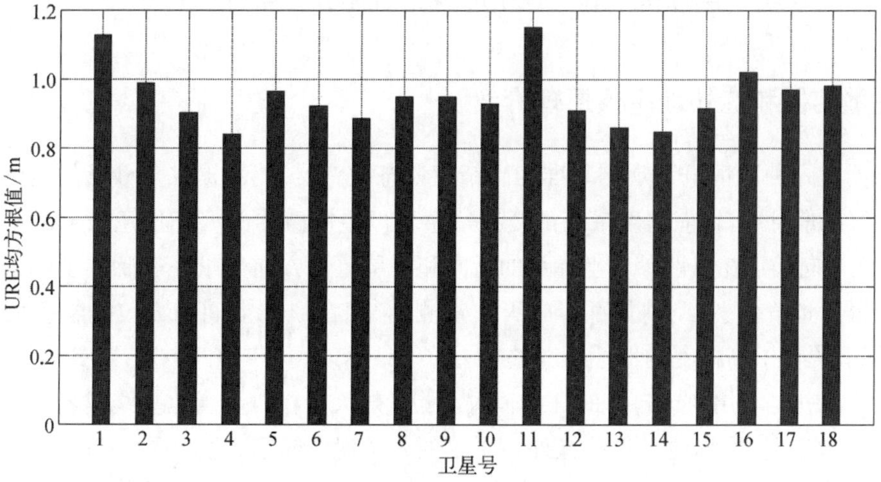

(b) 18颗MEO卫星60 d自主定轨URE均方根

彩图

图 5.1.14　锚固站支持下基于星间/星地在轨实测数据的自主定轨结果

对比图 5.1.7 中仅基于星间测量数据的自主定轨结果可以看出，增加单锚固站星地测量数据,对自主定轨精度的改善效果有限,并未体现锚固站在自主定轨中的作用。这一方面是因为上述实测数据仅包含与一个地面锚固站的实测数据,星地建链数据较少;另一方面原因是星地测量通信链路空间环境较星间更加复杂,存在电离层、对流层等模型校正残差,导致星地测量噪声较大。在工程应用中,可以考虑对地面锚固站测量数据进行时序差分处理,具体方法可参见尚琳等(2013)的论文,本书中不再进行深入探讨。

5.1.6 小结

标准卡尔曼滤波算法基于长期预报星历进行轨道外推,并使用解析方法解算状态转移矩阵,大大降低了算法计算量,有利于在计算资源受限的卫星上实现。

但是,标准卡尔曼滤波算法时间更新模块和短弧轨道预报模块强烈依赖地面上注的长期预报星历,测量更新模块也是对相对参考轨道的改正量进行修正,长期预报星历是必不可少的,大大限制了自主运行时间。此外,随着外推时间延长,长期预报星历误差将不断增大,导致围绕参考轨道的一阶泰勒近似误差不断增大,进而造成自主定轨误差积累。另一方面,长期预报星历是基于预先估计的固定动力学模型参数进行长弧段轨道外推得到的,对于自主定轨过程中动力学模型参数的变化,该方法无法灵活处理。同时也可以看到,随着航天电子技术的发展,卫星计算能力已经获得了极大提升,完全可以满足扩展卡尔曼滤波自主定轨算法的需求。因此,扩展卡尔曼滤波自主定轨算法将是下一代自主导航工程化的发展方向。

5.2 星敏感器/红外地平仪自主定轨技术

5.2.1 星敏感器和红外地平仪原理介绍

星敏感器是一种以恒星为观测基准的高精度姿态敏感器,能够提供角秒级甚至更高精度的惯性姿态信息,是目前精度最高的姿态敏感器。星敏感器的姿态信息来自两个方面: 恒星星光方向矢量在惯性参考坐标系的指向和恒星星光方向矢量在敏感器坐标系的指向。由于恒星张角很小,经过几百年的天文观测,它们在惯性空间的方位是精确已知的,即恒星星表提供了高精度的惯性参考基准。

红外地平仪就是利用地球自身的红外辐射来测量航天器相对于当地垂线或者当地地平方位的姿态敏感器,简称地平仪。红外地平仪的光学视场较窄,地球辐射通过反射镜、透镜等进入敏感器件。反光镜光轴与扫描轴相夹扫描角,扫描电机带动反射镜绕扫描轴旋转,反射镜光轴以圆锥形式扫描空间。扫描圆锥与地球表面的交线为红外地平仪扫描地球的路径,在地球边缘的交点为光轴的扫入点和扫出点。在扫描周期内,红外地平仪输出三个脉冲：扫入地平脉冲、扫出地平脉冲和磁基准脉冲。通过这几个脉冲基准以及几何关系,可以获得地心方向在红外地平仪坐标系的方向为

$$\boldsymbol{E} = \begin{bmatrix} -\sin\alpha \\ \cos\alpha\sin\beta \\ \cos\alpha\cos\beta \end{bmatrix} \tag{5.2.1}$$

式中, α 和 β 为地心垂线和红外地平仪本体坐标轴的夹角。

5.2.2 星敏感器/红外地平仪自主定轨原理

在利用星敏感器进行卫星自主定轨时,星敏感器相对于星体刚性连接,通过观测和识别视场内的背景恒星,利用自身存储的星表数据,归算出星敏感器的光轴指向 $\boldsymbol{\rho}_{s\_i}$。

$$\boldsymbol{\rho}_{s\_i} = \boldsymbol{R}_{s\_i}\begin{bmatrix} 0 \\ 0 \\ 1 \end{bmatrix} = \boldsymbol{R}_{b\_i}\boldsymbol{R}_{b\_s}^{\mathrm{T}}\begin{bmatrix} 0 \\ 0 \\ 1 \end{bmatrix} \tag{5.2.2}$$

式中, $\boldsymbol{R}_{s\_i}$ 为星敏坐标系到惯性系之间的转换矩阵; $\boldsymbol{R}_{b\_i}$ 为星体坐标系到惯性系之间的转换矩阵; $\boldsymbol{R}_{b\_s}^{\mathrm{T}}$ 为星敏坐标系到星体坐标系之间的转换矩阵。

红外地平仪可以直接测算得出卫星本体系相对于地心的滚动角和俯仰角,进而得到地心矢量(马剑波等, 2005; 刘垒等, 2007)。阵列红外地敏仪的测量模型如图 5.2.1 所示。

图 5.2.1 中, $Ox_by_bz_b$ 为卫星本体坐标系, $\boldsymbol{\rho}_{h\_b}$ 为卫星本体坐标中的地心矢量, H_x 和 H_y 为地敏输出, $\boldsymbol{\rho}_{h\_b}$ 可被表示为

$$\boldsymbol{\rho}_{h\_b} = \begin{bmatrix} -\tan(H_y) \\ \tan(H_x) \\ 1 \end{bmatrix} \tag{5.2.3}$$

卫星至地心的矢量在惯性系中可表示为

$$\boldsymbol{\rho}_{h\_i} = \boldsymbol{R}_{b\_i}\boldsymbol{\rho}_{h\_b} / |\boldsymbol{\rho}_{h\_b}| \tag{5.2.4}$$

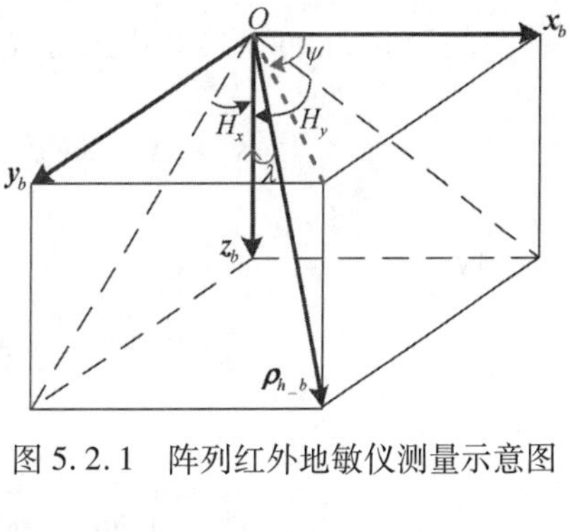

图 5.2.1 阵列红外地敏仪测量示意图

根据测角定轨理论,卫星可基于地心方向和星敏感器光轴指向 $\boldsymbol{\rho}_s$ 之间的夹角 θ 完成定轨(章仁为,1998), 星敏感器和红外地平仪测量原理样图以及定轨原理样图如图 5.2.2 所示。

由式(5.2.2)和式(5.2.4),观测角 θ 可以表示为

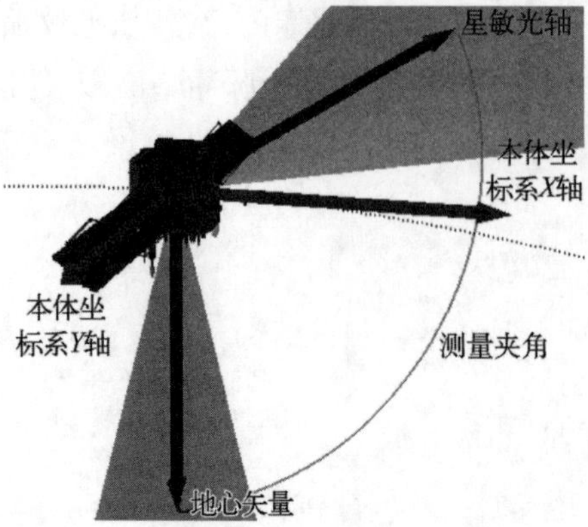

图 5.2.2 利用星敏感器和红外地平仪测量星光和地心夹角原理样图

$$\theta = \arccos(\boldsymbol{\rho}_{h\_i}^{\mathrm{T}} \cdot \boldsymbol{\rho}_{s\_i}) = \arccos\left(\frac{\boldsymbol{\rho}_{h\_b}^{\mathrm{T}}}{|\boldsymbol{\rho}_{h\_b}|} \cdot \boldsymbol{R}_{b\_s}^{\mathrm{T}} \begin{bmatrix} 0 \\ 0 \\ 1 \end{bmatrix}\right) \tag{5.2.5}$$

星敏和地敏的实际测量数据可表示为

$$\boldsymbol{\rho}_{h\_i} = -\frac{\boldsymbol{r}}{|\boldsymbol{r}|} + \boldsymbol{v}_h, \ \boldsymbol{\rho}_{s\_i} = \boldsymbol{\rho}_s + \boldsymbol{v}_s \tag{5.2.6}$$

式中，$\boldsymbol{r}$ 为卫星位置矢量；$\boldsymbol{\rho}_s$ 为星敏光轴实际矢量；$\boldsymbol{v}_h$ 和 $\boldsymbol{v}_s$ 为地敏和星敏的观测噪声。将式(5.2.6)代入(5.2.5)，观测方程可以写为

$$\theta = \arccos\left(-\frac{\boldsymbol{r}}{|\boldsymbol{r}|} \cdot \boldsymbol{\rho}_s\right) + V \tag{5.2.7}$$

式中，$\boldsymbol{r}$ 为惯性坐标系下卫星的位置矢量；V 为星敏感器观测噪声误差。

在地心惯性坐标系中，选取状态变量为

$$\boldsymbol{X} = \begin{bmatrix} \boldsymbol{r}(t) \\ \boldsymbol{v}(t) \end{bmatrix} \tag{5.2.8}$$

式中，$\boldsymbol{r}(t)$ 和 $\boldsymbol{v}(t)$ 为卫星在 t 时刻的位置和速度矢量。记观测量 $Y = \theta$，则测量方程式(5.2.7)可重写为

$$Y = h(\boldsymbol{X}, t) + V \tag{5.2.9}$$

对式(5.2.9)在参考状态量 $\boldsymbol{X}^*$ 处做一阶泰勒级数展开，可以得到

$$Y = h(\boldsymbol{X}^*) + \left.\frac{\partial h}{\partial \boldsymbol{X}}\right|_{X=X^*} (\boldsymbol{X} - \boldsymbol{X}^*) + V \tag{5.2.10}$$

取

$$y = Y - h(\boldsymbol{X}^*) = \theta_o - \theta_c \tag{5.2.11}$$

$$\Delta \boldsymbol{x} = \boldsymbol{X} - \boldsymbol{X}^* \tag{5.2.12}$$

$$\boldsymbol{H} = \frac{\partial h}{\partial \boldsymbol{X}} = \begin{bmatrix} \dfrac{\partial \theta}{\partial \boldsymbol{r}} & \dfrac{\partial \theta}{\partial \boldsymbol{v}} \end{bmatrix} = \begin{bmatrix} \dfrac{1}{|\boldsymbol{r}| \sin\theta}\left(\rho_s + \dfrac{\boldsymbol{r}}{|\boldsymbol{r}|}\cos\theta\right) & \boldsymbol{0} \end{bmatrix} \tag{5.2.13}$$

式中，$\Delta \boldsymbol{x}$ 为卫星状态量的预报误差；y 为观测残差；θ_o 为由星敏和地敏测量得到的观测角度；θ_c 为由卫星预报状态计算得到的预测角度，则式(5.2.10)可以写为

$$y = \boldsymbol{H}\Delta x + V \tag{5.2.14}$$

式(5.2.14)即为基于星敏/地敏的定轨观测方程。

5.2.3 测试与分析

1. 基于仿真数据的自主定轨结果

自主定轨仿真选取 MEO 卫星轨道,卫星的轨道根数为 $a = 28\,546.54\,\text{km}$, $e = 10^{-5}$, $i = 55°$, $\Omega = 0°$, $\omega = 0°$, $f = 15°$。星座卫星精密轨道用来产生星间测距数据和模拟星敏感器光轴指向与地心方向的夹角,本章节用 STK 软件生成卫星精密轨道,考虑的轨道摄动模型为 JGM3 21×21 阶地球非球形引力摄动、日月引力摄动、固体潮汐摄动及太阳光压摄动。自主定轨中地面上注的长期预报星历采用简化的动力学模型,在精密轨道的太阳光压模型上加 10%的参数误差。

系统仿真时间为 2009 年 6 月 1 日 12 时到 2009 年 7 月 30 日 12 时共 60 d,在地面将星敏感器安装在卫星上时,星敏感器光轴放置在星体坐标系 z 轴的反方向(接近于卫星运行时地心方向的反方向),则星敏感器光轴指向在卫星本体坐标系下的单位矢量为 $\boldsymbol{\rho}_0 = [0 \quad 0 \quad -1]^{\text{T}}$,通过旋转矩阵将其卫星本体坐标系下的 $\boldsymbol{\rho}_0$ 转换到惯性坐标系下的 $\boldsymbol{\rho}_s$,再利用式(5.2.7)即可模拟出星敏感器光轴指向与地心方向的夹角。目前,国外的星敏感器已经可以达到角秒级的精度,以德国 Jena-Optronik 的 ASTRO 15 系列星敏感器为例,其 R 方向精度为 $10''(1\sigma)$,P/Y 方向的精度可以达到 $1''(1\sigma)$。红外地平仪的精度较差,一般在角分级,以法国 Sodern 公司的 STD15 系列地平仪为例,其系统误差为 0.035°,随机误差为 0.015°。本章节在仿真时给星敏感器和红外地平仪加入的观测噪声与以上数据一致。

图 5.2.3 和图 5.2.4 分别给出了 MEO 卫星利用星敏感器和红外地平仪观测信息进行 60 d 自主定轨的轨道径向 R、切向 T、法向 N 三个方向的误差和轨道 URE 误差曲线。

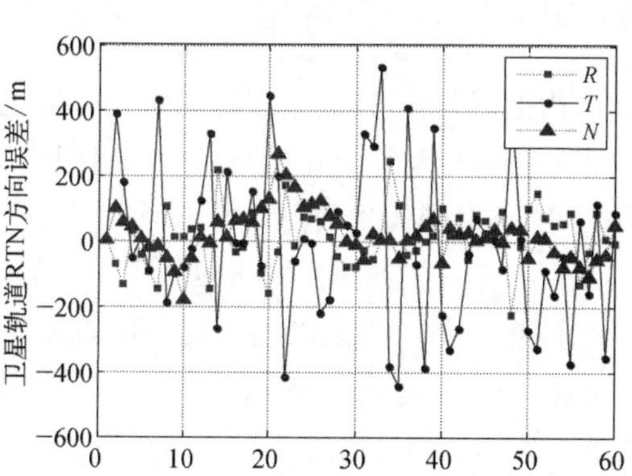

图 5.2.3 MEO 卫星利用星敏感器/红外地平仪自主定轨 60 d RTN 方向误差

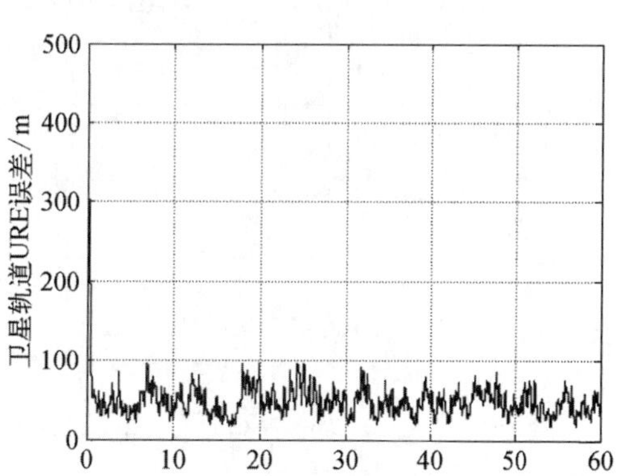

图 5.2.4 MEO 卫星利用星敏感器/红外地平仪自主定轨 60 d URE 曲线

从图中可以看出,60 d 内卫星的轨道三轴误差在 300 m 左右,轨道 URE 误差大约在 70 m 的量级,定轨误差较大,但轨道误差不会随时间而逐渐增大,即利用星敏感器和红外地平仪进行自主定轨时能够修正地面上注星历中的星座整体旋转误差。

2. 基于在轨测量数据的自主定轨结果

基于某颗北斗 MEO 在轨实测数据对上述算法进行仿真验证。除了传感器系统误差、测量噪声之外,实际工程数据包含各类工程误差,如安装系统误差、周期性地面测量误差等,需要首先对测量数据进行预处理,才可以应用于自主定轨处理。

1) 系统误差标定与处理

由公式(5.2.5)和式(5.2.13)可知,星敏光轴在惯性空间的指向 $\boldsymbol{\rho}_{s\_i}$ 和星敏与地敏之间的夹角 θ 为定轨观测数据,它们相对星体的绝对安装误差对自主定轨是没有影响的,为此仅需要对两个传感器之间的相对安装误差进行标定。

考虑到星敏测量精度远高于地敏精度,因此考虑使用高精度的星敏作为基准去标定地敏的安装误差。由式(5.2.2)可知,从星敏坐标系到惯性空间的坐标变换矩阵 $\boldsymbol{R}_{s\_i}$ 可以直接使用星敏测量获得的四元素 $\boldsymbol{q}$ 计算得到,进而通过星敏在星体坐标系中的安装矩阵 $\boldsymbol{R}_{b\_s}^{\mathrm{T}}$,可以计算获得星体坐标系到惯性坐标系的转换矩阵 $\boldsymbol{R}_{b\_i}$。然后,可以使用米级精度的事后精密轨道(Zhou et al.,2010)将 $\boldsymbol{R}_{b\_i}$ 转换为卫星星体坐标系相对卫星轨道坐标系的转换矩阵 $\boldsymbol{R}_{b\_o}$,进而可以获得卫星的滚动角、俯仰角、偏航角(吕振铎和雷拥军,2013)。

另外,无须参考轨道地敏测量数据就可以直接得到卫星的滚动角和俯仰角。根据式(5.2.3),卫星至地心单位矢量 $\boldsymbol{\rho}_{h\_b\_u}$ 可以写为

$$\boldsymbol{\rho}_{h\_b\_u} = \boldsymbol{\rho}_{h\_b} / |\boldsymbol{\rho}_{h\_b}| = [c_x \quad c_y \quad c_z]^{\mathrm{T}} \tag{5.2.15}$$

式中,c_x、c_y 和 c_z 为矢量 $\boldsymbol{\rho}_{h\_b\_u}$ 的三个元素;$\boldsymbol{\rho}_{h\_b\_u}$ 为卫星轨道坐标系到卫星星体坐标系转移矩阵的第三列,则卫星滚动角 φ 和偏航角 α 可以写为(吕振铎和雷拥军,2013)

$$\varphi = \arcsin(c_y),\ \alpha = -\arctan\left(\frac{c_x}{c_y}\right) \tag{5.2.16}$$

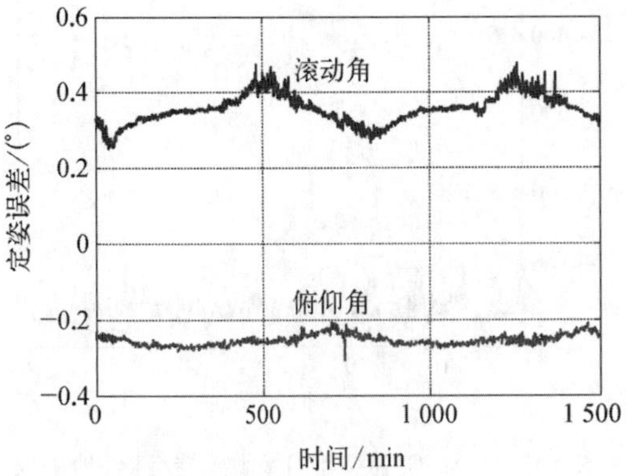

图 5.2.5　地敏测量姿态误差

由上述分析可知,基于参考轨道由星敏测量数据可以解算卫星的滚动角、俯仰角和偏航角,同时使用地面测量数据可以直接计算卫星滚动和偏航数据。取由星敏的测量数据计算得到的卫星滚动、俯仰、偏航数据为标准,评估地敏的测量数据误差,如图 5.2.5 所示。

由图 5.2.5 可以看出,相对星敏 B 测量数据,地敏测量数据存在常值误差,该常值误差即为安装误差矩阵的欧拉角,

取姿态误差的均值可以计算安装误差矩阵。然后使用上述安装误差矩阵对地敏测量数据进行修正,可以校正安装误差。校正之后的地敏测量姿态误差如图 5.2.6 所示。

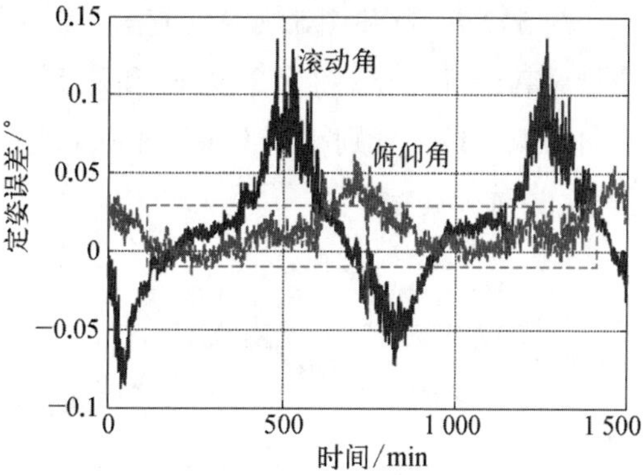

图 5.2.6　校正安装误差后地敏测量姿态误差

由图 5.2.6 可以看出,校正系统误差之后,地敏测量姿态误差依然较大,峰值达到 0.25°,且存在周期项。该周期性误差是由地敏测量特点决定的,需要对其进行预处理才可以用于自主定轨。

2）地敏周期性误差预处理方法

地球的平均温度为 247 K,而空间背景的温度约为 4.2 K,因此地敏测量得到的地球图像如一个宇宙背景中的红外圆盘,地敏通过提取红外图像的边缘解算卫星至地心的矢量,进而计算卫星姿态角。图 5.2.7 给出了地敏测量的光路图。

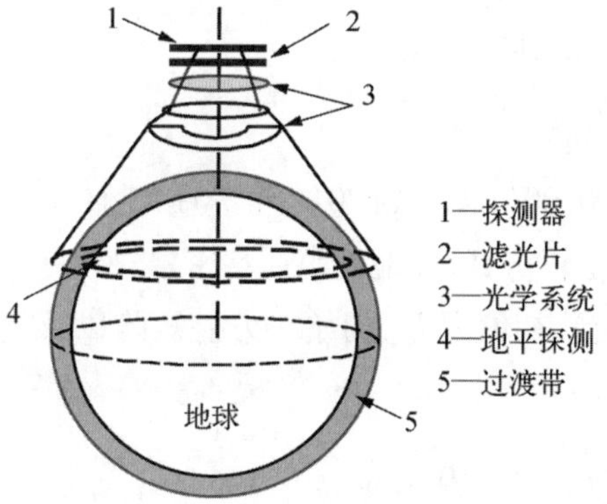

图 5.2.7　地敏测量光路图

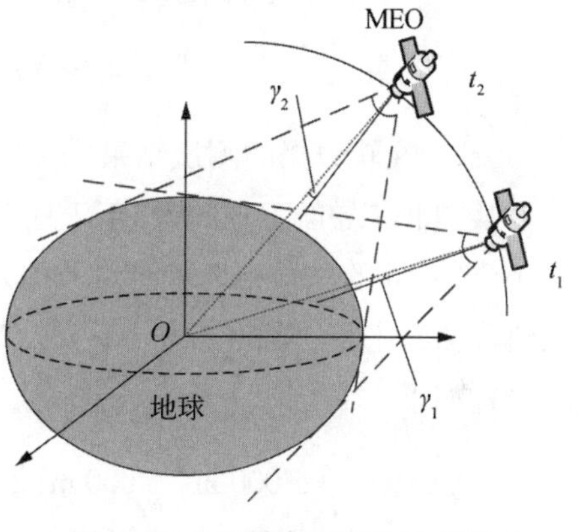

图 5.2.8　地敏实际测量示意图

但是地球不是标准球体,而是一个两极半径小于赤道半径的椭球体,导致地敏无法精确确定地心位置。如图 5.2.8 所示,卫星从时刻 t_1 运动到时刻 t_2,卫星到实际地心的矢量与卫星到测量地心之间的误差角由 γ_1 变为 γ_2。考虑地球的扁率,γ_1 与 γ_2 不同,且随着轨道运动程周期性变化,如图 5.2.6 所示。

由上面的分析可知,地敏的测量误差将随着卫星运动呈周期性变化,其变化周期与卫星轨道周期相同,该误差将影响自主定轨精度。为此,本文提出使用多项式拟合方法消除该周期误差。首先,基于事后精密轨道对地敏的观测误差进行标定,以卫星真近点角为自变量,以一个轨道周期内的地敏误差拟合获得误差多项式系数。然后,自主定轨算法以卫星真近点为自变量计算地敏测量误差,并在地敏直接测量数据中扣除上述误差,应用于自主定轨。

图 5.2.9(a)和图 5.2.9(b)给出了一个轨道周期内的地敏测量误差，以真近点角自变量对其进行拟合，图 5.2.9(c)和图 5.2.9(d)给出了拟合残差，可以看到滚动角和偏航角的拟合残差分别小于 0.06°和 0.02°。相对未拟合前，地敏拟合残差提高的一个数量级。

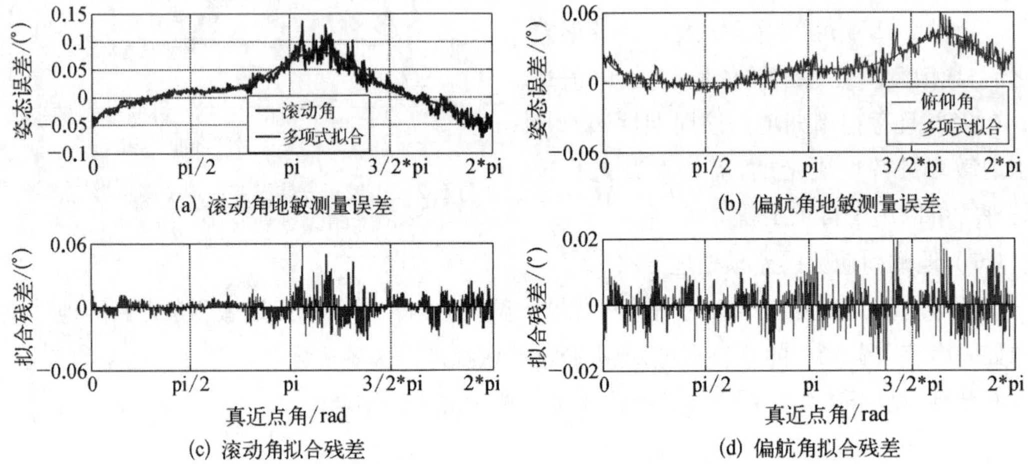

彩图

图 5.2.9　地敏姿态测量数据拟合误差

3）基于在轨数据的测试结果

取某颗北斗导航卫星 2016 年 7 月 14 日 00:00:00(UTC)到 2016 年 7 月 23 日 00:00:00(UTC)共 9 d 的星敏与地敏测量数据开展自主定轨仿真，以地面事后精密定轨数据为参考轨道评估自主定轨精度(Zhou et al.,2010)。定轨初值误差、初始协方差矩阵以及过程噪声设置如下：

$$\begin{cases}\Delta\boldsymbol{X}(0)=[5\,000\text{ m},\ 5\,000\text{ m},\ 5\,000\text{ m},\ 0.1\text{ m/s},\ 0.1\text{ m/s},\ 0.1\text{ m/s}]^{\mathrm{T}}\\ \boldsymbol{P}(0)=\mathrm{diag}([(10\text{ m})^2,\ (10\text{ m})^2,\ (10\text{ m})^2,\ (1\mathrm{E}-2\text{ m/s})^2,\\ \qquad (1\mathrm{E}-2\text{ m/s})^2,\ (1\mathrm{E}-2\text{ m/s})^2])\\ \boldsymbol{Q}(k)=\mathrm{diag}([1\mathrm{E}-4,\ 1\mathrm{E}-4,\ 1\mathrm{E}-4,\ 1\mathrm{E}-12,\ 1\mathrm{E}-12,\ 1\mathrm{E}-12])\end{cases} \tag{5.2.17}$$

定轨误差如图 5.2.10 所示。由图可以看出基于上述星敏/地敏自主定轨算法以及数据预处理方法，三维定轨误差小于 5 km，URE 小于 2 km，且该误差无增大趋势，该精度可以满足导航卫星平台自主运行的需求，有效提升平台自主运行能力。

对比图 5.2.4 和图 5.2.10 中的定轨结果，可以看到真实在轨测量数据中误差模型更加复杂，即使通过预处理消除安装误差和周期性误差之后，测量噪声仍旧大于仿真误差模型。为进一步提高实际工程应用中自主定轨精度，仍需要对星敏、地敏测量误差模型进行更加深入的研究。

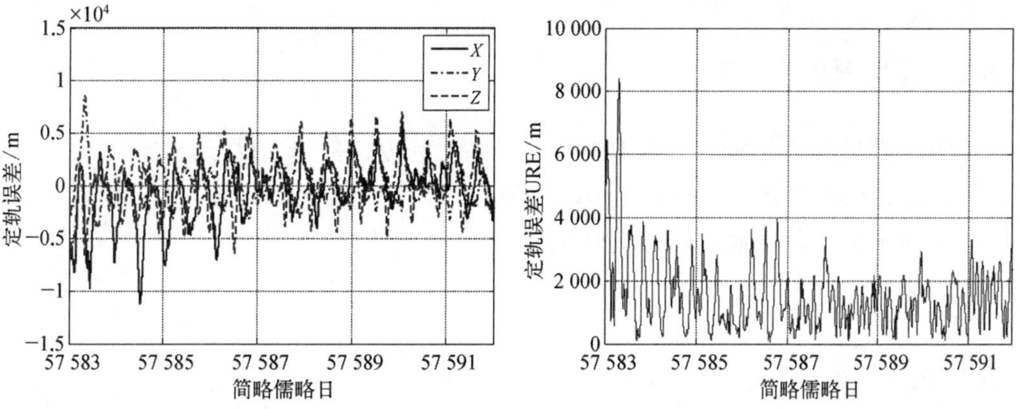

(a) 三维误差　　(b) URE

彩图

图 5.2.10　基于星敏地敏测量数据的自主定轨误差

5.3　X 射线脉冲星自主定轨技术

5.3.1　脉冲星简介

脉冲星是一种高速旋转辐射电磁波的中子星(neutron stars),具有极其稳定的周期稳定性,其频率稳定度优于 10^{-19},被誉为自然界最精准的天文时钟。从 1967 年发现第一颗射电脉冲星至今,人类已发现和编目的脉冲星达到 2 000 多颗,其中约有 140 多颗脉冲星具有良好的 X 射线周期辐射特性,可以作为卫星导航候选星(图 5.3.1)。目前,脉冲星的搜寻工作正在深入开展,搜寻技术不断改进,搜寻规模不断扩大(杨廷高等,2007)。

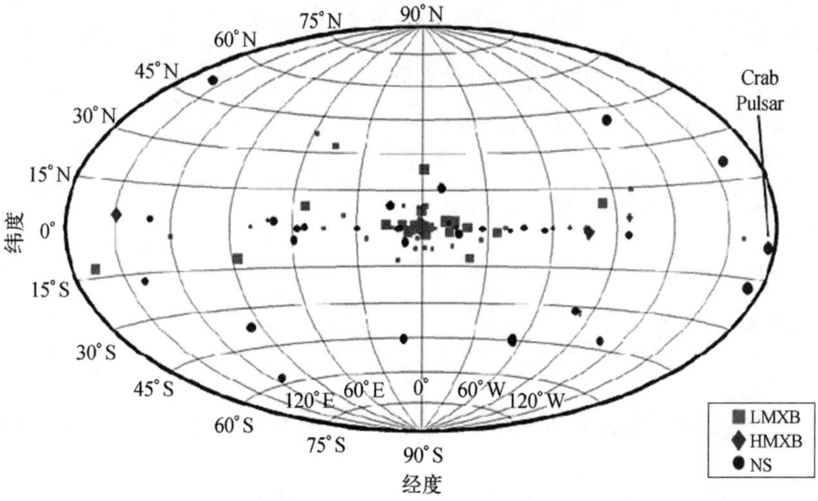

图 5.3.1　X 射线脉冲星在银道坐标系内的分布情况

5.3.2 脉冲星信号模型

利用脉冲星信号定轨，直接得到是一个脉冲轮廓，从这个轮廓得到脉冲星的脉冲信息，最后输出脉冲到达时间(time of arrival,TOA)，即自主定轨过程观测资料，图 5.3.2 为脉冲星导航脉冲计数原理(Sheikh,2005)。

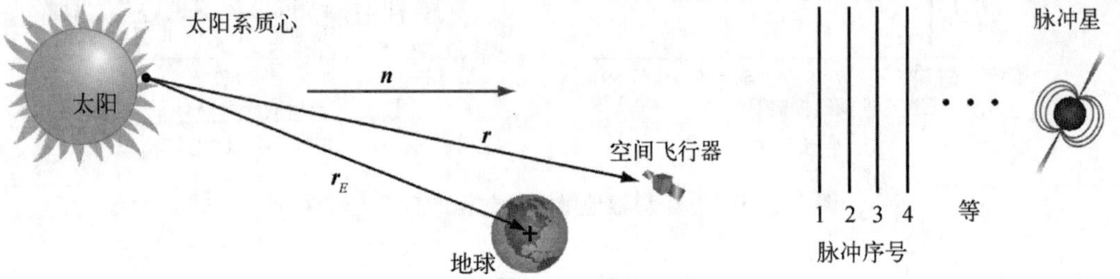

图 5.3.2 脉冲星导航脉冲计数原理

X 射线脉冲星具有长期稳定的自转周期，通过长时间观测其脉冲信号，可建立基于太阳系质心(solar system barycenter,SSB)的脉冲相位时间模型，由脉冲星钟模型可以准确预报第 N 颗脉冲星在 t 时刻相对于太阳系质心的自转相位(杨廷高等,2007)：

$$\Phi_b(t) = \Phi_b(t_0) + f[t - t_0] + \sum_{m=1}^{\infty} \frac{f^{(m)}(t - t_0)^{m+1}}{(m+1)!} \tag{5.3.1}$$

一般取到三阶即可：

$$\Phi_b(t) = \Phi_b(t_0) + f[t - t_0] + f[t - t_0]^2 + f[t - t_0]^3 \tag{5.3.2}$$

脉冲相位和卫星位置之间的关系：

$$\Phi_s(t) = \Phi_b(t - \tau) + m + \delta\Phi \tag{5.3.3}$$

式中，$\tau = \hat{\boldsymbol{n}} \cdot \boldsymbol{r}/c$，为脉冲星到达卫星相对太阳质心的时间延迟量。

由式(5.3.1)~式(5.3.3)，可以推得

$$\Phi_b(t) = \Phi_s(t_0) + f\left(t - t_0 - \frac{\hat{\boldsymbol{n}} \cdot \boldsymbol{r}}{c}\right) + m + \delta\Phi \tag{5.3.4}$$

进一步变换：

$$\lambda = f^{-1}(\Phi_s(t) - \Phi_b(t_0)) + t_0 = t - \frac{\hat{\boldsymbol{n}} \cdot \boldsymbol{r}}{c} + f^{-1}m + f^{-1}\delta\Phi \tag{5.3.5}$$

这是对于一颗脉冲星相位和位置的线性关系，而 N 颗脉冲星信号组成了定位线性方程组：

$$\boldsymbol{\lambda} = [\boldsymbol{1} - \boldsymbol{N}]\begin{bmatrix} t \\ \boldsymbol{r} \end{bmatrix} + \boldsymbol{F}(\boldsymbol{m} + \boldsymbol{\delta\Phi}) \tag{5.3.6}$$

式中，$\boldsymbol{\lambda}=[\lambda_1 \quad \lambda_2 \quad \cdots \quad \lambda_N]^{\mathrm{T}}$，$N=\frac{1}{c}[\hat{\boldsymbol{n}}_1 \quad \hat{\boldsymbol{n}}_1 \quad \cdots \quad \hat{\boldsymbol{n}}_N]^{\mathrm{T}}$，$\boldsymbol{m}=[m_1 \quad m_2 \quad \cdots \quad m_N]^{\mathrm{T}}$

$$\boldsymbol{F}=\begin{bmatrix} f_1^{-1} & 0 & 0 \\ 0 & \ddots & 0 \\ 0 & 0 & f_N^{-1} \end{bmatrix} \tag{5.3.7}$$

此处注意，由于时间是个观测量，这里把时间也作为一个参数，可以进行改正。

5.3.3 脉冲星自主导航原理

要能得到更高精度的脉冲到达时间（TOA），必须建立一个相对于脉冲星没有加速变化的惯性坐标系，而观测设备一般都设在地面或者卫星上面，数据采集的时候必须将时间转到惯性坐标下。太阳质心坐标系（SSB）很适用于这种计时模型的建立，采用 TDB 时间系统，导航观测量与航天器在太阳系质心参考坐标系中的位置关系如图 5.3.3 所示。

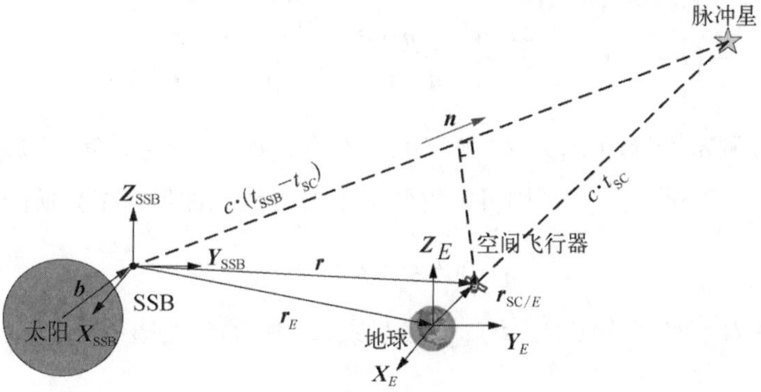

图 5.3.3 航天器在太阳系质心参考坐标系中位置的关系

图中，O_{SSB} 和 O_E 分别为太阳系质心和地球质心，$O_{\mathrm{SSB}}-\boldsymbol{X}_{\mathrm{SSB}}\boldsymbol{Y}_{\mathrm{SSB}}\boldsymbol{Z}_{\mathrm{SSB}}$ 和 $O_E-\boldsymbol{X}_E\boldsymbol{Y}_E\boldsymbol{Z}_E$ 分别为太阳系质心坐标系和地球质心坐标系；$\boldsymbol{r}_E$ 为地球在太阳系质心坐标系中的位置矢量；$\boldsymbol{r}_{\mathrm{SC}/E}$ 为卫星在地球质心坐标系中的位置矢量；$\boldsymbol{r}$ 为卫星在太阳系质心坐标系中的位置矢量；$\boldsymbol{b}$ 为太阳系质心相对于太阳质心的位置矢量；$\boldsymbol{n}$ 为脉冲星在太阳系质心坐标系中的单位方向矢量；c 为光速。脉冲星时间相位模型是在 SSB 处定义的，为了将由远离 SSB 的卫星测得的脉冲到达时间与预估到达 SSB 的时间相比较，必须将卫星测得的脉冲到达时间 t_{SC} 转换到 SSB 到达时间 t_{SSB}，转换公式如下（帅平等，2006；毛悦，2009；刘劲，2011）：

$$\begin{aligned} t_{\mathrm{SSB}}-t_{\mathrm{SC}}= & \frac{\boldsymbol{n}\cdot\boldsymbol{r}}{c}+\frac{1}{2cD_0}[(\boldsymbol{n}\cdot\boldsymbol{r})^2-\boldsymbol{r}^2+2(\boldsymbol{n}\cdot\boldsymbol{b})(\boldsymbol{n}\cdot\boldsymbol{r})-2(\boldsymbol{b}\cdot\boldsymbol{r})]+ \\ & \frac{2\mu_S}{c^3}\ln\left|\frac{\boldsymbol{n}\cdot\boldsymbol{r}+\boldsymbol{r}}{\boldsymbol{n}\cdot\boldsymbol{b}+\boldsymbol{b}}+1\right| \end{aligned} \tag{5.3.8}$$

式中，D_0 为太阳系质心到脉冲星的距离；μ_S 为太阳引力常数，其他各式的含义如图 5.3.3。式中等号右边第 1 项和第 2 项之和被称为 Roemer 延迟，最后一项是 Shapiro 延迟。

假设卫星位置矢量 $\boldsymbol{r}$ 的预估值为 $\tilde{\boldsymbol{r}}$，则根据式（5.3.8）可以得到脉冲信号到达卫星时间的预估值：

$$\tilde{t}_{\text{SC}} = t_{\text{SSB}} - \frac{\boldsymbol{n}\cdot\tilde{\boldsymbol{r}}}{c} - \frac{1}{2cD_0}[(\boldsymbol{n}\cdot\tilde{\boldsymbol{r}})^2 - \tilde{\boldsymbol{r}}^2 + 2(\boldsymbol{n}\cdot\boldsymbol{b})(\boldsymbol{n}\cdot\tilde{\boldsymbol{r}}) - 2(\boldsymbol{b}\cdot\tilde{\boldsymbol{r}})] - \frac{2\mu_S}{c^3}\ln\left|\frac{\boldsymbol{n}\cdot\tilde{\boldsymbol{r}}+\tilde{r}}{\boldsymbol{n}\cdot\boldsymbol{b}+b}+1\right| \tag{5.3.9}$$

式中，t_{SSB} 可以由 5.3.2 小节中的脉冲星信号相位时间模型计算得到。

记预估位置偏差 $\delta\boldsymbol{r} = \boldsymbol{r} - \tilde{\boldsymbol{r}}$，脉冲到达卫星时间偏差 $\delta t_{\text{SC}} = t_{\text{SC}} - \tilde{t}_{\text{SC}}$，将式（5.3.8）和式（5.3.9）相减，忽略高阶小量，可以得到脉冲到达时间偏差的表达式：

$$\delta t_{\text{SC}} = -\frac{\boldsymbol{n}\cdot\delta\boldsymbol{r}}{c} - \frac{1}{cD_0}[(\boldsymbol{n}\cdot\tilde{\boldsymbol{r}})(\boldsymbol{n}\cdot\delta\boldsymbol{r}) - \tilde{\boldsymbol{r}}\cdot\delta\boldsymbol{r} + (\boldsymbol{n}\cdot\boldsymbol{b})(\boldsymbol{n}\cdot\delta\boldsymbol{r}) - (\boldsymbol{b}\cdot\delta\boldsymbol{r})] - \frac{2\mu_S}{c^3}\left[\frac{\boldsymbol{n}\cdot\delta\boldsymbol{r}+(\tilde{\boldsymbol{r}}\cdot\delta\boldsymbol{r})/\tilde{r}}{(\boldsymbol{n}\cdot\tilde{\boldsymbol{r}}+\tilde{r})+(\boldsymbol{n}\cdot\boldsymbol{b}+b)}\right] \tag{5.3.10}$$

假设同时观测 m 个脉冲星，则同一时刻可以获得观测矢量 $\boldsymbol{y} = [\delta t_{\text{SC}}^1 \quad \delta t_{\text{SC}}^2 \quad \cdots \quad \delta t_{\text{SC}}^m]^{\text{T}}$，取状态变量为 $\boldsymbol{x} = [\delta\boldsymbol{r}^{\text{T}} \quad \delta\dot{\boldsymbol{r}}^{\text{T}}]^{\text{T}}$，则可以得到基于 X 射线脉冲星自主导航的观测方程为

$$\boldsymbol{y} = \boldsymbol{H}\cdot\boldsymbol{x} + \boldsymbol{v} \tag{5.3.11}$$

式中，观测矩阵 $\boldsymbol{H} = \boldsymbol{H}(\tilde{\boldsymbol{r}}, \boldsymbol{n}, D_0, \boldsymbol{b})$，可以用式（5.3.10）的右边部分表示。

5.3.4 仿真与分析

自主定轨仿真选取 MEO 卫星轨道，卫星的轨道根数和轨道摄动模型与 5.2.3 小节所给出的仿真条件相同。仿真时选取四颗 X 射线脉冲星，表 5.3.1 给出了其主要参数。

表 5.3.1 仿真选取的 X 射线脉冲星主要参数

编　号	周期/s	赤经/hms	赤纬/hms	σ_r/m
B1937+21	0.001 56	19: 39: 38.56	21: 34: 59.14	247
J0218+4232	0.002 32	02: 18: 06.35	42: 32: 17.43	9 812
B1821-24	0.003 05	18: 24: 32.01	-24: 52: 11.1	233
B0531+21	0.033 40	05: 34: 31.97	22: 00: 52.06	77.9

图5.3.4和图5.3.5分别给出了MEO卫星利用X射线脉冲星观测信息进行60 d自主定轨的轨道 *XYZ* 三个方向误差和轨道URE误差曲线。从图中可以看出，60 d内卫星的轨道三轴误差在100 m左右，轨道URE误差大约在50 m的量级，定轨误差较大，但轨道误差同样不会随时间而逐渐增大，即利用X射线脉冲星观测信息进行天文自主定轨时不存在星座整体旋转误差。

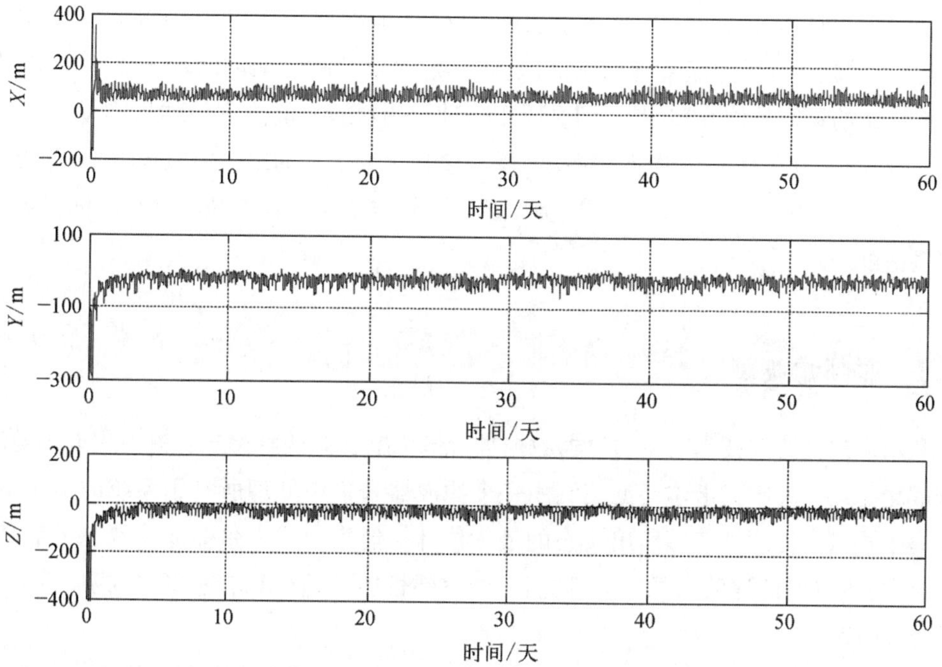

图5.3.4　脉冲星导航 *XYZ* 三轴误差

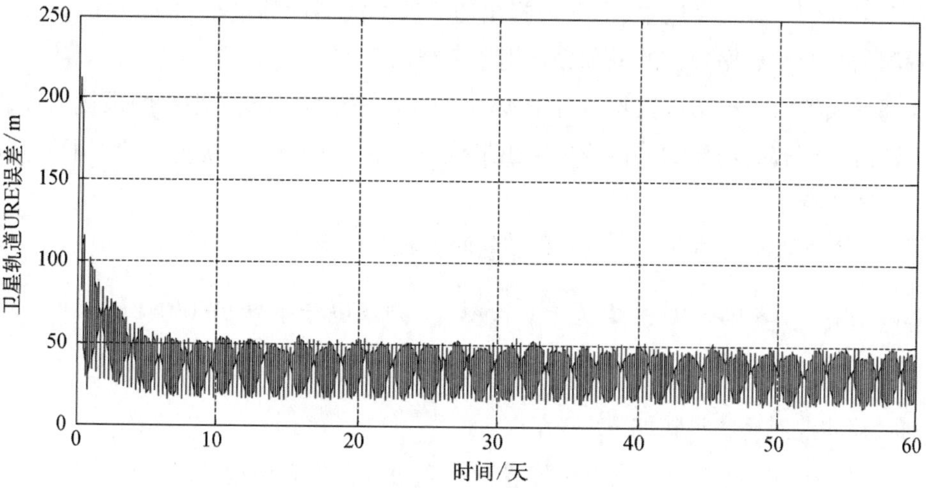

图5.3.5　脉冲星导航60 d URE误差

5.4 组合自主定轨及信息融合技术

从前面章节的仿真和分析中可以看出，基于星间测距的自主定轨算法具有较高的精度，但长时间的自主定轨会由于缺乏地面基准而引起星座的整体旋转误差，单纯依靠星间测距信息无法对其进行修正。基于星敏感器/红外地平仪、X 射线脉冲星等天文定轨方法，能够有效减少导航卫星对地面站的依赖，其定轨误差随时间的增加会趋于稳定，即不存在惯性系的星座整体旋转问题，但受限于各种敏感器的测量精度，天文定轨方法的定轨误差都较大，一般在百米到千米的量级。融合多种观测信息的组合定轨算法，能够提高系统的容错和恢复能力，增加系统冗余，克服单一定轨方法中存在的缺陷，取长补短，提高卫星定轨精度。

5.4.1 联邦滤波算法

利用卡尔曼滤波技术对多传感器数据进行最优融合有两种途径：集中式卡尔曼滤波和分散化滤波。集中式卡尔曼滤波利用一个滤波器来集中处理所有子系统的信息，在理论上集中式卡尔曼滤波能够给出状态的最优估计。但集中式卡尔曼滤波状态维数高，计算量太大，难以保证滤波器的实时性，且系统容错性能较差（杜传利，2006；杨阳等，2007；孙波等，2012）。

分散化滤波已发展了 20 多年，1971 年 Pearson 就提出了动态分解的概念和状态估计量级结构，之后 Speyer、Willsky、Bierman、Kerr 和 Carlson 等都对分散化滤波技术做出了贡献。在众多的信息融合算法中，Carlson 提出的联邦滤波器计算量小、容错性能好，是处理多种观测信息最优数据融合的一种最常用滤波结构。

联邦滤波器为一种两级数据融合结构，先由子滤波器给出该子系统的最优估计，再由主滤波器融合所有的局部滤波器输出给出最优估计。由 n 个子系统组成的一般联邦滤波器如图 5.4.1 所示。

设第 i 个子滤波器的系统状态方程和量测方程分别为

$$\begin{cases} \boldsymbol{X}_i(k+1) = \boldsymbol{\Phi}(k+1,\ k)\boldsymbol{X}_i(k) + \boldsymbol{\Gamma}(k+1,\ k)\boldsymbol{W}(k) \\ \boldsymbol{Z}_i(k+1) = \boldsymbol{H}_i(k+1)\boldsymbol{X}_i(k+1) + \boldsymbol{V}_i(k+1) \end{cases} \tag{5.4.1}$$

则联邦滤波器算法步骤如下。

（1）信息分配：将系统的噪声矩阵 $\boldsymbol{Q}$ 和状态协方差阵 $\boldsymbol{P}$ 通过信息分配系数 β_i 分配到各子滤波器和主滤波器中，即

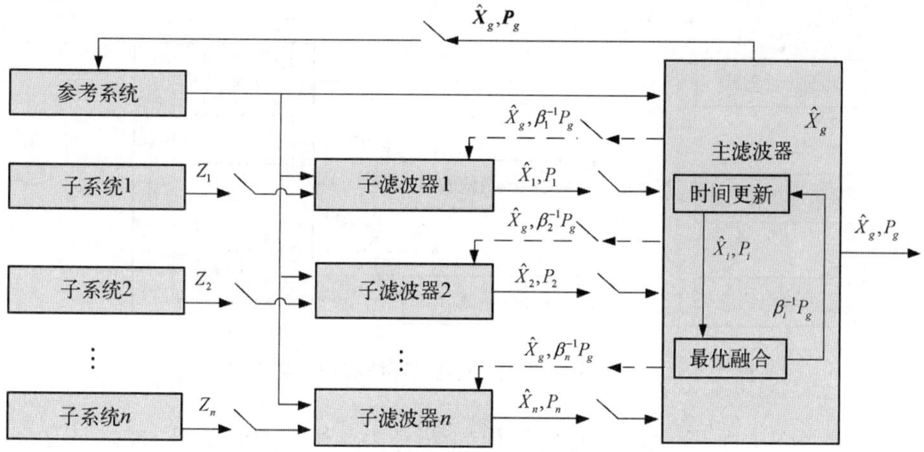

图 5.4.1　联邦滤波器的一般结构图

$$\boldsymbol{Q}_i^{-1} = \beta_i \boldsymbol{Q}^{-1},\ \boldsymbol{P}_i^{-1} = \beta_i \boldsymbol{P}_g^{-1},\ \hat{\boldsymbol{X}}_i(k) = \hat{\boldsymbol{X}}_g(k) \tag{5.4.2}$$

信息分配系数 β_i 满足信息守恒原理,即 $\beta_1 + \beta_2 + \cdots + \beta_n = 1$。

(2) 各子滤波器和主滤波器进行时间更新:

$$\hat{\boldsymbol{X}}_i[k/(k-1)] = \boldsymbol{\Phi}(k, k-1)\hat{\boldsymbol{X}}_i(k-1) \tag{5.4.3}$$

$$\boldsymbol{P}_i[k/(k-1)] = \boldsymbol{\Phi}(k, k-1)\boldsymbol{P}_i(k-1)\boldsymbol{\Phi}^{\mathrm{T}}(k, k-1) + \boldsymbol{\Gamma}(k, k-1)\boldsymbol{Q}_i(k)\boldsymbol{\Gamma}^{\mathrm{T}}(k, k-1) \tag{5.4.4}$$

(3) 各子滤波器独立进行量测更新:

$$\boldsymbol{P}_i^{-1}(k) = \boldsymbol{P}_i^{-1}[k/(k-1)] + \boldsymbol{H}_i^{\mathrm{T}}(k)\boldsymbol{R}_i^{-1}(k)\boldsymbol{H}_i(k) \tag{5.4.5}$$

$$\boldsymbol{P}_i^{-1}(k)\hat{\boldsymbol{X}}_i(k) = \boldsymbol{P}_i^{-1}[k/(k-1)]\hat{\boldsymbol{X}}_i[k/(k-1)] + \boldsymbol{H}_i^{\mathrm{T}}(k)\boldsymbol{R}_i^{-1}(k)z_i(k) \tag{5.4.6}$$

(4) 主滤波器进行信息融合算法,以得到全局最优估计:

$$\hat{\boldsymbol{X}}_g = \boldsymbol{P}_g \sum_{i=1}^{n} \boldsymbol{P}_i^{-1}\hat{\boldsymbol{X}}_i,\ \boldsymbol{P}_g = \left(\sum_{i=1}^{n} \boldsymbol{P}_i^{-1}\right)^{-1} \tag{5.4.7}$$

下面讨论将联邦滤波器应用于天文导航观测资料和星间观测数据自主定轨信息融合时存在的问题。考虑基于联邦卡尔曼滤波的星敏感器和星间链路信息融合算法,基于联邦卡尔曼滤波器的星敏感器和星间链路信息融合算法的结构设计如图 5.4.2 所示。

图 5.4.2 中联邦卡尔曼滤波器信息融合解为

$$\begin{cases} \hat{\boldsymbol{X}}_g = \boldsymbol{W}_1\hat{\boldsymbol{X}}_1 + \boldsymbol{W}_2\hat{\boldsymbol{X}}_2 \\ \boldsymbol{W}_1 = \boldsymbol{P}_{11}^{-1}/(\boldsymbol{P}_{11}^{-1} + \boldsymbol{P}_{22}^{-1}),\ \boldsymbol{W}_2 = \boldsymbol{I} - \boldsymbol{W}_1 \end{cases} \tag{5.4.8}$$

图中,星间测距子系统的精度比天文子系统要高一到两个量级,即 $\hat{\boldsymbol{X}}_1$ 和 $\hat{\boldsymbol{X}}_2$ 精度相

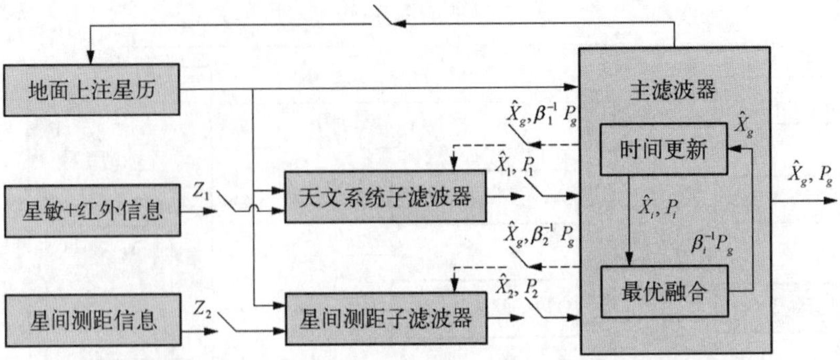

图 5.4.2　星敏观测和星间观测联邦滤波信息融合结构图

差一到两个量级，从而 $\hat{\boldsymbol{X}}_1$ 和 $\hat{\boldsymbol{X}}_2$ 的估计误差方差 $\boldsymbol{P}_{11}$ 和 $\boldsymbol{P}_{22}$ 相差很大，此时存在两个问题：

（1）正常融合情况下，$\hat{\boldsymbol{X}}_1$ 的估计对最优估计 $\hat{\boldsymbol{X}}_g$ 的贡献太小，体现不出信息融合的优势，无法抑制星座整体旋转问题；

（2）如果通过调整图 5.4.2 中联邦卡尔曼滤波的信息分配系数 β_1 和 β_2，使得 $\hat{\boldsymbol{X}}_1$ 在信息融合中的比例增大，必然会造成最优估计 $\hat{\boldsymbol{X}}_g$ 的精度下降。

通过分析可知，联邦滤波算法在处理滤波精度相差较大的子系统之间最优信息融合时存在难以兼顾子系统精度的问题，原因在于联邦滤波器本质上是将各个子系统的滤波结果按一定的比例系数来进行线性组合，如果两个子系统的滤波精度有较大的差距，信息融合之后必然造成滤波精度较差子系统的结果，对全局最优估计的贡献较小，无法体现出信息融合的优势。

5.4.2　分步卡尔曼滤波信息融合算法设计

联邦滤波的信息融合算法基于信息分享原理，本质上是将各个子系统的滤波结果按一定的比例系数来进行线性组合，以得到全局最优估计。如果各个子系统的滤波精度有较大的差距，信息融合之后必然造成滤波精度较差子系统的结果对全局最优估计的贡献较小，无法体现出信息融合的优势。针对联邦滤波算法在处理天文观测资料和星间链路观测资料信息融合时存在的问题，本章节提出一种分步卡尔曼滤波信息融合算法，将各个子系统按滤波精度的不同进行分步滤波、全局信息融合及融合结果反馈。

首先仍考虑两个子系统信息融合的情况，设计思路如下。

（1）在处理时，将子系统 1 和子系统 2 按滤波精度的不同分步处理，即先利用子滤波器 1 得到估计误差较大的系统状态估计 $\hat{\boldsymbol{X}}_1$，并传递给子滤波器 2 作为先验信息。子滤波器 2 在 $\hat{\boldsymbol{X}}_1$ 的基础上，利用观测信息进行卡尔曼滤波得到系统状态估计 $\hat{\boldsymbol{X}}_2$，这样就能够有效保证最优信息融合能够充分利用各个子系统的观测信息。

（2）在主滤波器进行全局估计信息融合时，只利用到滤波精度较高的子系统 2 的估计结果 $\hat{X}_2$，从而能够有效保证最优融合 $\hat{X}_g$ 的精度。

根据以上思路，可以得到基于分步卡尔曼滤波方法处理多种观测数据的信息融合算法原理框图，如图 5.4.3 所示。

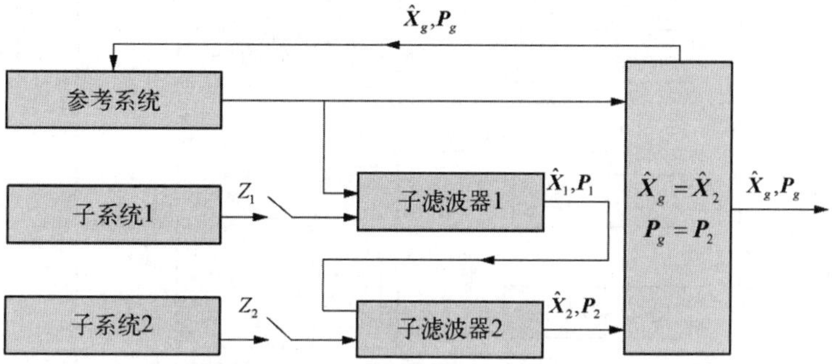

图 5.4.3　两个子系统的分步卡尔曼滤波结构框图

下面考虑多个子系统的分步卡尔曼滤波结构设计。假定现需要对 m 个子系统进行信息融合，采取分步卡尔曼滤波进行处理。仍然采用前面提出的两条设计思路，首先根据各个子系统单独处理时的滤波精度，将这 m 个子系统分成 r 组，每组有 m_1，m_2，…，m_r（$m_1+m_2+\cdots+m_r=m$）个子系统。同一组内的子系统具有相同量级的滤波精度，因而同一组内的各个子系统可以利用联邦卡尔曼滤波进行信息融合，并将联邦卡尔曼滤波输出结果传递到下一组子联邦滤波器中作为状态参考值。下一组子联邦滤波器在上一组滤波结果的基础上，利用观测信息得到本组的局部状态估计。主滤波器在进行全局估计信息融合时，只利用到最后一组滤波器的状态估计输出 $\hat{X}_r$，并将融合结果 $\hat{X}_g$ 和 P_g 进行信息反馈。基于分步卡尔曼滤波的多个子系统信息融合处理框图如图 5.4.4 所示。

下面证明图 5.4.4 中第 r 组子滤波器的输出 $\hat{X}_{gr}$ 就是状态量 X 的全局最优估计。设系统方程和量测方程分别为

$$\begin{cases} X_{k+1} = \Phi_{k+1,k} X_k + W_k \\ Z_k = H_k X_k + V_k \end{cases} \tag{5.4.9}$$

式中，W_k 和 V_k 为零均值白噪声。由联邦滤波器的性质可知图 5.4.4 中每组联邦滤波器的输出 $\hat{X}_{gi}$（$i=1, 2\cdots, r$）是该组中 m_i（$i=1, 2\cdots, r$）个子滤波器的联合最优估计，因此可将量测方程改写为

$$\begin{bmatrix} Z_k^1 \\ Z_k^2 \\ \vdots \\ Z_k^r \end{bmatrix} = \begin{bmatrix} H_k^1 \\ H_k^2 \\ \vdots \\ H_k^r \end{bmatrix} X_k + \begin{bmatrix} V_k^1 \\ V_k^2 \\ \vdots \\ V_k^r \end{bmatrix} \tag{5.4.10}$$

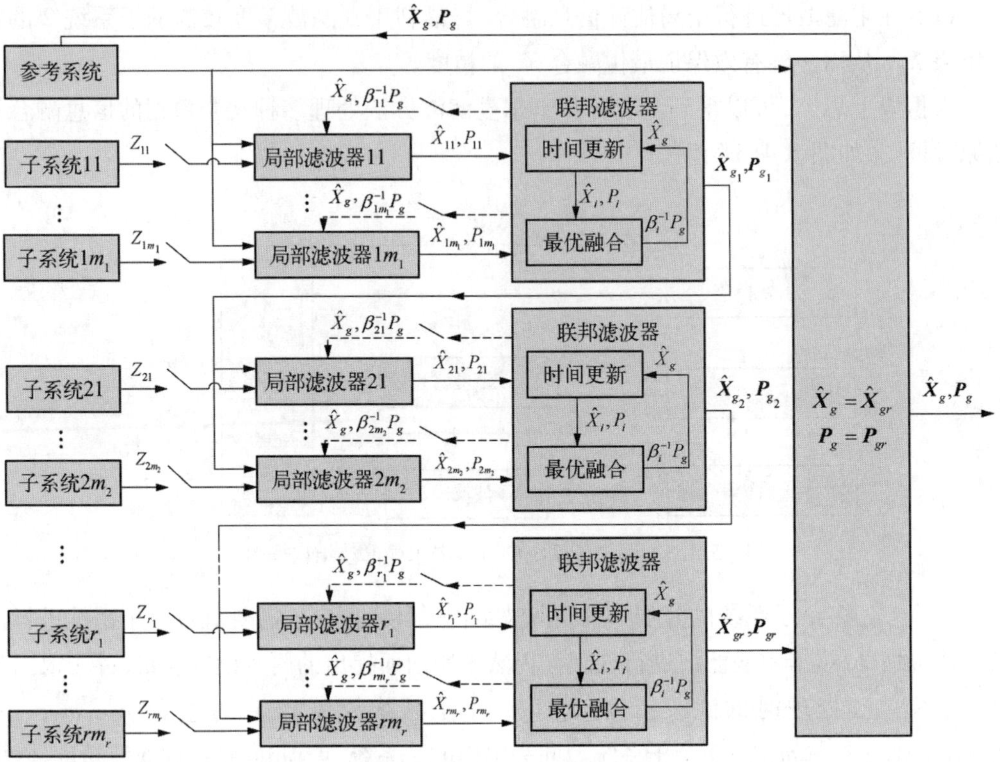

图 5.4.4 分步卡尔曼滤波多个子系统信息融合处理框图

式中, $\boldsymbol{Z}_k^i = [\boldsymbol{Z}_k^{i1} \quad \boldsymbol{Z}_k^{i2} \quad \cdots \quad \boldsymbol{Z}_k^{im_i}]^{\mathrm{T}}$ 为 k 时刻第 i 组子联邦滤波器的观测资料的联合。则 k 时刻的全局最优估计为

$$\hat{\boldsymbol{X}}_k = E[\boldsymbol{X}_k/\bar{\boldsymbol{Z}}_{k-1}, \boldsymbol{Z}_k] = E[\boldsymbol{X}_k/\bar{\boldsymbol{Z}}_{k-1}, \boldsymbol{Z}_k^1, \boldsymbol{Z}_k^2, \cdots, \boldsymbol{Z}_k^r] \tag{5.4.11}$$

式中, $\bar{\boldsymbol{Z}}_{k-1}$ 为前 $(k-1)$ 个时刻的量测; Z_k 为 k 时刻的量测。

$\boldsymbol{Z}_k^1, \boldsymbol{Z}_k^2, \cdots, \boldsymbol{Z}_k^r$ 可视为在 k 时刻顺序得到的量测量,记

$$\hat{\boldsymbol{X}}_k^i = E[\boldsymbol{X}_k/\bar{\boldsymbol{Z}}_{k-1}, \boldsymbol{Z}_k^1, \boldsymbol{Z}_k^2, \cdots, \boldsymbol{Z}_k^i] \quad i = 1, 2, \cdots, r \tag{5.4.12}$$

$\hat{X}_k^i$ 对应于图 5.4.4 中第 i 个联邦滤波器的最优输出 $\hat{X}_{gi}$, 则有如下的关系式成立:

$$\begin{aligned}\hat{\boldsymbol{X}}_k^r &= E[\boldsymbol{X}_k/\bar{\boldsymbol{Z}}_{k-1}, \boldsymbol{Z}_k^1, \boldsymbol{Z}_k^2, \cdots, \boldsymbol{Z}_k^{r-1}, \boldsymbol{Z}_k^r] \\ &= E[\boldsymbol{X}_k/\bar{\boldsymbol{Z}}_{k-1}, \boldsymbol{Z}_k^1, \boldsymbol{Z}_k^2, \cdots, \boldsymbol{Z}_k^{r-1}] + E[\tilde{\boldsymbol{X}}_k^r/\boldsymbol{Z}_k^r] \\ &= \hat{\boldsymbol{X}}_k^{r-1} + E[\tilde{\boldsymbol{X}}_k^r/\boldsymbol{Z}_k^r]\end{aligned} \tag{5.4.13}$$

$$\begin{aligned}\hat{\boldsymbol{X}}_k^{r-1} &= E[\boldsymbol{X}_k/\bar{\boldsymbol{Z}}_{k-1}, \boldsymbol{Z}_k^1, \boldsymbol{Z}_k^2, \cdots, \boldsymbol{Z}_k^{r-2}] + E[\tilde{\boldsymbol{X}}_k^{r-1}/\boldsymbol{Z}_k^{r-1}] \\ &= \boldsymbol{X}_k^{r-2} + E[\tilde{\boldsymbol{X}}_k^{r-1}/\boldsymbol{Z}_k^{r-1}]\end{aligned} \tag{5.4.14}$$

$$\vdots$$

$$\hat{X}_k^2 = E[X_k/\bar{Z}_{k-1}, Z_k^1] + E[\tilde{X}_k^2/Z_k^2] = X_k^1 + E[\tilde{X}_k^2/Z_k^2] \tag{5.4.15}$$

$$\hat{X}_k^1 = E[X_k/\bar{Z}_{k-1}] + E[\tilde{X}_k^1/Z_k^1] = X_k^0 + E[\tilde{X}_k^1/Z_k^1] \tag{5.4.16}$$

式中，$E[\tilde{X}_k^i/Z_k^i]$ 为第 i 组观测量 Z_k^i 对 $\tilde{X}_k^i$ 所做的修正，对应于图 5.4.4 中第 i 个联邦滤波器的 m_i 个观测量输入 Z_k^{i1}，Z_k^{i2}，…，$Z_k^{im_i}$，对该组联邦滤波器的全局最优输出 $\hat{X}_{gi}$ 所做的修正。显然有

$$\hat{X}_k^0 = E[X_k/\bar{Z}_{k-1}] = \hat{X}_{k,\,k-1} = \Phi_{k,\,k-1}\hat{X}_{k-1} \tag{5.4.17}$$

$$\hat{X}_{gi} = \hat{X}_k^i,\ \hat{X}_{gr} = \hat{X}_k^r = \hat{X}_k \tag{5.4.18}$$

即 k 时刻第 r 组子联邦滤波器的输出 $\hat{X}_{gr}$ 等于 k 时刻的全局最优估计 $\hat{X}_k$。因此，分步卡尔曼滤波算法各个子联邦滤波器的状态估计 $\hat{X}_k^i$ 和状态协方差矩阵 P_k^i 可按上述诸式的顺序进行，具体算法为

$$\begin{aligned} K_k^i &= P_k^{i-1}H_k^{i\mathrm{T}}(H_k^iP_k^{i-1}H_k^{i\mathrm{T}} + R_k^i)^{-1} \\ \hat{X}_k^i &= \hat{X}_k^{i-1} + K_k^i(Z_k^i - H_k^i\hat{X}_k^{i-1}) \\ P_k^i &= (I - K_k^iH_k^i)P_k^{i-1} \end{aligned} \tag{5.4.19}$$

式中，$\hat{X}_k^0 = \Phi_{k,\,k-1}\hat{X}_{k-1}$，$P_k^0 = P_{k,\,k-1}$。

5.4.3 仿真与分析

仿真选取 Walker 24/3/1 MEO 星座，PRN01 卫星的轨道根数为 $a = 28\,546.54$ km，$e = 1\mathrm{E}-5$，$i = 55°$，$\Omega = 0$，$\omega = 0$，$f = 15°$。系统仿真时间为 2009 年 6 月 1 日 12 时到 2009 年 7 月 30 日 12 时共 60 d。在利用星间测距信息进行自主定轨时，星间测距体制为 UHF 制式，选取星座中 PRN 编号为 01、02、08、10、14、16、20、24 共 8 颗卫星组成仿真星座。星间测距间隔为 15 min，星间测距数据误差为 0.5 m。仿真时星敏感器的测量误差为 5″，红外地平仪的系统误差为 0.035°，随机误差为 0.015°。仿真时选取四颗 X 射线脉冲星，其主要参数如 5.3.4 小节中表 5.3.1 所示。

本章节利用基于星敏感器/红外地平仪的天文定轨、X 射线脉冲星和基于星间测距的自主定轨的信息融合算法来验证分步卡尔曼滤波算法的可行性。由前面分析可知，基于星间测距的自主定轨精度可以达到米级，而基于星敏感器/红外地平仪的天文定轨和基于 X 射线脉冲星的自主定轨精度都在百米的量级，因此在设计分步卡尔曼滤波算法时，可以首先利用联邦滤波将天文子滤波器和脉冲星子滤波器进行信息融合，然后将联邦滤波算法的结果传递给星间测距子滤波器，设计结构如图 5.4.5 所示。

首先分析单颗卫星基于星敏感器/红外地平仪和基于 X 射线脉冲星方法进行自主定轨的结果。图 5.4.6 给出了星座中 PRN01 号卫星分别利用天文观测信息和 X 射线脉冲

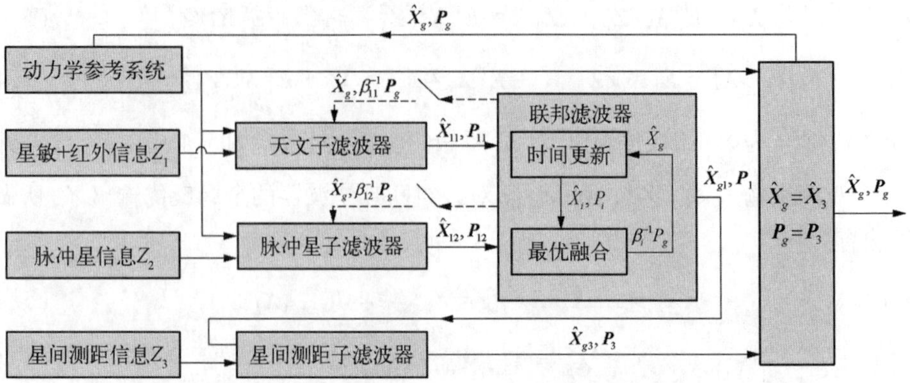

图 5.4.5 星敏、脉冲星和星间观测分步卡尔曼滤波信息融合结构框图

星观测信息进行 60 d 自主定轨的轨道 URE 误差曲线。从图中可以看出,60 d 内 PRN01 号卫星利用星敏感器/红外地平仪观测信息和 X 射线脉冲星观测信息自主定轨轨道 URE 误差分别在 100 m 和 60 m 左右,定轨误差较大。但定轨误差不会随时间逐渐增大,能够保证自主定轨的长期稳定性。

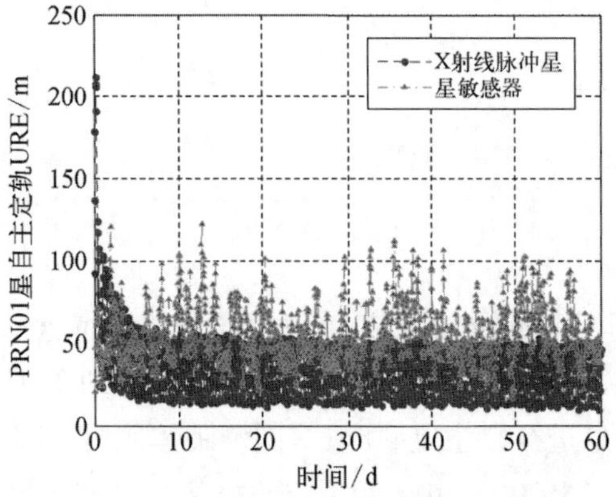

图 5.4.6 PRN01 卫星分别利用星敏感器和 X 射线脉冲星定轨 URE 误差

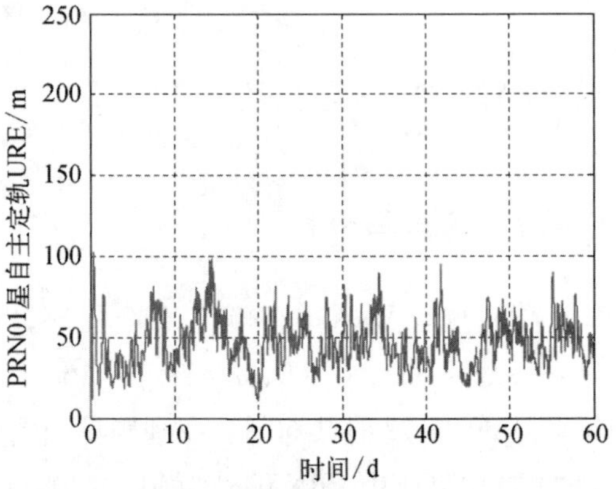

图 5.4.7 PRN01 卫星利用联邦滤波对星敏感器和 X 射线脉冲星信息融合结果

图 5.4.7 给出了 PRN01 号卫星利用联邦滤波方法对星敏感器和 X 射线脉冲星观测量进行信息融合,自主定轨 60 d 的 URE 曲线。从图中可以看出融合后卫星的 URE 介于单独使用两种自主定轨方法的卫星 URE 之间。由于单独采用星敏感器和 X 射线脉冲星的自主定轨精度相差不大,所以利用联邦滤波对这两种观测进行信息融合能够得到较好的结果。

图 5.4.8 给出了星座中 8 颗卫星仅利用星间测距信息进行自主定轨的 60 d 星座卫星平均 URE 误差曲线。从图中可以看出,星座卫星利用星间测距信息进行自主定轨 60 d 内 URE 误差能够保持在 3 m 以内,具有很高的定轨精度。但是从图中的曲线也可以看出由于受星座整体旋转误差的影响,星座 URE 误差随时间一直增大。对比图 5.4.8 和图

5.4.6、图 5.4.7 的结果可以看出，基于星敏感器和基于 X 射线脉冲星的自主定轨精度与基于星间测距的自主定轨精度相差一个量级，如果直接采用联邦滤波算法对这三种观测量进行信息融合将不能得到较好的结果。

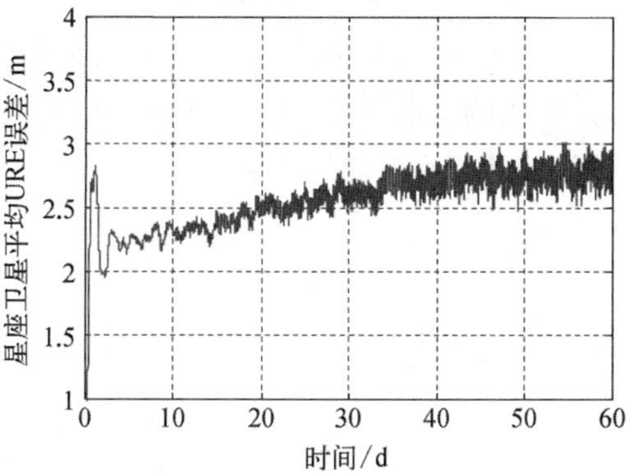

图 5.4.8　基于星间测距的自主定轨 60 d 星座平均 URE

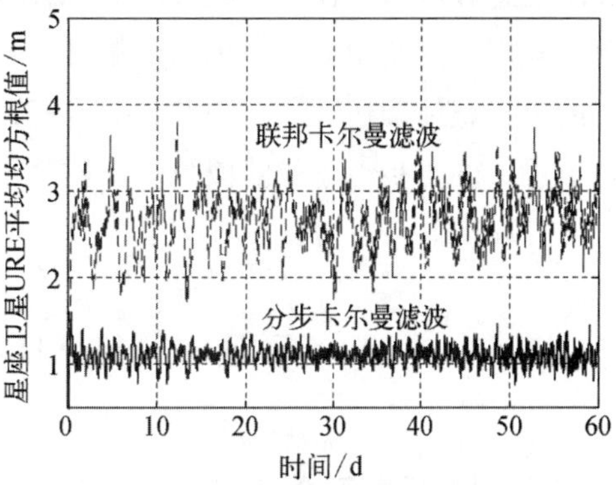

图 5.4.9　联邦滤波和分步卡尔曼滤波算法信息融合结果对比

图 5.4.9 给出了分别采用联邦卡尔曼滤波算法和分步卡尔曼滤波算法对基于星敏感器/红外地平仪、X 射线脉冲星和基于星间测距的自主定轨算法进行信息融合后 60 d 星座卫星平均 URE 误差曲线。表 5.4.1 给出了仅采用星间观测信息和采用联邦卡尔曼滤波与分步卡尔曼滤波进行信息融合后自主定轨 60 d 后星座内各颗卫星的轨道 R、T、N 三轴及 URE 误差统计结果。从表中数据可以看出，利用联邦卡尔曼滤波算法对星敏感器/红外地平仪、X 射线脉冲星和星间观测数据进行信息融合，60 d 的自主定轨误差较仅采用星间观测数据和分步卡尔曼滤波算法的定轨误差要大，采用分步卡尔曼滤波算法进行数据融合后的自主定轨精度较其他两种方法有明显提高。

表 5.4.1　多种定轨算法误差统计表

卫星号	仅采用星间测距信息				联邦卡尔曼滤波融合结果				分步卡尔曼滤波融合结果			
	ΔR	ΔT	ΔN	URE	ΔR	ΔT	ΔN	URE	ΔR	ΔT	ΔN	URE
PRN01	2.87	3.75	1.63	2.97	2.74	4.63	4.17	3.02	1.01	1.14	2.16	1.11
PRN02	2.99	3.54	1.61	3.09	2.90	4.59	4.27	3.11	1.05	1.05	2.14	1.15
PRN08	2.37	4.08	1.67	2.53	2.32	4.93	3.44	2.56	0.86	1.21	2.26	0.99
PRN10	3.02	3.60	1.59	3.12	3.04	5.61	2.70	3.22	1.12	1.29	2.21	1.22
PRN14	2.80	3.22	1.48	2.88	2.79	6.47	2.66	3.01	1.15	1.03	2.18	1.25
PRN16	2.73	3.96	1.53	2.85	2.65	6.14	2.36	2.90	1.09	0.99	2.21	1.19
PRN20	1.53	2.97	0.89	1.64	1.94	3.27	4.37	2.13	0.48	3.36	0.59	0.72
PRN24	1.43	2.53	1.22	1.52	1.48	2.11	4.40	1.69	0.62	3.39	0.78	0.82

注：表中 R、T、N 方向的误差及 URE 误差的单位均为 m。

从图 5.4.8 和图 5.4.9 中的结果对比可以看出，利用联邦卡尔曼滤波算法对三种观测数据进行信息融合，60 d 的自主定轨误差较仅采用星间观测数据进行自主定轨和采用分步卡尔曼滤波算法进行信息融合的定轨误差要大。利用分步卡尔曼滤波算法将星间测距信息和星敏感器、脉冲星的观测信息融合之后，星座 URE 误差稳定在 1.5 m 以内，比单独采用星间测距方法有更高的精度，且能够解决单独使用星间测距进行自主定轨时存在的星座整体旋转问题。因此，对于滤波精度相差较大的子系统之间的信息融合问题，本章节提出的分步卡尔曼滤波算法比联邦卡尔曼滤波算法具有更优的结果。

5.5 导航卫星自主星历更新技术

5.5.1 广播星历介绍

星历的原意是一张用来精确描述卫星在各个时刻的空间位置和运行速度的大表格。为了减少需要播发的数据量，导航卫星通常用开普勒方程配合摄动系数项来高精度地描述卫星轨道，开普勒根数加上各个摄动系数项共同构成了导航卫星广播星历。用户使用卫星下发的广播星历即可计算卫星在某段时间内的精确位置和速度，进而解算用户自身位置。

GPS/Galileo/BDS 导航电文中的卫星轨道参数均采用开普勒轨道根数加调谐项的表示方法，新的 GPS 接口和北斗全球导航定位系统都采用高精度的 18 参数广播星历，具体参数定义如表 5.5.1 所示（文援兰等，2009；戴冲，2011；黄华，2012），包括 1 个星历数据参考时刻、6 个开普勒根数、6 个调谐系数、1 个轨道半长轴变化率、1 个平均角速度改正参数和 1 个平均角速度改正参数变化率、1 个轨道倾角速率改正数、1 个升交点赤经变化率改正数。

表 5.5.1 BDS18 参数卫星星历

序号	符号	物理意义
1	t_{0e}	星历参考时刻
2	ΔA	长半轴相对于参考值的偏差
3	$\dot{A}$	长半轴变化率
4	Δn_0	卫星平均运动速率与计算值之差
5	$\Delta\dot{n}$	卫星平均运动速率与计算值之差的变化率
6	M_0	参考时刻的平近点角
7	e	偏心率
8	ω	近地点幅角
9	Ω_0	参考时刻升交点经度（以周起始时刻格林）

续表

序　号	符　号	物　理　意　义
10	i_0	参考时刻的轨道倾角
11	$\dot{\Omega}$	升交点地理经度变化率
12	$\dot{i}_0$	轨道倾角变化率
13	C_{is}	轨道倾角的正弦调和改正项的振幅
14	C_{ic}	轨道倾角的余弦调和改正项的振幅
15	C_{rs}	轨道半径的正弦调和改正项的振幅
16	C_{rc}	轨道半径的余弦调和改正项的幅度
17	C_{us}	纬度幅角的正弦调和改正项的振幅
18	C_{uc}	纬度幅角的余弦调和改正项的振幅

注：长半轴参考值：$A_{\mathrm{ref}} = 27\,906\,100$ m(MEO)，$A_{\mathrm{ref}} = 42\,162\,200$ m(IGSO/GEO)。

由于GPS、Galileo和BDS的时空基准不一样，因此虽然计算卫星瞬时位置的步骤相同(BDS地球同步轨道卫星略有不同)，但是针对不同系统计算得到的时空参数并不相同，具体参见各系统的时空框架定义。

1. 卫星瞬时位置计算

导航星历参数以 t_{0e} 为参考时刻，需要首先计算 t 和 t_{0e} 之间的时间差 t_k，求取各个轨道参数在 t 时刻的值，才可以用于计算卫星位置速度，其中 t 是信号发射时刻的BDS系统时间，也就是对传播时间修正后的BDT(戴冲，2011；黄凯旋，2017)。

$$t_k = t - t_{0e} \tag{5.5.1}$$

计算参考时刻的半长轴：

$$A_0 = A_{\mathrm{ref}} + \Delta A \tag{5.5.2}$$

计算历元时刻轨道半长轴：

$$A_k = A_0 + (\dot{A})t_k \tag{5.5.3}$$

计算卫星的平均角速度，其中 $\mu = 3.986\,004\,418 \times 10^{14}\ \mathrm{m^3/s^2}$：

$$n_0 = \sqrt{\frac{\mu}{A_0^3}} \tag{5.5.4}$$

计算平均角速度修正量：

$$\Delta n_A = \Delta n_0 + \frac{1}{2}\Delta\dot{n}_0 t_k \tag{5.5.5}$$

计算真实的平均角速度：

$$n_A = n_0 + \Delta n_A \tag{5.5.6}$$

计算平近点角：

$$M_k = M_0 + n_A t_k \tag{5.5.7}$$

计算偏近点角 E_k，需使用迭代法解出：

$$M_k = E_k - e\sin E_k \tag{5.5.8}$$

计算真近点角 v_k：

$$\sin v_k = \frac{\sqrt{1-e^2}\sin E_k}{1-e\cos E_k}, \quad \cos v_k = \frac{\cos E_k - e}{1-e\cos E_k} \tag{5.5.9}$$

计算维度幅角值 ϕ_k：

$$\varphi_k = v_k + \omega \tag{5.5.10}$$

纬度幅角校正值 $\delta\phi_k$：

$$\delta\varphi_k = C_{us}\sin(2\varphi_k) + C_{uc}\cos(2\varphi_k) \tag{5.5.11}$$

半径校正值 δr_k：

$$\delta r_k = C_{rs}\sin(2\varphi_k) + C_{rc}\cos(2\varphi_k) \tag{5.5.12}$$

倾角校正值 δi_k：

$$\delta i_k = C_{is}\sin(2\varphi_k) + C_{ic}\cos(2\varphi_k) \tag{5.5.13}$$

经校正的纬度值：

$$u_k = \varphi_k + \delta\varphi_k \tag{5.5.14}$$

经校正的半径：

$$r_k = A_k(1 - e\cos E_k) + \delta r_k \tag{5.5.15}$$

经校正的倾角：

$$i_k = i_0 + \dot{i} t_k + \delta i_k \tag{5.5.16}$$

经校正的升交点经度：

$$\Omega_k = \Omega_0 + (\dot{\Omega} - \dot{\Omega}_e)(t_k) - \dot{\Omega}_e t_{0e} \tag{5.5.17}$$

在轨道平面中的 x 位置：

$$x_p = r_k \cos u_k \tag{5.5.18}$$

在轨道平面中的 y 位置：

$$y_p = r_k \sin u_k \tag{5.5.19}$$

ECEF x 坐标：

$$x_s = x_p \cos \Omega_k - y_p \cos i_k \sin \Omega_k \tag{5.5.20}$$

ECEF y 坐标：

$$y_s = x_p \sin \Omega_k + y_p \cos i_k \cos \Omega_k \tag{5.5.21}$$

ECEF z 坐标：

$$z_s = y_p \sin i_k \tag{5.5.22}$$

2. 卫星瞬时速度计算

计算卫星在地固系中速度，首先需要按照式(5.5.1)~式(5.5.22)计算一些基础参量，然后在此基础上按照下面的步骤计算速度。

$$\frac{\mathrm{d}E_k}{\mathrm{d}t} = \frac{n_A + \frac{1}{2}\Delta\dot{n}_0 t_k}{1 - e\cos E_k} \tag{5.5.23}$$

$$\frac{\mathrm{d}V_k}{\mathrm{d}t} = \frac{(1 - e\cos E_k)\sqrt{1-e^2}\,\frac{\mathrm{d}E_k}{\mathrm{d}t}}{(\cos E_k - e)^2 + (1-e^2)\sin^2 E_k} = \frac{\sqrt{1-e^2}\,\frac{\mathrm{d}E_k}{\mathrm{d}t}}{(1 - e\cos E_k)} \tag{5.5.24}$$

$$\frac{\mathrm{d}u_k}{\mathrm{d}t} = [1 + 2C_{\mathrm{us}}\cos(2\phi_k) - 2C_{\mathrm{uc}}\sin(2\phi_k)]\frac{\mathrm{d}V_k}{\mathrm{d}t} \tag{5.5.25}$$

$$\frac{\mathrm{d}r_k}{\mathrm{d}t} = \dot{A}(1 - e\cos E_k) + A_k e\sin E_k \frac{\mathrm{d}E_k}{\mathrm{d}t} + 2[C_{\mathrm{rs}}\cos(2\phi_k) - C_{\mathrm{rc}}\sin(2\phi_k)]\frac{\mathrm{d}V_k}{\mathrm{d}t} \tag{5.5.26}$$

$$\frac{\mathrm{d}i_k}{\mathrm{d}t} = 2[C_{\mathrm{is}}\cos(2\phi_k) - C_{\mathrm{ic}}\sin(2\phi_k)]\frac{\mathrm{d}V_k}{\mathrm{d}t} + \dot{i} \tag{5.5.27}$$

$$\frac{\mathrm{d}\Omega_k}{\mathrm{d}t} = \dot{\Omega} - \dot{\Omega}_e \tag{5.5.28}$$

$$\frac{\mathrm{d}x_k}{\mathrm{d}t} = \frac{\mathrm{d}r_k}{\mathrm{d}t}\cos u_k - r_k\frac{\mathrm{d}u_k}{\mathrm{d}t}\sin u_k \tag{5.5.29}$$

$$\frac{\mathrm{d}y_k}{\mathrm{d}t} = \frac{\mathrm{d}r_k}{\mathrm{d}t}\sin u_k + r_k\frac{\mathrm{d}u_k}{\mathrm{d}t}\cos u_k \tag{5.5.30}$$

$$\frac{\mathrm{d}R}{\mathrm{d}t}=\begin{pmatrix}\cos\Omega_k & -\sin\Omega_k\cos i_k & -\left(\frac{\mathrm{d}x_k}{\mathrm{d}t}\sin\Omega_k+\frac{\mathrm{d}y_k}{\mathrm{d}t}\cos\Omega_k\cos i_k\right) & \frac{\mathrm{d}y_k}{\mathrm{d}t}\sin\Omega_k\sin i_k\\ \sin\Omega_k & \cos\Omega_k\cos i_k & \frac{\mathrm{d}x_k}{\mathrm{d}t}\cos\Omega_k-\frac{\mathrm{d}y_k}{\mathrm{d}t}\sin\Omega_k\cos i_k & -\frac{\mathrm{d}y_k}{\mathrm{d}t}\cos\Omega_k\sin i_k\\ 0 & \sin i_k & 0 & \frac{\mathrm{d}y_k}{\mathrm{d}t}\cos i_k\end{pmatrix} \tag{5.5.31}$$

$$\begin{pmatrix}v_x\\ v_y\\ v_z\end{pmatrix}=\frac{\mathrm{d}R}{\mathrm{d}t}\begin{pmatrix}\frac{\mathrm{d}x_k}{\mathrm{d}t}\\ \frac{\mathrm{d}y_k}{\mathrm{d}t}\\ \frac{\mathrm{d}\Omega_k}{\mathrm{d}t}\\ \frac{\mathrm{d}i_k}{\mathrm{d}t}\end{pmatrix} \tag{5.5.32}$$

5.5.2 自主星历生成技术

卫星完成自主定轨之后,需要按照正常导航模式下导航电文的格式生成星历,并广播给用户。拟合方法是卫星首先基于自主定轨的结果按照一定的步长进行轨道外推,获得拟合弧段内的卫星位置速度序列,然后使用最小二乘拟合算法完成拟合。由于星上计算资源有限,无法按照地面站拟合方式完成拟合。地面站会完成未来很长一段时间(7 d)内卫星位置速度的预报并进行拟合,然后上注卫星,保证卫星在星地链路不稳定情况下的卫星可用性,但是自主定轨过程中,星历是卫星在线实时产生的,所以并不需要拟合很长一段时间的广播星历,考虑到卫星的计算资源,通常也无法完成长时间的广播星历生成,因此自主星历生成一般只完成下一整小时点播发广播星历的生成。另一方面,星上计算资源有限,在满足精度需求的情况,外推步长一般取较长时间,减少外推算法对资源的占用,同时也减少拟合算法对资源的占用。自主星历生成技术,需要综合考虑卫星计算资源和拟合精度,针对拟合弧长和外推步长进行讨论。

1. 最小二乘拟合

星历拟合算法中观测方程为

$$\boldsymbol{Y}=\boldsymbol{Y}(\boldsymbol{X}_0,\ t_{0e},\ t) \tag{5.5.33}$$

式中,$\boldsymbol{X}_0=(\Delta A,\ \dot{A},\ \Delta n_0,\ \Delta\dot{n},\ M_0,\ e,\ \boldsymbol{\omega},\ \Omega_0,\ i_0,\ \Delta\dot{\Omega},\ \dot{i}_0,\ C_{is},C_{ic},\ C_{rs},\ C_{rc},\ C_{us},\ C_{nc})$ 为待估计参量列表;$\boldsymbol{Y}$ 为含有 m 个观测量的观测列向量,每个观测量对应导航卫星 t 时刻的

位置参量,即为轨道外推获得的位置序列。

运用最小二乘估计算法进行星历拟合,要求观测量与估计参量之间为线性关系,而卫星位置观测量与广播星历18参数待估计量之间并不满足线性关系,此时无法直接使用线性最小二乘估计算法。因此,需要对观测量和被估计量进行变换,使变换之后的两个量之间具有线性关系。变换过程如下:将方程在 $\boldsymbol{X}_0 = \boldsymbol{X}_{0/i}$ 展开,得到

$$\boldsymbol{Y} = \boldsymbol{Y}(\boldsymbol{X}_{0/i},\ t_{0e},\ t) + \left.\frac{\partial \boldsymbol{Y}}{\partial \boldsymbol{X}_0}\right|_{\boldsymbol{X}_0 = \boldsymbol{X}_{0/i}} (\boldsymbol{X}_0 - \boldsymbol{X}_{0/i}) + O|(\boldsymbol{X}_0 - \boldsymbol{X}_{0/i})^2| \tag{5.5.34}$$

式中,$\boldsymbol{X}_{0/i}$ 为广播星历拟合算法第 i 次迭代的广播星历初值。令方程中:

$$\boldsymbol{y} = \boldsymbol{Y} - \boldsymbol{Y}(\boldsymbol{X}_{0/i},\ t_{0e},\ t) \tag{5.5.35}$$

$$\boldsymbol{x}_i = \boldsymbol{X}_0 - \boldsymbol{X}_{0/i} \tag{5.5.36}$$

$$\boldsymbol{H} = \left.\frac{\partial \boldsymbol{Y}}{\partial \boldsymbol{X}_0}\right|_{\boldsymbol{X}_0 = \boldsymbol{X}_{0/i}} \tag{5.5.37}$$

略去 $\boldsymbol{x}_i$ 的高阶项,方程变换为

$$\boldsymbol{y} = \boldsymbol{H}\boldsymbol{x}_i + v \tag{5.5.38}$$

根据最小二乘原理,$\boldsymbol{H}$ 矩阵的秩等于拟合参数个数时,可得

$$\boldsymbol{x}_i = (\boldsymbol{H}^{\mathrm{T}}\boldsymbol{H})^{-1}\boldsymbol{H}^{\mathrm{T}}\boldsymbol{y} \tag{5.5.39}$$

每经过一次迭代,相应的广播星历参数为

$$\boldsymbol{X}_{0/i+1} = \boldsymbol{x}_i + \boldsymbol{X}_{0/i} \tag{5.5.40}$$

迭代收敛的标志为

$$\frac{|\sigma_{i+1} - \sigma_i|}{\sigma_i} < \varepsilon \tag{5.5.41}$$

式中,$\sigma_i = \sqrt{\dfrac{(\boldsymbol{y} - \boldsymbol{H}\boldsymbol{x}_i)^{\mathrm{T}}(\boldsymbol{y} - \boldsymbol{H}\boldsymbol{x}_i)}{3m - 17}}$ 为迭代过程中的统计误差;m 为星历拟合的采样点数;ε 为预先设定的一个小量,可通过实验结果综合考虑拟合误差和迭代次数的要求选取一个合适的值。

2. 初值计算

在迭代开始之前,通常首先根据参考时刻的卫星位置速度计算卫星的轨道根数,作为迭代初值,这样可以加快收敛的速度,大大节省拟合所需要的计算资源。

取参考时刻 t_{0e} 时刻的卫星在地心地固坐标系中的位置速度为 $\boldsymbol{Y}_{Fe} = (x_e\quad y_e\quad z_e\quad v_{xe}\quad v_{ye}\quad v_{ze})^{\mathrm{T}}$,由于广播星历中的参数是定义在周起始时刻的第二赤道坐

标系中的,所有首先将上述坐标转换到周起始时刻所对应的第二赤道坐标系中。

速度修正,得到 t_{0e} 时刻第二赤道坐标系中的位置速度:

$$\boldsymbol{Y}_{Ie} = \boldsymbol{Y}_{Fe} + \begin{bmatrix} 0 & 0 & 0 & 0 & 0 & 0 \\ 0 & 0 & 0 & 0 & 0 & 0 \\ 0 & 0 & 0 & 0 & 0 & 0 \\ 0 & -\dot{\Omega}_e & 0 & 0 & 0 & 0 \\ \dot{\Omega}_e & 0 & 0 & 0 & 0 & 0 \\ 0 & 0 & 0 & 0 & 0 & 0 \end{bmatrix} \begin{bmatrix} x_e \\ y_e \\ z_e \\ v_{xe} \\ v_{ye} \\ v_{ze} \end{bmatrix} \tag{5.5.42}$$

坐标系顺时针旋转地球自转角度:

$$\Delta\theta = -t_{0e}\dot{\Omega}_e \tag{5.5.43}$$

坐标变换得到周初始时刻第二赤道坐标系下卫星参考时刻的位置速度:

$$\begin{aligned} \boldsymbol{Y}_{Ie0} &= \begin{bmatrix} \cos\Delta\theta & \sin\Delta\theta & 0 & 0 & 0 & 0 \\ -\sin\Delta\theta & \cos\Delta\theta & 0 & 0 & 0 & 0 \\ 0 & 0 & 1 & 0 & 0 & 0 \\ 0 & 0 & 0 & \cos\Delta\theta & \sin\Delta\theta & 0 \\ 0 & 0 & 0 & -\sin\Delta\theta & \cos\Delta\theta & 0 \\ 0 & 0 & 0 & 0 & 0 & 1 \end{bmatrix} \boldsymbol{Y}_{Ie} \\ &= (x_{Ie0} \quad y_{Ie0} \quad z_{Ie0} \quad v_{xIe0} \quad v_{yIe0} \quad v_{zIe0})^{\mathrm{T}} \end{aligned} \tag{5.5.44}$$

计算在周初始时刻第二赤道坐标系下的轨道根数,计算动力学常量:

$$\boldsymbol{h} = \boldsymbol{r} \times \boldsymbol{v},\ E = \frac{v^2}{2} - \frac{\mu}{r} \tag{5.5.45}$$

式中,$\boldsymbol{r} = [x_{Ie0} \quad y_{Ie0} \quad z_{Ie0}]$,$\boldsymbol{v} = [v_{xIe0} \quad v_{yIe0} \quad v_{zIe0}]$,$v = |\boldsymbol{v}|$,$r = |\boldsymbol{r}|$,$\mu = 3.986\,004\,418 \times 10^{14}\ \mathrm{m^3/s^2}$;$\boldsymbol{h}$ 为动量矩常量;E 为卫星机械能常量,等于动能与势能之和。由动量矩常量和机械能常量可以计算卫星的轨道根数。

由动量矩可计算轨道平面要素。轨道倾角为动量矩 $\boldsymbol{h}$ 与坐标系 Z 轴的夹角:

$$i = \arccos\left(\frac{\boldsymbol{h}}{h} \cdot \boldsymbol{u}_z\right) \tag{5.5.46}$$

升交点经度为轨道节线矢量与坐标系 X 轴的夹角,则

$$\Omega = \arccos(\boldsymbol{N} \cdot \boldsymbol{u}_x) \tag{5.5.47}$$

其中轨道单位节线矢量:

$$N = \frac{u_z \times h}{|u_z \times h|} \tag{5.5.48}$$

可证明半通径与动量矩大小满足：

$$p = \frac{h^2}{\mu} \tag{5.5.49}$$

同时半通径满足：

$$p = a(1 - e^2) \tag{5.5.50}$$

计算轨道半长轴。若近地点卫星的位置和速度大小写作 r_p 和 v_p，则

$$r_p = a(1 - e),\ h = r_p v_p \tag{5.5.51}$$

$$E = \frac{v_p^2}{2} - \frac{\mu}{r_p} = \frac{\mu a(1 - e^2)}{2a^2(1 - e)^2} - \frac{\mu}{a(1 - e)} = -\frac{\mu}{2a} \tag{5.5.52}$$

$$a = -\frac{\mu}{2E} \tag{5.5.53}$$

由半通径公式(5.5.49)和式(5.5.50)可得偏心率公式：

$$e = \sqrt{1 - \frac{p}{a}} \tag{5.5.54}$$

由极坐标表示的卫星椭圆方程：

$$r = \frac{p}{1 + e\cos f} \tag{5.5.55}$$

得近地点角 f 为

$$f = \arccos\left(\frac{p - r}{re}\right) \tag{5.5.56}$$

由真近点角 f 按照式(5.5.57)可以计算当前时刻的偏近点角 E_k：

$$\sin E_k = \frac{\sqrt{1 - e^2}\sin f}{1 + e\cos f},\ \cos E_k = \frac{e + \cos f}{1 + e\cos f} \tag{5.5.57}$$

进而由偏近点角 E_k 计算当前时刻平近点角：

$$M = E_k - e\sin E_k \tag{5.5.58}$$

轨道平面要素近地点俯角 ω 等于卫星升交点幅角 u 减去真近点角，其中升交点幅角等于卫星位置矢量与节线矢量的夹角，即

$$\omega = u - f = \arccos\left(\frac{r}{r} \cdot N\right) - f \tag{5.5.59}$$

利用式(5.5.42)~式(5.5.59)可以使用参考时刻卫星的位置速度 $\boldsymbol{Y}_{Fe}$ 计算卫星在周起始时刻对应的第二赤道坐标系中的轨道根数($a \quad e \quad i \quad \Omega \quad \omega \quad M$),该坐标系中的轨道根数即对应广播星历中轨道六根数($A_0 \quad e \quad i_0 \quad \Omega_0 \quad \omega \quad M_0$),广播星历中的其他11个摄动参数项,初始值可以取为0。

3. 偏导数矩阵计算

式(5.5.37)中偏导数矩阵 $\left.\dfrac{\partial \boldsymbol{Y}}{\partial \boldsymbol{X}_0}\right|_{X_0=X_{i/0}}$ 是一个 $3m\times 17$ 的矩阵,其计算方法如下(文援兰等,2009):

首先按照式(5.5.1)~式(5.5.32)计算卫星在每一个采样时刻 t 的卫星位置和速度,取位置矢量和速度矢量为

$$\boldsymbol{r}_k=[x_s,\ y_s,\ z_s],\ \boldsymbol{v}_k=[v_x,\ v_y,\ v_z] \tag{5.5.60}$$

计算偏心率矢量 $\boldsymbol{P}_k$:

$$\boldsymbol{P}_k=\begin{pmatrix}\cos\omega\cos\Omega_k-\sin\omega\sin\Omega_k\cos i_k\\ \cos\omega\sin\Omega_k+\sin\omega\cos\Omega_k\cos i_k\\ \sin\omega\sin i_k\end{pmatrix} \tag{5.5.61}$$

计算半通径矢量 $\boldsymbol{Q}_k$:

$$\boldsymbol{Q}_k=\begin{pmatrix}-\sin\omega\cos\Omega-\cos\omega\sin\Omega_k\cos i_k\\ -\sin\omega\sin\Omega_k+\cos\omega\cos\Omega_k\cos i_k\\ \cos\omega\sin i_k\end{pmatrix} \tag{5.5.62}$$

计算位置矢量对近地点幅角的偏导数:

$$\frac{\partial \boldsymbol{r}_k}{\partial\omega}=\frac{\partial \boldsymbol{r}_k}{\partial u_k}\frac{\partial u_k}{\partial\omega}=r_k\begin{pmatrix}-\sin u_k\cos\Omega_k-\cos u_k\sin\Omega_k\cos i_k\\ -\sin u_k\sin\Omega_k+\cos u_k\cos\Omega_k\cos i_k\\ \cos u_k\sin i_k\end{pmatrix} \tag{5.5.63}$$

计算位置矢量对平近点角的偏导数:

$$\begin{aligned}\frac{\partial \boldsymbol{r}_k}{\partial M_0}&=\frac{\partial \boldsymbol{r}_k}{\partial r_k}\frac{\partial r_k}{\partial E_k}\frac{\partial E_k}{\partial M_0}+\frac{\partial \boldsymbol{r}_k}{\partial u_k}\frac{\partial u_k}{\partial \phi_k}\frac{\partial \phi_k}{\partial v_k}\frac{\partial v_k}{\partial E_k}\frac{\partial E_k}{\partial M_0}\\ &=\frac{A_k e\sin E_k}{1-e\cos E_k}\begin{pmatrix}\cos u_k\cos\Omega_k-\sin u_k\sin\Omega_k\cos i_k\\ \cos u_k\sin\Omega_k+\sin u_k\cos\Omega_k\cos i_k\\ \sin u_k\sin i_k\end{pmatrix}\\ &\quad+\frac{r_k\sqrt{1-e^2}}{(1-e\cos E_k)^2}\begin{pmatrix}-\sin u_k\cos\Omega_k-\cos u_k\sin\Omega_k\cos i_k\\ -\sin u_k\sin\Omega_k+\cos u_k\cos\Omega_k\cos i_k\\ \cos u_k\sin i_k\end{pmatrix}\end{aligned}$$

$$= \frac{A_k e\sin E_k}{1 - e\cos E_k}\frac{\boldsymbol{r}_k}{r_k} + \frac{\sqrt{1 - e^2}}{(1 - e\cos E_k)^2}\frac{\partial \boldsymbol{r}_k}{\partial \omega} \tag{5.5.64}$$

计算位置矢量对平均角速度改正量的偏导数：

$$\frac{\partial \boldsymbol{r}_k}{\partial \Delta n} = \frac{\partial \boldsymbol{r}_k}{\partial M_k}\frac{\partial M_k}{\partial n}\frac{\partial n}{\partial \Delta n} = \frac{\partial \boldsymbol{r}_k}{\partial M_0}(t - t_{0e}) \tag{5.5.65}$$

计算位置矢量对平均角速度改正量的变化率的偏导数：

$$\frac{\partial \boldsymbol{r}_k}{\partial \Delta \dot{n}} = \frac{1}{2}\frac{\partial \boldsymbol{r}_k}{\partial \Delta n}t_k \tag{5.5.66}$$

计算位置矢量对偏心率的偏导数：

$$\frac{\partial \boldsymbol{r}_k}{\partial e} = -A_k\left(1 + \frac{\sin^2 E_k}{1 - e\cos E_k}\right)\boldsymbol{P}_k + A_k\left(\frac{\sin E_k \cos E_k\sqrt{1 - e^2}}{1 - e\cos E_k} - \frac{e\sin E_k}{\sqrt{1 - e^2}}\right)\boldsymbol{Q}_k \tag{5.5.67}$$

计算位置矢量对轨道半长轴的偏导数：

$$\frac{\partial \boldsymbol{r}_k}{\partial \Delta A} = \frac{\partial \boldsymbol{r}_k}{\partial A_0} = (\cos E_k - e)\boldsymbol{P}_k + \sqrt{1 - e^2}\sin E_k \boldsymbol{Q}_k + \frac{\partial \boldsymbol{r}_k}{\partial M_0}\left(-\frac{3\sqrt{u}}{2\sqrt{(A_0)^5}}\right)(t - t_{0e}) \tag{5.5.68}$$

计算位置矢量对轨道半长轴变化率的偏导数：

$$\frac{\partial \boldsymbol{r}_k}{\partial \dot{A}} = \frac{\boldsymbol{r}_k}{A_k}t_k \tag{5.5.69}$$

计算位置矢量对升交点经度的偏导数：

$$\frac{\partial \boldsymbol{r}_k}{\partial \Omega_0} = \frac{\partial \boldsymbol{r}_k}{\partial \Omega_k}\frac{\partial \Omega_k}{\partial \Omega_0} = r_k\begin{pmatrix} -\cos u_k \sin \Omega_k - \sin u_k \cos \Omega_k \cos i_k \\ \cos u_k \cos \Omega_k - \sin u_k \sin \Omega_k \cos i_k \\ 0 \end{pmatrix} \tag{5.5.70}$$

计算位置矢量对升交点经度变化率的偏导数：

$$\frac{\partial \boldsymbol{r}_k}{\partial \dot{\Omega}} = \frac{\partial \boldsymbol{r}_k}{\partial \Omega_k}\frac{\partial \Omega_k}{\partial \dot{\Omega}} = \frac{\partial \boldsymbol{r}_k}{\partial \Omega_0}(t - t_{0e}) \tag{5.5.71}$$

计算位置矢量对轨道倾角的偏导数：

$$\frac{\partial \boldsymbol{r}_k}{\partial i_0} = \frac{\partial \boldsymbol{r}_k}{\partial i_k}\frac{\partial i_k}{\partial i_0} = r_k \sin u_k\begin{pmatrix} \sin i_k \sin \Omega_k \\ -\sin i_k \cos \Omega_k \\ \cos i_k \end{pmatrix} \tag{5.5.72}$$

计算位置矢量对轨道倾角变化率的偏导数：

$$\frac{\partial \boldsymbol{r}_k}{\partial \dot{i}} = \frac{\partial \boldsymbol{r}_k}{\partial i_k}\frac{\partial i_k}{\partial \dot{i}} = \frac{\partial \boldsymbol{r}_k}{\partial i_0}(t - t_{0e}) \tag{5.5.73}$$

下面依次计算位置矢量对各个调和系数的偏导数：

$$\begin{aligned}\frac{\partial \boldsymbol{r}_k}{\partial C_{uc}} &= \frac{\partial \boldsymbol{r}_k}{\partial u_k}\frac{\partial u_k}{\partial \delta\phi_k}\frac{\partial \delta\phi_k}{\partial C_{uc}} \\ &= r_k\cos(2\phi_k)\begin{pmatrix} -\sin u_k\cos \Omega_k - \cos u_k\sin \Omega_k\cos i_k \\ -\sin u_k\sin \Omega_k + \cos u_k\cos \Omega_k\cos i_k \\ \cos u_k\sin i_k \end{pmatrix}\end{aligned} \tag{5.5.74}$$

$$\begin{aligned}\frac{\partial \boldsymbol{r}_k}{\partial C_{us}} &= \frac{\partial \boldsymbol{r}_k}{\partial u_k}\frac{\partial u_k}{\partial \delta\phi_k}\frac{\partial \delta\phi_k}{\partial C_{us}} \\ &= r_k\sin(2\phi_k)\begin{pmatrix} -\sin u_k\cos \Omega_k - \cos u_k\sin \Omega_k\cos i_k \\ -\sin u_k\sin \Omega_k + \cos u_k\cos \Omega_k\cos i_k \\ \cos u_k\sin i_k \end{pmatrix}\end{aligned} \tag{5.5.75}$$

$$\frac{\partial \boldsymbol{r}_k}{\partial C_{rc}} = \frac{\partial \boldsymbol{r}_k}{\partial r_k}\frac{\partial r_k}{\partial \delta r_k}\frac{\partial \delta r_k}{\partial C_{rc}} = \cos(2\phi_k)\begin{pmatrix} \cos u_k\cos \Omega_k - \sin u_k\sin \Omega_k\cos i_k \\ \cos u_k\sin \Omega_k + \sin u_k\cos \Omega_k\cos i_k \\ \sin u_k\sin i_k \end{pmatrix} \tag{5.5.76}$$

$$\frac{\partial \boldsymbol{r}_k}{\partial C_{rs}} = \frac{\partial \boldsymbol{r}_k}{\partial r_k}\frac{\partial r_k}{\partial \delta r_k}\frac{\partial \delta r_k}{\partial C_{rs}} = \sin(2\phi_k)\begin{pmatrix} \cos u_k\cos \Omega_k - \sin u_k\sin \Omega_k\cos i_k \\ \cos u_k\sin \Omega_k + \sin u_k\cos \Omega_k\cos i_k \\ \sin u_k\sin i_k \end{pmatrix} \tag{5.5.77}$$

$$\frac{\partial \boldsymbol{r}_k}{\partial C_{ic}} = \frac{\partial \boldsymbol{r}_k}{\partial i_k}\frac{\partial i_k}{\partial \delta i_k}\frac{\partial \delta i_k}{\partial C_{ic}} = r_k\cos(2\phi_k)\sin u_k\begin{pmatrix} \sin \Omega_k\sin i_k \\ -\cos \Omega_k\sin i_k \\ \cos i_k \end{pmatrix} \tag{5.5.78}$$

$$\frac{\partial \boldsymbol{r}_k}{\partial C_{is}} = \frac{\partial \boldsymbol{r}_k}{\partial i_k}\frac{\partial i_k}{\partial \delta i_k}\frac{\partial \delta i_k}{\partial C_{is}} = r_k\sin(2\phi_k)\sin u_k\begin{pmatrix} \sin \Omega_k\sin i_k \\ -\cos \Omega_k\sin i_k \\ \cos i_k \end{pmatrix} \tag{5.5.79}$$

按上面的公式计算得到 t 时刻观测量对所有 17 个广播星历参数的偏导数矩阵。循环 m 次，依次计算所有采样点时刻的偏导数矩阵，得到式中的 $\boldsymbol{H}$ 矩阵，然后代入式(5.5.37)可以计算本次迭代对广播星历的修正量 $\boldsymbol{x}_i$。经过多次迭代，可以完成对广播星历的拟合。

5.5.3 无奇点星历生成技术

1. 开普勒轨道根数奇点分析

如表5.5.1所示，GPS/Galileo/BDS导航电文中的卫星轨道参数均采用开普勒轨道根数加调谐项的表示方法,但是小偏心率和小倾角条件下开普勒根数表达方式具有奇异性,小偏心率导致平近点角 M_0 和近地点幅角 ω 无法区分,小倾角导致升交点经度 Ω 和近地点幅角 ω 无法区分,两者同时存在时, M_0、ω 和 Ω 三者无法严格区分。上述两类奇点对拟合效果有很大影响,甚至导致拟合法方程奇异,使得拟合不收敛。

由式(5.5.63)、式(5.5.64)和式(5.5.70)可得

$$\lim_{e\to 0}\left(\frac{\partial \boldsymbol{r}_k}{\partial M_0}-\frac{\partial \boldsymbol{r}_k}{\partial \omega}\right)=\lim_{e\to 0}\left\{\frac{A_k e\sin E_k}{1-e\cos E_k}\frac{\boldsymbol{r}_k}{r_k}+\left[\frac{\sqrt{1-e^2}}{(1-e\cos E_k)^2}-1\right]\frac{\partial \boldsymbol{r}_k}{\partial \omega}\right\}=0 \tag{5.5.80}$$

$$\lim_{i_k\to 0}\left(\frac{\partial \boldsymbol{r}_k}{\partial \Omega_0}-\frac{\partial \boldsymbol{r}_k}{\partial \omega}\right)=\lim_{i_k\to 0}\left\{r_k\begin{bmatrix}-(1-\cos i_k)\sin(\Omega_k-u_k)\\(1-\cos i_k)\cos(\Omega_k-u_k)\\-\cos u_k\sin i_k\end{bmatrix}\right\}=0 \tag{5.5.81}$$

由式(5.5.80)可以看到，偏心率趋于0时，轨道对平近点角的偏导数与对近地点幅角的偏导数相等，使得偏导数矩阵式(5.5.37)秩小于17，无法拟合获得广播星历。此外,由式(5.5.81)可以看到，轨道倾角趋于0时，轨道对升交点经度的偏导数与对近地点幅角的偏导数相等，同样使得偏导数矩阵式(5.5.37)秩小于17，此时亦无法拟合获得广播星历。一方面,北斗全球卫星导航系统星座设计包含GEO、IGSO和MEO等多种类型轨道,其中GEO卫星轨道倾角接近0，存在式(5.5.81)描述的奇点;另一方面,各类卫星轨道设计为圆形轨道,其轨道偏心率很小,存在式(5.5.80)描述的奇点。

2. 消除奇点的拟合方法

对于GEO卫星,可通过坐标旋转,在GEO卫星轨道中引入附加轨道倾角,消除轨道倾角为0的奇异点,然后再进行拟合生成广播星历。

对于 $e\approx 0$ 的情况,可以通过坐标变换、自主调整拟合弧长与初值精度、拟合无奇点根数等方法解决。在保证无奇点根数到广播星历参数转换精度的前提下,工程中应用较多的是无奇点根数拟合方法。轨道力学中使用的无奇点根数包括式(5.5.82)中的第一类无奇点根数和式(5.5.83)中的第二类无奇点根数，其中第一类无奇点根数仅适用于小偏心率轨道,第二类无奇点根数同时适用于小偏心率和小倾角轨道(黄华,2012)。

$$\sigma_1=(a\quad i\quad \Omega_0\quad \xi=e\cos\omega\quad \eta=e\sin\omega\quad \lambda=M_0+\omega) \tag{5.5.82}$$

$$\sigma_2=\begin{bmatrix} a \\ \xi = e\cos(\omega+\Omega_0) \\ \eta = e\sin(\omega+\Omega_0) \\ h=\sin i\cos\Omega_0 \\ k=\sin i\sin\Omega_0 \\ \lambda = M_0+\omega+\Omega_0 \end{bmatrix}^{\mathrm{T}} \tag{5.5.83}$$

式中，$\sigma_0=(a\quad i\quad \Omega_0\quad e\quad \omega\quad M_0)$ 为卫星的开普勒根数。其中，由式(5.5.82)可得到第一类无奇点根数到开普勒根数的转换关系，如式(5.5.84)所示：

$$\sigma_0=\left(a\quad i\quad \Omega_0\quad e=\sqrt{\xi^2+\eta^2}\quad \omega=\tan^{-1}\left(\frac{\eta}{\xi}\right)\quad M_0=\lambda-\omega\right) \tag{5.5.84}$$

如表 5.5.1 所示，广播星历中除了开普勒六根数还包括 11 个摄动参数。一方面，虽然两类无奇点根数与开普勒根数之间均不存在转换误差，但是第二类无奇点根数中部分参数已经没有明确的物理意义，需要重新设计摄动参数，并更新摄动参数变换关系，计算过程复杂。因此，针对导航卫星仅偏心率近零的轨道，一般不采用第二类无奇点根数。

另外，第一类无奇点根数与开普勒根数可以相互转换，仍旧保留了轨道倾角 i 和升交点经度 Ω_0，因此对于 i 和 Ω_0 两个参数的摄动参数 $\dot{\Omega}$、$\dot{i}_0$、C_{is}、C_{ic} 可以直接保留；摄动参数中没有对 ω 的修正参数，因此 Δn_0 和 $\Delta\dot{n}$ 相当于对 $\lambda=M_0+\omega$ 的修正量，所以 Δn_0 和 $\Delta\dot{n}$ 也可以直接保留；基于第一类无奇点根数计算获得的 r、u 与开普勒根数计算的结果相同，因此针对此两个参量的摄动参数 C_{us}、C_{uc}、$\dot{A}$、C_{rs}、C_{rc} 同样可以直接保留（黄华，2012）。

综合上述分析，第一类无奇点根数可与开普勒根数直接相互转换，且对第一类无奇点根数进行广播星历拟合，无须改变摄动参数，拟合方法简单可行。为完成广播星历拟合，需要计算获得式(5.5.37)中的偏导数矩阵，对于第一类无奇点轨道根数中新增变量的偏导数计算如下：

$$\frac{\partial \boldsymbol{r}_k}{\partial \lambda}=\frac{\partial \boldsymbol{r}_k}{\partial M_0}\frac{\partial M_0}{\partial \lambda}=\frac{\partial \boldsymbol{r}_k}{\partial M_0} \tag{5.5.85}$$

$$\frac{\partial \boldsymbol{r}_k}{\partial \xi}=A\boldsymbol{r}_k+B\boldsymbol{v}_k \tag{5.5.86}$$

$$\frac{\partial \boldsymbol{r}_k}{\partial \eta}=C\boldsymbol{r}_k+D\boldsymbol{v}_k \tag{5.5.87}$$

式中，$\boldsymbol{r}_k$ 为卫星轨道矢量；$\boldsymbol{v}_k$ 为卫星速度矢量；A、B、C、D 的定义如下：

$$A=\frac{A_k}{p}\left[-(\cos u_k+\xi)-\frac{r_k}{p}(\sin u_k+\eta)(\xi\sin u_k-\eta\cos u_k)\right] \tag{5.5.88}$$

$$B=\frac{A_k r_k}{\sqrt{\mu p}}\left[\sin u_k+\frac{A_k}{r_k}\eta\frac{\sqrt{1-e^2}}{1+\sqrt{1-e^2}}+\frac{r_k}{p}(\sin u_k+\eta)\right] \tag{5.5.89}$$

$$C=-\frac{A_k}{p}\left[(\sin u_k+\eta)-\frac{r_k}{p}(\cos u_k+\xi)(\xi\sin u_k-\eta\cos u_k)\right] \tag{5.5.90}$$

$$D=-\frac{A_k r_k}{\sqrt{\mu p}}\left[\cos u_k+\frac{A_k}{r_k}\xi\frac{\sqrt{1-e^2}}{1+\sqrt{1-e^2}}+\frac{r_k}{p}(\cos u_k+\xi)\right] \tag{5.5.91}$$

式中，$p=A_k(1-e^2)$。

3. 无奇点星历生成算法流程

基于第一类无奇点根数的广播星历拟合算法的基本思路是取第一类无奇点根数为拟合状态量，以避免方程奇异。新的拟合状态量选取如下：

$$\begin{aligned}X_1=(&\Delta A,\ \dot{A},\ \Delta n_0,\ \Delta\dot{n},\ \lambda,\ \xi,\ \eta,\ \Omega_0,\ i_0,\ \Delta\dot{\Omega},\\&\dot{i}_0,\ C_{is},\ C_{ic},\ C_{rs},\ C_{rc},\ C_{us},\ C_{uc})\end{aligned} \tag{5.5.92}$$

由于卫星播发的广播星历最终为开普勒根数和摄动调谐参数，并且为了与基本的广播星历参数拟合过程兼容，基于第一类无奇点根数的拟合算法并不是在5.5.2节的全部拟合过程都使用新的状态量，拟合完成之后再转换为广播星历 X_0。而是在每次迭代过程中，仍旧使用基本广播星历参数 X_0，按照5.5.1节中的方法计算卫星在任意时刻的位置速度，进而计算拟合残差；同时仍旧使用5.5.2节中的方法计算广播星历初值，并按照式(5.5.82)计算第一类无奇点根数初值。然后在5.5.2节的偏导数计算过程中和广播星历参数修正量计算过程中采用第一类无奇点根数。每经过一次迭代，相应的第一类无奇点广播星历参数为

$$X_{1/i+1}=x_i+X_{1/i} \tag{5.5.93}$$

每次迭代过程之后，将拟合迭代得到的第一类无奇点广播星历参数 $X_{1/i+1}$ 按照式(5.5.84)转换为基本广播星历参数 $X_{0/i+1}$ 参与进一步的迭代过程，其无奇点根数广播星历拟合流程图如图5.5.1所示。

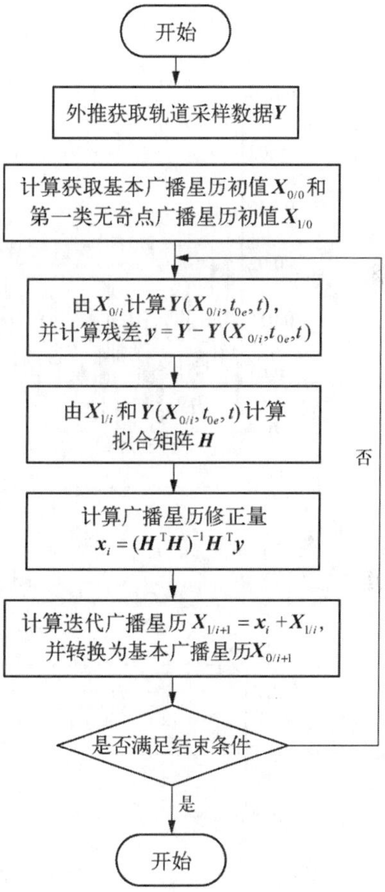

图5.5.1 无奇点根数广播星历拟合流程图

5.5.4 仿真分析

考虑到各大GNSS系统主要服务卫星一般为大倾角MEO卫星，本小节主要基于模拟

MEO 卫星轨道数据对 18 参数广播星历进行拟合仿真分析。卫星精密轨道由 STK 软件产生,考虑的摄动力包括 GGM02C 70×70 阶地球非球形引力、日月三体引力、地球固体潮汐摄动和太阳光压摄动(标准光压模型)。

1. 18 参数广播星历直接拟合结果

工程实际中,导航卫星轨道偏心率一般大于 10^{-3},此时可直接拟合生成 18 参数广播星历,仿真轨道数据为半长轴 $a = 27\,906$ km,偏心率 $e = 10^{-3}$,轨道倾角 $i = 55°$,升交点赤经 $\Omega = 0°$,近地点幅角 $\omega = 0°$,平近点角 $M_0 = 100°$。针对不同拟合时长、不同采样间隔进行仿真分析,拟合数据配置包括 3 h/15 min、4 h/15 min、3 h/10 min、3 h/5 min,各类情况下的轨道拟合误差和速度拟合误差如图 5.5.2~图 5.5.5 所示。

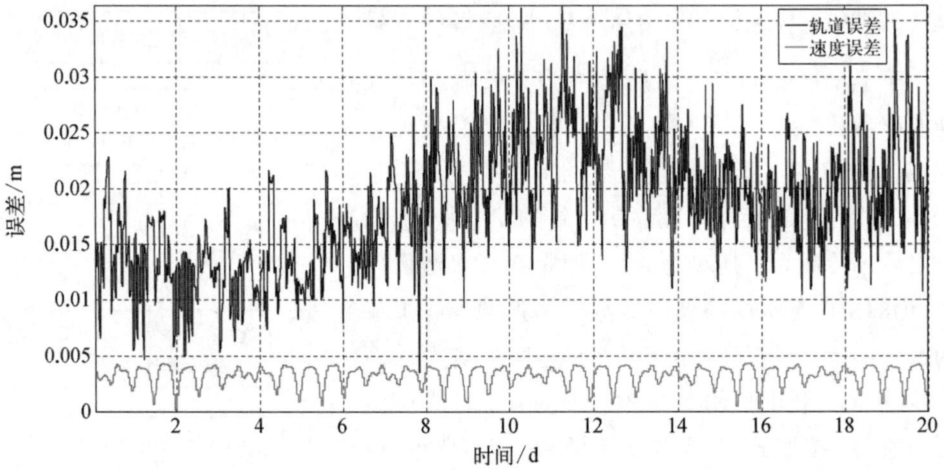

彩图

图 5.5.2 拟合误差(4 h/15 min)

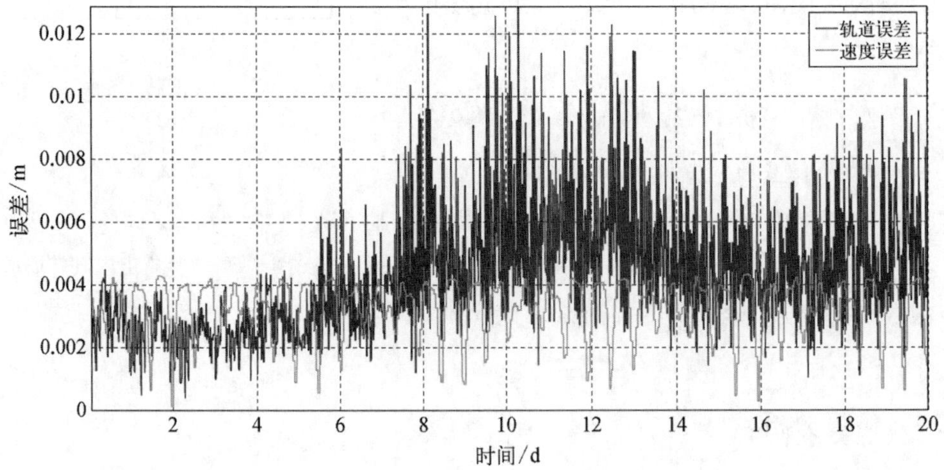

彩图

图 5.5.3 拟合误差(3 h/15 min)

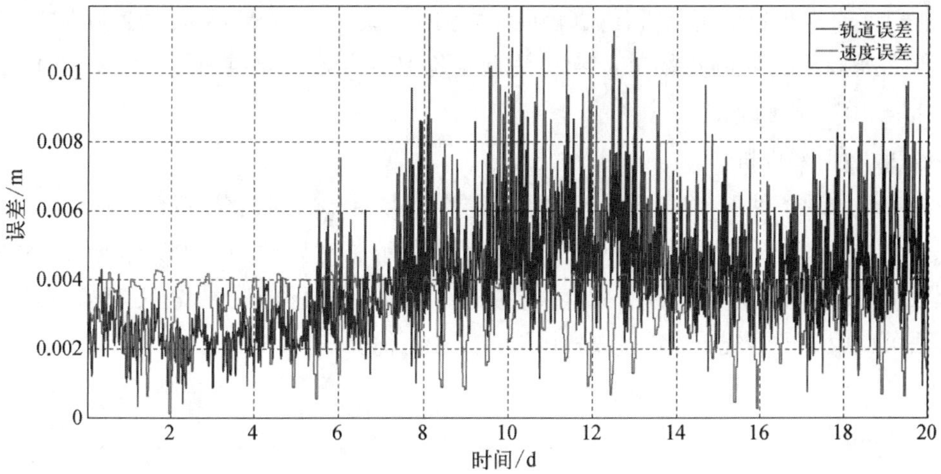

彩图

图 5.5.4　拟合误差(3 h/10 min)

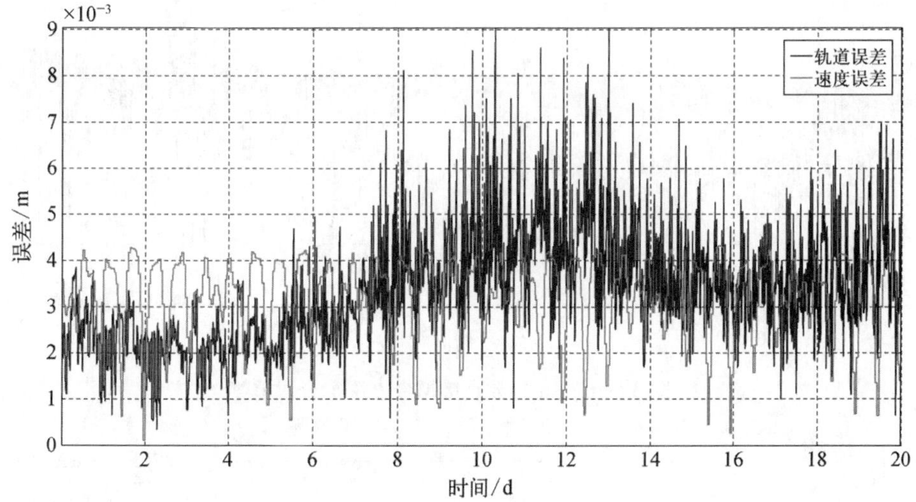

彩图

图 5.5.5　拟合误差(3 h/5 min)

对比 4 h/15 min 和 3 h/15 min 两种数据配置下的拟合结果,可以看到使用 3 h/15 min 弧段拟合误差相对更小,这是因为拟合弧段越长,轨道长期摄动误差越大,导致拟合误差越大,但是拟合时长太短将无法完全反应轨道摄动特性,导致拟合失败。因此,3 h 是工程中常用的数据采样时长。另外,对比拟合弧段为 3 h,使用不同的采样间隔的拟合误差,可以发现拟合误差随着采样间隔的增大稍有增大,但是误差增加很少。所以为了减少计算量,可以选择 3 h/15 min 获取数据。在工程应用中,无论哪种组合都需要考虑计算量的变化,需要在精度和计算量之间平衡考虑。

2. 无奇点根数拟合结果

考虑到实际 GNSS 导航卫星为近圆轨道,其轨道偏心率接近为 0,因此针对小偏心率条件进行无奇点根数仿真分析，仿真轨道参数为半长轴 $a = 27\,906$ km、轨道倾角 $i = 55°$、升交点赤经 $\Omega = 0$、近地点幅角 $\omega = 0$、平近点角 $M_0 = 100°$，轨道偏心率取 $e = 10^{-3}$、$e = 10^{-4}$、$e = 10^{-5}$ 三种配置。

1）收敛误差分析

在 $e = 10^{-3}$ 条件下，将拟合迭代次数固定为5，统计18参数直接拟合方法与无奇点根数拟合方法的拟合误差如图5.5.6和图5.5.7所示。对比两图，可以看到在同样的迭代次数下，18参数直接拟合方法拟合误差更小。因此，在轨道偏心率较大18参数直接拟合方法可以收敛的情况下，18参数直接拟合方法更优。

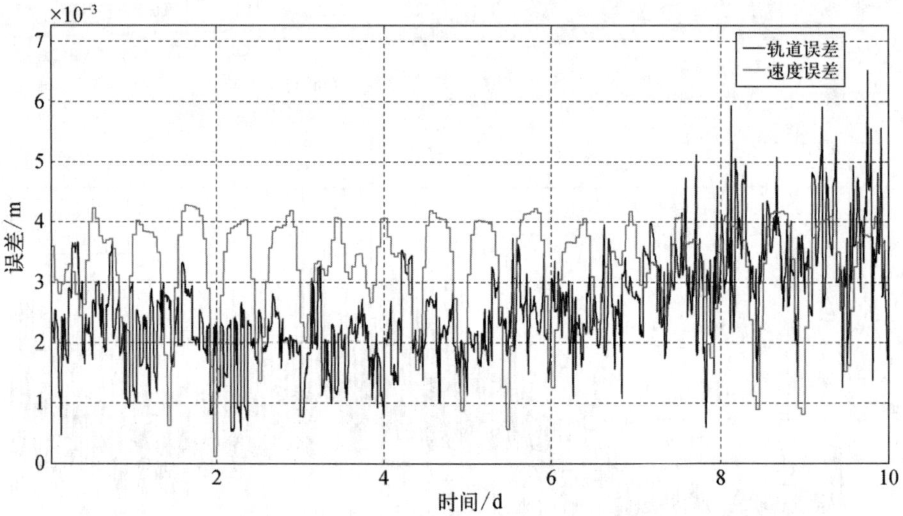

彩图

图 5.5.6　18 参数直接拟合方法拟合误差

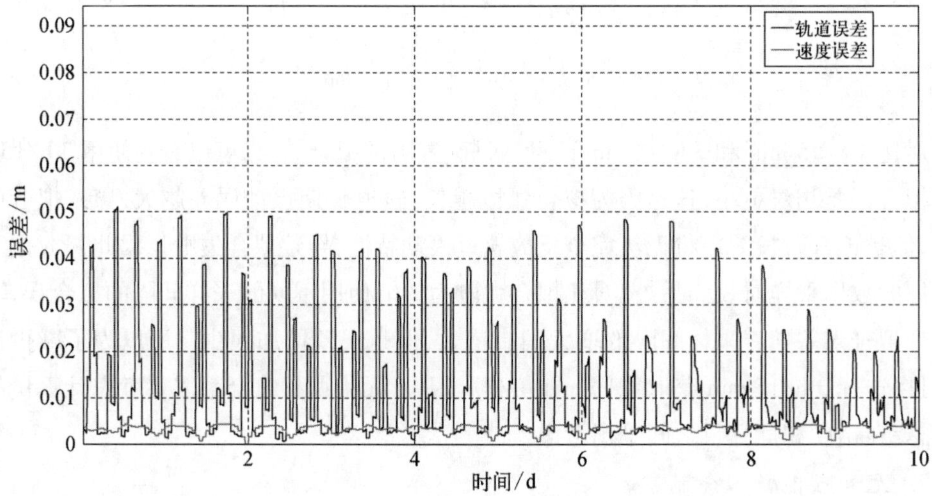

彩图

图 5.5.7　无奇点根数拟合方法拟合误差

2）收敛性能分析

针对偏心率 $e=10^{-3}$、$e=10^{-4}$、$e=10^{-5}$ 三种轨道，仅固定收敛条件，分别使用18参数直接拟合方法与无奇点根数拟合方法进行拟合，拟合误差如图5.5.8～图5.5.13所示。

（1）偏心率 $e=10^{-3}$ 轨道。

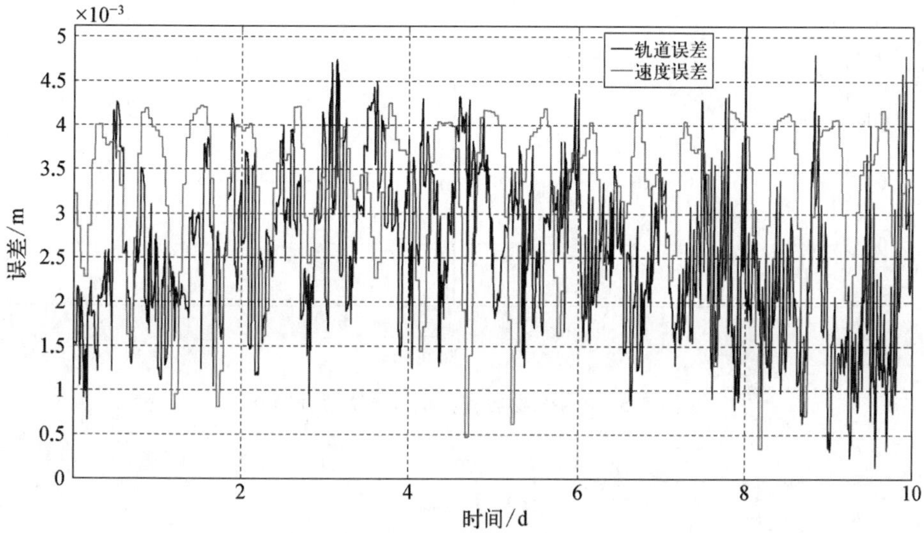

彩图

图5.5.8　18参数直接拟合方法拟合误差

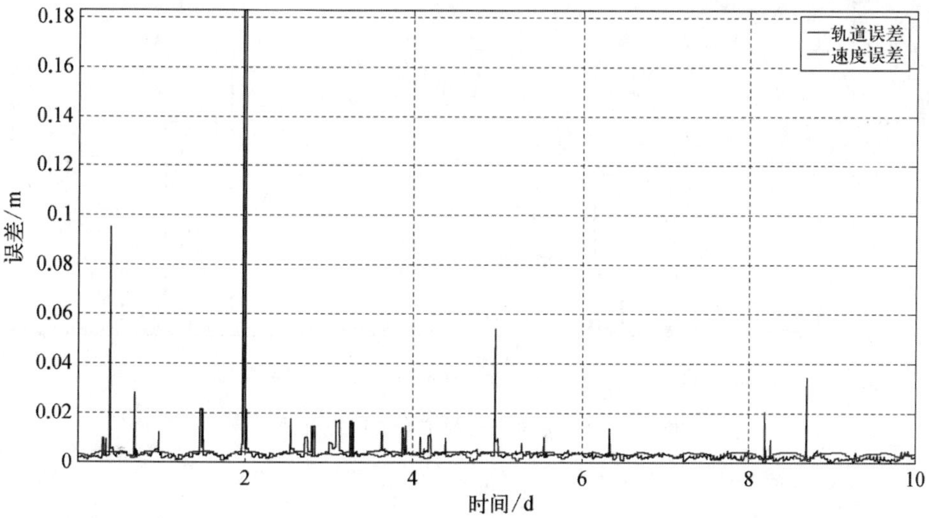

彩图

图5.5.9　无奇点根数拟合方法拟合误差

（2）偏心率 $e = 10^{-4}$ 轨道。

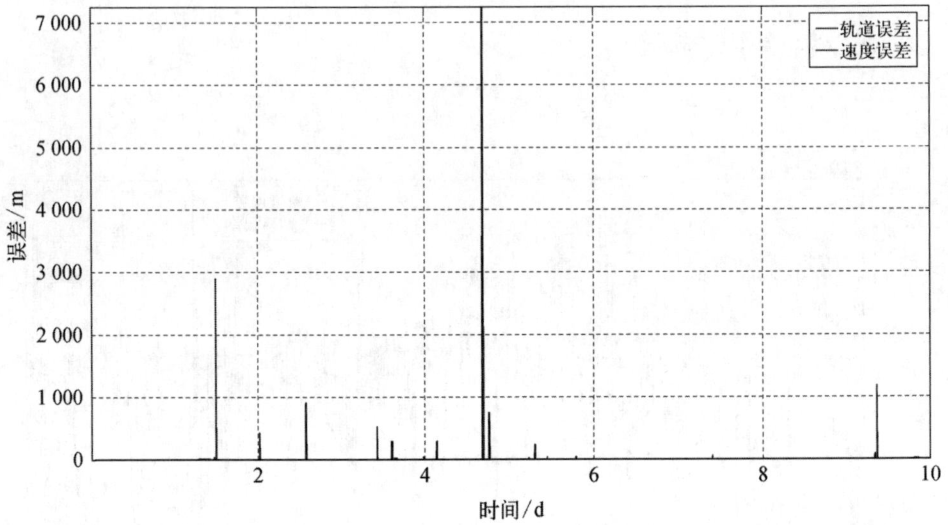

彩图

图 5.5.10　18 参数直接拟合方法拟合误差

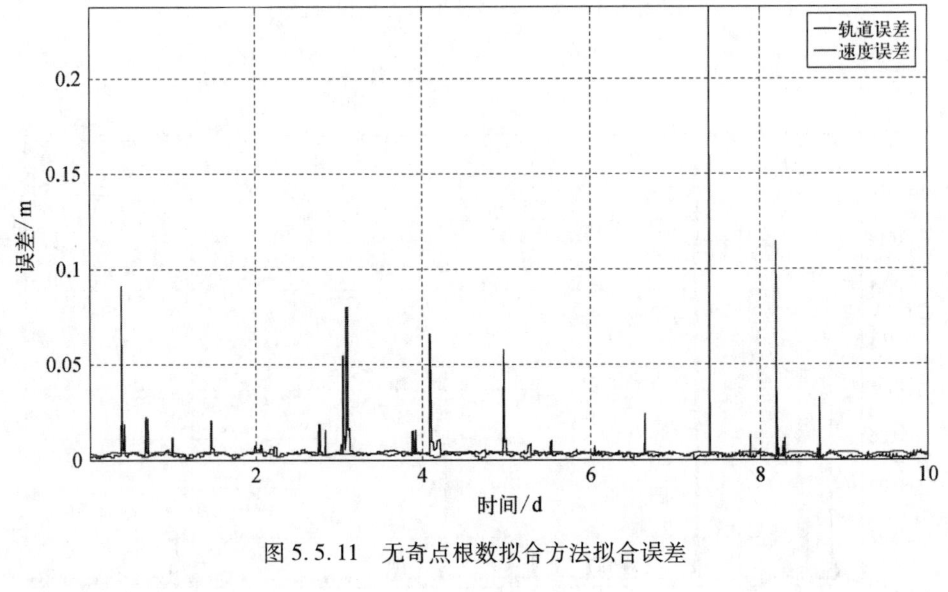

彩图

图 5.5.11　无奇点根数拟合方法拟合误差

（3）偏心率 $e=10^{-5}$ 轨道。

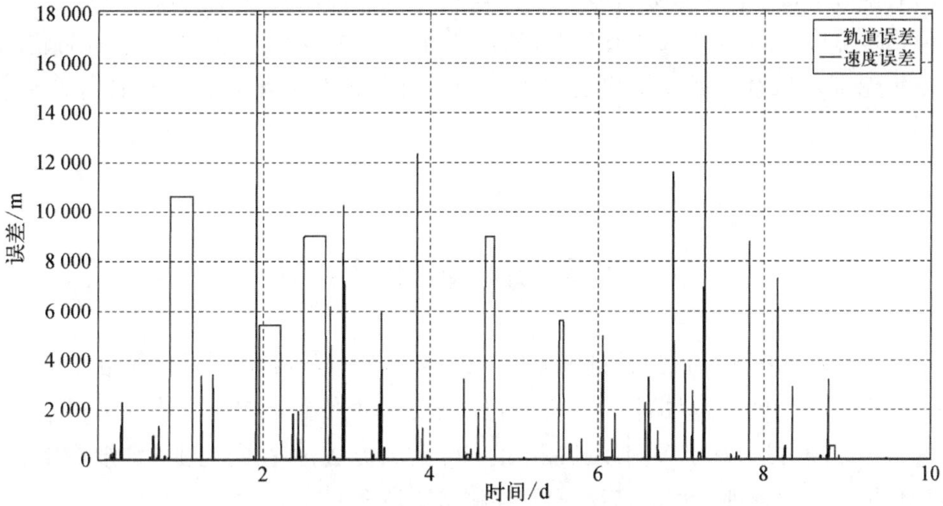

图 5.5.12　18 参数直接拟合方法拟合误差

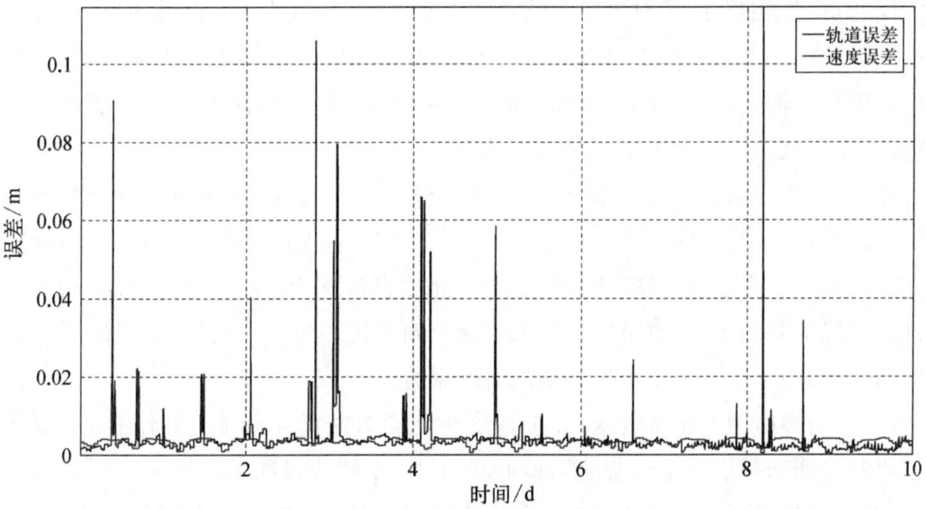

图 5.5.13　无奇点根数拟合方法拟合误差

统计上图各种仿真条件下，两种拟合方法的成功概率如表 5.5.2 所示。由下表可以看出，18 参数直接拟合方法在偏心率很小的条件下存在拟合失败的情况，但是无奇点拟合方法则 100%拟合成功，完全解决了偏心率很小条件下的拟合奇异问题。

表 5.5.2　拟合收敛成功概率

拟合方法	$e=10^{-3}$	$e=10^{-4}$	$e=10^{-5}$
18 参数直接拟合方法	100%	76.6%	70.7%
无奇点拟合方法	100%	100%	100%

综合上述仿真结果可以看出,在 $e > 0.001$ 时,两种方式都无失败,这也是当前导航卫星常用的偏心率,此时 18 参数直接拟合方式收敛速度快,收敛误差小,所以选择该种方式。但是也可以看到当 $e < 0.001$ 时,普通拟合方式存在不收敛的点,所以在此种情况下,选择使用无奇点拟合方式。工程实现中可通过计算的偏心率初值择优选择两种拟合方式。

5.6 本章小结

本章详细地介绍了导航卫星自主运行中关键的自主定轨算法以及导航电文自主生成技术。根据所使用的测量数据不同,主要包括基于星间链路的自主定轨方法、基于星敏/地敏的自主定轨方法、基于 X 射线脉冲星的自主定轨方法,并在此基础上详细地介绍了多种测量数据的融合处理方法,最后给出了导航星历拟合方法。

基于星间链路的自主定轨方法是所有定轨方法中精度最高的定轨手段,本书首先从工程实现的角度详细介绍了自主导航的总体方案,并对其中的自主轨道预报技术、基于长期预报星历的标准卡尔曼自主定轨方法以及扩展卡尔曼自主定轨方法进行了详细研究,并对比分析了两种定轨方法的优缺点。此外,针对基于星间链路的自主定轨方法存在的星座整体旋转问题,详细阐述了基于锚固站的自主定轨方法。

另外,本章节详细地阐述了基于星敏/地敏和 X 射线脉冲星观测量的天文自主定轨原理与算法,支持完全脱离地面支持自主定轨,可有效消除星座在惯性系中的整体旋转。但是上述两种天文自主定轨方法定轨精度不高,无法直接支持导航服务。为此,在上述多种自主定轨手段的基础上,本章节对多类数据融合自主定轨方法进行研究,提出了分布卡尔曼滤波算法,实现了不同测量精度手段的有效融合。

最后,针对导航卫星服务需求,在上述多种定轨方法的基础上,对导航星历拟合算法进行了研究。面向导航卫星近圆轨道偏心率过小、在某些特殊条件下无法拟合收敛的问题,详细推导了导航星历直接拟合方法和无奇点星历拟合方法,可以满足不同轨道场景下导航星历拟合需求。

第6章 导航卫星自主时间同步技术

导航卫星时间同步精度是影响地面用户定位误差的主要因素,基于星间测距的自主时间同步算法能够利用星间观测信息自主修正和确定卫星原子钟的钟差,维持星座内卫星的时间同步,是导航星座的自主导航的关键技术。

本章推导了基于星间测距的自主时间同步算法的观测方程和原子钟状态方程,并针对GPS星座卫星进行了仿真。最后,针对基于星间测距的自主时间同步算法存在的星钟整体漂移问题,提出了一种X射线脉冲星与星间测距相结合的时间基准维持算法,以消除星钟的整体漂移,提高时间同步精度。

6.1 自主守时技术

目前,时间系统的维持(守时技术)分为两种模式:地面守时模式(常规模式)与自主守时模式(特殊模式)。

6.1.1 地面守时模式

1. 时间系统

目前的时间系统一般认为包括分布于不同地点的原子钟、原子钟间的同步(站间、星地、站内)设备、系统时间生成算法、产生系统时间的主钟、系统时间溯源系统等几部分(李孝辉,2010;吴海涛等,2011)。

时间系统作为系统时间的物理载体,其组成一般如图6.1.1所示,时间系统的基础是守时钟组,守时钟组包括地面原子钟和星载原子钟,地面原子钟分布在各地面站,通过远程时间比对、实验室内部比对、星地时间比对等方式,完成钟组之间的相互比对,而比对结果用来产生系统时间。

使用钟组相互比对数据,通过守时算法产生自由原子时,自由原子时使用基准型原子钟的数据进行校准,以获得纸面的系统时间,纸面的系统时间数据和系统时间溯源数据用来对主钟系统进行校准,产生实时的物理信号。

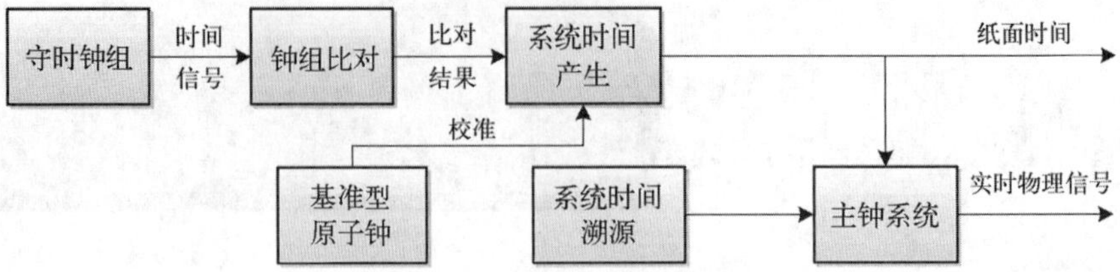

图 6.1.1 时间系统的组成

地面守时模式下,时间系统包括守时原子钟(星载原子钟、地面守时原子钟、基准型原子钟)、原子钟之间相互比对、系统时间产生等技术。

地面守时模式下的时间系统功能如图 6.1.2 所示。

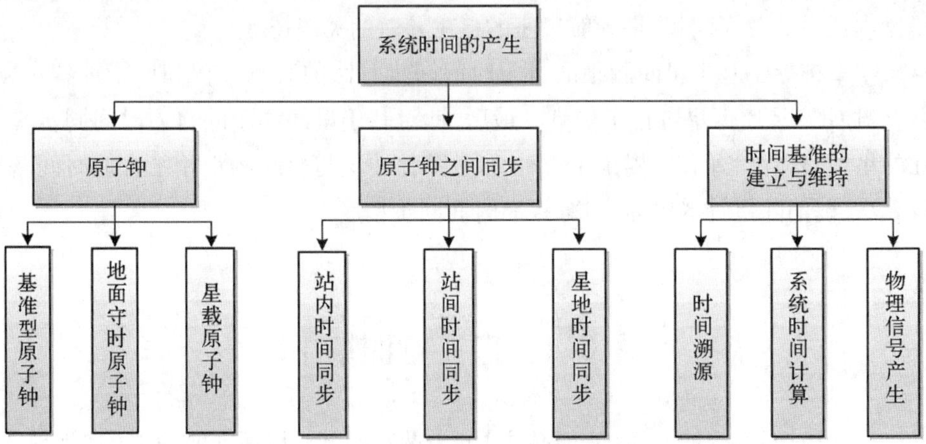

图 6.1.2 地面守时下时间系统的功能

时间系统的功能主要在于产生纸面系统时间和实时物理信号。

通过时间比对设备采集各台原子钟的钟差数据,使用一定的时间尺度算法(如常用的 ALGOS 加权算法)得到纸面时间,然后对主钟系统进行驾驭得到实时物理信号。

接下来以 GPS 为例来简要介绍一下其系统时间的产生过程。

GPS 系统包括空间星座部分和地面监控部分。空间星座部分包括 24 颗 GPS 卫星,每颗卫星都配备数台原子钟,以维持高精度高稳定度的星上时间。地面监控部分包括主控站、注入站和监测站,监测站通过接收机对 GPS 卫星进行连续观测和数据采集,稍做处理后再传送给主控站。主控站是整个 GPS 的核心,它协调和控制地面监控部分的工作,通过接收、处理所有监测站传来的数据,监视所有卫星的运行轨道、计算卫星与地面站钟差,然后对这些钟差信息进行分析,得出系统内每台钟相对于系统时间的偏差,基于此对原子钟的模型参数进行拟合,之后上注给卫星。此外,在主控站计算出的系统时间 GPST 还要溯源于 UTC[美国海军天文台(United States Naval Observatory,USNO)],通过在 USNO 放置定时接收机接收 GPS 空中信号来监测 GPST 的偏移,从这些数据当中估计 UTC(USNO)-GPST 日偏移。这个日偏移被送往 GPS 主控站,由主控站发往卫星进行广播。

2. 站间时间同步

时间同步有两种含义：狭义的时间同步，指两个钟的时间读数完全相同；广义的时间同步，是指获得两个钟的钟差，实际中，通常采用广义的做法。

依据需要同步的对象，时间同步可以分为星地时间同步、站间时间同步、星间时间同步以及星内时间同步，本节介绍目前比较常用的站间时间同步的方法（吴海涛等，2011）。

1）GPS共视时间传递（高玉平等，2004）

GPS共视是以GPS卫星钟时间作为公共参考源，相距遥远的两个时间实验室同步观测相同卫星，测定实验室时间与卫星钟时间之差，通过比较两个实验室的观测结果，来确定两个实验室时间的相对偏差。

GPS单向时间传递原理：求出本地原子钟与GPST的钟差。对于单颗GPS卫星，卫星在t_0时刻（以星载钟为参考）发射伪码信号，接收机在t_r时刻（以本地原子钟为参考）收到该伪码信号，通过相关处理，得到伪时延δt_{iA}，接收机天线中心的位置可以预先确定，根据导航电文可知卫星的星历和电离层附加时延，根据气象等参数可知对流层附加时延。因此，可以计算出本地钟和星载钟的钟差：

$$d_{iA} = c(\delta t_{iA} + \varepsilon_{iA} + \Delta t_{iA}) \tag{6.1.1}$$

式中，d_{iA}为卫星到接收机天线的真实几何距离（根据星历可以算出卫星位置，接收机位置精确已知）；ε_{iA}为大气层附加时延（含电离层和对流层）；Δt_{iA}为待解参数，是接收机钟与星载钟i的钟差。

GPS共视法的优点：完全消除了星钟误差的影响，部分消除了卫星位置误差，部分消除了对流层和电离层的附加时延误差。

2）双向卫星时间频率传递

利用GEO卫星的双向卫星时间频率传递是目前国际计量局（Bureau International des Poids et Mesures，BIPM）进行国际时间比对所采用的主要方法之一。卫星双向时间传递的基本原理是，通过卫星转发各自的时间信息，测站测量本地时间脉冲与接收时间脉冲间的时间间隔，求取站间时间差。该方法由于信号传递路径对称，链路上所有传播路径的时延几乎都可以抵消，因而时间同步精度很高。

3）激光时间传递

激光时间传递方法利用星载钟/激光后向发射器、光子探测器、光子到达时刻测量设备实现高精度时间传递，其时间同步精度可达1 ps。实现过程如下。

（1）首先实现单站与卫星之间的星地时间同步。

（a）地面激光站向卫星发射激光脉冲信号，星载的激光后向反射器收到光子后使其原路返回，地面站收到返回的光子，通过高精度计数器测量光子从发射到接收的总时间，即实现自发自收的卫星测距；

（b）另外，一部分光子到达卫星时，光子到达时刻测量设备会记录到达时刻，因而实

现了伪距测量(含距离、星地钟差);

(c) 对(a)和(b)的距离和伪距做差,可以得到星地钟差,即“A 站钟-星载钟”;

(d) 同理可得“B 站钟-星载钟”。

(2) 利用共视原理实现站间时间同步,可得到 A 站钟- B 站钟。

(3) 具体的系统误差扣除方法还需参考 GPS 共视时间传递原理。

3. *原子时尺度算法*

时间尺度算法在于提高系统输出物理信号的稳定度、准确度以及可靠性。上一小节中提到,充分利用分布于整个世界上的多台原子钟来产生国际原子时(International Atomic Time,TAI),其中很重要的内容就是原子时尺度算法,本小节将分别介绍两种原子时尺度算法,ALGOS 被 BIPM 采用来生成 TAI,而美国的国家标准技术研究院使用 AT1 原子时尺度算法(Tavella and Thomas,1991;李变,2005;袁海波,2005;伍贻威,2011;郭吉省,2013)。

1) ALGOS

TAI 在计算中使用的基本数据是不同原子钟之间的钟差,以 10 d 为间隔。每 60 d 更新一次:

$$t = t_0 + nT/6,\ n = 0,\ 1,\ \cdots,\ 6,\ T = 60\ \mathrm{d} \tag{6.1.2}$$

t_0 是前一个两月间隔的终点。自由原子时标(Echelle Atomique Libre,EAL)更新间隔是 10 d,计算周期是 60 d:

$$\mathrm{EAL}(t) = \frac{\sum_{i=1}^{N} p_i[h_i(t) + h_i'(t)]}{\sum_{i=1}^{N} p_i} \tag{6.1.3}$$

式中,$h_i(t)$ 为每台钟的钟面时;N 为原子钟的数量;p_i 为 H_i 钟的权重;$h_i'(t)$ 为时间修正量,为了保证时间和频率的连续性,因此每台钟的权重可能发生变化,而且原子钟的数量同样可能发生变化。

假定:

$$x_i(t) = \mathrm{EAL}(t) - h_i(t) \tag{6.1.4}$$

则钟 H_i 和钟 H_j 的钟差可以表示为

$$x_{ij}(t) = h_j(t) - h_i(t) \tag{6.1.5}$$

式中,$x_i(t)$ 为每台钟的钟面时与系统时间的偏差,是计算结果,而非测量结果,系统时间并不是物理信号,而是通过一定算法得出的一个参考基准,可以通过 $[x_i(t) + h_i(t)]$ 来间接评估系统时间尺度的特性:

$$\begin{cases} \sum_{i=1}^{N} p_i x_i(t) = \sum_{i=1}^{N} p_i h'_i(t) \\ x_{ij}(t) = h_j(t) - h_i(t) \end{cases} \tag{6.1.6}$$

由式(6.1.4)可以得到每台钟在每个测量时刻相对于系统时间的钟差：

$x_i(t_0 + nT/6)$, $n = 0, 1, \cdots, 6$, 而后可以使用这些数据结合最小二乘法得出两个月内的平均频偏 $B_i(t_0 + T)$。

而 $h'_i(t) = a_i(t_0) + B_{ip}(t) \cdot (t - t_0)$，$a_i(t_0)$ 是 t_0 时刻的时间修改量，$a_i(t_0) = \mathrm{EAL}(t_0) - h_i(t_0) = x_i(t_0)$，而 $B_{ip}(t)$ 是原子钟在 $[t_0, t]$ 内频偏的预测值，其中 $t - t_0 = nT/6$，$n = 0, 1, \cdots, 6$。实际上，$B_{ip}(t)$ 在 $[t_0, t + T]$ 内使用同一个预测值，就是上一个两月周期通过最小二乘法得到的频偏 $B_i(t_0)$。

当 $T = 60$ d 时，原子钟最主要的噪声是频率随机游走噪声，对下一个周期的频偏的最优估计就是上一个周期频偏的计算值。

权重 p_i 的选择与更新过程如下：

(1) 首先使用上一周期的计算结果，由式(6.1.4)得到 $x_i(t_0 + nT/6)$, $n = 0, 1, \cdots, 6$;

(2) 得到 $B_i(t_0 + T)$;

(3) 使用 $B_i(t_0 + T)$ 以及前 5 个周期的频偏计算值，求出方差 $\sigma_i^2(6, T)$;

(4) 求取临时权重 p'_i: $p'_i = \dfrac{10\,000}{\sigma_i^2(6, T)}$;

(5) 除了以下两种情况外，更新值 $p_i = p'_i$;

(a) 如果 $\sigma_i(6, T) \leqslant 3.16$ ns/d, $p_i = 1\,000$，若某台钟的性能过好，需要对其权重进行限制，不能太大。

(b) 如果某台钟异常，$p_i = 0$，对于每台钟而言，首先使用前 5 个周期的频偏计算其平均频偏 $\bar{B}_i$ 和方差 $s_i^2(5, T)$，而如果噪声为随机游走频率噪声，那么 $s_i^2(6, T) = \dfrac{6}{5} s_i^2(5, T)$，如果 $\dfrac{B_i(t_0 + T) - \bar{B}_i}{s_i(6, T)} > 3$，钟的权重为 0。

2) AT1

美国国家标准与技术研究院(National Institute of Standards and Technology, NIST)的 10 台铯钟通过加权处理来优化稳定度，钟组维持的时间尺度的频率需要经过标准频率源的修正以保证其准确度。

AT1 的建立过程中，每两个小时进行一次钟差的测量，得到数据后，立即进行时间尺度的计算，而不会攒到一起解决，因此是一个实时计算的时间尺度。

每台钟与系统时间的钟差可以表示为

$$x_i(t)=\mathrm{AT1}(t)-h_i(t) \tag{6.1.7}$$

$t+\tau$ 时刻的钟差预测值为

$$\hat{x}_i(t+\tau)=x_i(t)+\hat{y}_i(t)\cdot\tau \tag{6.1.8}$$

修正值为

$$x_i(t+\tau)=\sum_{j=1}^{N}p_j\cdot[\hat{x}_j(t+\tau)-x_{ji}(t+\tau)] \tag{6.1.9}$$

那么 $t+\tau$ 时刻的频偏的预测值为

$$y_i(t+\tau)=\frac{x_i(t+\tau)-x_i(t)}{\tau} \tag{6.1.10}$$

对其进行修正：$\hat{y}_i(t+\tau)=\dfrac{1}{m_i+1}[y_i(t+\tau)+m_i\hat{y}_i(t)]$。式中，$m_i=\dfrac{1}{2}\left[-1+\left(\dfrac{1}{3}+\dfrac{4}{3}\dfrac{\tau^2_{\min,i}}{\tau^2}\right)^{1/2}\right]$，$\tau_{\min,i}$ 为稳定度达到最好时所对应的平滑时间，其实就是稳定度曲线的拐点处所对应的平滑时间。

而对于权重 p_j 的求解，步骤如下：

(1) 计算 $|\varepsilon_i(\tau)|=|\hat{x}_i(t+\tau)-x_i(t+\tau)|+K_i$；

(2) 计算 $\langle\varepsilon_i^2(\tau)\rangle_{t+\tau}=\dfrac{1}{N_r+1}[\varepsilon_i^2(\tau)+N_r\langle\varepsilon_i^2(\tau)\rangle_t]$，$p_i=\dfrac{1}{\sum\limits_{i=1}^{N}\dfrac{1}{\langle\varepsilon_i^2(\tau)\rangle}}\cdot\dfrac{1}{\langle\varepsilon_i^2(\tau)\rangle}$。

其中 N_r 通常被设置为20~30，而 $K_i=0.8\cdot p_i\cdot(\langle\varepsilon_i^2(\tau)\rangle)^{1/2}$。可见AT1在计算的过程中，实时处理数据，不像ALGOS是事后处理。

由上可见：

(1) AT1是一种实时的时间尺度算法，每当获取一个测量数据后，便会马上计算钟差、权重和频偏；

(2) TAI是一种迟后的时间尺度算法，是事后处理一系列数据，虽然10 d就有一次时间比对，但总要等得到第7个测量数据才会进行计算。权重和频偏的更新需使用之前很长一段时间的数据。TAI更加注重时间尺度的可靠性和长期稳定度。

6.1.2 自主守时模式

前一小节中对地面模式下的守时技术进行了介绍，本小节主要探讨卫星自主运行模式下的守时技术，如图6.1.3所示，此时的时间系统包括星载原子钟、星间时间同步和系统时间计算等部分。

需要指出的是，卫星自主守时技术脱胎于地面守时技术，其基本思想相同。以均匀分

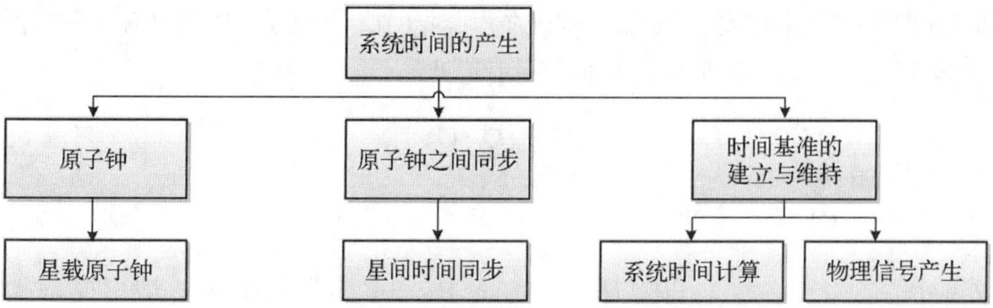

图 6.1.3　自主守时模式下时间系统的组成与功能

布于 3 个轨道面的 24 星 Walker 导航星座为例，每颗卫星配备 3~4 台原子钟，一主一备同时工作，则同一时间共有 48 台空间原子钟可用，其中包含了氢钟、铯钟与铷钟甚至冷原子钟。每颗导航卫星其实都是一个独立的时间系统，主备钟实时相互比对，而卫星配备的 Ka 或者激光链路可以进行卫星与卫星之间的高精度时间比对，此时再利用星间链路的数传功能将比对结果传递到某颗节点卫星，这颗卫星的星上处理器使用成熟的地面原子时尺度算法就可以建立起星座时间基准，然后将得到的每颗卫星与时间基准的钟差以及时间参数通过星间链路在整个星座进行分发就可以实现星座自主守时。

6.2　基于星间链路的自主时间同步技术

6.2.1　自主时间同步观测方程

设星座中有 2 颗相互可见卫星 S_i 和 S_j，则经电离层延迟改正、相对论改正、野值剔除和历元改算归正等数据预处理步骤之后的星间双向测距的伪距观测方程为

$$\bar{\rho}_{ij} = |\boldsymbol{r}_j(t) - \boldsymbol{r}_i(t)| + c \cdot (\delta t_j - \delta t_i) + \varepsilon_{ij} \tag{6.2.1}$$

$$\bar{\rho}_{ji} = |\boldsymbol{r}_i(t) - \boldsymbol{r}_j(t)| + c \cdot (\delta t_i - \delta t_j) + \varepsilon_{ji} \tag{6.2.2}$$

式中，$\bar{\rho}_{ij}$ 和 $\bar{\rho}_{ji}$ 为卫星 S_i 和卫星 S_j 之间经过历元改算归正到 t 时刻后的双向测量伪距；$\boldsymbol{r}_i(t)$ 和 $\boldsymbol{r}_j(t)$ 分别为卫星 i 和卫星 j 在 t 时刻的位置矢量；δt_i 和 δt_j 分别为卫星 i 和卫星 j 的钟差；ε_{ij}、ε_{ji} 为量测噪声。将式(6.2.1)和式(6.2.2)两边相减，从而得到含有时钟参数信息的伪距差测量方程为

$$\bar{\rho}_{ij} - \bar{\rho}_{ji} = 2c(\delta t_i - \delta t_j) + n_s \tag{6.2.3}$$

式中，n_s 为双向伪距差测量噪声，可视为零均值的高斯白噪声。

对上述方程进行变换，可以得到

$$\bar{\rho}_{ij} - \bar{\rho}_{ji} + 2c \cdot \delta_{tj} = 2c \cdot \delta_{ti} + n_s \tag{6.2.4}$$

此方程即为时钟卡尔曼滤波器的观测方程,对于第 i 颗卫星,假定其在 t_k 时刻有 m 颗卫星与其可见,则其观察方程可写为如下一般形式:

$$\boldsymbol{Z}_k = \boldsymbol{HX} + \boldsymbol{V} \tag{6.2.5}$$

式中,$\boldsymbol{Z}_k = \begin{bmatrix} \bar{\rho}_{i1} - \bar{\rho}_{1i} + 2c \cdot \delta_{t1} \\ \bar{\rho}_{i2} - \bar{\rho}_{2i} + 2c \cdot \delta_{t2} \\ \vdots \\ \bar{\rho}_{im} - \bar{\rho}_{mi} + 2c \cdot \delta_{tm} \end{bmatrix}$, $\boldsymbol{H} = \begin{bmatrix} 2c & 0 \\ 2c & 0 \\ \vdots & \vdots \\ 2c & 0 \end{bmatrix}_{m*2}$;$\boldsymbol{V}$ 为量测噪声,一般可视为零均值的高斯白噪声。

6.2.2 自主时间同步时钟状态模型

目前,导航卫星上大量使用铷原子钟,时钟系统模型通常采用三维状态量线性离散系统来表示,即(戴伟等,2009)

$$\begin{bmatrix} x(t+\tau) \\ y(t+\tau) \\ z(t+\tau) \end{bmatrix} = \begin{bmatrix} 1 & \tau & \tau^2/2 \\ 0 & 1 & \tau \\ 0 & 0 & 1 \end{bmatrix} \cdot \begin{bmatrix} x(t) \\ y(t) \\ z(t) \end{bmatrix} + \begin{bmatrix} n_1(t) \\ n_2(t) \\ n_3(t) \end{bmatrix} \tag{6.2.6}$$

式中,τ 为预报时间; $x(t)$、$y(t)$ 和 $z(t)$ 分别为原子钟的相位偏差、频率偏差和频率漂移率,且 $y(t)$ 是 $x(t)$ 的时间导数, $z(t)$ 是 $y(t)$ 的时间导数; $n_1(t)$、$n_2(t)$ 和 $n_3(t)$ 为独立于 $x(t)$、$y(t)$ 和 $z(t)$ 的相位噪声、频率噪声和频率漂移率噪声,其统计特性由选用的原子钟哈达玛方差确定(顾亚楠等,2010)。

式(6.2.6)可以简化为

$$\boldsymbol{X}_k = \boldsymbol{\Phi}_{k,\,k-1}\boldsymbol{X}_{k-1} + \boldsymbol{W}_k \tag{6.2.7}$$

式中,$\boldsymbol{X}_k = [x(t+\tau) \quad y(t+\tau) \quad z(t+\tau)]^{\mathrm{T}}$ 为 t_k 时刻的三维状态向量, t_k 时刻与 t_{k-1} 时刻的时间间隔为 τ;$\boldsymbol{\Phi}_{k,\,k-1}$ 为 3×3 维状态转移矩阵; $\boldsymbol{W}_k$ 为噪声矩阵,其协方差阵为 $\Sigma_{\boldsymbol{W}_k}$,可以表示成滤波过程噪声的函数:

$$\Sigma_{\boldsymbol{W}_k} = E[\boldsymbol{W}_k \boldsymbol{W}_k^{\mathrm{T}}] = \begin{bmatrix} q_1\tau + q_2\tau^3/3 + q_3\tau^5/20 & q_2\tau^2/2 + q_3\tau^4/8 & q_3\tau^3/6 \\ q_2\tau^2/2 + q_3\tau^4/8 & q_2\tau + q_3\tau^3/3 & q_3\tau^2/2 \\ q_3\tau^3/6 & q_3\tau^2/2 & q_3\tau \end{bmatrix} \tag{6.2.8}$$

式中, q_1 为对应于 $n_1(t)$ 的过程噪声参数,可用调相随机游走噪声描述; q_2 为对应于 $n_2(t)$ 的过程噪声参数,可用调频随机游走噪声描述; q_3 为对应于 $n_3(t)$ 的过程噪声参数,可用调频随机奔跑噪声描述。

6.2.3 测试分析

1. 仿真分析

1）无锚固支持自主时间同步仿真结果

与 5.1.3 节采用相同的仿真场景，开展基于星间链路的自主时间同步算法仿真。卫星钟差使用 IGS 提供的 GPS 卫星钟差最终产品。考虑到 IGS 提供钟差产品的连续可用性，使用 GPS 01、02、03、05、07、09、10、11、12、13、15、16、18、19、20、22、23、24、25、27、28、29、30、31 号卫星从 1 914 周 0 秒（GPST）到 1 923 周 0 秒（GPST）的钟差数据，依次模拟星座中 24 颗 MEO 卫星的钟差参数。使用每颗卫星前 5 d 的钟差数据进行拟合，获得其初始时刻钟差、钟速、钟漂，然后对 60 d 内钟差进行预报并与精密钟差进行比较评估钟差预报精度，结果如图 6.2.1 所示。由图可以看出，不同卫星钟差预报精度不同，这与所搭载原子钟的类型及其性能相关，60 d 预报误差最大达到 6 μs，卫星间相对钟差最大达到 8 μs，这将导致系统无法提供定位授时服务。因此，长期钟差预报数据无法支持导航系统提供定位授时服务，自主时间同步算法使用星间双向测距对星钟参数进行实时修正，以提高系统长期自主服务能力。

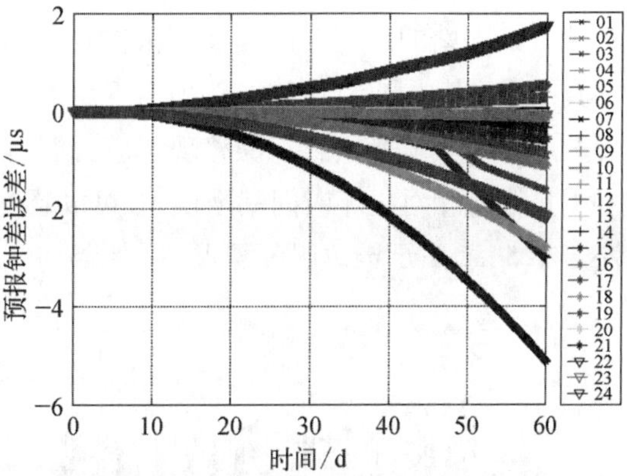

图 6.2.1 卫星钟差预报误差

彩图

以前 5 d 钟差数据拟合的星钟参数为初值进行分布式自主时间同步算法仿真。图 6.2.2 给出了基于星间双向测距值进行分布式自主时间同步的仿真结果，其中图 6.2.2(a) 为整网所有卫星的平均钟差误差，可以看到 60 d 内星座时间基准可以保持在 120 ns 以内，远小于图 6.2.1 中的直接预报钟差误差。但由于缺少时间基准，平均误差存在漂移现象，导致授时精度下降。但是，由图 6.2.2(b) 可以看到，星座中单颗卫星钟差相对星座时间基准误差在±0.5 ns，表明所有卫星之间可以保持时间同步，同步误差小于 1 ns，基本不会影响地面用户定位服务。

综合 5.1.3 节自主定轨结果，可以看到，在 60 d 内，分布式自主导航算法定轨 URE 在 3 m 以内，时间同步误差小于 1 ns，基本满足定位服务需求。

2）基于锚固站的自主时间同步仿真结果

由上节的仿真结果可以看出，由于缺少时间基准，星座时间基准存在漂移，使得自主导航模式无法支持高精度授时服务。为解决时间基准漂移问题，在自主导航方案中引入锚固站为自主时间同步提供时间基准，其实现方案与 5.1.5 节方案相同。

采用与上节相同的测量场景，增加与北京、三亚、西安三个锚固站的星地测量数据，进

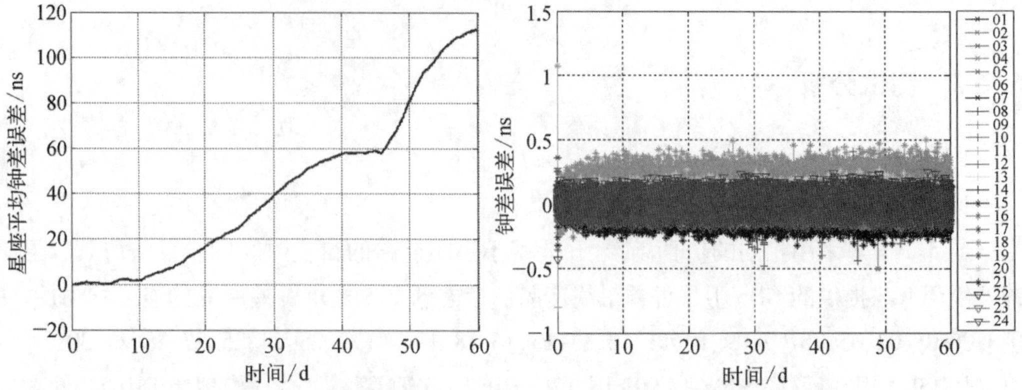

彩图

(a) 星座自主守时结果　　(b) 自主时间同步结果

图 6.2.2　分布式自主时间同步仿真结果

行基于锚固站的自主时间同步算法仿真。图 6.2.3 给出了基于锚固站的自主时间同步仿真结果，其中图 6.2.3(a)为所有卫星的平均钟差，可以看到平均值在±0.4 ns,对比图 6.2.2(a)时间基准不存在漂移现象，可满足精密授时需求；同时，图 6.2.3(b)给出了每颗卫星钟差相对星座时间基准误差，可以看到该误差在±0.75 ns,则卫星间时间同步误差小于 1.5 ns,满足定位服务需求。

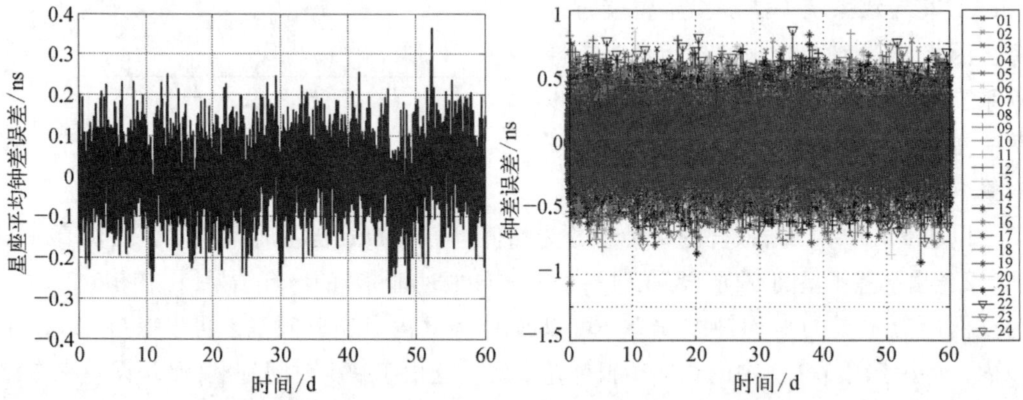

彩图

(a) 星座自主守时结果　　(b) 自主时间同步结果

图 6.2.3　基于锚固站的自主时间同步仿真结果

综合 5.1.5 节仿真结果可以看到，将锚固站作为固定于地面的虚拟伪卫星参与自主定轨，可以有效消除星座旋转和时间基准漂移问题。在多个锚固站支持下，自主导航 60 d,地固系轨道星座 URE 均方根值小于 1.4 m,自主守时误差小于 1 ns,时间同步误差小于 1.5 ns,可以为地面用户提供稳定的定位授时服务。

2. 基于在轨测量数据的自主时间同步测试

1）无锚固支持自主时间同步测试结果

为了进一步验证基于星间链路的自主时间同步算法，基于北斗 MEO 卫星在轨实测数据与自主定轨算法同步开展自主时间同步算法测试,测试场景与 5.1.3 节相同,并与地面主控站解算高精度钟差比较,评估自主守时与时间同步精度,其测试结果如图 6.2.4 所示。

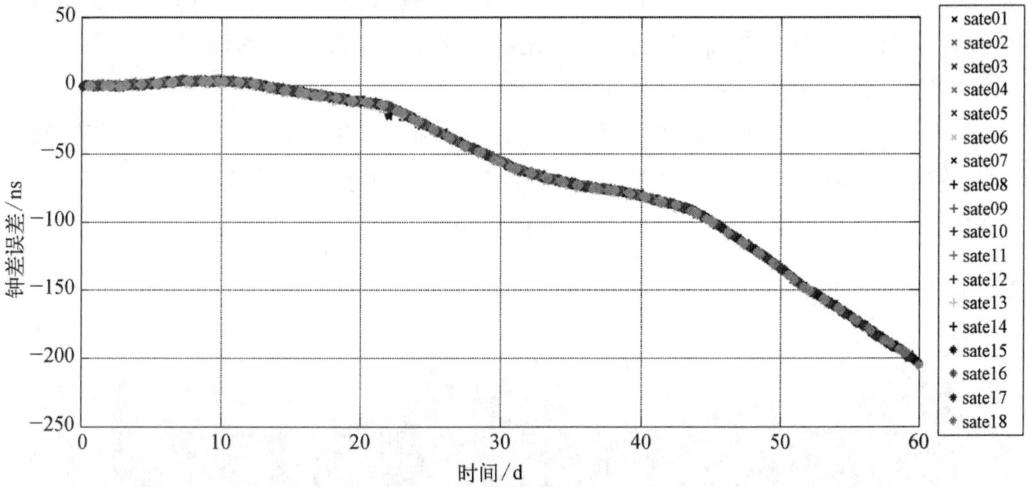

(a) 18颗MEO卫星60 d自主守时结果

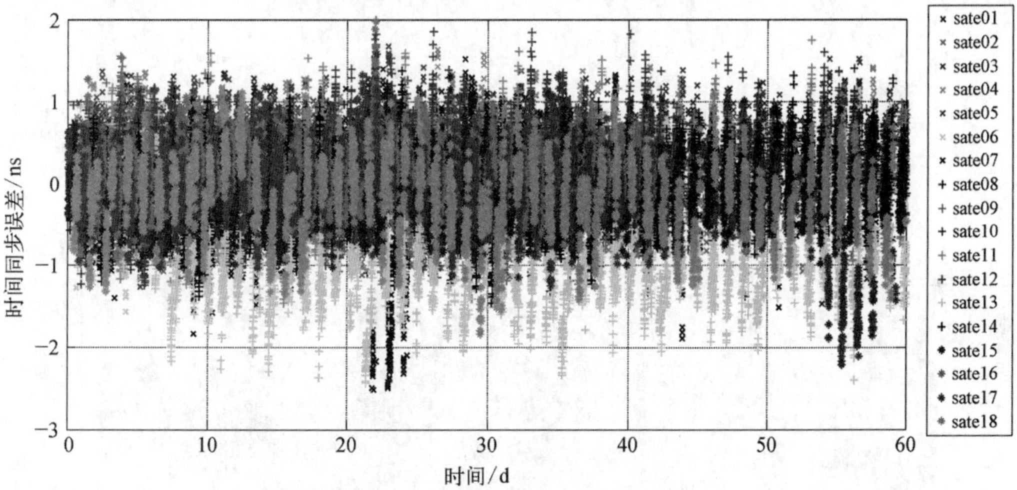

(b) 18颗MEO卫星60 d自主时间同步结果

彩图

图 6.2.4　基于星间在轨实测数据的自主守时与时间同步结果

图 6.2.4(a)给出了每颗卫星自主解算钟差与卫星精密钟差的误差曲线，可以看到由于缺少时间基准,守时误差存在增大趋势,自主守时 60 d 钟差误差小于 210 ns。相对于图 6.2.2(a)中仿真场景下的自主守时结果，守时误差略有增加，该误差主要与星钟性能、星钟数量、星钟初值精度等因素有关,后续仍需基于更多的工程数据深入分析各个因素对守时精度的影响。

图 6.2.4(b)为每颗卫星钟差相对星座时间基准的误差，可以看到该误差在±2 ns，则卫星间时间同步误差小于 4 ns，满足基本定位服务需求。对比图 6.2.2(b)中基于仿真数

据的自主时间同步结果,可以看到基于在轨实测数据的时间同步误差更大。这主要是因为各卫星通道时延会受工作环境、器件老化等多方面因素影响,很难精确标定,导致实际工程数据存在系统误差。后续仍需积累更长时间的测量数据,深入分析系统误差、测量噪声与设备工作环境之间的关系及其长期变化趋势,以建立更加精确的误差模型。

2）基于锚固站的自主时间同步测试结果

在上节自主导航场景的基础上增加星地测量数据,与自主定轨算法一起同步开展基于锚固站的自主时间同步算法测试,测试场景与 5.1.5 节测试场景相同。将星上自主解算钟差与地面精密钟差比较,评估自主时间同步精度如图 6.2.5 所示。

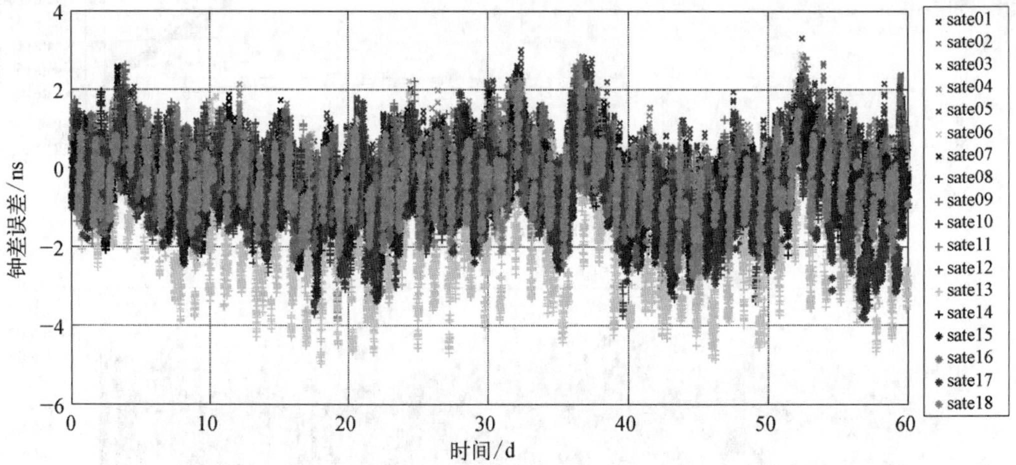

(a) 18颗MEO卫星60 d自主守时结果

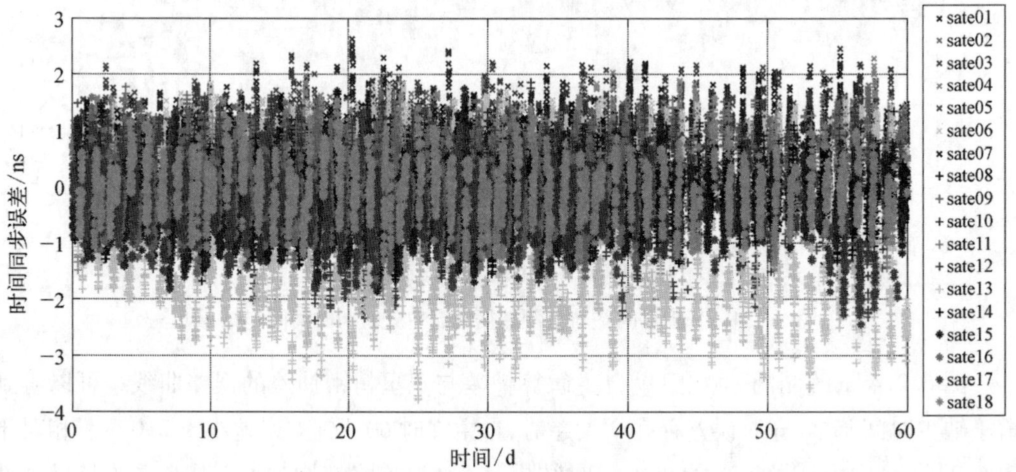

彩图

(b) 18颗MEO卫星60 d自主时间同步结果

图 6.2.5　锚固站支持的基于星间在轨实测数据的自主守时与时间同步结果

图 6.2.5(a)给出了每颗卫星自主解算钟差与卫星精密钟差的误差曲线，对比图 6.2.4(a)结果表明引入锚固站提供时间基准，可以有效消除时间基准整体漂移误差，

60 d 自主守时精度在 4 ns 以内。对比图 6.2.3(a)基于仿真数据的守时结果，可以看到基于工程数据守时误差更大,其主要原因是工程中各类设备通道时延会受工作环境影响,很难精确标定,导致实际工程数据存在系统误差。同时,复杂的星地空间环境在星地测量数据中会引入更大的噪声。

图 6.2.5(b)给出了每颗卫星钟差相对星座时间基准的误差，可以看到该误差在 ±3 ns,则卫星间时间同步误差小于 6 ns,可以满足基本定位服务需求。对比图 6.2.4(b)中自主时间同步结果,可以看到引入星地测量数据后,自主时间同步噪声略有增加,其主要原因是受复杂星地空间环境影响,星地测量数据噪声更大。

6.3 X 射线脉冲星自主守时技术

6.2.3 节的仿真结果表明,基于星间双向测距的自主时间同步算法由于缺乏外部时间基准,星座的时间系统与地面主控中心的时间存在一个星钟整体偏差,为了消除该时钟偏差,必须引入外部的时间基准。可以考虑的外部时间源有地面锚固站时标和天文时标,采用地面锚固站时标本质上星座与地面仍存在联系,无法做到真正意义上的自主导航,因此本节考虑采用天文时标的方法。X 射线脉冲星具有极其稳定的周期稳定性,其频率稳定度优于 10^{-19},较星载铷原子钟、氢原子钟的稳定性高 4~5 个量级,因此可以用来作为导航系统的外部时间参考。

6.3.1 X 射线脉冲星授时方案

从本书的前述章节分析中可以看出,基于星间双向测距的自主定轨和时间同步算法,可以将定轨和时间同步的观测量进行解耦,轨道确定和时间同步的卡尔曼滤波算法可以分开进行,即在利用卡尔曼滤波进行自主时间同步解算之前,可以得到自主定轨卡尔曼滤波器得到的高精度轨道信息(60 d URE 小于 3 m)。因此,本章节在利用 X 射线脉冲星观测信息进行卫星钟差确定时,可以将自主定轨得到的修正轨道作为先验信息,长期观测单脉冲星测量信号获取卫星导航系统外部时间基准参考,再通过脉冲星时间模型和位置信息反推导航卫星时钟偏差(陈拯民等,2011)。

卫星的脉冲到达时间转换公式可以重写为如下形式(孙守明等,2011):

$$t_{SC} = t_{SSB} - \frac{\boldsymbol{n}\cdot\boldsymbol{r}}{c} - \frac{1}{2cD_0}\left[(\boldsymbol{n}\cdot\boldsymbol{r})^2 - r^2 + 2(\boldsymbol{n}\cdot\boldsymbol{b})(\boldsymbol{n}\cdot\boldsymbol{r}) - 2(\boldsymbol{b}\cdot\boldsymbol{r})\right] - \frac{2\mu_S}{c^3}\ln\left|\frac{\boldsymbol{n}\cdot\boldsymbol{r}+r}{\boldsymbol{n}\cdot\boldsymbol{b}+b}+1\right| \tag{6.3.1}$$

根据卫星当前位置的预估值 $\tilde{\boldsymbol{r}}$，考虑到实际测量时卫星存在钟差，根据式(6.3.1)可以得到脉冲信号到达卫星的时间的预估值为

$$\tilde{t}_{\mathrm{SC}} = t_{\mathrm{SSB}} - \delta t - \frac{\boldsymbol{n}\cdot\tilde{\boldsymbol{r}}}{c} - \frac{1}{2cD_0}[(\boldsymbol{n}\cdot\tilde{\boldsymbol{r}})^2 - \tilde{r}^2 + 2(\boldsymbol{n}\cdot\boldsymbol{b})(\boldsymbol{n}\cdot\tilde{\boldsymbol{r}}) - 2(\boldsymbol{b}\cdot\tilde{\boldsymbol{r}})] - \frac{2\mu_S}{c^3}\ln\left|\frac{\boldsymbol{n}\cdot\tilde{\boldsymbol{r}}+\tilde{r}}{\boldsymbol{n}\cdot\boldsymbol{b}+b}+1\right| \tag{6.3.2}$$

式中，t_{SSB} 可以由 5.3.1 小节中的脉冲星信号相位时间模型计算得到，而脉冲星信号到达导航卫星时间的测量值和到达时间的估算值之差为

$$\Delta t = t_{\mathrm{SC}} - \tilde{t}_{\mathrm{SC}} = \delta t + \frac{\boldsymbol{n}\cdot\delta\boldsymbol{r}}{c}\frac{1}{cD_0}[(\boldsymbol{n}\cdot\tilde{\boldsymbol{r}})(\boldsymbol{n}\cdot\delta\boldsymbol{r}) - \tilde{\boldsymbol{r}}\cdot\delta\boldsymbol{r} + (\boldsymbol{n}\cdot\boldsymbol{b})(\boldsymbol{n}\cdot\delta\boldsymbol{r}) - (\boldsymbol{b}\cdot\delta\boldsymbol{r})] \frac{2\mu_S}{c^3}\left[\frac{\boldsymbol{n}\cdot\delta\boldsymbol{r}+(\tilde{\boldsymbol{r}}\cdot\delta\boldsymbol{r})/\tilde{r}}{(\boldsymbol{n}\cdot\tilde{\boldsymbol{r}}+\tilde{r})+(\boldsymbol{n}\cdot\boldsymbol{b}+b)}\right] \tag{6.3.3}$$

从式(6.3.3)中可以看出，脉冲星导航观测资料中同时包含了导航卫星的钟差和位置误差。若在进行时间同步解算时，卫星的精确位置和运动状态已知，则将卫星精确位置代入式(6.3.2)中，式(6.3.3)右边部分就仅包含了钟差分量。

卫星时钟同步通过估计相对于标准时间的偏差、偏差漂移率和偏差漂移率的变化率获得，因此取状态变量 $\boldsymbol{X} = [x(t)\quad y(t)\quad z(t)]^{\mathrm{T}}$，当用 m 颗 X 射线脉冲星进行钟差解算时，观测方程为

$$\boldsymbol{Z}_k = \begin{bmatrix}\Delta t_1\\ \Delta t_2\\ \vdots\\ \Delta t_m\end{bmatrix} = \boldsymbol{H}\boldsymbol{X}_k + \boldsymbol{V}_k \tag{6.3.4}$$

式中，$\boldsymbol{H} = \begin{bmatrix}1&0&0\\1&0&0\\&\vdots&\\1&0&0\end{bmatrix}_{m\times 3}$ 为观测矩阵；$\boldsymbol{V}_k$ 为观测噪声。

6.3.2 仿真与分析

系统仿真仍选用 GPS 星座卫星的星载原子钟，仿真时间为 2012 年 8 月 1 日到 2012 年 9 月 29 日共 60 d，选取编号为 01、02、07、10、14、20、26、31 共 8 颗卫星的精密钟差文件，进行自主时间同步算法的仿真验证，包括 2 颗 Block IIA 卫星(Cs 钟)、5 颗 Block IIR 卫星(Rb 钟)和 1 颗 Block IIF 卫星(Cs+Rb 钟)。仿真采用 UHF 测距体制，星间测距频率为 15 min，星间测距数据噪声为 0.5 m。

在进行 X 射线脉冲星自主时间同步算法仿真时,GPS 卫星的轨道信息采用基于星间测距的自主定轨修正结果。仿真时选取两颗 X 射线脉冲星,表 6.3.1 给出了其主要参数。

表 6.3.1　仿真选取的 X 射线脉冲星主要参数

编　号	周期/s	赤经/hms	赤纬/hms	σ_r/m
B1937+21	0.001 56	19:39:38.56	21:34:59.14	247
B0531+21	0.033 40	05:34:31.97	22:00:52.06	77.9

图 6.3.1 给出了 PRN01 卫星仅利用两颗脉冲星的观测信息进行自主时间同步 60 d 的卫星钟差曲线。从图中可以看出,利用 X 射线脉冲星观测信息进行自主时间同步,星钟误差稳定,不会随时间逐渐偏离地面主控中心的时钟。

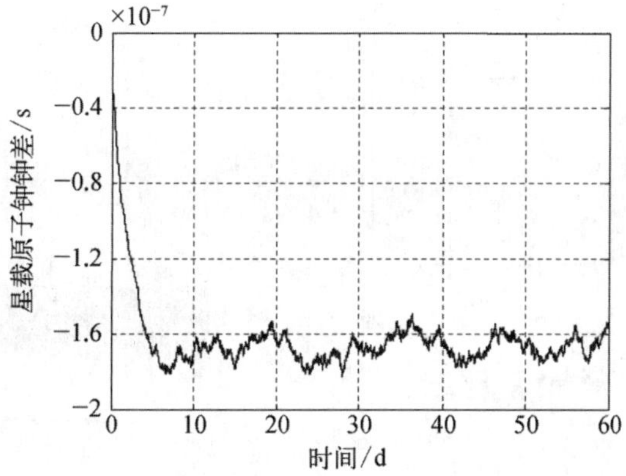

图 6.3.1　PRN01 卫星仅用脉冲星观测信息自主时间同步误差

6.4　融合观测自主时间守时算法

6.4.1　星间测距与脉冲星观测组合自主守时算法

下面考虑融合星间双向测距信息和脉冲星观测信息的组合自主时间同步算法,假定导航卫星同时对 m 颗 X 射线脉冲星和 n 颗可视卫星进行观测,则联合的自主时间同步观测方程可写为以下形式:

$$\begin{bmatrix} \boldsymbol{Z}_{\text{Xray}} \\ \boldsymbol{Z}_{\text{Sat}} \end{bmatrix} = \begin{bmatrix} \boldsymbol{H}_{\text{Xray}} \\ \boldsymbol{H}_{\text{Sat}} \end{bmatrix} \boldsymbol{X}_k + \begin{bmatrix} \boldsymbol{V}_{\text{Xray}} \\ \boldsymbol{V}_{\text{Sat}} \end{bmatrix} \tag{6.4.1}$$

式中, $\boldsymbol{Z}_{\text{Xray}}$ 为 $m \times 1$ 维矩阵,表示 m 颗脉冲星的观测信息; $\boldsymbol{Z}_{\text{Sat}}$ 为 $n \times 1$ 维矩阵,表示 n 颗可视卫星的测距信息; $\boldsymbol{H}_{\text{Xray}}$ 与式(6.3.4)中的观测矩阵相同; $\boldsymbol{H}_{\text{Sat}}$ 与式(6.2.5)中的观测矩阵相同; $\boldsymbol{V}_{\text{Xray}}$ 和 $\boldsymbol{V}_{\text{Sat}}$ 为脉冲星观测噪声和星间观测噪声。

6.4.2 仿真分析

系统仿真场景与 6.2.3 节和 6.3.2 节仿真场景相同，卫星融合星间相对测量数据和 X 射线脉冲星数据，自主进行钟差解算。图 6.4.1 和图 6.4.2 给出了星座内 8 颗卫星利用脉冲星和星间观测信息进行组合自主时间同步 60 d 卫星时钟误差和同步误差曲线。从图中可以看出，融合脉冲星和星间观测信息的卡尔曼滤波算法，60 d 同步精度达到 2 ns (1σ)，星座卫星时钟整体偏差在 30 ns 之内，且整体钟偏随时间不会逐渐偏离地面主控中心的时钟，即引入 X 射线脉冲星观测作为基于星间测距的自主时间同步算法的外部基准，能够有效解决星座时钟整体偏移的问题。

彩图

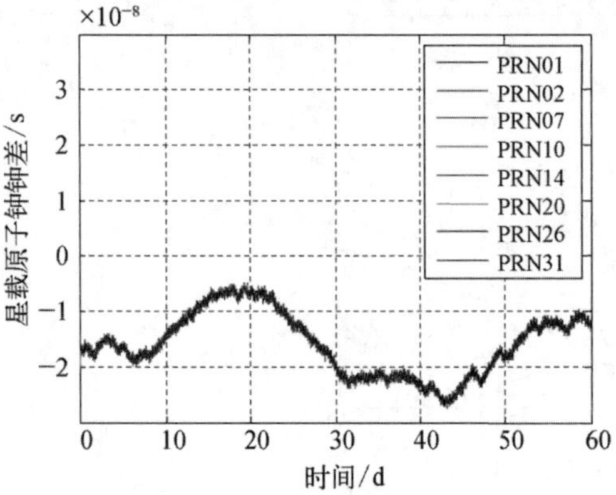

图 6.4.1 星间测距和脉冲星组合自主时间同步星钟误差

彩图

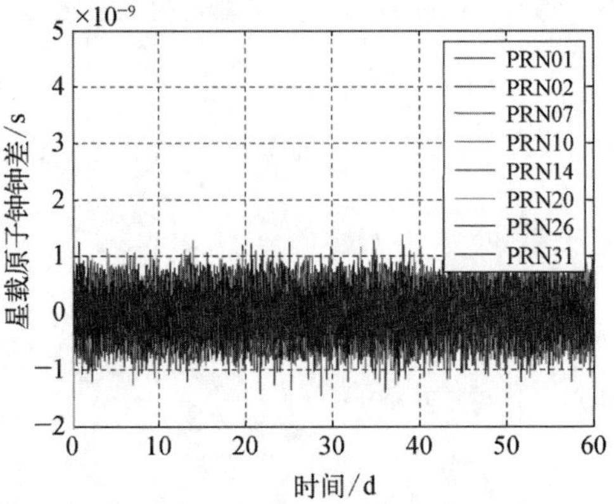

图 6.4.2 星间测距和脉冲星组合自主时间同步星钟同步误差

6.5 本章小结

本章推导了基于星间测距的自主时间同步算法的观测方程和原子钟状态方程，针对 GPS 星座卫星的自主时间同步仿真结果表明，完全依赖于时钟性能进行钟差预报，时钟误差随时间逐渐累积，60 d 内卫星钟差偏差将达到 6 μs；通过星间测距信息不断修正原子钟钟差参数，能够实现星座卫星高精度时间同步，其同步精度达到 1 ns，但星座时间系统无法与地面主控中心做到准确同步，会存在星钟整体漂移现象。

本章提出了一种 X 射线脉冲星与星间测距相结合的时间基准维持算法，将 X 射线脉冲星观测信息作为基于星间测距自主时间同步算法的外部时间基准，以消除星钟整体漂移。仿真结果表明，融合脉冲星和星间观测信息的卡尔曼滤波算法，60 d 同步精度达到 2 ns(1σ)，星座卫星时钟整体偏差在 30 ns 之内，且整体钟偏随时间不会逐渐偏离地面主控中心的时钟，能够有效解决星座时钟整体偏移的问题。

第 7 章 导航卫星平台自主控制技术

导航卫星在轨自主运行期间，地面所有处理工作由星上自主完成，卫星平台保证卫星热控、能源、姿态等功能正常，提供载荷工作所需的温度条件、能源供应、姿态轨道等信息，满足载荷在自主运行期间任务需求。具体而言，卫星平台需具备的自主功能包括工作模式自主管理、热控自主运行、能源自主管理、平台轨道自主管理、平台时间自主保持和太阳帆板驱动机构(solar array drive assembly,SADA)自主控制等功能，本章详细介绍导航卫星平台自主运行技术的功能实现。

7.1 工作模式自主管理

卫星正常运行期间，地面运控系统每 2 h 或 4 h 上注一次星历信息，卫星导航任务处理单元根据地面上注信息编排卫星下行导航电文，并通过载荷下行发射天线播发给地面用户使用。

当星上导航任务处理单元处理的地面上注星历数据龄期过期(一般指大于 24 h，可根据需要进行软件设置)或者当卫星接收到地面运控系统发出的自主运行模式切换指令时，卫星由地面运行模式切换到自主运行模式，卫星利用星间链路测量和数据传输功能进行轨道和钟差自主解算，以及系统时间基准维持，生成自主导航电文，导航任务处理单元将下行导航电文信息源设置为自主导航电文，并进行下行播发，全面实现不依赖于地面的自主运行。

在自主运行模式下，当卫星接收到地面运控系统上注的最新星历信息或自主运行模式退出指令后，卫星自主退出自主运行模式，切换至正常运行模式。

7.2 平台轨道自主管理

导航卫星采用星敏感器定姿以满足载荷任务需求，轨道是卫星利用星敏感器进行姿态确定的重要信息，轨道异常导致姿态异常，进而影响能源和载荷工作。在自主运行模式下,导航卫星平台所需轨道信息有地面系统长期注入和自主导航电文两个来源,每种计算方法目前都可以满足 60 d 自主运行要求。

7.2.1 地面注入轨道外推

按照目前导航卫星运行管理,地面系统每周向卫星注入一次轨道参数,星上设计最大可注入 12 组,每组可保证卫星外推 5 d 的精度要求,星上轨道外推采用与星上时间最近的一组轨道外推,可前推也可以后推,满足 60 d 无地面系统干预下的自主运行需求。

卫星注入轨道格式要求如表 7.2.1 所示。

表 7.2.1 注入轨道数据格式

项 目	参 数	参数物理意义	备 注
注入点个数	N	注入点个数	
第 1 组	t_0	注入点	时间单位为自 2006 年 1 月 1 日 0 时(UTC)起算的积秒,不考虑跳秒
	$\bar{a}_0$	半长轴	平根数
	$\bar{i}_0$	轨道倾角	平根数
	$\bar{\Omega}_0$	升交点赤经	平根数
	$\bar{\xi}_0$	$\bar{e}_0\cos\bar{\omega}_0$	$\bar{e}_0$ 为偏心率;$\bar{\omega}_0$ 为近地点角距;$\bar{M}_0$ 为平近点角,均为平根数
	$\bar{\eta}_0$	$-\bar{e}_0\sin\bar{\omega}_0$	
	$\bar{\lambda}_0$	$\bar{\omega}_0+\bar{M}_0$	
第 2 组			
⋮			
第 12 组			

利用地面注入轨道星上进行轨道外推的模型如下所述。

(1) 利用 t_0 时刻的平根数 $\bar{\sigma}_0$ 计算 t 时刻的平根数 $\bar{\sigma}$:

$$\begin{cases}\bar{a}=\bar{a}_0\\ \bar{i}=\bar{i}_0\\ \bar{\Omega}=\bar{\Omega}_0+\Omega_1 T\\ \bar{\xi}=\bar{\xi}_0\cos(\omega_1 T)+\bar{\eta}_0\sin(\omega_1 T)\\ \bar{\eta}=\bar{\eta}_0\cos(\omega_1 T)-\bar{\xi}_0\sin(\omega_1 T)\\ \lambda=\bar{\lambda}_0+(1+\lambda_1)T\end{cases} \tag{7.2.1}$$

其中,

$$\begin{cases}\bar{n}_0=\bar{a}_0^{-3/2}\\ T=\bar{n}_0(t-t_0)\\ \Omega_1=-\dfrac{3J_2}{2\bar{a}_0^2}\cos\bar{i}_0\\ \omega_1=\dfrac{3J_2}{2\bar{a}_0^2}\left(2-\dfrac{5}{2}\sin^2\bar{i}_0\right)\\ M_1=\dfrac{3J_2}{2\bar{a}_0^2}\left(1-\dfrac{3}{2}\sin^2\bar{i}_0\right)\\ \lambda_1=M_1+\omega_1=\dfrac{3J_2}{2\bar{a}_0^2}(3-4\sin^2\bar{i}_0)\end{cases}\tag{7.2.2}$$

（2）利用 t 时刻的平根数 $\bar{\sigma}$ 计算 t 时刻的瞬时根数 σ：

$$\sigma=\bar{\sigma}+\Delta\sigma_s\tag{7.2.3}$$

$\Delta\sigma_s$ 的表达式如下：

$$\begin{cases}\Delta a_s=\dfrac{3J_2}{2\bar{a}}\sin^2\bar{i}\cos 2\bar{\lambda}\\ \Delta i_s=\dfrac{3J_2}{4\bar{a}^2}\sin\bar{i}\cos\bar{i}\cos 2\bar{\lambda}\\ \Delta\Omega_s=\dfrac{3J_2}{4\bar{a}^2}\cos\bar{i}\sin 2\bar{\lambda}\\ \Delta\xi_s=\dfrac{3J_2}{2\bar{a}^2}\left(1-\dfrac{5}{4}\sin^2\bar{i}\right)\cos\bar{\lambda}+\dfrac{7J_2}{8\bar{a}^2}\sin^2\bar{i}\cos 3\bar{\lambda}\\ \Delta\eta_s=-\dfrac{3J_2}{2\bar{a}^2}\left(1-\dfrac{7}{4}\sin^2\bar{i}\right)\sin\bar{\lambda}-\dfrac{7J_2}{8\bar{a}^2}\sin^2\bar{i}\sin 3\bar{\lambda}\\ \Delta\lambda_s=-\dfrac{3J_2}{4\bar{a}^2}\left(1-\dfrac{5}{2}\sin^2\bar{i}\right)\sin 2\bar{\lambda}\end{cases}\tag{7.2.4}$$

（3）利用 t 时刻的瞬时根数 σ 计算 t 时刻的卫星在 J2000 坐标系下的位置、速度 $\boldsymbol{r}$、$\boldsymbol{v}$：

$$\begin{cases}\boldsymbol{r}=r(\boldsymbol{\Omega}\cos u+\boldsymbol{\Omega}'\sin u)\\ \boldsymbol{v}=\dfrac{1}{\sqrt{p}}[(\eta-\sin u)\boldsymbol{\Omega}+(\xi+\cos u)\boldsymbol{\Omega}']\end{cases}\tag{7.2.5}$$

其中，

$$\boldsymbol{\Omega}=\begin{pmatrix}\cos\Omega\\ \sin\Omega\\ 0\end{pmatrix},\quad \boldsymbol{\Omega}'=\begin{pmatrix}-\cos i\sin\Omega\\ \cos i\cos\Omega\\ \sin i\end{pmatrix},\quad r=\frac{p}{1+\xi\cos u-\eta\sin u}\tag{7.2.6}$$

$$p = a(1 - e^2), \quad e = \sqrt{\xi^2 + \eta^2} \quad \omega = \arctan 2(-\eta, \xi) \tag{7.2.7}$$

$$M = \lambda - \omega, f = M + \left(2e - \frac{e^3}{4}\right)\sin M + \frac{5}{4}e^2 \sin 2M + \frac{13}{12}e^3 \sin 3M, \; u = \omega + f \tag{7.2.8}$$

需要说明的是,上文中的 t 可以小于 t_0,即可以向 t_0 时间以前外推。

7.2.2 自主导航电文外推

在自主运行期间,若星上存储的地面注入轨道数据失效,星载计算机将自主从导航任务处理机获取星上自主导航电文,导航任务处理机读取载荷数据如表 7.2.2 所示。

表 7.2.2 导航轨道数据

序 号	参 数	定 义	单 位
1	t_{oe}	星历参考时刻(周内秒计数)	s
2	ΔA	长半轴相对于参考值的偏差	m
3	$\dot{A}$	长半轴变化率	m/s
4	Δn_0	卫星平均运动速率与计算值之差	π/s
5	$\Delta\dot{n}$	卫星平均运动速率与计算值之差的变化率	π/s^2
6	M_0	参考时刻的平近点角	π
7	e	偏心率	π
8	ω	近地点幅角	无量纲
9	Ω_0	参考时刻的升交点地理经度	π
10	i_0	参考时刻的轨道倾角	π
11	$\Delta\dot{\Omega}$	升交点地理经度变化率	π/s
12	$\dot{i}_0$	轨道倾角变化率	π/s
13	C_{is}	轨道倾角的正弦调和改正项的振幅	rad
14	C_{ic}	轨道倾角的余弦调和改正项的振幅	rad
15	C_{rs}	轨道半径的正弦调和改正项的振幅	m
16	C_{rc}	轨道半径的余弦调和改正项的幅度	m
17	C_{us}	纬度幅角的正弦调和改正项的振幅	rad
18	C_{uc}	纬度幅角的余弦调和改正项的振幅	rad

利用导航电文进行轨道外推的计算过程参见 5.5.1 节。

7.3 平台时间自主保持

平台时间维持精度和健康状态影响星上计算太阳矢量和轨道外推精度,继而影响导航卫星姿态确定。从导航卫星姿态控制和帆板对日精度需求角度,平台对卫星时间保持精度要求不高,时间精度在 10 s 以内即可满足姿态要求。

导航卫星平台系统的“时间源”具备独立维持自我时间的能力,星载计算机拥有独立的时钟单元模块,平台时间是自 2006 年 0 时 0 分 0 秒(BDT 起始时刻)累计的秒计数。卫星初始加电后,星载计算机时间从 0 开始计数,卫星发射前通过地测指令对卫星平台时间进行授时,星载计算机能够根据自身时钟自主维持平台时间。地面测控系统定期对平台时间进行校时,保证平台时间与地面时间精度维持在 1 s(不同卫星要求有所区别)以内,满足导航卫星正常运行载荷任务需求。

在自主运行模式下,星载计算机可以根据载荷分系统提供的 PPS 脉冲实现对时钟单元的时间修正,通过 PPS 校时功能,平台可以自主维持系统时间与载荷 BDT 之间的精度。星载计算机具备重要数据存储、备份和恢复功能,在自主运行期间发生星载计算机切机复位故障后,可以自主完成平台时间恢复。

7.4 能源自主管理

导航卫星电源分系统主要由太阳电池阵、锂离子蓄电池组、电源控制器和均衡器四部分组成。太阳电池阵为卫星的主要供电能源,蓄电池组是卫星储能装置,均衡器负责电池组各个单体性能的一致性,电源控制器对能源实施调节与控制。导航卫星电源系统采用全调节母线,卫星根据负载情况对能源系统自主充电和放电,调节母线电压,为卫星提供稳定的一次电源。

导航卫星正常运行和自主运行模式下,电源的自主管理方案是相同的:在光照期,当太阳电池阵输出功率能够同时满足负载和充电要求时,电源控制器利用分流调节器调节太阳电池阵功率以稳定母线电压;当太阳电池阵输出功率不能同时满足负载和充电要求时,充电调节器减小充电电流以满足负载要求,稳定母线电压。阴影期,蓄电池组通过放电调节器输出功率以稳定母线电压。

7.5 热控自主运行

导航卫星自主运行期间,主动加热器采用星上软件自主控制方式,完全不需要地面干预。导航卫星加热器自主控制方式主要有开关控制和比例控制,开关控制用于工作温度范围要求较大的星上单机热控控制，比例控制用于对工作温度有精确控制要求的单机热控控制，如铷钟、氢钟等单机。

开关控制方式是指当相关温度遥测数据低于“加热器开”温度阈值时，主份加热器或备份加热器开启，温度升高；当温度遥测数据高于“加热器关”温度阈值时，加热器关闭，具体控制方式如图 7.5.1 所示。

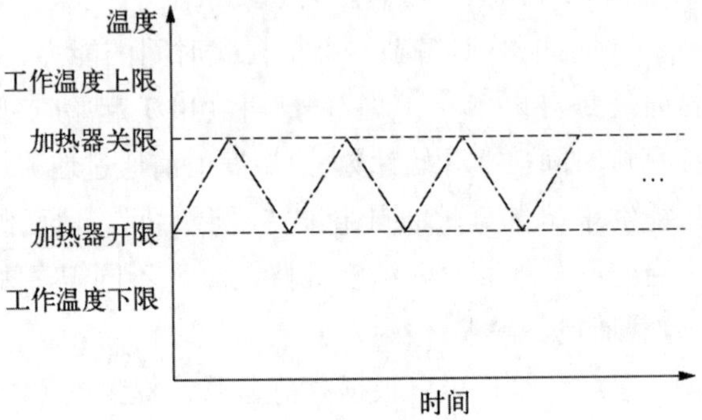

图 7.5.1　加热器开关控制逻辑示意图

导航卫星地面测试时，卫星加热器开关控制的默认上限温度和下限温度根据各单机要求进行设置，星上热控软件根据加热器上下行温度范围进行开关控制。卫星在轨测试完成后，每颗根据星上单机实际在轨工作温度情况对加热器开关控制上下限温度进行调整，并通过地面指令上注卫星，卫星自主执行更新后的加热器开关控制条件。

比例控制方式是通过 PID 控制器对加热器的开关时间（占空比）进行控制，实现对单机温度的精确控制，控制器由星载计算机内热控软件模块实现，执行器为加热器，反馈信号为相应的热敏电阻温度值。

7.6　SADA 自主控制

导航卫星入轨帆板展开后，SADA 控制由地面系统指令设置为自主控制，在卫星自主运行期间，星上软件根据卫星本体系太阳矢量按照卫星稳定目标姿态计算帆板转动目标角，自主完成 SADA 转动控制，保证整星能源供应。

假设太阳在卫星本体系下的位置向量为 $\boldsymbol{S} = [x \quad y \quad z]^{\mathrm{T}}$，目标转角定义为太阳在 XOZ 面的投影与+X 轴的夹角，顺时针方向为正，范围为 $[0,\ 2\pi]$，则−Y 目标转角为

$$\phi = \begin{cases} \arccos \dfrac{x}{\sqrt{x^2 + z^2}} & z \leqslant 0 \\ \pi + \arccos \dfrac{x}{\sqrt{x^2 + z^2}} & z > 0 \end{cases} \tag{7.6.1}$$

式中，$\arccos\frac{x}{\sqrt{x^2+z^2}}\in[0,\pi]$；$+Y$ 目标转角为 $2\pi-\phi$，求得目标角后将其转换为角度。

在导航卫星自主运行期间，卫星姿态自主保持偏航机动，在阳照区卫星星务软件根据太阳敏感器计算本体系太阳矢量用于 SADA 控制，在地影区星务软件根据太阳理论位置计算本体系太阳矢量用于 SADA 控制，只要卫星姿态稳定，即可保证帆板控制正常，满足帆板指向精度要求。

7.7 本章小结

本章对导航卫星平台工作模式自主管理、热控自主运行、能源自主管理、平台轨道自主管理、平台时间自主保持和 SADA 自主控制等功能进行了介绍，通过平台各分系统的自主运行设计，能够保证导航卫星在自主运行期间热控、能源、姿态等功能正常，为导航载荷系统时间稳定、自主生成导航电文以及播发导航信号等功能提供稳定的工作条件。

第8章 导航卫星载荷自主完好性技术

完好性性能是卫星导航系统不可或缺的关键指标之一,是指系统服务在不能用于导航时为用户提供及时告警的能力。卫星导航系统必须进行多层次、全方位的完好性监测,才能够满足用户对高可靠性导航服务的需求,特别是对航空、航海等与生命安全密切相关的服务需求,如果不能保证服务的完好性,可能会导致用户遭受重大损失(刘文祥,2011)。

一方面,导航卫星最重要的功能是支持下行用户对自身的位置进行求解,而位置的求解依赖于时间信息的获取。由于星钟所处环境的空间环境变化以及自身老化,其物理部分和电路部分都可能出现问题,而星钟一旦出现异常,星上时间将不可预测或者预测误差变大,定位误差将变大,甚至带来灾难性的后果,因此星载原子钟的异常监测尤为重要。

另一方面,导航信号是导航卫星提供导航授时服务的基础,其生成与发射载荷因为受空间环境影响和软件自身缺陷,如果不对影响其运作的功能和性能参数进行长期自主监测,可能存在下行服务的长时间中断问题,甚至导航信号生成基带的异常还会产生危害大功率链路的问题。为减小导航下行服务中断时间,需要对星上导航信号生成与发射载荷的性能进行实时自我诊断。

本章将对导航载荷中的完好性监测技术体系与实现原理进行介绍,重点对导航信号、星载原子钟、信息处理的卫星自主完好性监测方法进行阐述。

8.1 导航系统完好性技术

导航系统的完好性可通过告警限值、告警时间、危险误导信息概率等进行描述。告警限值是指用户允许的导航服务误差的上限值;告警时间是指从故障发生的时刻到告警信息到达用户的时刻之间的时间;危险误导信息概率是指发生以下事件的概率:用户的实际误差大于误差限值,并且用户没有在规定时间里接收到告警信息(刘文祥,2011)。

完好性性能对于导航生命安全服务领域的应用至关重要。以民用航空为例,表

8.1.1 给出了卫星导航系统应用于航空导航各阶段的精度和完好性需求（程梦飞，2012）。可以看出，飞机离地面越近，对完好性的要求就越高，特别是 CAT Ⅱ（Ⅱ类精密进近服务）和 CAT Ⅲ（Ⅲ类精密进近服务），其垂直告警限（vertical alarm level，VAL）为 5.3 m、完好性风险为 10^{-9}/15 s，告警时间为 1 s（刘文祥，2011）。

表 8.1.1　GNSS 航空运行对完好性的需求

用　户	准确度(95%)	告　警　需　求		
		完好性	告警门限	告警时间
海洋上	12.4 nmi	1×10^{-7}/hr	12.4 nm	2 min
航线上	2.0 nmi	1×10^{-7}/hr	2.0 nm	1 min
终端	0.4 nmi	1×10^{-7}/hr	1.0 nm	30 s
NPA	220 m	1×10^{-7}/hr	0.3 nm	10 s
APV Ⅰ	220 m(H) 20 m(V)	$(1\sim2)\times10^{-7}$/进近	0.3 nm(H) 50 m(V)	10 s
APV Ⅱ	16 m(H) 8 m(V)	$(1\sim2)\times10^{-7}$/进近	40 m(H) 20 m(V)	6 s
CAT Ⅰ	16 m(H) 4.0~6.0 m(V)	$(1\sim2)\times10^{-7}$/进近	40 m(H) 10~15 m(V)	6 s
CAT Ⅱ	6.9 m(H) 2.0 m(V)	1×10^{-9}/15 s	17.3 m(H) 5.3 m(V)	1 s
CAT Ⅲ	6.2 m(H) 2.0 m(V)	1×10^{-9}/15 s	15.5 m(H) 5.3 m(V)	1 s

目前卫星导航系统完好性技术包括地面增强完好性监测技术（ground autonomous integrity monitor，GAIM）、卫星自主完好性监测技术（satellite autonomous integrity monitor，SAIM）和接收机自主完好性监测技术（receiver autonomous integrity monitor，RAIM）三大类（刘宇宏等，2010）。

GAIM 方法利用地面监测站接收所有可视卫星下行导航信号，测量获得伪距值，通过计算伪距残差判断卫星误差是否在允许的范围。卫星导航信号完好性分析方法主要有信噪比分析方法、综合采用宽/窄相关观测伪距比较方法、基于伪码与载波联合偏差监测、导航电文监测、额外的星钟加速度监测等方法。

SAIM 是指卫星自身进行完好性监测并快速发出告警的技术，一旦监测到本星异常，在影响用户之前即予以报警，并在下行信号下发。SAIM 方法主要监测内容有信号发射功率异常、伪码信号畸变、载波和伪码相位一致性滑变、额外的时钟加速度、导航数据错误及单粒子翻转等。

RAIM 是指用户接收机利用冗余观测信息，对收到的多颗卫星信息进行故障检测、识别和告警，是内嵌在导航接收机中的一种完好性监测技术。

本章节主要对导航卫星的自主完好性监测技术（SAIM）和要求进行介绍。

8.2 星载实现原理

8.2.1 星上告警事件及手段

卫星自主完好性监测的实现方法是，在导航卫星上配置一个专用接收机，对发播的导航电文、发射导航信号的质量状态以及卫星钟信号进行监测处理，各项监测内容分别有相应的默认门限，根据实时监测数据与门限比对判断是否产生告警标识。另外，监测门限可进行在轨重构，满足在轨运行期间的需求。

形成的告警标识包括信号健康标识、卫星钟相位状态、卫星钟频率状态、电文健康标识、卫星健康状态等全球基本完好性信息，对发生告警的预案异常在导航电文中进行标注，及时告诉地面用户不能使用该颗卫星播发的信号进行定位。此外，针对导航信号的异常监测，卫星将设置导航信号非标准码切换使能，一旦发生告警，导航任务处理机可在 100 ms 内向导航信号生成器发送非标准码切换指令，切换下行导航信号播发非标准码，满足 1 s 的告警需求。

星载自主完好性监测告警事件及告警手段如图 8.2.1 所示。

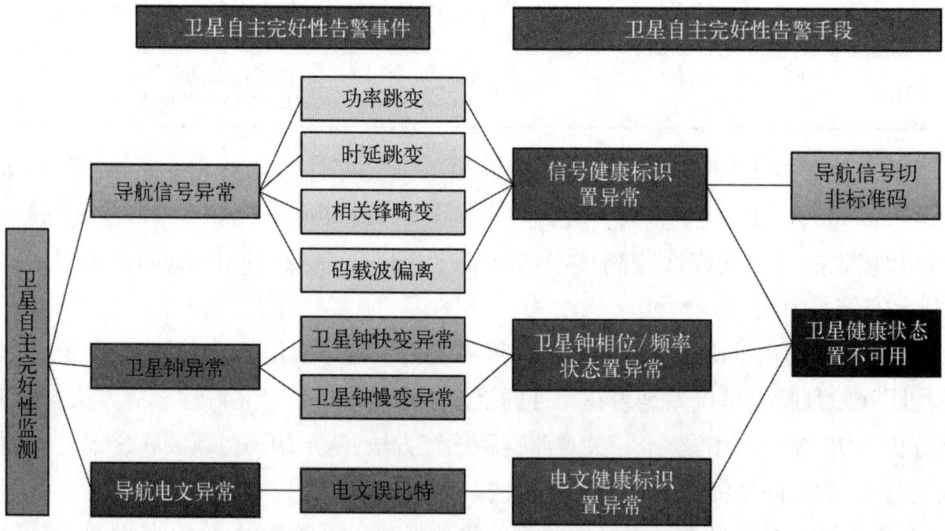

图 8.2.1　星载自主完好性监测告警事件及告警手段示意图

8.2.2 自主完好性监测实现原理

为了避免由接收机故障所引起的误警与漏警，可以在星上搭载两个监测接收机进行独立监测，最后再综合处理，图 8.2.2 为自主完好性星上实现原理。

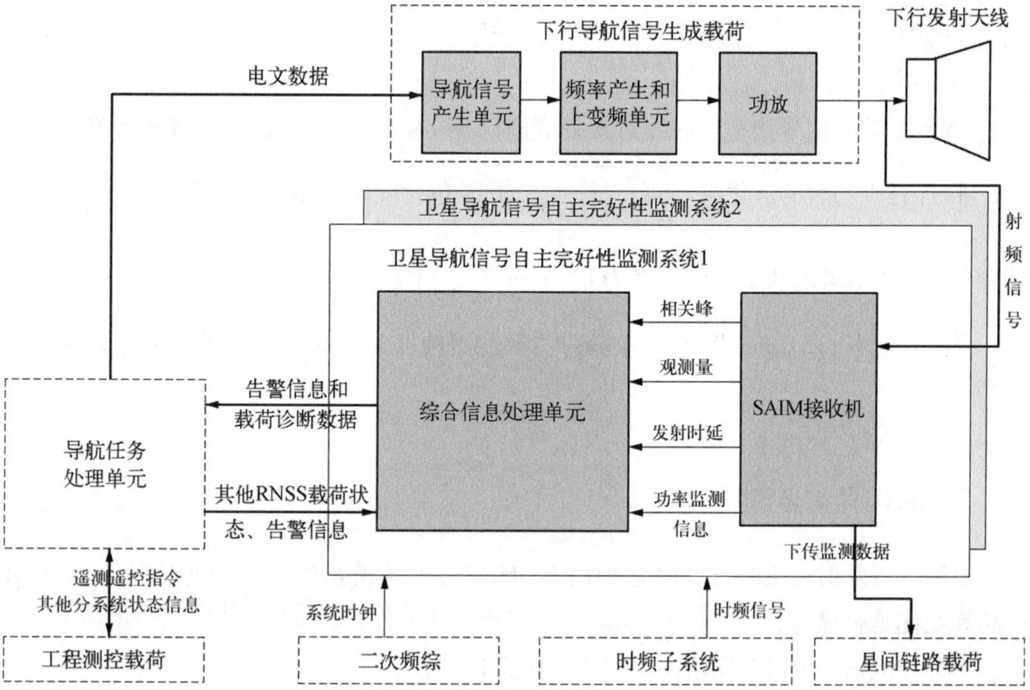

图8.2.2　星载自主完好性星上实现原理

其判断逻辑可以采用投票原则,即① 一个监测接收机标记卫星观测量异常,另一个标记为正常,则判断监测接收机出现故障;② 两个监测接收机标记卫星观测量异常,则判断卫星出现异常情况,直接告警。

8.3　导航信号自主完好性监测技术

8.3.1　发射功率异常监测

根据信号处理模块采集到的功率监测信息,从卫星信号的功率方面监测和评估导航信号质量。

功率监测精度主要受热噪声和量化噪声的影响,由于输入信号为有线接入的高信噪比信号,不受外界其他信号的干扰,因此热噪声较小,可以忽略,在功率监测精度分析中主要考虑量化噪声的影响。

完好性监测接收机的输入信号功率按设计要求在-15~0 dBm,经过AD器件8 bit量化后进行后续信号处理。AD器件采样满幅量化功率为9 dBm,有效位数为高5 bit,量化1 bit对应6 dB。因此,当输入信号功率为-15 dBm时,量化有效位为1 bit,此时量化步长:

$$\Delta = \frac{\sqrt{2C}}{2^{N-1}} \tag{8.3.1}$$

式中，$N = 1$；C 为信号功率。内部对相关值进行 64 ms 平均后进行输出，进一步降低了噪声分量，经过平均后的量化噪声为 $\frac{\Delta^2}{64 \times 12}$，此时包含噪声的信号功率为 $C + \frac{\Delta^2}{64 \times 12}$，以输入功率为参考的功率监测精度为 $\left(C + \frac{\Delta^2}{64 \times 12}\right) \Big/ C$。

将信号功率-15 dBm 代入，计算得到功率监测精度为 0.01 dB，可满足功率监测精度要求。

8.3.2 时延异常监测

卫星下行发射通道时延监测是利用 SAIM 信号处理模块估计得到的时延值，计算并监测其变化是否异常。

下行导航信号的时延精度主要受以下因素影响：

(1) 时频信号相位变化。时频信号采用稳相电缆传输，其相位可以实现优于 0.1 ns 的精度。

(2) 测距精度。测距精度公式如下：

$$\left(\frac{\sigma_\tau^2}{T_c^2}\right)_{CR} = \frac{1}{4b\dfrac{C}{N_0}T[1 - \mathrm{sinc}(\pi b)]} \tag{8.3.2}$$

式中，C/N_0 为载噪比，实际取值约 40 dB；T 为单次估计的信号长度，也即伪距测量的等效平滑时间，取值为 1 ms；$T \times C/N_0$ 为伪码相位输入端的信噪比；b 为接收机前置矩形带通滤波器的复带宽关于码率归一化之后的值，通常取值为 2；T_c 为伪码的宽度，取值为 1/10.23 MHz。

可以看出，测距精度的影响因素包括被测信号载噪比、伪距测量的等效平滑时间、伪码码宽、信号带宽等。

完好性监测接收机监测的信号是由卫星下行通道生成后未经信道传播直接提供的，可以近似认为是纯信号。接收机与卫星下行通道可以共时钟设计，则其平滑时间选取限制较小，可以实现优于 0.1 ns 的精度。

(3) 其他因素。其他因素包括电路延时和器件延时，对时延测量的影响可以参考长电缆的影响进行分析。稳相电缆(ETS1-50)在-40～80℃温度范围内的相对时延变化为 300 PPM。以 100 m 电缆，信号传播时延为光速的 81%计算，信号传播时延变化量为 0.12 ns。综合考虑，可实现优于 0.14 ns 的其他因素时延影响。

(4) 误差合成。对上述因素综合考虑,得到的时延监测精度指标为

$$\sqrt{0.1^2 + 0.1^2 + 0.14^2} = 0.2\ \text{ns} \tag{8.3.3}$$

综上,卫星自主完好性监测可以实现优于0.2ns的时延监测指标。

8.3.3 信号相关峰的质量监测

采用多相关器监测方法实现对卫星信号质量的监测。

多相关器监测使用多个不同码相位的相关器得到相关峰的精密图样,从而监测信号是否发生畸变。由于多相关器方法可直接监测伪码相关峰的畸变,具有较好的监测性能,因此被大多数卫星导航增强系统所采用。多相关器监测方法使用跟踪相关器和监测相关器,监测原理图如图8.3.1所示,用跟踪相关器(I_E、I_L)实现对基带信号的跟踪;其余若干相关器组($I_{-\Delta_i}$、$I_{+\Delta_i}$)得到相关峰的密集采样。

多相关器方法对监测点的相关值进行归一化,然后计算实时相关峰和事先存储的正常相关峰的残差平方和,将其与设定的门限比较判断信号是否存在畸变。下面分析这种方法的监测性能:

$$\text{SSE} = \sum_{n=1}^{N} (I_n - \mu_n)^2 \tag{8.3.4}$$

式中,SSE为残差平方和检测量;I_n为第n个监测相关器的归一化相关值;μ_n为由正常信号相关峰在第n个监测相关器得到的归一化后的相关值均值;N为监测相关器个数。

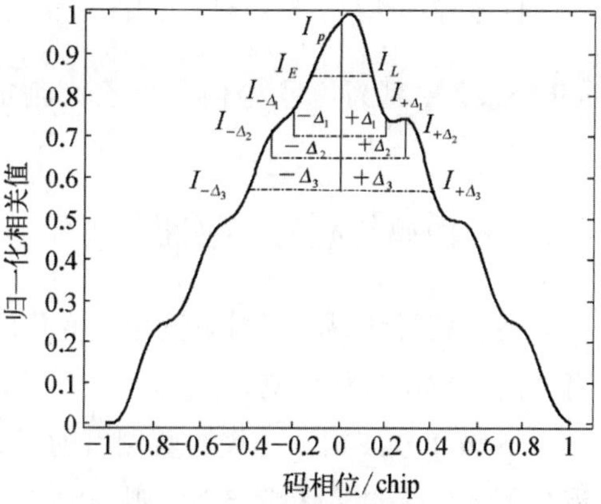

图8.3.1 多相关器监测原理图

为分析多相关器监测方法的监测性能,这里假设其具体实现是采用实时相关峰与正常相关峰差异监测。先分析归一化相关值的概率分布,假设第n个相关器(其码相位与即时码相差τ_n)相关值为C_n,相关峰峰点的相关值为C_0,则第n个相关器归一化相关值为

$$I_n = \frac{C_n}{C_0} = \frac{S_n + \text{noise}_n}{S_0 + \text{noise}_0} \approx \frac{S_n}{S_0} + \frac{\text{noise}_n}{S_0} \tag{8.3.5}$$

式中,S_0为本地伪码相位与卫星伪码相位对齐时的相关累加值均值;S_n为本地伪码相位与卫星伪码相位相差τ_n的相关累加值均值;noise_n为其高斯噪声分量,设方差为σ_{noise}^2。

在畸变信号情况下,归一化相关值的均值改变。故归一化相关值在正常信号和畸变信号下服从均值不同、方差相同的高斯分布:

$$\begin{cases} H_0(\text{信号正常}):E(I_n)=\mu_n,\ I_n \sim N(\mu_n,\ \sigma_I^2) \\ H_0(\text{信号畸变}):E(I_n)\neq\mu_n,\ I_n \sim N(\mu_{\text{evil},\,n},\ \sigma_I^2) \end{cases} \tag{8.3.6}$$

式中，$\mu_{\text{evil},\,n}$ 为信号畸变下归一化相关值的均值，方差为

$$\sigma_I^2 = \frac{\sigma_{\text{noise}}^2}{S_0^2} \tag{8.3.7}$$

由此可以推出残差平方和检测量 SSE 在正常信号和畸变信号下分别服从中心化χ^2分布和非中心化χ^2 分布。多相关器监测对畸变信号的检测也可以转化为二元假设检验：

$$\begin{cases} H_0(\text{卫星信号正常}):\text{SSE}(I_n)/\sigma_I^2 \sim \chi(N) \\ H_0(\text{卫星信号畸变}):\text{SSE}(I_n)/\sigma_I^2 \sim \chi(\lambda,\ N) \end{cases} \tag{8.3.8}$$

信号畸变情况下，非中心化参数为 $\lambda = \dfrac{\sum_{n=1}^{N}(\mu_{\text{evil},\,n}-\mu_n)^2}{\sigma_I^2}$。畸变检测判决为若 $\text{SSE} > T_{\text{SSE}}$，判为信号发生畸变，否则判定信号正常。

8.3.4 伪码与载波一致性监测

卫星信号伪码相位与载波相位变化的一致性，是保证载波平滑伪距的前提，必须对两者间的一致性进行监测。

伪码和载波相位一致性监测可通过检测前后历元间伪码相位与载波相位差的变化，或检测载波平滑后伪距与伪距观测值之差等方法来实现。

对前后历元间伪码相位与载波相位差的差异及其变化的监测方法为

$$\begin{aligned} \Delta_i &= |\Delta P - \Delta\varphi| < T_1 \\ \nabla\Delta_{i+1} &= |\Delta_{i+1} - \Delta_i| < T_2 \end{aligned} \tag{8.3.9}$$

式中，$\Delta P = P(t_{i+1}) - P(t_i)$ 为两历元伪距观测量的增量；$\Delta\varphi = \varphi(t_{i+1}) - \varphi(t_i)$ 两历元载波相位观测量的增量；T_1、T_2 为设定的检测门限。

载波平滑后伪距与伪距观测值之差的监测方法为

$$\varepsilon_{P'} = P'(t_i) - P(t_i) < T_3 \tag{8.3.10}$$

式中，$P'(t_i) = \dfrac{1}{i}P(t_i) + \dfrac{i-1}{i}[P'(t_{k-1}) + \varphi(t_i) - \varphi(t_{i-1})]$ 为载波平滑后伪距；T_3 为检测门限。

8.4 星载原子钟自主完好性监测技术

正常情况下,地面站通过持续跟踪卫星信号可以对钟的健康状况以及性能状况给出评价。但是当卫星飞离了地面的监控范围,或者由于某种原因,几天甚至几十天内无法与地面站取得联系,卫星需要自己来判断星钟目前的状态。星钟异常自主检测,就是在脱离地面站支持的前提下,由卫星对自己星钟的运行状况进行实时监测,从而对星钟运行状态做出判断。星钟常见异常包括信号缺失、相位跳变、频率跳变、频率漂移过大和稳定度变差。本节针对以上异常,提出了一整套的自主检测算法,可以提高卫星运行的可靠性。

一般而言,有三种方法来对原子钟进行评估: ① 将待评估原子钟与高性能的基准参考源进行比较;② 在不少于三台原子钟之间进行相互比对;③ 基于星间链路在星间不同卫星原子钟之间进行相互比对。考虑到导航卫星星上不存在基准参考源,考虑使用第二种和第三种方法来对星载原子钟的异常进行自主监测。

第二种和第三种方法的异常检测思路均为多钟互比的思路,区别主要是不同星钟之间的互相比对手段不同,其基本原理如图 8.4.1 所示。首先,定义 Δt_1 为星钟相对于系统时间的钟差, Δt_{12} 是星钟 1 与星钟 2 之间的相对钟差。如图 8.4.1 所示,三台星钟同时加电,它们的 10 MHz 信号作为相位差测量模块的输入,可以从中获得三台星钟彼此之间的相对钟差 Δt_{12}, Δt_{13}, Δt_{23}。信号处理模块使用 Δt_{12}, Δt_{13}, Δt_{23} 结合一定的算法来评估三台星钟的健康状况,然后命令主钟选择器选出最优的星钟来作为整星的时间与频率之源。图 8.4.1 中基于 PLL (phase locked loop) 的自主监测方法将在 8.4.1 小节中介绍,而 8.4.2 小节中的一系列自主监测方法都是以三钟互比的相位差数据作为输入。

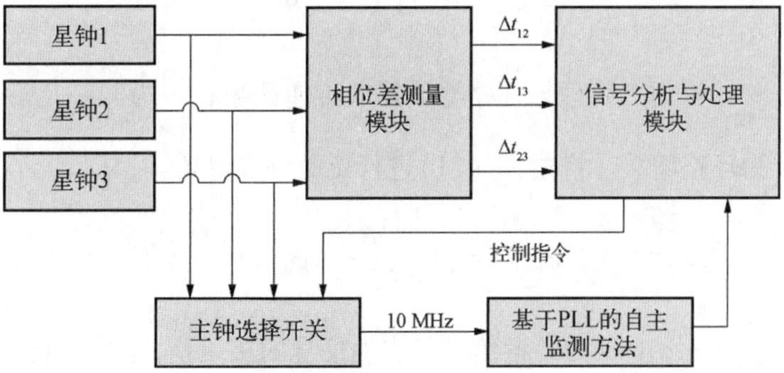

图 8.4.1 导航卫星原子钟自主完好性监测原理图

8.4.1 基于锁相环的星钟异常自主监测方法

图 8.4.2 用比较简单的结构图展示本方法的工作原理,锁相环是一个环路相位跟踪

系统,它通过负反馈来对本地信号的频率和相位进行调节以实现对参考信号的跟踪。外置 VCO 为 AD 和 FPGA 提供采样时钟和工作时钟,本方案中观测量为锁相环鉴相器的输出(相位差),它作为判决器的输入,而判决器的输出又可以作为图 8.4.1 信号分析与处理模块的输入来辅助判决。

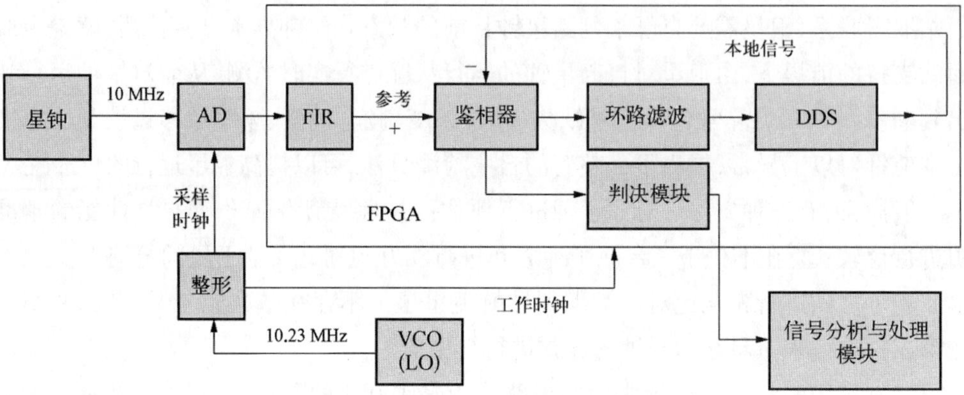

图 8.4.2　星钟异常监测原理图

1. 工作原理

当原子钟输出信号发生相位跳变或者频率跳变时,锁相环鉴相器输出将会随之产生动作,本小节将对这两种情况予以推导。

假设原子钟参考信号相位为 $2\pi f_r t+\varphi_1(t)$,压控振荡器输出信号相位为 $2\pi f_r t+\varphi_2(t)$,则有式(8.4.1)成立:

$$K(\varphi_1(s)-\varphi_2(s))F(s)\frac{1}{s}=\varphi_2(s) \tag{8.4.1}$$

式中,$F(s)=\dfrac{1+s\tau_2}{s\tau_1}$ 为二阶理想环路滤波器的传递函数;$\dfrac{1}{s}$ 为归一化后的压控振荡器的传递函数;K 为环路增益。将式(8.4.1)进行化简可以得到

$$\varphi_e(s)=\frac{s}{s+KF(s)}\varphi_1(s) \tag{8.4.2}$$

式中,$\varphi_e(s)=\varphi_1(s)-\varphi_2(s)$ 为参考信号与本地信号的相位差,环路的误差传递函数可以表示为

$$H_e(s)=\frac{s}{s+KF(s)}=\frac{s^2}{s^2+2\xi\omega_n s+\omega_n^2} \tag{8.4.3}$$

式中,$\omega_n=\sqrt{\dfrac{K}{\tau_1}}$ 为无阻尼振荡频率;$\xi=\dfrac{\tau_2}{2}\sqrt{\dfrac{K}{\tau_1}}$ 为阻尼系数,取值通常位于区间

[0.2, 1)。

依据季仲梅等(2008),郑继禹(2012)的研究,接下来将分别对相位跳变和频率跳变发生时,锁相环的跟踪特性进行分析。

1) 相位跳变

假设相位跳变可以写为 $\varphi_1(t)=\Delta\varphi\cdot\varepsilon(t)$,其拉氏变换可以表示为 $\varphi_1(s)=\dfrac{\Delta\varphi}{s}$。那么由式(8.4.3)可以得到其误差响应为

$$\varphi_e(s)=\frac{s^2}{s^2+2\xi\omega_n s+\omega_n^2}\cdot\frac{\Delta\varphi}{s}=\frac{s}{s^2+2\xi\omega_n s+\omega_n^2}\cdot\Delta\varphi \tag{8.4.4}$$

将式(8.4.4)进行因式分解,可以得到

$$\varphi_e(s)=\frac{A}{s-s_1}+\frac{B}{s-s_2} \tag{8.4.5}$$

其中,

$$s_1=-\xi\omega_n+i\omega_n\sqrt{1-\xi^2},\quad s_2=-\xi\omega_n-i\omega_n\sqrt{1-\xi^2} \tag{8.4.6}$$

$$A=-\Delta\varphi\frac{\xi-i\sqrt{1-\xi^2}}{2i\sqrt{1-\xi^2}},\quad B=\Delta\varphi\frac{\xi+i\sqrt{1-\xi^2}}{2i\sqrt{1-\xi^2}} \tag{8.4.7}$$

对式(8.4.5)作拉普拉斯反变换,并将式(8.4.6)和式(8.4.7)代入,得到式(8.4.8),如图 8.4.3(a)所示:

$$\varphi_e(t)=\Delta\varphi e^{-\xi\omega_n t}\left(\cos\omega_n t\sqrt{1-\xi^2}-\frac{\xi}{\sqrt{1-\xi^2}}\sin\omega_n t\sqrt{1-\xi^2}\right) \tag{8.4.8}$$

2) 频率跳变

频率跳变:$\varphi_1(t)=\Delta\varphi t\cdot\varepsilon(t)$,其拉式变换为 $\varphi_1(s)=\dfrac{\Delta\varphi}{s^2}$,其误差响应为

$$\varphi_e(s)=\frac{s^2}{s^2+2\xi\omega_n s+\omega_n^2}\cdot\frac{\Delta\varphi}{s^2}=\frac{\Delta\varphi}{s^2+2\xi\omega_n s+\omega_n^2} \tag{8.4.9}$$

采用与式(8.4.5)相同的方法进行因式分解可以得到

$$A=\frac{\Delta\omega}{2i\omega_n\sqrt{1-\xi^2}},\ B=\frac{-\Delta\omega}{2i\omega_n\sqrt{1-\xi^2}} \tag{8.4.10}$$

s_1 与 s_2 与式(8.4.6)相同,对式(8.4.5)作拉普拉斯反变换,并将式(8.4.6)和式

(8.4.10)代入,得到式(8.4.11),如图 8.4.3(b)所示:

$$\varphi_e(t)=\frac{\Delta\omega}{\omega_n\sqrt{1-\xi^2}}e^{-\xi\omega_n t}\sin\omega_n t\sqrt{1-\xi^2}\tag{8.4.11}$$

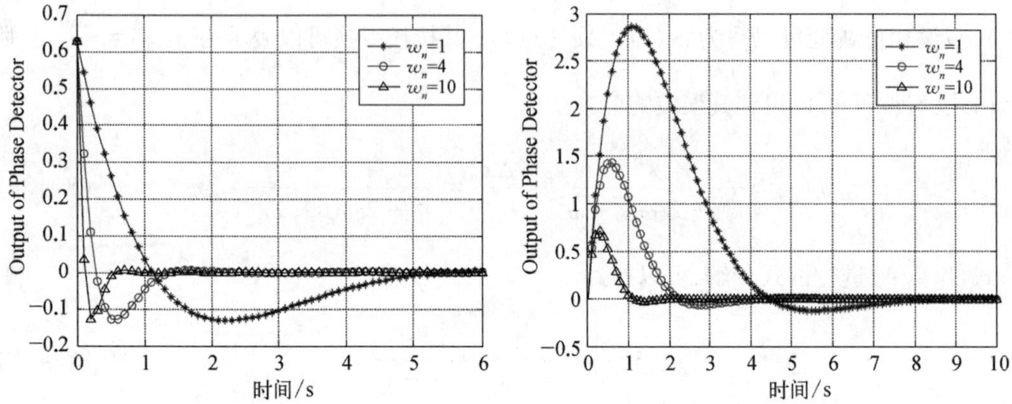

(a) 相位跳变　　(b) 频率跳变

图 8.4.3　相位跳变和频率跳变下不同环路参数锁相环的鉴相器输出

图 8.4.4(a)中,三个锁相环的阻尼振荡频率分别为 $\omega_n=1$、$\omega_n=4$ 和 $\omega_n=10$,相位跳变为 $1/10^8$ 个信号周期。图 8.4.4(b)反映了同样的锁相环对于 $4/10^{11}$ 的相对频率跳变的跟踪情况。

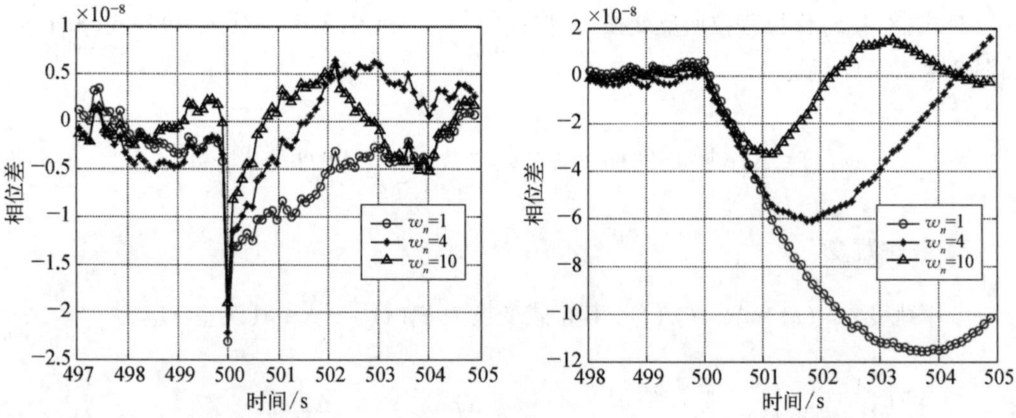

(a) 相位跳变　　(b) 频率跳变

图 8.4.4　不同环路参数锁相环对原子钟相位跳变、频率跳变的跟踪情况

从式(8.4.8)中可以看出,相位差在 $t=0$ 时刻达到峰值,而且这个峰值与环路参数无关。图 8.4.4(a)是仿真结果,锁相环起初是锁定的,参考信号的相位在 $t=500$ s 发生跳变,鉴相器的输出随之发生明显的跳变。图 8.4.4 中三个锁相环的环路参数分别为 $\omega_n=1$、4、10,$\xi=0.707$,相位跳变的幅度等于 $1/10^8$ 周期。环路参数不同,重新锁定过程

不同,环路带宽越窄,跟踪过程越慢。

从式(8.4.11)中可以看出,在跟踪的过程中,相位差的最大幅度反比于ω_n,图 8.4.4(b)是仿真结果,环路开始时是锁定的,参考信号的频率在 t = 500 s 时发生跳变,鉴相器的输出出现明显震荡,图 8.4.4(b)中的环路参数与图 8.4.4(a)中相同,频率跳变为$4/10^{11}$。环路参数不同,重新锁定的过程不同。环路带宽越窄,锁定越慢,跳变越明显。

3）信号缺失

本方法同样可以对信号缺失进行监测,如图 8.4.5 所示,假设之前锁相环已经锁定,信号在 150 s 处中断,从图中可以看出,此时相位差的测量值有一个很大的跃变,远远超出下文中将会提到的门限值,之后保持为 0,这很容易被监测到。

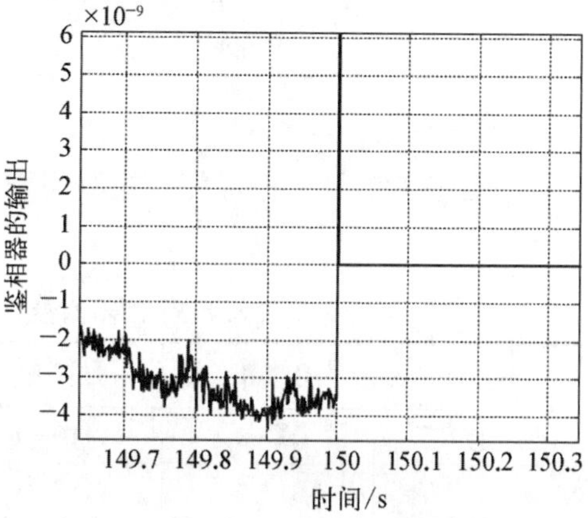

图 8.4.5　星钟信号缺失

从图 8.4.4 和图 8.4.5 中可以看出,相位跳变、频率跳变和信号缺失都会带来鉴相器输出的明显震荡,这提供了监测星钟异常的机会。

2. 仿真与分析

实际中,通常使用虚警率(PFA)和检测概率(probability of detection,PD)来衡量检测方法的优劣。参数(环路参数与检测门限)设置的基本原则是,提高 PD 的同时尽量减小 PFA。环路参数与检测门限主要取决于参考源噪声与分辨率,参考源噪声大小可以用星钟输出信号的稳定度来衡量,而分辨率指的是算法所能分辨的最小跳变幅度。

1）仿真一

在使用 Matlab 进行仿真时,阻尼系数$\xi=\sqrt{2}/2$,$\omega_n=4$,选用二阶理想环路滤波器,同时假定参考信号的相对频偏服从高斯分布,且其阿伦方差可以用 3E − 12/$\sqrt{\tau}$(τ 为平滑时间)来表示。环路对于相位跳变和频率跳变的检测能力如表 8.4.1 和表 8.4.2 所示。表中列出了不同门限下,$1/10^8$ 周期相位跳变以及 $4/10^{11}$ 相对频率跳变的检测概率、虚警概率和检测延迟时间。

表 8.4.1　相位跳变的检测性能

环路参数	门　限	PD	PFA	检测延迟/s
$\xi=\sqrt{2}/2$ $\omega_n=4$	8E − 9	1.000 0	6.131E − 4	0.001
	9E − 9	1.000 0	1.193E − 4	0.001
	10E − 9	0.999 9	2.224E − 5	0.001
	11E − 9	0.997 8	2.412E − 6	0.001
	12E − 9	0.983 3	8.300E − 8	0.001

表 8.4.2　频率跳变的检测性能

环路参数	门　限	PD	PFA	检测延迟/s
$\xi=\sqrt{2}/2$ $\omega_n=4$	8E−9	1.000 0	6.131E−4	0.234
	9E−9	1.000 0	1.193E−4	0.296
	10E−9	1.000 0	2.224E−5	0.337
	11E−9	0.993 3	2.412E−6	0.380
	12E−9	0.987 3	8.300E−8	0.429

2）仿真二

改变参考信号的稳定度，检测门限与检测分辨率的变化如表 8.4.3 和表 8.4.4 所示。

表 8.4.3　对不同参数原子钟的相位跳变的检测性能

稳定度	分辨率	门　限	PD	PFA	检测延迟/s
$3E-12/\sqrt{\tau}$	1E−8	11E−9	0.997 8	2.412E−6	0.001
$3E-11/\sqrt{\tau}$	1E−7	11E−8	0.997 2	6.290E−7	0.001
$3E-10/\sqrt{\tau}$	1E−6	11E−7	0.995 5	4.370E−7	0.001

表 8.4.4　对不同参数原子钟的频率跳变的检测性能

稳定度	分辨率	门　限	PD	PFA	检测延迟/s
$3E-12/\sqrt{\tau}$	4E−11	11E−9	0.993 3	2.412E−6	0.380
$3E-11/\sqrt{\tau}$	4E−10	11E−8	0.994 7	6.290E−7	0.384
$3E-10/\sqrt{\tau}$	4E−9	11E−7	0.997 8	4.370E−7	0.381

3）分析

当 $0<\xi<1$，锁相环被称为欠阻尼系统，此时相位跳变和频率跳变会带来剧烈震荡，当 $\xi>1$ 时，锁相环可以认为是过阻尼系统，通常更加稳定，但是对于异常情况的反映较为缓慢。实际中，需要在稳定性和响应速度之间进行折中，通常取 $\xi=\sqrt{2}/2$。从式(8.4.11)和图 8.4.4(b)可以看出，当 ω_n 变大时，对频率跳变的监测将变得更加困难，对环路噪声的抑制作用也会相应地变弱。相反，如果 ω_n 太小，一方面，锁定过程会更加困难，监测延迟也会变长；另一方面，环路将会过于敏感，这会导致判决模块频繁将底噪错误地当作跳变，PFA 变大。仿真中 $\omega_n=4$，是在 PD 和监测延迟之间的一个折中。

从表 8.4.3 和表 8.4.4 中可以看出，原子钟的噪声水平直接决定了监测分辨率。分辨率与稳定度之间的关系可描述为 $\mathrm{res}(p)\approx\dfrac{1E4}{3}\sigma(1)$，$\mathrm{res}(f)\approx\dfrac{4E1}{3}\sigma(1)$。门限可以设置为 $\mathrm{thr}\approx\dfrac{11E3}{3}\sigma(1)$。从表 8.4.3 和表 8.4.4 中可以看出，当采用合适的门限

值时,PD 将超过 99%,而 PFA 不超过 0.001%。而且需要指出的是,此时 PD 和 PFA 的取值是针对最小的相位跳变和频率跳变,当跳变的幅度变大时,监测性能将会更好。监测延迟取决于鉴相器的工作频率,这里需要指出的是,虽然 FPGA 的工作时钟为 10.23 MHz,但是为了改善对弱信号的检测性能,需要降低鉴相频率,这相当于增长了积分时间,仿真中 PD 的鉴相周期为 0.001 s,因此相位跳变的监测延迟为 1 ms,而频率跳变的监测延迟不超过 0.5 s。

基于 PLL 的方法可以实现对相位跳变、频率跳变和信号缺失的自主监测,计算复杂度低而且检测延迟小。但是如果希望改善对弱异常信号的检测性能,需要降低鉴相频率,从而导致检测延迟变长。

8.4.2 基于统计学的星钟异常自主监测方法

1. 阿伦方差

阿伦方差的表达式如下:

$$\sigma_y^2(\tau) = \frac{1}{2(M-1)}\sum_{i=1}^{M-1}[\bar{y}_{i+1}(m) - \bar{y}_i(m)]^2 \tag{8.4.12}$$

式中,$\tau = m\tau_0$ 为平滑时间;M 为 $\bar{y}_i(m)$ 的个数;$\bar{y}_i(m)$ 为第 i 个平滑时间 τ 内 m 个相对频率偏差数据的均值,即 $\bar{y}_i(m) = \frac{1}{m}\sum_{j=1}^{m} y_j$。

当考虑五种独立噪声过程 $\alpha = -2, -1, 0, 1, 2$, 即频率随机游走噪声,调频闪烁噪声,调频白噪声,调相闪烁噪声,调相白噪声时,$\sigma_y^2(\tau)$ 可以看作由五种噪声的贡献叠加而来,如式(8.4.13)所示:

$$\sigma_y^2(\tau) = \frac{3f_h h_2}{(2\pi\tau)^2} + \frac{1.038 + 3\ln(2\pi f_h \tau)}{(2\pi\tau)^2}h_1 + \frac{h_0}{2\tau} + 2\ln(2)h_{-1} + \frac{2\pi^2\tau h_{-2}}{3} \tag{8.4.13}$$

阿伦方差可以评估不同平滑时间内的星钟输出信号的稳定性。原子钟正常运转时,由阿伦方差斜率的变化可以大致估计不同平滑时间内的主要噪声类型。

在获取了足够多的原子钟测量数据后,使用阿伦方差可以方便地一次性计算出各个平滑时间内的稳定度,但是对于出现异常的原子钟的测量数据,阿伦方差给出的结果可能没有任何实际意义。正如图 8.4.6(a) 所示,输出信号发生频率跳变后又返回到正常值,由此计算得到阿伦偏差如图 8.4.6(b) 所示,无法根据阿伦方差获得对噪声分布的正确判断,也无法得知异常类型,而且监测延迟太大。

2. 动态阿伦方差(DAVAR)

由图 8.4.6(a) 可以看出,中间一段数据存在频率跳变,主要噪声类型并没有发生变

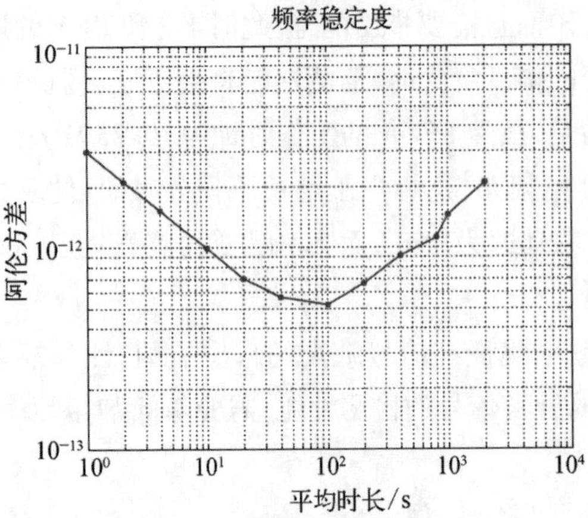

(a) 阿伦偏差

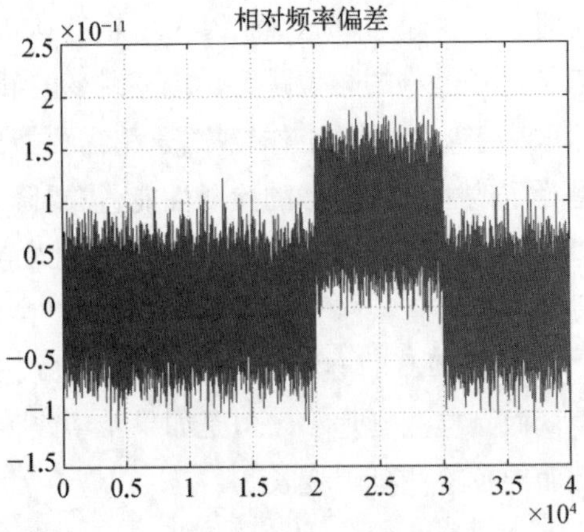

(b) 相对频偏测量数据

图 8.4.6　钟异常情况下相对频偏测量数据以及阿伦偏差

化，但是从图 8.4.6(b)中，会认为噪声类型发生了变化，这个结论显然不符合实际情况，而且也无法从图 8.4.6(b)中发现频率跳变的征兆。因此传统的阿伦方差并不能对钟的异常情况给出有用的判决信息。鉴于此，国外学者提出动态阿伦方差（Galleani and Tavella，2003；Galleani and Tavella，2005，2007；Sesia et al.，2007；Galleani，2009；Galleani and Tavella，2009b，2009a；Galleani，2011；Galleani and Tavella，2015），如式(8.4.14)所示，可以对星钟性能进行实时评估。

$$\sigma_y^2(n,k)=\frac{1}{2K^2\tau_0^2}\frac{1}{N/K-1}\sum_{i=0}^{N/K-2}\left[\bar{y}_{i+1,k,n}-\bar{y}_{i,k,n}\right]$$
$$\bar{y}_{i,k,n}=\frac{1}{K}\sum_{m=n-N+1+ik}^{m=n-N+1+(i+1)K}y_m \tag{8.4.14}$$

动态阿伦方差的计算中，使用滑动窗对数据进行截断，窗长为 N，方差值 $\sigma_y^2(n,k)$ 随着新测量数据 y_n 的到来而更新，因此可以快速反映出星钟的运行情况。上式中 τ_0 为采样间隔，$K\tau_0$ 为平滑时间。

3. 修改动态阿伦方差(MDAVAR)

由式可以看出，DAVAR(dynamic Allan variance)可以实时更新各个平滑时间的稳定度，但是为了保证长期稳定度计算值的可靠性，窗长 N 必须很大，这会大大降低对于瞬时变化的检测概率，同时当频率跳变发生后，…，$\bar{y}_{i-1}-\bar{y}_{j-2}\approx 0$，$\bar{y}_i-\bar{y}_{i-1}=\delta$，$\bar{y}_{i+1}-\bar{y}_i\approx 0$，…，只有一项不为 0，因此 DAVAR 对微弱的频率跳变不够敏感。针对此种情况，本章节在对瞬时变化进行检测时采用如式(8.4.15)所示。

$$\sigma_y^2(n)=\frac{1}{2m}\sum_{i=1}^{m}\left[y_{i+n-m}-y_{i+n-2m}\right] \tag{8.4.15}$$

$$\sigma_y^2(n) = \sigma_y^2(n-1) + \frac{(y_n - y_{n-m})^2 - (y_{n-m} - y_{n-2m})^2}{2m} \tag{8.4.16}$$

式(8.4.15)为 MDAVAR,式(8.4.16)为其迭代计算方法。

当频率跳变发生后,…, $\bar{y}_{i-1} - \bar{y}_{i-1-m} \approx 0$, $\bar{y}_i - \bar{y}_{i-m} \approx \delta$, $\bar{y}_{i+1} - \bar{y}_{i+1-m} = \delta$, …, 不为0的项数大于1,因此对频率跳变更加敏感。

4. MDAVAR 检测性能

本小节将首先分析和比较 DAVAR 和 MDAVAR 对于相位跳变和频率跳变的检测性能,而后将验证对于星钟性能突然恶化以及逐渐恶化,修改后方差的监测同样有效。

本小节中,对于瞬时变化的监测依据统计学原理,可以利用的数据是图 8.4.1 中的 Δt_{12}、Δt_{13}、Δt_{23}。同时假设三台钟之中,只有钟 1 出现异常。可以想象,当钟 1 出现相位跳变和频率跳变时,Δt_{12}、Δt_{13} 异常,而 Δt_{23} 正常,而且 Δt_{12}、Δt_{13} 变化相同(或者符号相反),因此,以下的分析将只考察 Δt_{12} 或者 Δt_{13}。

图 8.4.7(a)中,相位跳变的幅度是 $12\sigma_0(y_i)$,其中 y_i 为相对频差数据,而图 8.4.7(b)中,频率跳变的幅度为 $4\sigma_0(y_i)$,其中 $\sigma_0(y_i) = 3E-12$ 为正常情况下 y_i 的标准差。

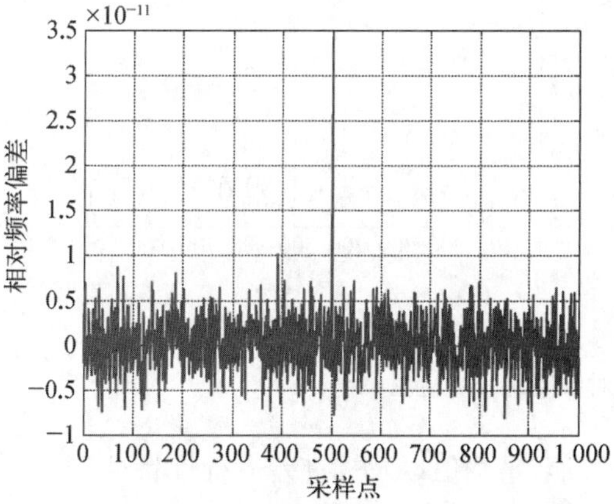

(a) 星钟相位跳变

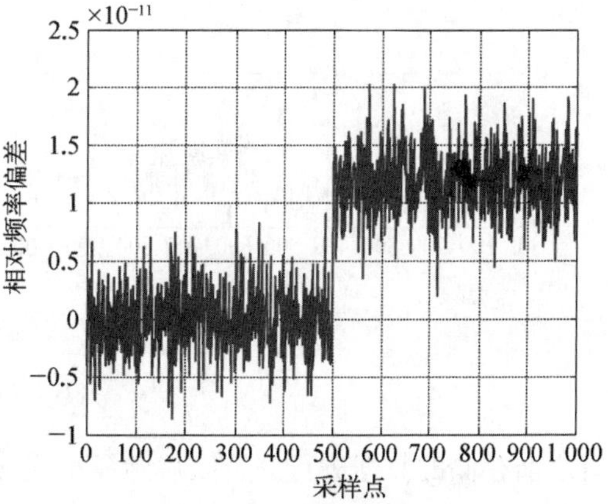

(b) 星钟频率跳变

图 8.4.7　星钟相位和频率跳变

仿真中生成 1 000 个采样点,相位跳变和频率跳变发生在第 500 个点处。仿真一次实现后,保存 DAVAR 和 MDAVAR 在每一时刻对跳变的响应数据,然后使用同样方法重复 10 000 次试验,其中每次试验所使用的 1 000 点都是不同的,然后可以得到每一时刻的平均响应,正如图 8.4.8 和图 8.4.9 所示。

因为 DAVAR 和 MDAVAR 对跳变的响应的峰值决定了跳变是否能够被监测到,所以更加关注每次实现中的峰值。假定在每次实现中,DAVAR 对于频率跳变的响应的峰值为 $\sigma_{i,m}^2$, MDAVAR 的响应峰值为 $v_{i,m}^2$, 然后保存 $\sigma_{i,m}^2$ 和 $v_{i,m}^2$, $i = 1, 2, 3, \cdots, 10\,000$, 之后

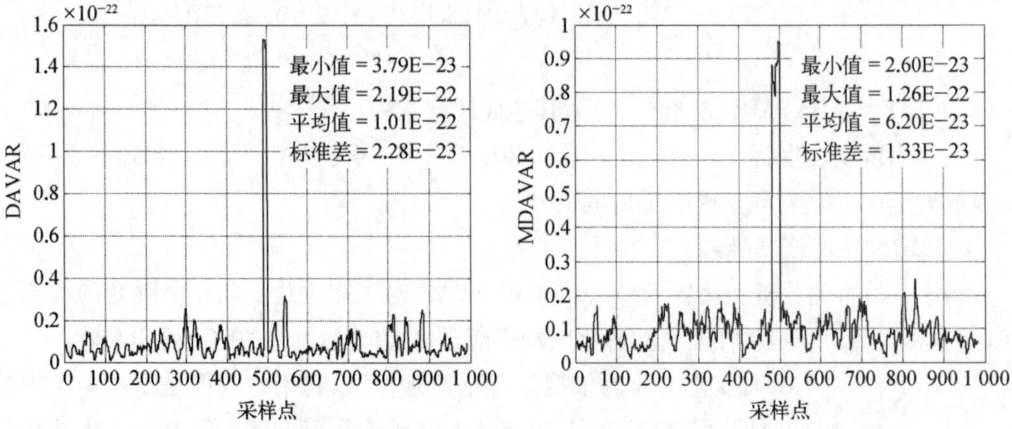

(a) DAVAR　　(b) MDAVAR

图 8.4.8　不同方差对相位跳变的检测

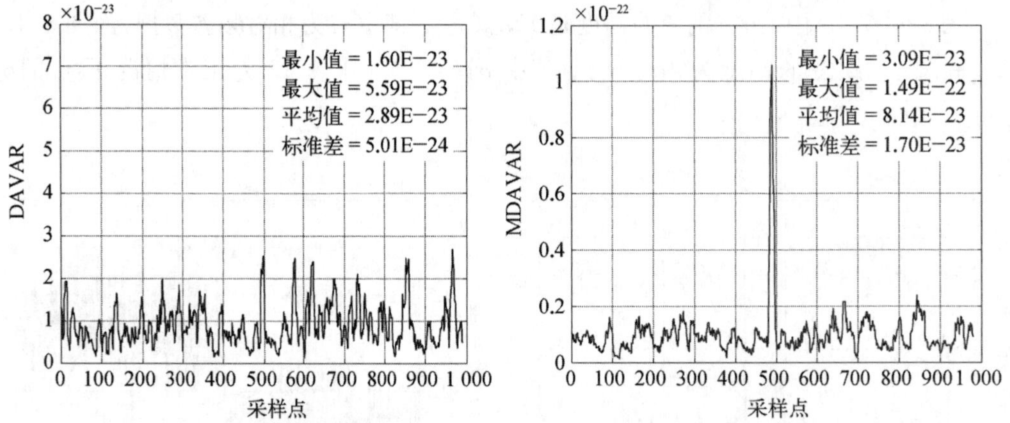

(a) DAVAR　　(b) MDAVAR

图 8.4.9　不同方差对频率跳变的检测

对之前存储的数据进行分析以得到最小值、最大值、平均值以及标准差等统计特性。

为了使统计结果更加清晰，在表 8.4.5 列出了 $\sigma_{i,m}^2$ 和 $\upsilon_{i,m}^2$，$i = 1, 2, 3, \cdots, 10\,000$ 的统计特性。从表 8.4.5 和图 8.4.9 中知道 $\sigma_{i,m}^2$ 的值太小而不足以将跳变与底噪区分开，相比之下，MDAVAR 对比较弱的频率跳变更加敏感。

表 8.4.5　$\sigma_{i,m}^2$ 和 $\upsilon_{i,m}^2$ 的统计特性

统计项	DAVAR	MDAVAR
最小值	1.60E − 23	3.09E − 23
最大值	5.59E − 23	1.49E − 22
平均值	2.89E − 23	8.14E − 23
标准差	5.01E − 24	1.70E − 23

MDAVAR 对微弱的频率跳变更加敏感，图 8.4.10 ~ 图 8.4.12 分别给出了 DAVAR 和 MDAVAR 对 10 000 次 $6\sigma_0$、$8\sigma_0$、$10\sigma_0$ 频率跳变的平均检测结果。

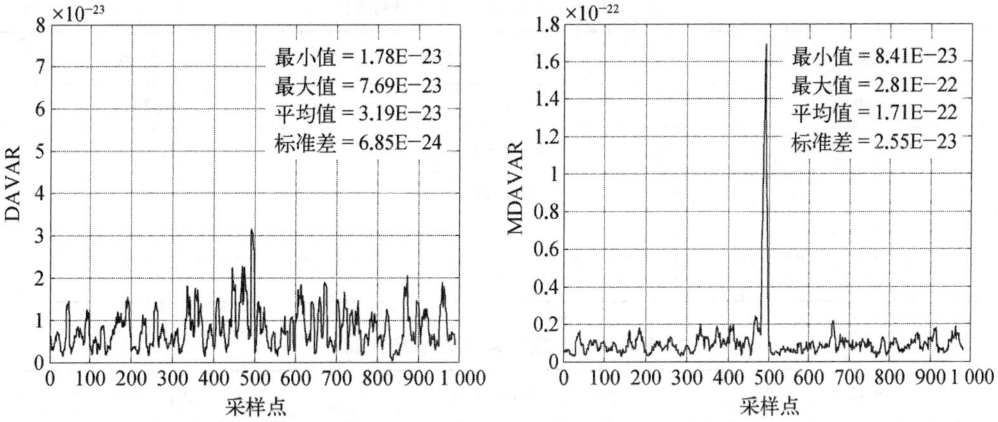

图 8.4.10 DAVAR 和 MDAVAR 对 $6\sigma_0$ 频率跳变的响应

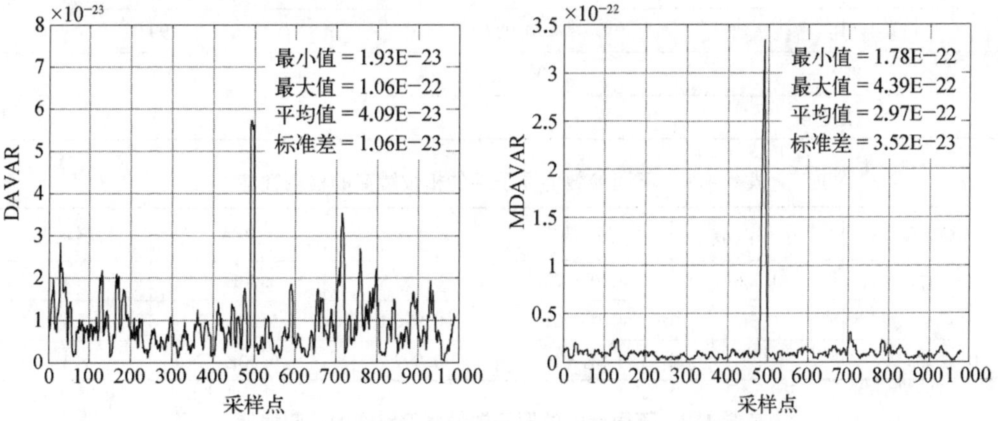

图 8.4.11 DAVAR 和 MDAVAR 对 $8\sigma_0$ 频率跳变的响应

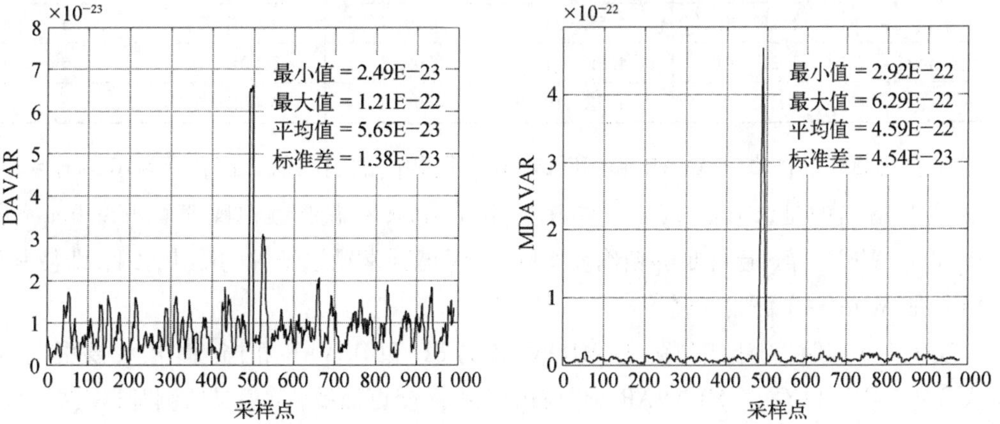

图 8.4.12 DAVAR 和 MDAVAR 对 $10\sigma_0$ 频率跳变的响应

表 8.4.6 和表 8.4.7 给出了 DAVAR 和 MDAVAR 对频率跳变的监测性能，表 8.4.8 和表 8.4.9 则表明 MDAVAR 对于不同稳定度的钟的监测性能。

表 8.4.6　相位跳变的检测性能

统计方法	DAVAR	MDAVAR
分辨率/ns	0.036	0.036
门限	4.5E－23	4.5E－23
PD	1.000 0	0.997 8
PFA	1.61E－5	3.00E－7
检测延迟/s	1	1

表 8.4.7　频率跳变的检测性能

统计方法	DAVAR	MDAVAR
分辨率/ns	3.6E－11	1.2E－11
门限	4.5E－23	4.5E－23
PD	0.987 4	0.992 7
PFA	1.61E－5	3.00E－7
检测延迟/s	1	5

表 8.4.8　不同参数的原子钟的相位跳变的检测性能

稳定度	分辨率/ns	门　限	PD	PFA	检测延迟/s
$3E-12/\sqrt{\tau}$	0.036	4.5E－23	0.997 8	3.00E－7	1
$3E-11/\sqrt{\tau}$	0.36	4.5E－21	0.996 1	5.00E－7	1
$3E-10/\sqrt{\tau}$	3.6	4.5E－19	0.997 7	6.00E－7	1

表 8.4.9　不同参数的原子钟的频率跳变的检测性能

稳定度	分辨率/ns	门　限	PD	PFA	检测延迟/s
$3E-12/\sqrt{\tau}$	1.2E－11	4.5E－23	0.992 7	3.00E－7	5
$3E-11/\sqrt{\tau}$	1.2E－10	4.5E－21	0.992 3	5.00E－7	5
$3E-10/\sqrt{\tau}$	1.2E－9	4.5E－19	0.993 4	6.00E－7	5

做了 10 000 次仿真，DAVAR 和 MDAVAR 使用相同的门限值。窗长 $N=10$，$k\tau_0=\tau_0=1$ s。需要指出的是，因为 $k\tau_0=\tau_0=1$ s，仿真中只考虑调频白噪声（white frequency modulation，WFM）噪声已经足够精确。实际上，考虑到常见原子钟的噪声水平，即使其他噪声存在，MDAVAR 仍然有效。

表 8.4.6 表明，对于相位跳变，MDAVAR 的 PD 和 DAVAR 相当，而 PFA 要更低，而从表 8.4.7 中可以看出，MDAVAR 对微弱的频率跳变更加敏感，但是监测延迟会更大。

在表 8.4.8 和表 8.4.9 中，注意到对于不同性能的原子钟，MDAVAR 对相位跳变和频

率跳变的分辨率是相同的,需要做的就是按照式(8.4.17)重新设置门限值:

$$thr = 5 \cdot \sigma^2(1) \tag{8.4.17}$$

此外,窗长 N 也是一个重要的参数,窗长越长,监测性能越差,但是如果窗长过短,PFA 又会升高,监测分辨率也会随之恶化。

图 8.4.13 和图 8.4.14 表明,MDAVAR 也可以有效监测原子钟输出信号的瞬时恶化和逐渐恶化。

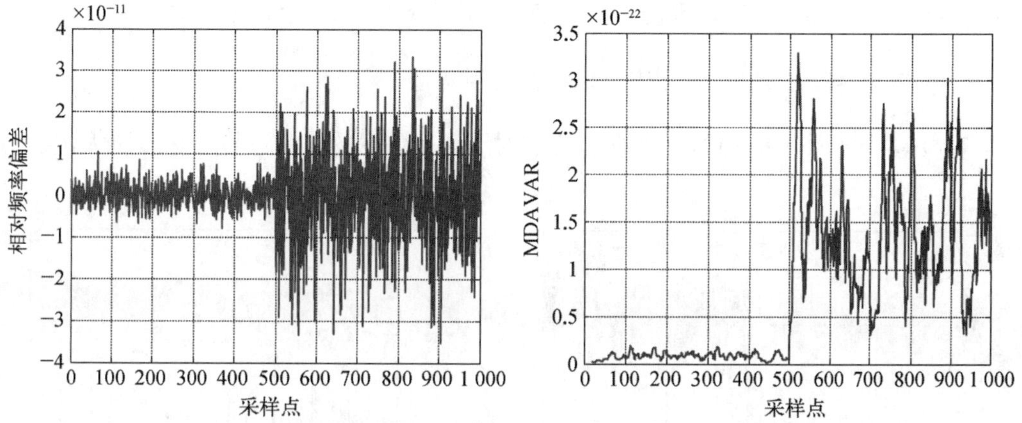

(a) 星钟性能突然恶化　　(b) MDAVAR

图 8.4.13　星钟性能突然恶化下的监测效果

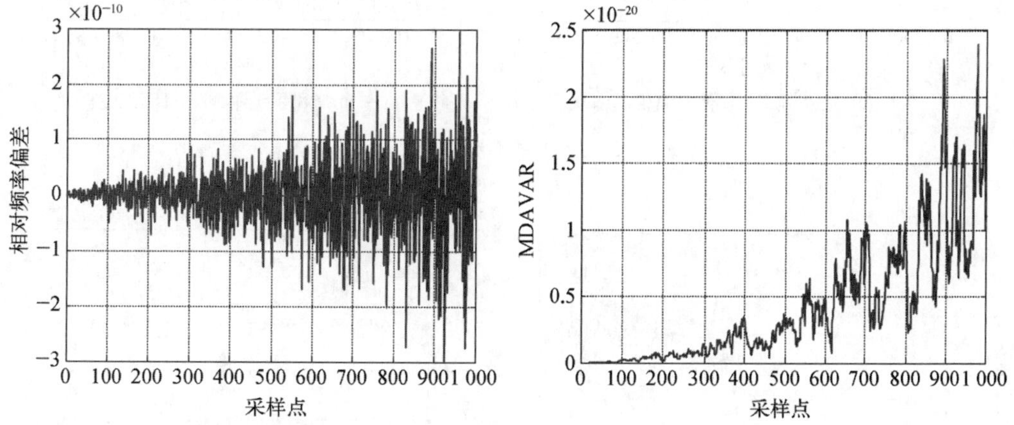

(a) 星钟性能逐渐恶化　　(b) MDAVAR

图 8.4.14　星钟性能逐渐恶化下的监测效果

5. *五种频率跳变监测方法的比较*

本小节,将首先介绍两种已经存在的用于检测原子钟异常的方法,即 LS 方法与卡尔曼滤波器方法,然后对五种常用方法进行比较。

最小二乘法(LS)方法:保存最近的 M 个采样点,使用 LS 方法来计算平均频率偏差

$\bar{y}$，然后预测 $\Delta\hat{t}_{k+1}=\Delta t_k+\bar{y}\cdot\tau$。之后将预测值 $\Delta\hat{t}_{k+1}$ 与实测值 Δt_{k+1} 进行比较，如果 $\varepsilon=\Delta\hat{t}_{k+1}-\Delta t_{k+1}$ 超过了事先设置的门限 γ，认为发生了频率跳变。

卡尔曼滤波器方法：使用卡尔曼滤波器去预测当前时刻的频率偏差 $\hat{y}_n$，然后将预测值与实测值进行比较，如果两者之差 $\varepsilon=\hat{y}_n-y_n$ 超出了门限，则认为发生了频率跳变。

仿真：因为采样间隔 $\tau=1$ s，仅仅考虑 WFM，它的标准差可以表示为 $\sigma_0=3\text{E}-12$。在对 LS 方法进行仿真时，设置 $M=20$。而对卡尔曼滤波器方法进行仿真时，状态转移矩阵 $\Phi=1$，观测矩阵 $H=1$，观测误差协方差矩阵 $R=\sigma_0^2$，系统误差协方差矩阵 Q 越大，滤波器对异常的响应越快，但是也会提高虚警概率从而降低了监测性能，仿真中取 $Q=\sigma'^2=(1\text{E}-13)^2\left(\sigma'\leqslant\dfrac{1}{10}\sigma_0\right)$，实际中可以进行适当调整。

图 8.4.15 和图 8.4.16 展示了两种方法对于频率跳变的监测过程。在做了大量的仿

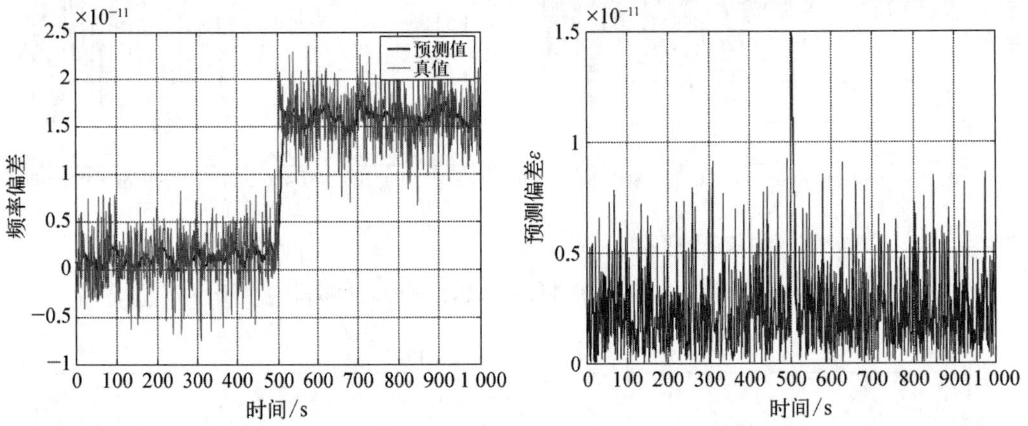

(a) 化LS频率预测值与真值　　(b) LS频率预测值与真值之差

图 8.4.15　LS 方法对频率跳变的响应

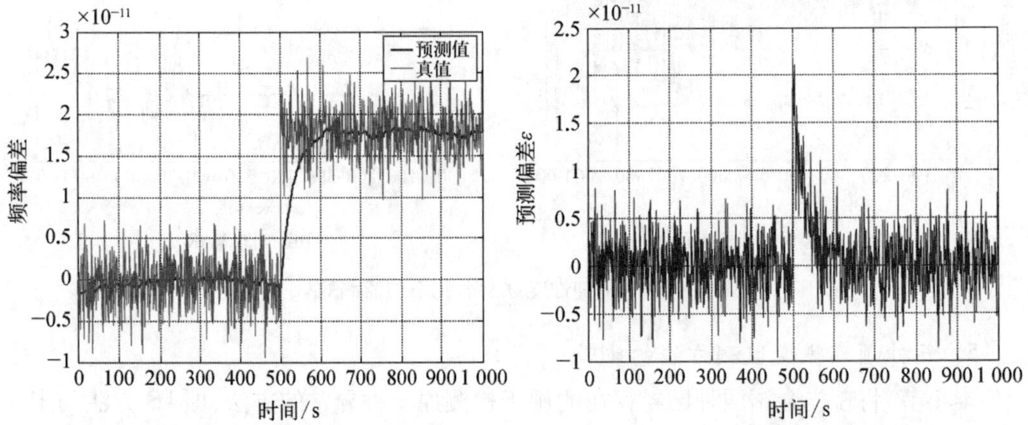

(a) 卡尔曼频率预测值与真值　　(b) 卡尔曼频率预测值与真值之差

图 8.4.16　卡尔曼滤波器对频率跳变的响应

真试验之后,使用表 8.4.10 来给出不同方法对于频率跳变的监测性能。

表 8.4.10　五种监测方法的比较

监测方法	分辨率/ns	PD	PFA	检测延迟/s
PLL 方法	4.0E-11	0.993 3	2.41E-6	0.4
DAVAR 方法	3.6E-11	0.987 4	1.61E-5	1
MDAVAR 方法	1.2E-11	0.992 7	3.00E-7	5
LS 方法	1.5E-11	0.994 4	2.53E-5	1
卡尔曼方法	1.8E-11	0.992 6	2.60E-6	1

讨论: 使用不同的参数,监测性能是不同的,为了对几种方法进行比较,使用同样的噪声水平进行仿真。不同的方法使用不同的观测量,DAVAR、MDAVAR、LS 以及卡尔曼需要额外的参考源以及时间比对设备来获取钟差测量值 Δt_k 以作为算法的观测量来监测钟的健康状态。基于 PLL 的方法不需要基准参考源,可以实现对频率跳变的自主监测,这样就可以提供更大的灵活性,而且计算量很小,可以在星上使用。LS 和卡尔曼方法比较简单,有良好的监测性能,而 DAVAR 和 MDAVAR 由于存在迭代算法,计算量也可以接受。从表 8.4.10 中可以看出, MDAVAR 的分辨率最高, 但是延迟也最大。同样, PLL 方法延迟最小,但是分辨率也最低,可见,我们需要根据实际需要对分辨率和监测延迟进行综合考量。

6. 星钟稳定性监测

图 8.4.1 中三台原子钟的运行是相互独立的, 其两两比对的数据不相关, 由概率论的知识: 不相关序列和的方差等于方差的和,因此可以得到表征单台原子钟频率稳定度的方差值。

依据参考文献(Gray and Allan,1974;Groslambert et al.,1981)中的经典三角帽方法,假设 σ_{12}^2、σ_{13}^2、σ_{23}^2 为在时间间隔 τ 的相互比对的方差, σ_1^2、σ_2^2、σ_3^2 三台钟在同样时间间隔内的方差,则有式(8.4.18)成立:

$$\begin{cases}\sigma_{12}^2 = \sigma_1^2 + \sigma_2^2 \\ \sigma_{13}^2 = \sigma_1^2 + \sigma_3^2 \\ \sigma_{23}^2 = \sigma_2^2 + \sigma_3^2\end{cases} \tag{8.4.18}$$

若 σ_{12}^2、σ_{13}^2、σ_{23}^2 已知,由式(8.4.18)可以很容易得到每台钟输出信号的方差。

仿真发现,因为星钟必然存在漂移,而阿伦方差无法消除漂移的影响,尤其当某个平滑时间的阿伦方差与其漂移大小相当或者可比的时候,使用阿伦方差计算 σ_{12}^2、σ_{13}^2、σ_{23}^2,再由此计算 σ_1^2、σ_2^2、σ_3^2,将无法反映星钟的真实情况,而哈达玛方差对频率数据进行二阶差分(相位数据进行三阶差分),可以扣除漂移。因此使用哈达玛方差来计算 σ_{12}^2、σ_{13}^2、σ_{23}^2,得出的 σ_1^2、σ_2^2、σ_3^2 更符合实际。

为了充分利用所得到的测量数据,并且更加快速地跟踪星钟的缓慢变化,本章节中使用加窗的折叠哈达玛方差,如式(8.4.19)所示,这些额外增加的折叠差值虽然在统计上并不独立,但增加了方差的自由度,从而提高了置信概率,而且通过加窗操作,每次计算所使用的都是最新的数据,因此也使得方差值能够真实地反映星钟的当前性能:

$$H\sigma_y^2(n)=\frac{1}{6(N-3K)\tau^2}\sum_{i=n-N+1}^{n-3K}\left[x_{i+3K}-3x_{i+2K}+3x_{i+K}-x_i\right]^2 \tag{8.4.19}$$

式中,N 为窗的长度,为每次计算所使用的数据量;x_n 为最新得到的相位差数据;x_i 与 x_{i+1} 的时间间隔为采样周期 $b\tau_0$,而平滑时间 $\tau=m\tau_0$,满足 $k=\frac{m}{b}$。由哈达玛方差的特性可以知道,平滑时间越长,所需要的数据量必然越大,而为了能够快速跟踪星钟性能,不同平滑时间的稳定度求解,可以设置不同的窗长,如表 8.4.11 所示。此处假设测量周期为 $\tau_0=1$ s。

表 8.4.11　不同平滑时间的窗长与采样周期

平滑时间 $m\tau_0$	窗长/数据量 N	采样周期 $b\tau_0$
1 s	100	1 s
10 s	500	1 s
100 s	400	10 s
1 000 s	300	100 s
10 000 s	200	1 000 s
86 400 s	192	7 200 s

从表 8.4.11 中的窗长 N 可以看出,直接计算式(8.4.19)的计算量很大,可以采用式(8.4.20)的递归算法来对 $H\sigma_y^2(n)$ 进行更新以降低计算量,而且对于 τ 来说,$6(n-3m)\tau^2$ 是常数,这样每次更新只需要加减运算,除法运算完全可以在需要的时候再进行:

$$\begin{aligned}&H\sigma_y^2(n)=\frac{H\sigma_y^2(n-1)+\Delta_1(n)-\Delta_2(n)}{6(N-3m)\tau^2}\\&\Delta_1(n)=(x_n-3x_{n-m}+3x_{n-2m}-x_{n-3m})^2\\&\Delta_2(n)=(x_{n-N+3m}-3x_{n-N+2m}+3x_{n-N+m}-x_{n-N})^2\end{aligned} \tag{8.4.20}$$

与阿伦方差的二阶差分相比,哈达玛方差使用三阶差分,因此导致自由度减小了1。而且相比于阿伦方差,哈达玛方差需要更多的数据才能得到可靠的稳定度计算结果。因此对于不同的平滑时间,可以选择不同的统计方法,当平滑时间较短时,可以使用阿伦方差,而对于较长的平滑时间,如果线性漂移的大小已经可以与此平滑时间的阿伦方差可比,应该采用哈达玛方差。

7. 星钟漂移率异常监测

为了预测星钟的漂移,理论上需要每台星钟的绝对钟差,当存在地面站的支持时,这是容易实现的,但是当卫星飞离了地面站的监控范围,或者由于某种原因,一段时间内无法与地面站取得联系,卫星需要自己来判断自身的频率漂移情况。对于单颗卫星来说,由于缺少参考基准,如图 8.4.1 所示,只能获取三台钟两两之间的钟差 Δt_{12}、Δt_{13}、Δt_{23},但是它们并不是相互独立的。

目前已经使用的漂移率评估方法都需要首先获悉原子钟 i 相对于系统时间的钟差 Δt_i,然而,当缺少了地面站的支持时,可以获得的观测量只有原子钟间的相互比对值 Δt_{12}、Δt_{13}、Δt_{23}。

本小节首先对常见的五种频漂估计器与三状态卡尔曼滤波器进行比较,之后证明三状态卡尔曼滤波器能够以 Δt_{12}、Δt_{13}、Δt_{23} 为观测量对星钟异常进行报警。

8. 频漂估计器性能比较

Weiss 和 Hackman(1993)、Logachev 和 Pashev(1996)、Greenhall(1997)、Wei(1997)中提到多种漂移率拟合的方法,接下来将通过仿真来比较五种不同的频漂估计器的性能。

比较五种常见的频漂估计器,即两点法、两组测量值法、LS 法、三点法以及 W4 法,而后将分析三状态卡尔曼滤波器在频漂估计中的性能。

(1) 两点法:

$$\hat{z}_1 = \frac{y(n) - y(1)}{(n-1)\tau_0} \tag{8.4.21}$$

(2) 两组测量值法:

$$\hat{z}_2 = \frac{2}{n\tau}\left[\frac{2}{n}\sum_{i=n/2+1}^{n} y(i) - \frac{2}{n}\sum_{i=1}^{n/2} y(i)\right] \tag{8.4.22}$$

(3) LS 法:

$$\hat{z}_3 = \frac{6}{n(n^2-1)\tau_0}\sum_{i=1}^{n}(2i-n-1)y(i) \tag{8.4.23}$$

(4) 三点法:

$$\hat{z}_4 = \frac{x(2n+1) - 2x(1+n) + x(1)}{(n\tau_0)^2} \tag{8.4.24}$$

(5) W4 法:

$$\hat{z}_5 = \frac{6}{N^3\tau_0^2 r_1(1-r_1)}\left(w_N - w_0 - \frac{w_{N-n_1} - w_{n1}}{1-2r_1}\right) \tag{8.4.25}$$

使用原子钟性能分析中比较常用的 Stable32 软件来生成仿真数据，然后分别使用这五种方法来对频漂进行估计。为了使得仿真结果更加可信，使用三组不同的数据来测试五种估计器，如表 8.4.12 所示，仿真中考虑了 WFM、调频闪烁噪声（flicker frequency modulation，FFM）及随机游走调频噪声（random white frequency modulation，RWFM）三种噪声。需要指出的是，使用了滑动窗来裁剪采样数据，也就是说，每得到一个新的数据，使用它以及之前的 $(n-1)$ 个数据计算一次漂移率，而不是收集完 n 个全新的数据再进行计算。

表 8.4.12　仿真数据的噪声特性

	σ_0	σ_{-1}	σ_{-2}	频　漂	频　偏
S_1	1E－12	2E－14	3E－16	1E－12	1E－12
S_2	2E－12	3E－14	1E－16	2E－12	1E－12
S_3	3E－12	1E－14	2E－16	3E－12	1E－12

从表 8.4.13～表 8.4.15 和图 8.4.17～图 8.4.19 中，可以看出 W4 法的估计值更加稳定。图 8.4.17～图 8.4.19 中的右图为左图的局部放大。

表 8.4.13　S_1 下不同估计器的漂移率估计值

		两点法	两组测量值法	LS 法	三点法	W4 法
S_1	平均值	1.00E－12	1.00E－12	1.00E－12	1.00E－12	1.00E－12
	标准差	1.84E－13	1.46E－13	1.29E－13	1.44E－13	1.39E－13

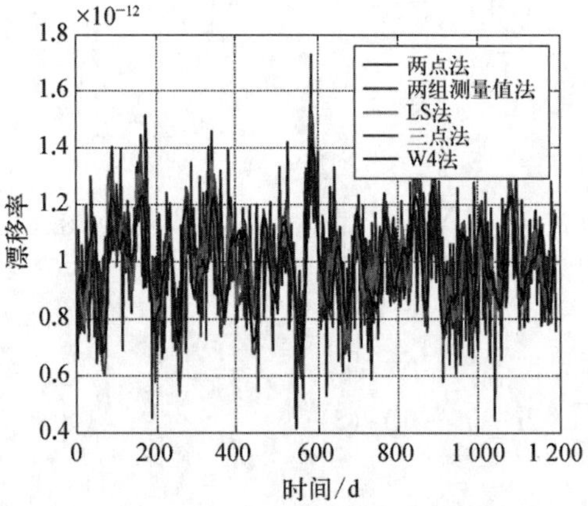

(a) 不同的漂移率估计器(大尺度)

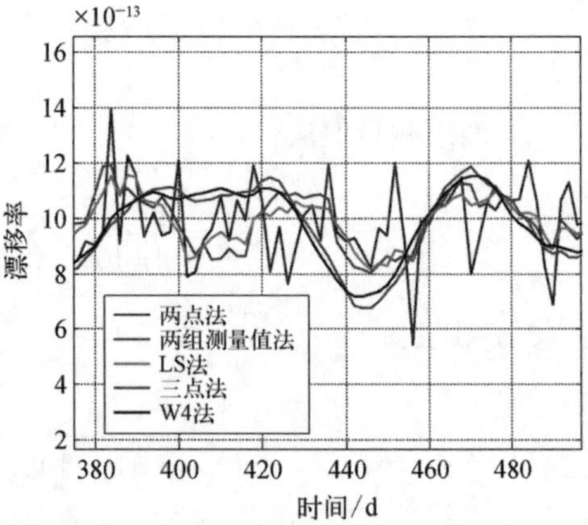

(b) 不同的漂移率估计器(小尺度)

彩图

图 8.4.17　S_1 条件下对漂移率的估计值

表 8.4.14　S_2 下不同估计器的漂移率估计值

		两点法	两组测量值法	LS 法	三点法	W4 法
S_2	平均值	1.99E－12	1.99E－12	1.99E－12	1.99E－12	1.99E－12
	标准差	3.02E－13	1.38E－13	1.18E－13	0.77E－13	0.73E－13

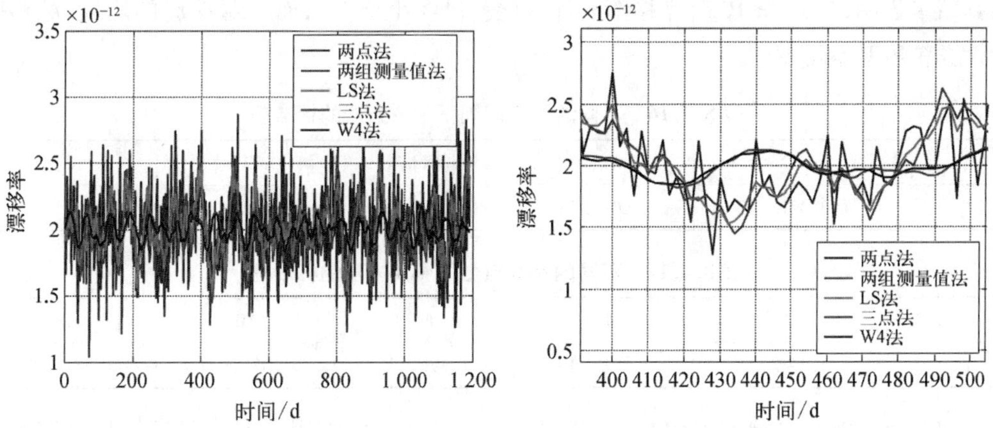

(a) 不同的漂移率估计器(大尺度)　　(b) 不同的漂移率估计器(小尺度)

图 8.4.18　S_2 条件下对漂移率的估计值

彩图

表 8.4.15　S_3 下不同估计器的漂移率估计值

		两点法	两组测量值法	LS 法	三点法	W4 法
S_3	平均值	3.01E-12	3.01E-12	3.01E-12	3.01E-12	3.01E-12
	标准差	4.10E-13	1.66E-13	1.47E-13	0.98E-13	0.94E-13

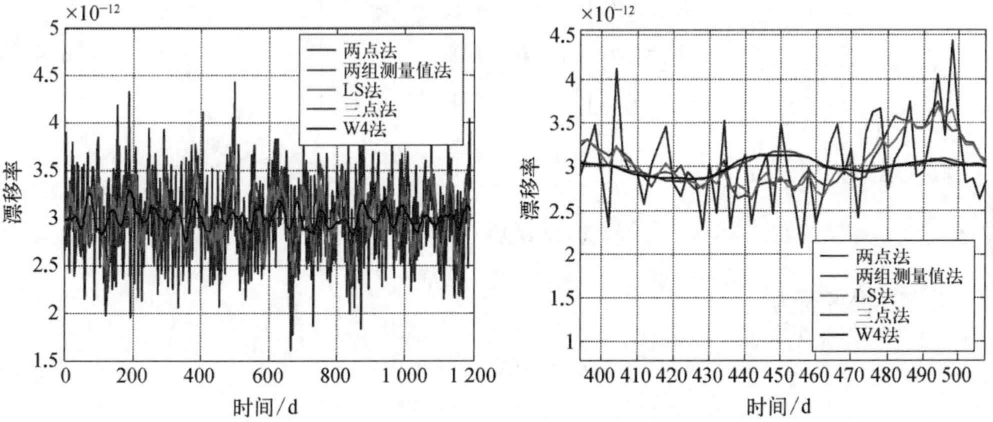

(a) 不同的漂移率估计器(大尺度)　　(b) 不同的漂移率估计器(小尺度)

图 8.4.19　S_3 条件下对漂移率的估计值

彩图

需要指出的是，在表 8.4.13 ~ 表 8.4.15 中，计算间隔 $\tau = n \cdot m\tau_0$，$m\tau_0$ 表明每 m 个点选择一个点，n 是每次计算中使用的数据量。设置计算间隔 $\tau = 3\,600\ \text{s} \cdot 48$，使用 60 个采样点来计算漂移率，即 $n = 60$，因为采样间隔为 $\tau_0 = 30\ \text{s}$，所以 $m = 96$。

使用 S_1 的参数设置，在表 8.4.16 和表 8.4.17 中给出了 W4 方法的统计特性。表 8.4.16 中的仿真中，$n = 60$，可以看出计算间隔越长，计算结果越稳定。表 8.4.17 中，计算间隔为 $\tau = 3\,600\ \text{s} \times 48$，但是在每次计算中所使用的数据量不同，也就是说 m 不同。

仿真结果表明,当 $m \geqslant 10$ 时漂移率的计算误差已经小于 1%,而且随着 m 的增大,漂移率的计算精度基本不变。

表 8.4.16 不同的计算间隔下 W4 方法的标准差

τ	12 h	24 h	48 h	72 h	96 h
标准差	3.42E−13	2.20E−13	1.39E−13	0.90E−13	0.621E−13

表 8.4.17 不同的采样点数下 W4 方法的标准差

n	20	40	60	80	120
标准差	1.39E−13	1.40E−13	1.39E−13	1.38E−13	1.58E−13

接下来将观察三状态卡尔曼滤波器在漂移率估计中的性能。地面站通过持续跟踪卫星信号来将卫星时间与系统时间进行比对,三状态卡尔曼滤波器可以被用来外推星钟的参数。使用 $x(t)$ 来表示钟差 Δt, 则

$$x(t) = a_0 + a_1 t + \frac{a_2^2 t^2}{2} + \varepsilon(t) \tag{8.4.26}$$

式中, a_0、a_1 和 a_2 为钟差、频偏和频漂。取

$$\boldsymbol{X} = \begin{bmatrix} a_0 \\ a_1 \\ a_2 \end{bmatrix}, \quad \boldsymbol{\Phi} = \begin{bmatrix} 1 & \tau & \tau^2/2 \\ 0 & 1 & \tau \\ 0 & 0 & 1 \end{bmatrix} \tag{8.4.27}$$

则状态方程可写为

$$\boldsymbol{X}_k = \boldsymbol{\Phi} \boldsymbol{X}_{k-1} + \boldsymbol{\varepsilon}_k \tag{8.4.28}$$

观测方程可写为

$$\boldsymbol{Z}_k = \boldsymbol{H} \boldsymbol{X}_{k-1} + \boldsymbol{v}_k \tag{8.4.29}$$

式中, $\boldsymbol{H} = [1 \quad 0 \quad 0]$。

在对三状态卡尔曼滤波器进行仿真时,使用 S_1、S_2、S_3 中的仿真数据。

从表 8.4.18 和图 8.4.20 中可以看出,三状态卡尔曼滤波器可以准确估计漂移率,而且运行时间足够长时,估计误差趋于 0。

表 8.4.18 S_1、S_2、S 下卡尔曼滤波器对漂移率的估计值

	S_1	S_2	S_3
平均值	9.97E−13	2.04E−12	3.00E−12
标准差	3.71E−14	2.16E−14	1.86E−14

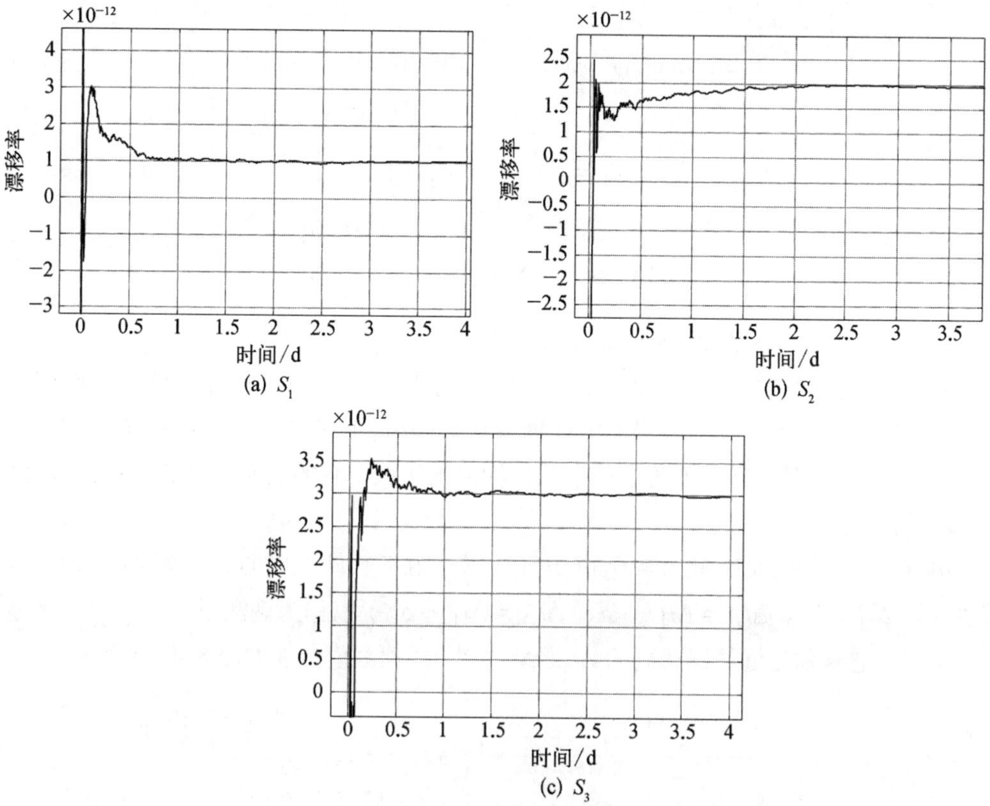

图 8.4.20　S_1、S_2、S_3 下卡尔曼滤波器对漂移率的估计值

当原子钟的钟差值 Δt 已知时，两点法、两组测量值法、LS 法、三点法以及 W4 法都可以以较高的精度估算出原子钟的频率漂移率，但是当可以获得的观测量只有原子钟间的相互比对值 Δt_{12}、Δt_{13}、Δt_{23} 时，以上几种方法无能为力，理论上需要先对 Δt_1、Δt_2、Δt_3 进行预测，而后再对频率漂移率进行拟合，接下来将证明在给定初值的前提下，三状态卡尔曼滤波器能够使用 Δt_{12}、Δt_{13}、Δt_{23} 对星钟漂移异常进行报警。

9. *星钟频漂自主评估方法*

1）评估原理与方程

以 Δt_{12}、Δt_{13}、Δt_{23} 作为观测量，直接使用三状态的卡尔曼滤波器去对漂移率进行预测，这和地面上的卡尔曼时间尺度算法相似，其状态方程和观测方程如下：

$$X_k = \Phi X_{k-1} + \varepsilon_k \tag{8.4.30}$$

$$Z_k = HX_{k-1} + v_k \tag{8.4.31}$$

其中，

$$X_k = [x_{1,k}, y_{1,k}, z_{1,k}, x_{2,k}, y_{2,k}, z_{2,k}, x_{3,k}, y_{3,k}, z_{3,k}]^{\mathrm{T}} \tag{8.4.32}$$

$$\Phi = \text{diag}(\phi,\ \phi,\ \phi),\quad \phi = \begin{bmatrix} 1 & \tau & \tau^2/2 \\ 0 & 1 & \tau \\ 0 & 0 & 1 \end{bmatrix} \tag{8.4.33}$$

$$Z_k = [\Delta t_{12,\ k},\ \Delta t_{13,\ k}]^{\mathrm{T}} \tag{8.4.34}$$

$$H = \begin{bmatrix} 1,\ 0,\ 0,\ -1,\ 0,\ 0,\ 0,\ 0,\ 0 \\ 1,\ 0,\ 0,\ 0,\ 0,\ 0,\ -1,\ 0,\ 0 \end{bmatrix} \tag{8.4.35}$$

式中，x、y、z 分别为钟差、频差、频漂。

需要指出的是，因为只有 Δt_{12}、Δt_{13}、Δt_{23} 可用，不可能为每台钟计算出精确的漂移率。当使用三状态卡尔曼滤波器来估计钟的漂移率时，如果某台钟的漂移率比漂移率最好的钟明显要差，对于这台钟的漂移率的估计值很接近于它的真实值，这时系统将报警。

2）仿真分析

仿真中使用 Stable32 软件来生成仿真数据。由于软件生成的数据为 Δt_1、Δt_2、Δt_3，需要计算 Δt_{12}、Δt_{13}（$\Delta t_{12} = \Delta t_1 - \Delta t_2$，$\Delta t_{13} = \Delta t_1 - \Delta t_3$）以作为观测量。

由三状态卡尔曼滤波器得到的 Δt_1、Δt_2、Δt_3 的预测值特性如图 8.4.21 所示。

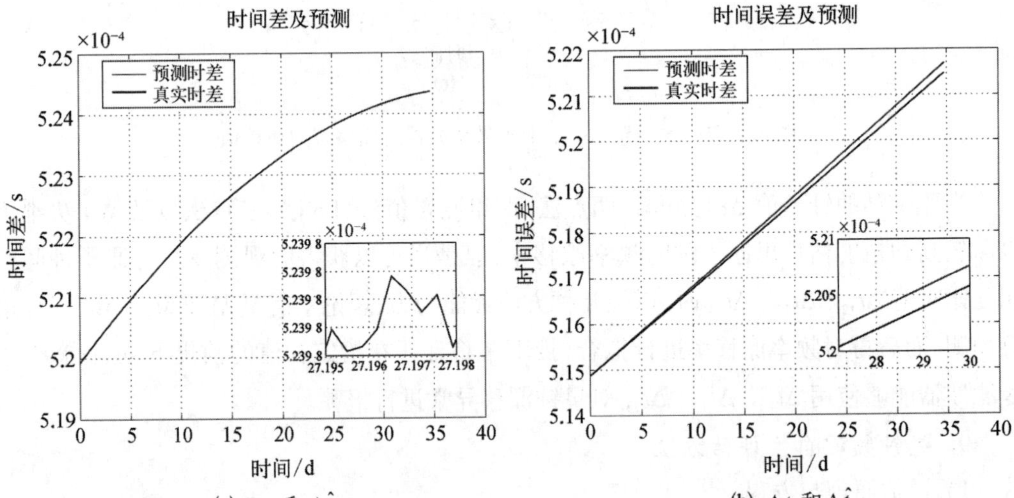

(a) Δt_{12} 和 $\Delta \hat{t}_{12}$　　(b) Δt_1 和 $\Delta \hat{t}_1$

图 8.4.21　卡尔曼滤波器对 Δt_1 和 Δt_{12} 的预测性能

图 8.4.21(a) 比较了钟差 Δt_{12}（$\Delta t_{12} = \Delta t_1 - \Delta t_2$）与它的预测值 $\Delta \hat{t}_{12}$，图 8.4.21(b) 则比较了真实钟差 Δt_1 与其预测值 $\Delta \hat{t}_1$。从图 8.4.21 中可以看出，$\Delta \hat{t}_{12}$ 不发散，但预测误差 ε（$\varepsilon = \Delta t_1 - \Delta \hat{t}_1$）将随时间而积累。事实上，由于缺少绝对参考，这种现象是无法避免的。无论采用哪种方法对钟差进行预测，预测误差都会随着时间而增大，这也解释了为什么不可能非常精确地评估每台钟的漂移率。

三台钟的钟差 Δt 的预测误差 ε 是相同的，也就是说，$\varepsilon = \Delta t_1 - \Delta \hat{t}_1 = \Delta t_2 - \Delta \hat{t}_2 = \Delta t_3 -$

$\Delta\hat{t}_3$，这和卡尔曼时间尺度中的情况相似，可以得到下面的公式：

$$\begin{cases}\Delta t_1+\varepsilon=\Delta\hat{t}_1\\ \Delta t_2+\varepsilon=\Delta\hat{t}_2\\ \Delta t_3+\varepsilon=\Delta\hat{t}_3\end{cases} \tag{8.4.36}$$

因此漂移率的估计值 $\hat{z}_1=z_1+z'$，其中 z' 源于 ε 的贡献，它导致 $\hat{z}$ 偏离 z。接下来将证明，当某台星钟的漂移率异常时，三状态卡尔曼滤波器可以发出警报。

仿真包括三组，在每一组考虑三种噪声，即WFM，FFM与RWFM。下面的表 8.4.19~表 8.4.28 给出了仿真数据的参数设置，图 8.4.22~图 8.4.31 则描述了三状态卡尔曼滤波器对频率漂移率的估计结果。

（1）第一组。在第一组仿真中，观察三状态卡尔曼滤波器对不同漂移率的评估性能。

表 8.4.19　相位数据的参数设置

	σ_0	σ_{-1}	σ_{-2}	频漂/d	频　偏
clock 1	1E－12	1E－14	1E－16	1E－13	1E－12
clock 2	1E－12	1E－14	1E－16	2E－13	1E－12
clock 3	1E－12	1E－14	1E－16	1E－12	1E－12

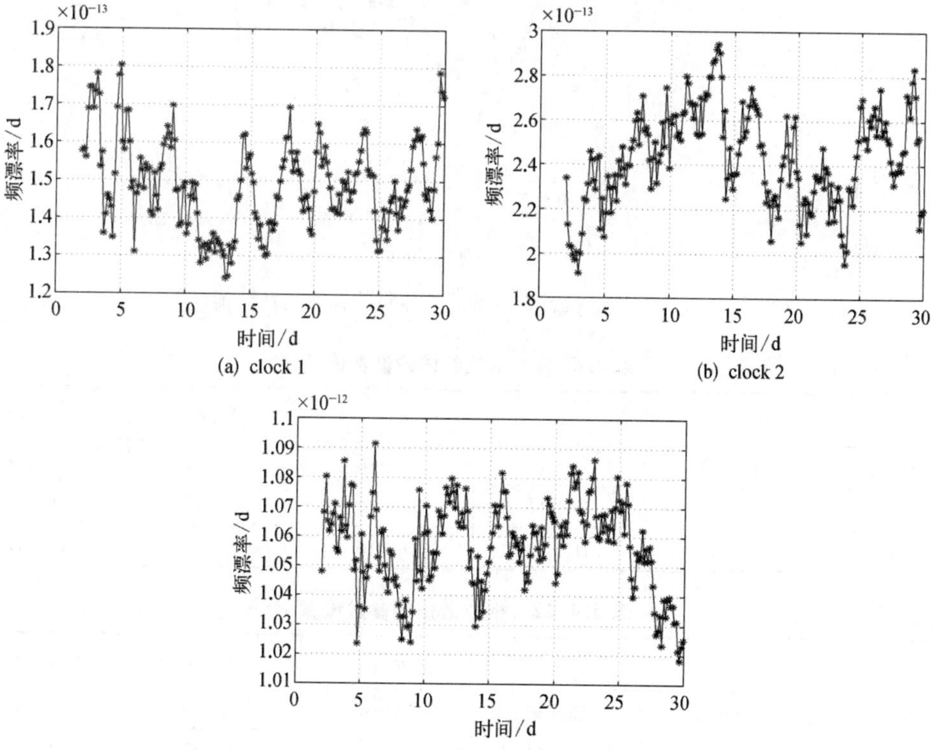

(a) clock 1　(b) clock 2　(c) clock 3

图 8.4.22　三状态卡尔曼滤波器对漂移率的估计值

表 8.4.20　相位数据的参数设置

	σ_0	σ_{-1}	σ_{-2}	频漂/d	频　偏
clock 1	1E－12	1E－14	1E－16	1E－13	1E－12
clock 2	1E－12	1E－14	1E－16	5E－13	1E－12
clock 3	1E－12	1E－14	1E－16	1E－12	1E－12

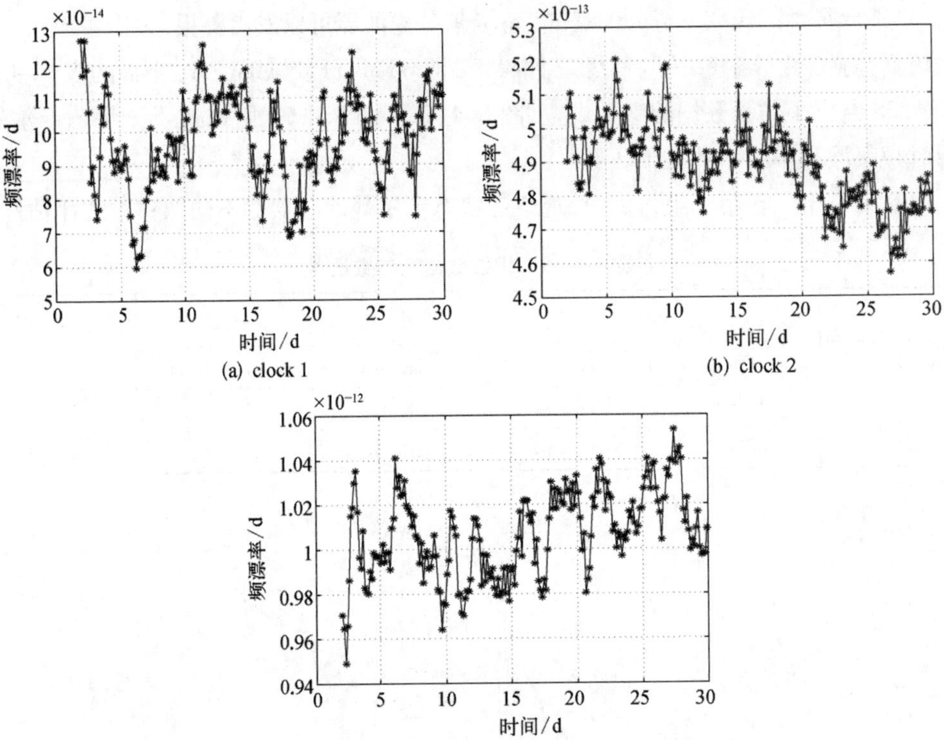

(a) clock 1　(b) clock 2　(c) clock 3

图 8.4.23　三状态卡尔曼滤波器对漂移率的估计值

表 8.4.21　相位数据的参数设置

	σ_0	σ_{-1}	σ_{-2}	频漂/d	频　偏
clock 1	1E－12	1E－14	1E－16	1E－13	1E－12
clock 2	1E－12	1E－14	1E－16	1E－12	1E－12
clock 3	1E－12	1E－14	1E－16	－1E－12	1E－12

表 8.4.22　相位数据的参数设置

	σ_0	σ_{-1}	σ_{-2}	频漂/d	频　偏
clock 1	1E－12	1E－14	1E－16	1E－13	1E－12
clock 2	1E－12	1E－14	1E－16	1E－12	1E－12
clock 3	1E－12	1E－14	1E－16	－2E－12	1E－12

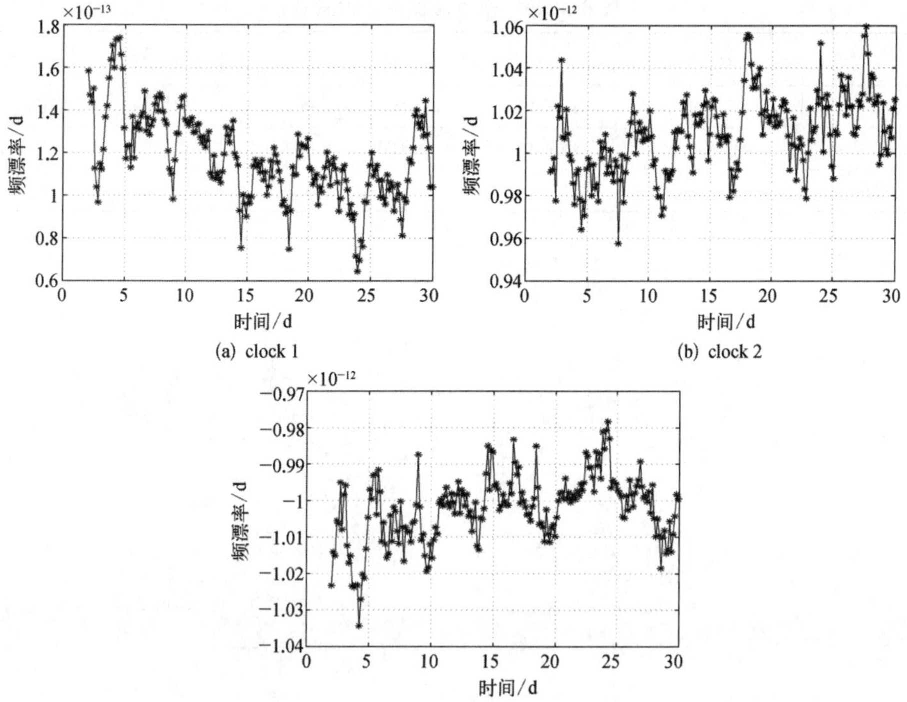

(a) clock 1 (b) clock 2

(c) clock 3

图 8.4.24　三状态卡尔曼滤波器对漂移率的估计值

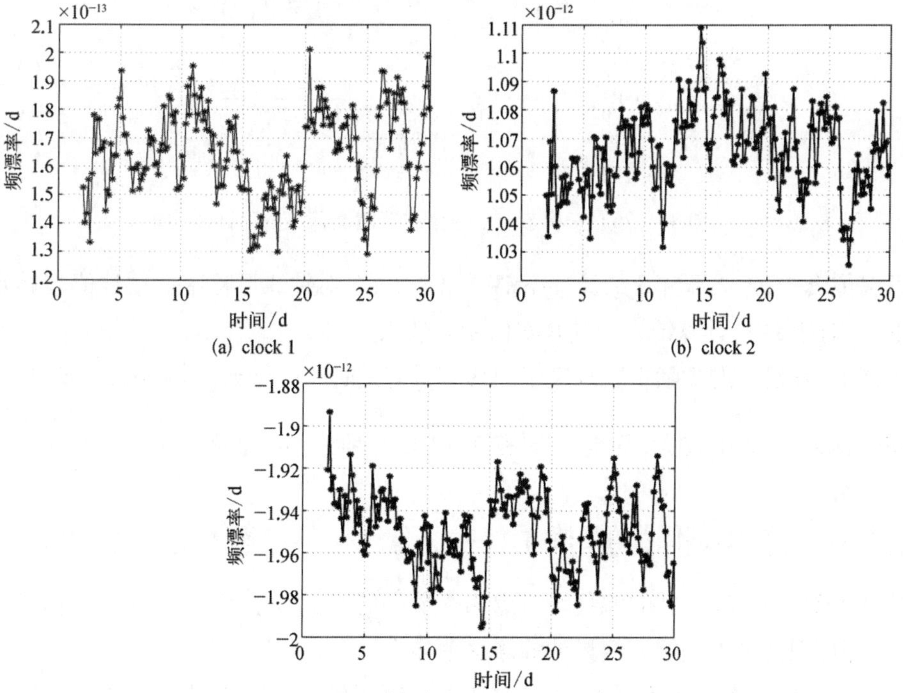

(a) clock 1 (b) clock 2

(c) clock 3

图 8.4.25　三状态卡尔曼滤波器对漂移率的估计值

表 8.4.23 相位数据的参数设置

	σ_0	σ_{-1}	σ_{-2}	频漂/d	频 偏
clock 1	1E-12	1E-14	1E-16	1E-13	1E-12
clock 2	1E-12	1E-14	1E-16	1E-12	1E-12
clock 3	1E-12	1E-14	1E-16	1E-11	1E-12

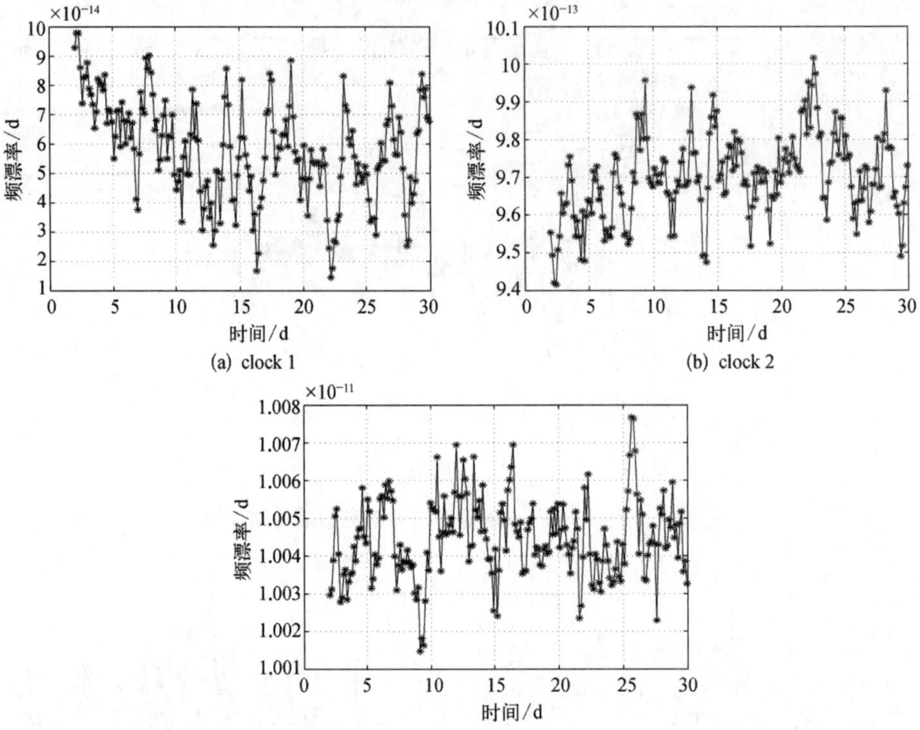

(a) clock 1　(b) clock 2　(c) clock 3

图 8.4.26　三状态卡尔曼滤波器对漂移率的估计值

每次仿真中,钟 2 和钟 3 的漂移率都要比钟 1 大,对钟 3 漂移率的估计值与其真实值很接近,而对于钟 1,计算结果与其真实值相差较大。

仿真中,发现 ε 的贡献主要取决于漂移率最好的钟 ($z' \approx z_1$),因为 $\hat{z}_1 = z_1 + z'$,钟 1 漂移率的预测误差比较大,而对于漂移率较大的钟来说,计算偏差 $\gamma = \left|\frac{z_3 - \hat{z}_3}{z_3}\right| \approx \left|\frac{z_1}{z_3}\right|$,所以 $\frac{z_3}{z_1}$ 越大,其估计值越精确。

仿真表明,如果某台钟的漂移率与漂移率最小的钟相差越多,那么对它的估值越接近于其真实值,因此可以提醒人们星钟的漂移率异常。

(2) 第二组。在本组仿真中,通过改变不同原子钟的噪声系数来证明三状态卡尔曼滤波器的有效性。

表 8.4.24 相位数据的参数设置

	σ_0	σ_{-1}	σ_{-2}	频漂/d	频　偏
clock 1	1E－12	2E－14	3E－16	1E－13	1E－12
clock 2	2E－12	3E－14	1E－16	1E－12	1E－12
clock 3	3E－12	1E－14	2E－16	-2E－12	1E－12

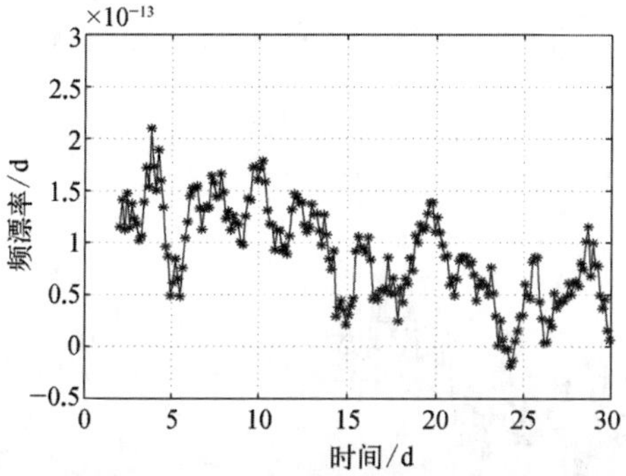

(a) clock 1

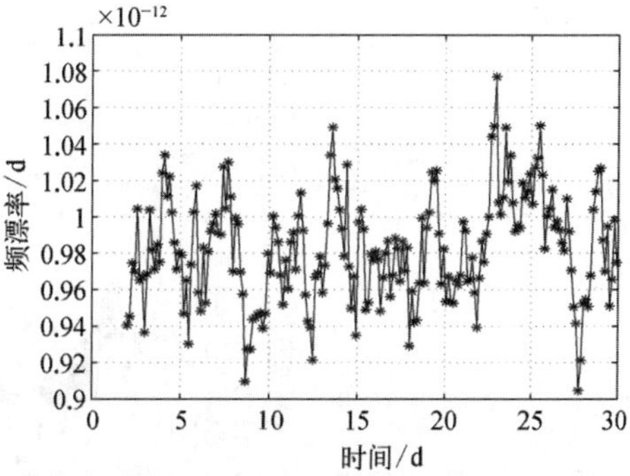

(b) clock 2

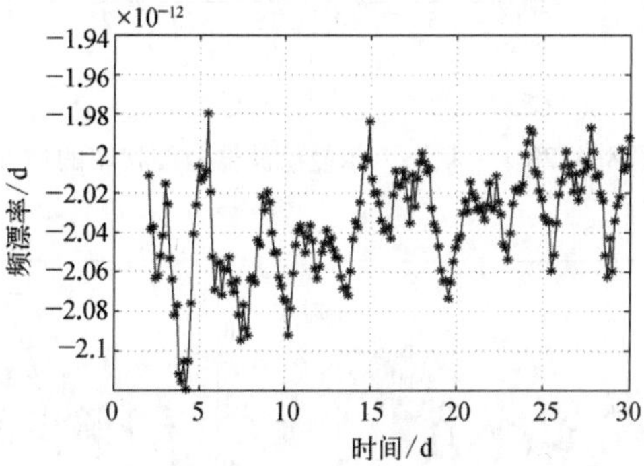

(c) clock 3

图 8.4.27 三状态卡尔曼滤波器对漂移率的估计值

表 8.4.25 相位数据的参数设置

	σ_0	σ_{-1}	σ_{-2}	频漂/d	频　偏
clock 1	1E－12	1E－14	1E－16	1E－13	1E－12
clock 2	2E－12	2E－14	2E－16	1E－12	1E－12
clock 3	3E－12	3E－14	3E－16	-2E－12	1E－12

表 8.4.26 相位数据的参数设置

	σ_0	σ_{-1}	σ_{-2}	频漂/d	频　偏
clock 1	3E－12	3E－14	3E－16	1E－13	1E－12
clock 2	2E－12	2E－14	2E－16	1E－12	1E－12
clock 3	1E－12	1E－14	1E－16	-2E－12	1E－12

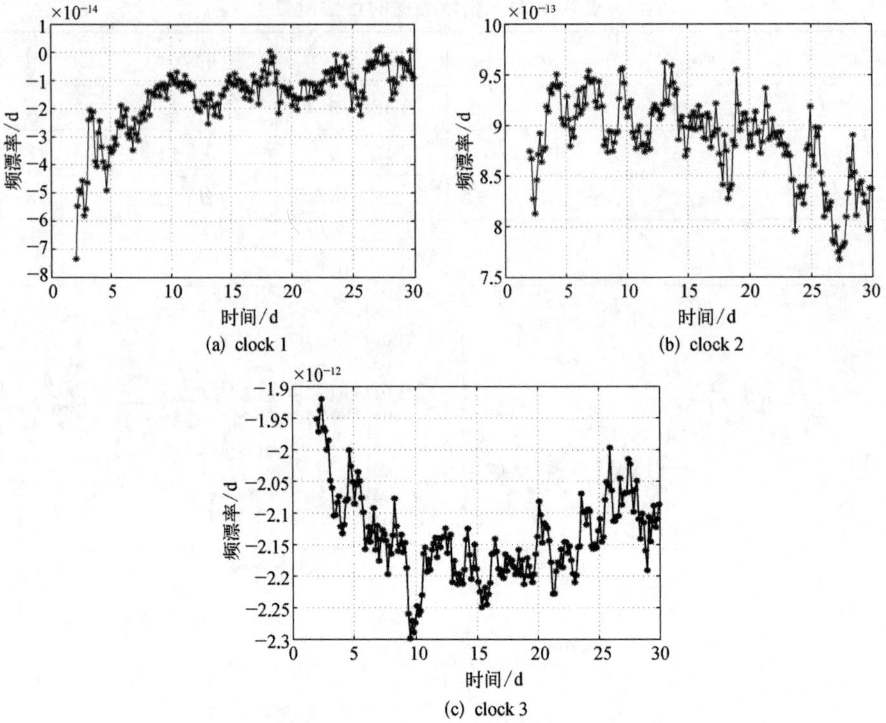

图 8.4.28　三状态卡尔曼滤波器对漂移率的估计值

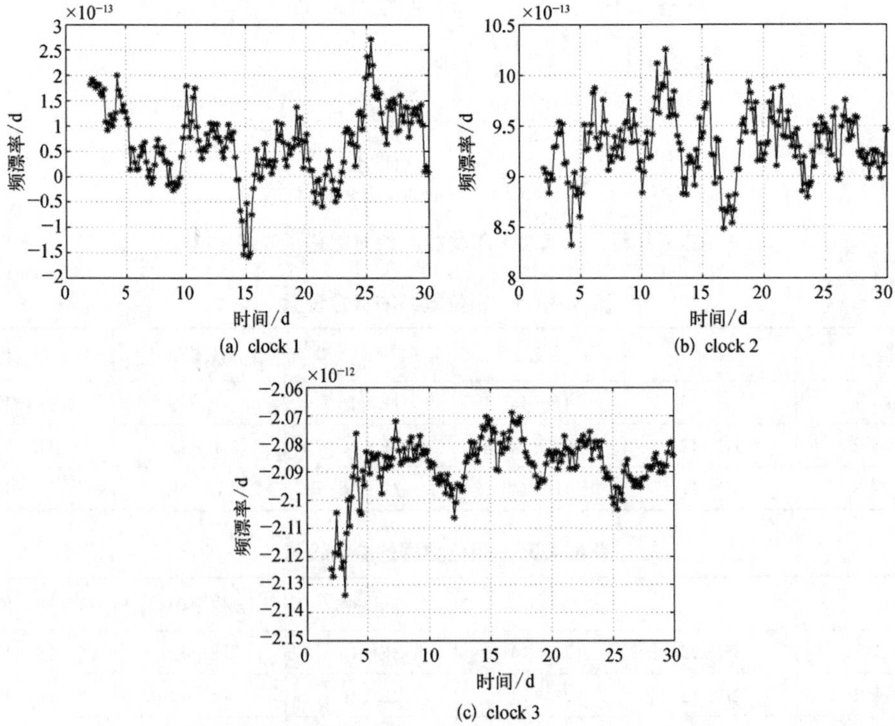

图 8.4.29　三状态卡尔曼滤波器对漂移率的估计值

（3）第三组。本组仿真中，证明当频偏不同时，三状态卡尔曼滤波器仍然有效。

表 8.4.27　相位数据的参数设置

	σ_0	σ_{-1}	σ_{-2}	频漂/d	频　偏
clock 1	1E－12	1E－14	1E－16	1E－13	1E－11
clock 2	1E－12	1E－14	1E－16	1E－12	1E－12
clock 3	1E－12	1E－14	1E－16	-2E－12	1E－13

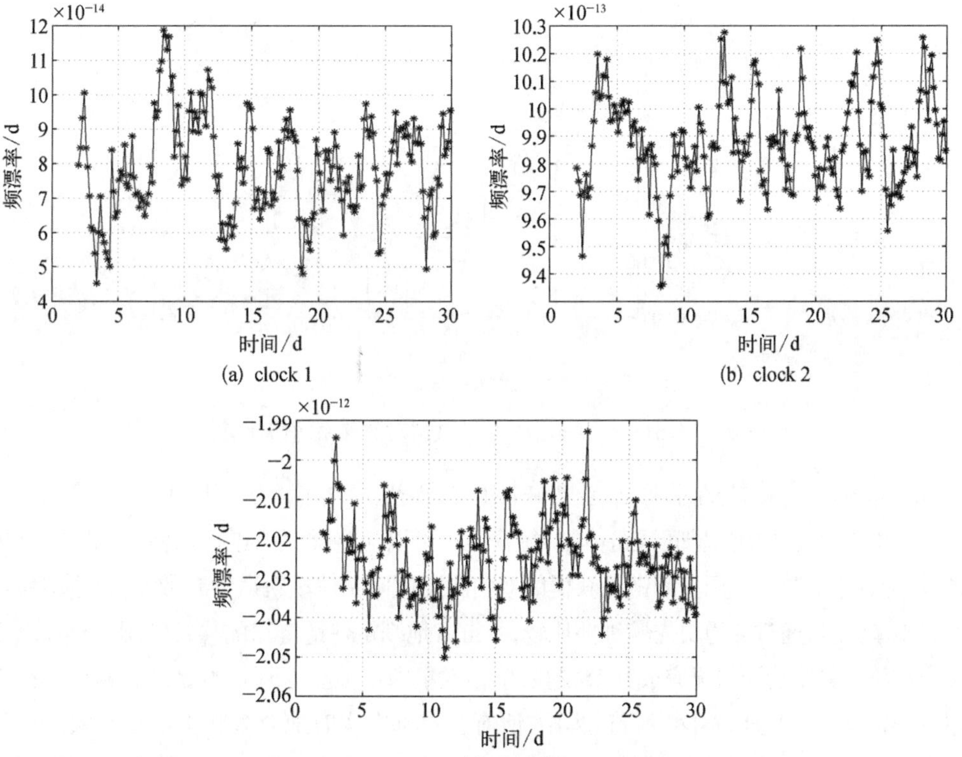

(a) clock 1　(b) clock 2　(c) clock 3

图 8.4.30　三状态卡尔曼滤波器对漂移率的估计值

表 8.4.28　相位数据的参数设置

	σ_0	σ_{-1}	σ_{-2}	频漂/d	频　偏
clock 1	1E－12	1E－14	1E－16	1E－13	1E－13
clock 2	1E－12	1E－14	1E－16	1E－12	1E－12
clock 3	1E－12	1E－14	1E－16	-2E－12	1E－11

前面的仿真表明，对于不同噪声特性、不同频偏的原子钟，如果某台钟的漂移率出现异常，比漂移率最小的钟大很多，三状态卡尔曼滤波器对其漂移率的估计值非常接近于其真实值，这时可以提醒卫星采取应对措施。

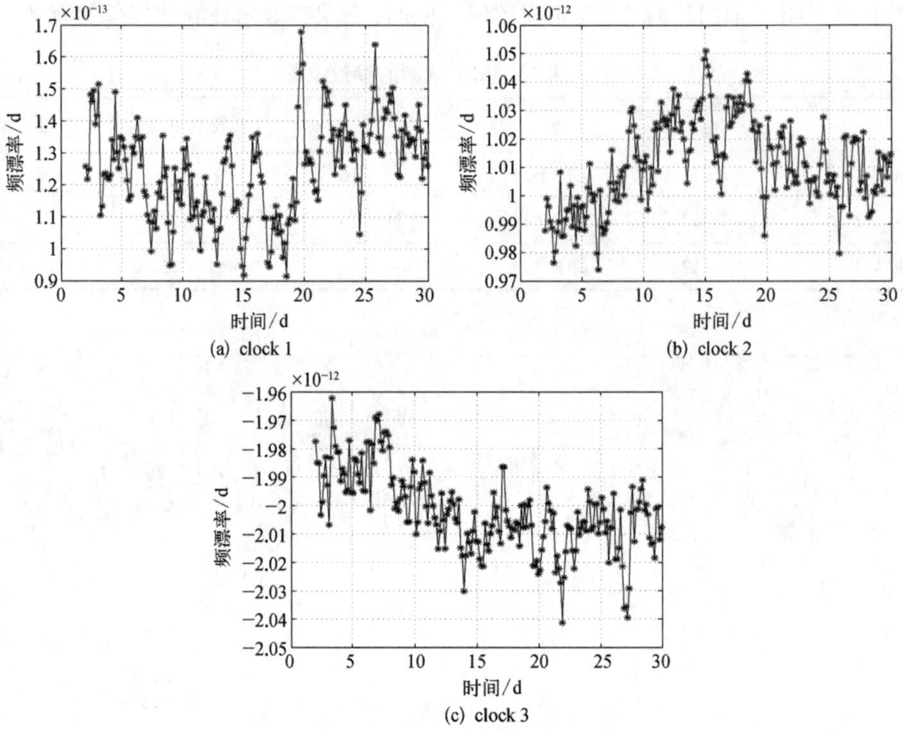

图 8.4.31　三状态卡尔曼滤波器对漂移率的估计值

10. 基于星间链路的星钟自主完好性监测方法

基于北斗系统当前的星间链路体制,每颗卫星可以与多颗卫星进行高精度测距并互传测距值、轨道钟差等数。使用星间链路获得的双向测距值以及他星轨道钟差数据,每颗卫星可计算获得本星钟差,通过与历史先验钟差比较,可自主地判定建链链路的异常情况。进而基于通过多条链路的异常检测情况完成冗余校验,单颗卫星即可独立地判定本星或者其他建链卫星的星钟异常情况。此外,整网运行过程中,所有卫星都在实时地对多颗卫星星钟实时进行检测,每颗卫星的星钟检测结果和检测参量可以通过星间链路广播共享,这样每颗卫星除了获得星间测距信息之外,还可以获得整网多颗卫星的星钟检测结果。融合多星测量数据、轨道钟差以及他星检测结果参量,可进一步提高基于星间链路的星钟异常检测灵敏度和鲁棒性。

另一方面,星钟相位跳变和频率跳变等异常均为可恢复性异常,若完成对跳变星钟参数的重新标定,卫星即可以提供正常服务。利用异常卫星和其他正常卫星的星间链路测量数据,可快速估计异常星钟相位跳变和频率跳变量。异常卫星基于本星和他星解算的跳变量,可完成本星星钟参数重新标校,进而可快速恢复正常的导航服务。

8.4.3　卫星信息处理自主完好性监测技术

导航电文数据包括星历与星钟数据等对用户定位所需的关键信息,必须进行数据质量监测,以检测数据调制是否正常以及是否发生单粒子翻转等。

数据质量监测方法包括:

(1) 完好性监测接收机对解调的下行信号原始电文数据进行校正,并对比自环路接收解调的电文与导航数据生成的原始电文是否一致。

完好性监测接收机以单机输入的 1PPS 为时间基准,通过任务控制接口接收导航任务处理机发送的电文及控制信息,同时接收导航信号生成器发送的导航电文,完好性监测接收机对 B1C、B2A、B1A 以及 B3A 信号电文进行解调,并与导航任务处理机输出的原始电文进行一致性的监测,一旦出现 1 bit 误码,通过下行遥测标识相应分量的电文为不完好。

(2) 星间链路通过电文数据计算卫星星历和星钟,通过星间测距结果对卫星星历、星钟数据的合理性进行监测。

8.5 监测风险

完好性接收处理机通过主备全开的工作模式降低完好性虚警的风险,主份和备份独立监测卫星钟、导航信号、导航电文异常状态,仅在主备份均出现异常时才发出告警标识。

单次测量的错误可能导致虚警或漏警。完好性监测接收机假设对时延、功率、星钟频率跳变、星钟相位跳变等各参量的测量误差均服从正态分布,不同积分区间的积分概率如表 8.5.1 所示。

表 8.5.1　正态分布的积分概率

积分区间	积分概率
$(\mu-\sigma,\mu+\sigma)$	$1-3.1731\times10^{-1}$
$(\mu-2\sigma,\mu+2\sigma)$	$1-4.5500\times10^{-2}$
$(\mu-3\sigma,\mu+3\sigma)$	$1-2.6998\times10^{-3}$
$(\mu-4\sigma,\mu+4\sigma)$	$1-6.3342\times10^{-5}$
$(\mu-5\sigma,\mu+5\sigma)$	$1-5.7330\times10^{-7}$
$(\mu-6\sigma,\mu+6\sigma)$	$1-1.974\times10^{-9}$
$(\mu-7\sigma,\mu+7\sigma)$	$1-2.5996\times10^{-12}$
$(\mu-10\sigma,\mu+10\sigma)$	$1-1.524\times10^{-23}$

注:μ 为期望值,σ 为期望值。

当监测门限设置为 10 倍测量精度时,由测量误差引起的错误概率约为 10^{-23} 量级,如功率监测门限、时延监测门限、卫星钟相位跳变监测门限和卫星钟频率跳变监测门限。考虑最差情况，单次测量错误必然导致虚警，那么单次测量的错误虚警概率为 10^{-23} 量级，远小于 10^{-5}/h 的要求，远低于由完好性监测终端故障所导致的错误概率。

若完好性监测接收机 10 年寿命末期的可靠度为 0.946 3，每秒输出一次测量结果用于星上自主完好性告警，那么每小时的虚警概率为

$$\frac{1-0.9463}{24\times365\times10}=6.1301\times10^{-7}/\mathrm{h} \tag{8.5.1}$$

完好性监测接收机每次的测量漏警概率为

$$\frac{1-0.9463}{3600\times24\times365\times10}=1.7028\times10^{-10} \tag{8.5.2}$$

8.6 小　　结

本章阐述了导航系统自主完好性技术对于导航生命安全服务领域应用的重要性，根据导航系统完好性技术体系结构分类，对导航卫星自主完好性监测技术的性能从需求与技术实现两方面进行论述，分解卫星告警事件，采用不同的告警手段，对典型导航信号自主完好性监测技术、星载原子钟自主完好性监测技术、卫星信息处理自主完好性监测技术的实现原理进行推演，对完好性监测技术的虚警、漏警风险进行标识，全面、系统地展示了导航卫星自主完好性监测技术的实现原理。

第9章 导航卫星自主健康管理技术

北斗导航卫星系统是我国首个建成的面向全球提供服务的大型星座系统，其运行状态复杂、工作模式众多，对在轨长期自主稳定运行提出了很高的要求。对于长期在轨运行的卫星来说，必须防止由于个别单机或部件失效而引起整星级系统故障，从而影响系统服务。因此，卫星必须具有某种故障预先检测能力，即能够在故障发生前后、故障轻微表现时，及时发现的能力，并且能够迅速有效处理，阻止系统瘫痪。

目前我国卫星系统的监控和故障诊断主要是基于人工为主的监视和数据分析技术（杨天社等，2003）。一般而言，卫星发射成功且在轨测试后，专门成立一支由运营管理人员组成的机构，称为长管中心，卫星的管理责任也由卫星型号研制团队转交给运行管理团队，而卫星管理人员一般通过查看大量的遥测数据，来判读卫星各分系统、各单机是否正常，若有一个单机或部分单机有非预期现象，会通知卫星型号研制团队进行分析。运行管理人员判读是否有非预期现象，也仅仅通过事先设定的卫星遥测参数的期望值，最多会运用一些简单的统计估计方法。这些简单的方法存在严重缺陷，如数据量大、费时、故障隔离率低、效率低，而且难以对付突发故障（孔令宽，2009）。

尽管近年来，卫星遥测数据开始采用计算机自动化处理，处理速度加快，但故障检测率低的情况没有多大改变。因而迫切需要研究自主健康管理技术，为提高系统运行的可靠性、可维护性和有效性开辟一条新的途径。此外，开展卫星自主健康管理技术研究可以保障卫星安全可靠运行，同时可以大大减少地面运行管理人员和成本。美国在航天系统的故障诊断等健康管理技术方面投入了大量的资金，并取得较好的成效。

美国早在20世纪八九十年代便提出了集成系统健康管理（integrated system health management，ISHM）的概念，并且开发出一系列诊断系统以及自动监测的工具用于航天器的运行状态的异常监测、故障检测、故障隔离以及故障诊断。然而由于我国航天事业起步较晚，技术上还比较落后，所以在航天器自主健康管理方面还处于起步阶段。航天器的在轨状态监测以及故障诊断仍然依靠航天技术人员从海量数据中发现异常及判断可能发生的故障。这不仅需要耗费大量的人力和物力，而且故障发现时间相对滞后，航天器挽救不及时，会造成不可估量的损失。因此，发展自主健康管理技术以及开发出一个自主健康管理平台实现航天器在轨运行状态自动化监测和诊断，提升卫星在轨故障检测率，对保障我国航天技术的长足发展具有极其重要的意义。

9.1 导航卫星遥测数据及故障特点分析

无论是使用机器学习、数据挖掘还是统计学的方法,对卫星遥测数据进行分析,了解卫星遥测数据特点以及进行数据处理都是进行卫星遥测数据的异常监测中必不可少的第一步。本节将对卫星平台的遥测数据类型进行定义和分类,并根据经验知识对卫星常见的异常类型进行分类。

9.1.1 遥测数据特性分析

1. 普遍特性分析

1) 高维性

卫星是一个复杂的系统,它包括星务系统、电源分系统、热控分系统、姿轨控分系统、载荷分系统、测控分系统等。每个分系统内涉及的遥测参数数目多达几百甚至上千。卫星系统本身就决定了它的遥测数据具有高维性。在这样一个高维数据空间中,计算距离变得很困难,即会发生"维度灾难"。在异常检测领域,异常数据与正常数据之间的距离和正常数据与正常数据之间的距离的差异会随着维度的增加而变得越来越模糊。因此,一个简单的基于距离的异常检测算法并不适合卫星遥测数据。除此之外,卫星上的遥测参数应该具有很强的相关关系,这就意味着经过降维后"子空间"的维度将大大变小。

2) 多模态性

一个卫星系统或者卫星的每个子系统都有许多工作模式,并且工作模式会根据任务或者所处空间环境的不同而进行切换。例如,最基本的电源系统中的光照区和地影区模式。在这两种模式下,电池的工作状态会有着明显的区别。因此,卫星的遥测数据具有多模态性,它们在数据空间中会形成多个簇。图 9.1.1 利用主成分分析方法(principal component analysis, PCA)降维方法将卫星电源分系统 69 维遥测参数降到 4 维,得到了卫星遥测数据的分布图。

图 9.1.1(a)描述的是 PCA 降维后的第一主成分和第二主成分,图 9.1.1(b)描述的是 PCA 降维后的第三主成分和第四主成分。图中不同的点表示降维后不同时间下的遥测数据,可以发现降维后的电源分系统的遥测数据明显地被分为几组。这表明卫星在不同时间会工作在不同的工作模式下,这意味着使用单变量分布如多元高斯模型建立卫星遥测数据模型是不合理的。

3) 异构性

卫星的遥测数据变量可以被分为两种类型:连续型变量和离散型变量。连续型变量取实值,表示星上传感器所测部件的测量值,一般反映被测部件的性能状态,例如,电源分系统的单体电压以及帆板电流等;离散型变量取状态值,反映星上传感器所测部件的状态,例如,单机的开关机状态或者电源的充放电状态等。除此之外,连续型变量在物理量、

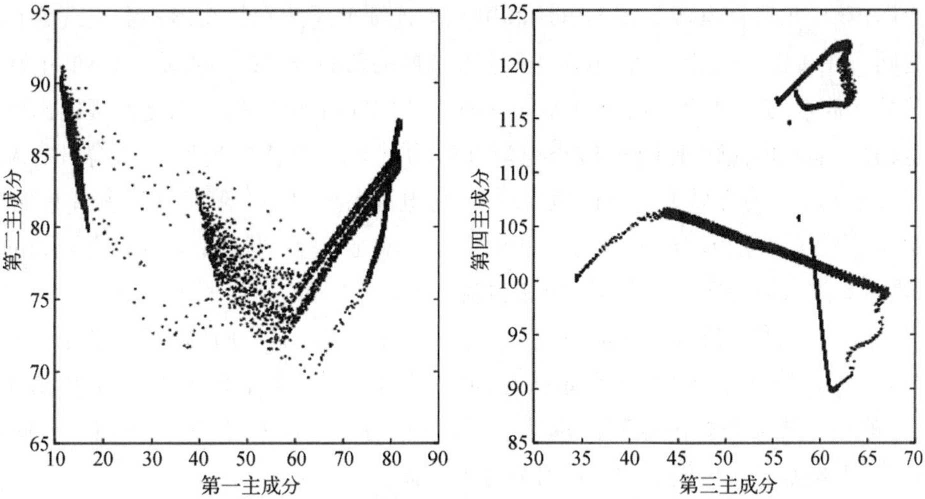

(a) PCA降维后第一、二主成分　　(b) PCA降维后第三、四主成分

图 9.1.1　低维空间卫星电源系统遥测数据分布图

单位和取值范围上具有多样性，需要采取适当的预处理方法处理异构数据。例如，可以采用归一化方法统一量纲，也可以对原始连续型和离散型数据建立混合模型。

4）时间相依性

卫星上的遥测数据是多维的时间序列。时间相依性是卫星遥测数据的基本属性，即卫星在进入某个工作状况下或者状态发生变化时，许多参数会同时发生变化，这对于监测系统的健康状态有很大的作用。导航卫星电源系统遥测参数有离散型和连续型两种，离散型遥测参数如单机开关机状态标志，连续型遥测参数如电流、电压和温度等。由于离散型遥测参数状态稳定且取值较少，异常检测较为容易，因此这里主要致力于解决电源系统遥测参数中连续型数据的异常检测问题，图 9.1.2 显示了某卫星电源系统中 5 个有代表性的遥测参数的正常数据。

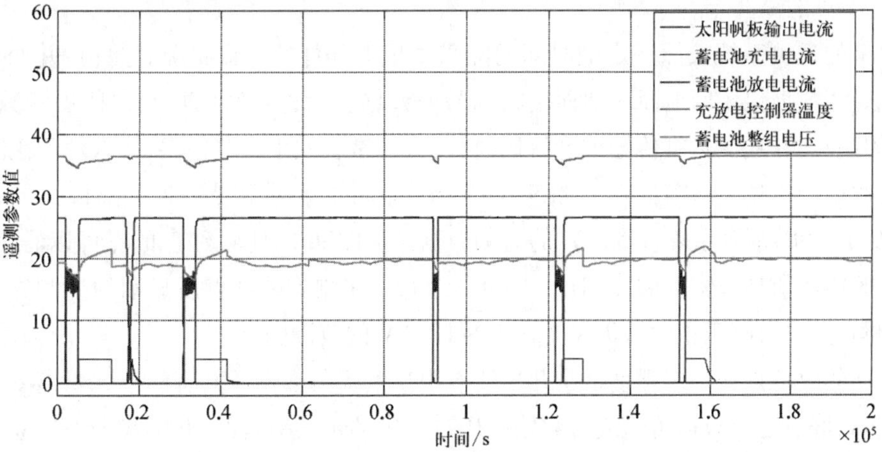

彩图

图 9.1.2　某卫星电源系统遥测参数示例

由图 9.1.2 可知电源系统的电压和电流类连续型遥测参数在形式上表现为在几个模式之间有序转换,而温度类遥测参数的这种转换关系的表现并不明显。例如,电池电压遥测参数在放电、充电和不充电也不放电三种模式之间有序转换;太阳能帆板输出电流在有恒定输出、输出电流快速下降、输出电流几乎为 0、输出电流快速回升和输出电流缓慢回升五种模式之间有序转换。具体地,以某卫星电源系统中的太阳能帆板输出电流为例,如图 9.1.3 所示。帆板输出电流在光照区时 $t_0 \sim t_1$ 处于稳定状态,并且具有较长的持续时间;当卫星进入阴影区时 $t_1 \sim t_2$,帆板电流开始迅速下降,前后两个时刻的电流值变化较大,每个电流状态的持续时间都很短,并且下降由高到低有方向的;当卫星完全处于阴影区时 $t_2 \sim t_3$,帆板电流也处于稳定状态,但持续时间明显小于光照区;当卫星出地影时 $t_3 \sim t_4$,帆板电流又开始由低到高迅速上升,并且每个电流状态的持续时间也都很短;$t_4 \sim t_5$ 期间,帆板输出电流又缓慢回升到稳定状态。

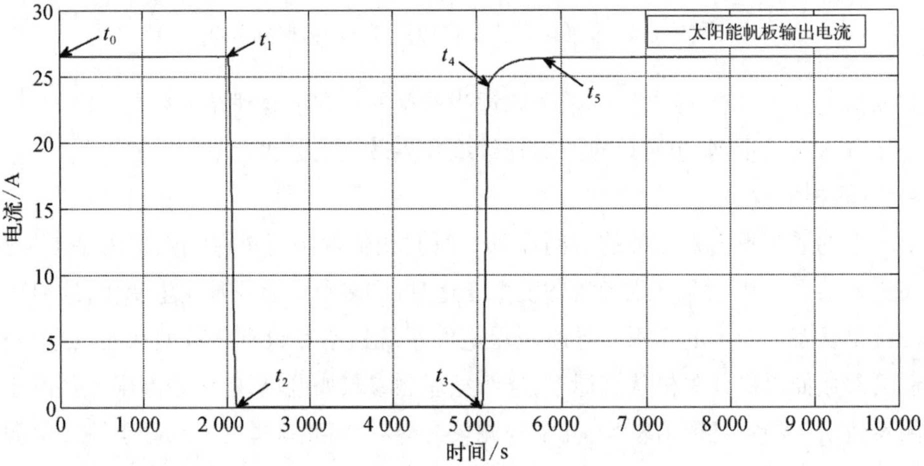

图 9.1.3　太阳能帆板输出电流变化特性

5) 少量的离群点

卫星的遥测系统按照一定的时间间隔采集星上部件的工作状况和数值,并经过编码后形成遥测数据包传回地面。地面接收到遥测数据包后进行解码得到这些遥测数据(杨琼等,2018)。在遥测数据传输或者解码过程中,经常会发生一些错误,导致地面上接收到的遥测数据会出现一些离群点。图 9.1.4(a) 显示了某颗卫星的含有离群点的遥测数据,图 9.1.4(b)显示了除去离群点的遥测数据。从图 9.1.4(a)红色的点可以看出,这些离群点的绝对值是非常大的。相反,图 9.1.4(b) 在删除离群点后显示的遥测数据范围几乎相同,大多数电压正常值仍保持在 16~17.8 V 的范围内。

这样的离群点在一定程度上是几乎所有卫星的遥测数据所共有的。这里需要强调的是,这些离群点是由数据传输或者数据解压过程中的错误引起的,并不代表卫星总体或者卫星分系统中的任何单机发生严重异常。从这个意义上说,它们可以被称为"微不足道的

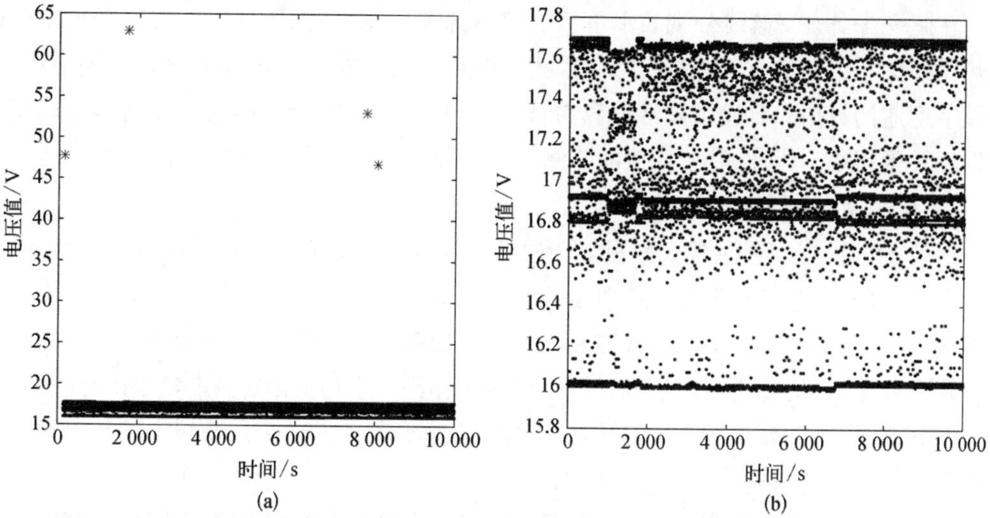

图 9.1.4　有离群点的遥测数据和离群点被剔除后的遥测数据

离群值”,需要从真正严重的异常中辨别出来。这些琐碎离群值可能是数据驱动的健康监测的两个重要问题。第一,微不足道的离群值可能隐藏真正严重的异常,因为前者的绝对值通常远远大于后者。第二,如果训练数据中包含偏离正常值较大的离群值,学习模型就会受到严重破坏。因此,有必要在数据预处理阶段去除琐碎的离群点。

2. 数字型遥测特性分析

卫星上的数字型遥测数据反映了星上分系统或者单机的工作状态,一般数字型的遥测数据的数值只在几个固定的数值中变化(杨琼等,2018)。例如,热控分系统的某单机开机时为 $x_i(t)=a$, 关机时为 $x_i(t)=b$。单机加热器只有开和关这两种工作模式,并且在正常情况下,这两种工作模式下的遥测数据分别保持恒定的数值,不会发生变化,如图 9.1.5 所示。

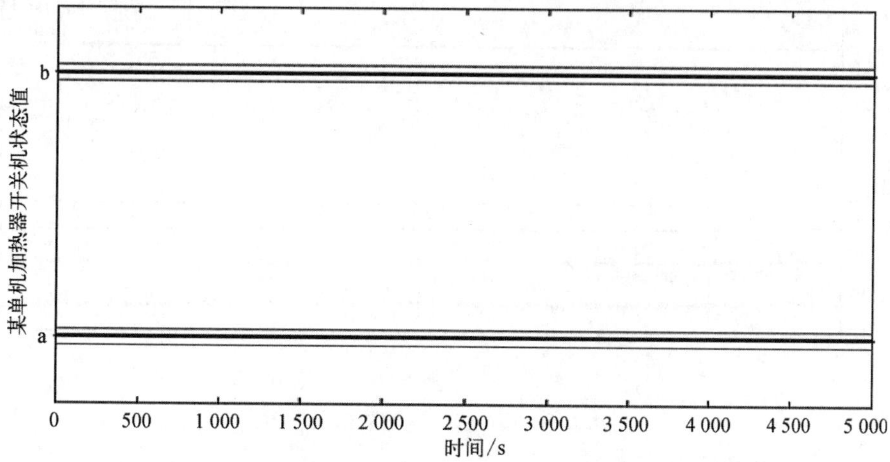

图 9.1.5　热控系统某单机加热器开关机异常状态监测

在图 9.1.5 中，蓝线分别表示单机加热器开关状态下的遥测值，红线分别表示单机加热器开关状态下的上下监测门限。因为加热器的开关机状态值分别保持恒定，所以这种数字型遥测数据一旦发生异常很容易被阈值监测方法监测到，因为监测的上下门限值可以设置得很小。因此，基于阈值的监测方法对数字型的异常遥测数据监测效果很好。

3. 模拟型遥测特性分析

卫星上的模拟型遥测参数是星上传感器的测量结果或者单机的功能输出，反映了分系统和单机的工作状态、健康状态和性能（杨琼等，2018）。卫星的模拟型遥测数据又可以被分为相对稳定数据、不稳定数据和多模式的相对稳定数据 3 种遥测数据类型。

定义 2.1：相对稳定遥测数据是指在任何工作模式下均值恒定方差较小的遥测数据。

定义 2.2：不稳定遥测数据是指数据变化情况不定且相对于方差较小的相对稳定型的遥测数据来说其方差较大的遥测数据。

定义 2.3：多模式的相对稳定数据是指在不同的工作模式下具有不同的数值的遥测数据，且其在单一工作模式下数据为相对稳定数据。

1）相对稳定的遥测数据

人体为了保证身体进行正常的生理活动，需要维持各项生命体征的稳定，如体温、血糖浓度等。卫星也是如此，为了保证卫星能够成功地完成在轨任务，需要分系统中的某些遥测参数保持平衡，例如，电源分系统的母线电压或者是导航卫星载荷分系统的测距值。在卫星电源分系统中，母线负责将功率输送给配电器，再由配电器输送给各个用电负载，因此需要维持电源母线电压的相对稳定。在导航卫星载荷分系统中，测距值是衡量导航卫星定位精度的主要指标，所以也必须要保证其相对稳定。相对稳定数据表现如图 9.1.6 所示。

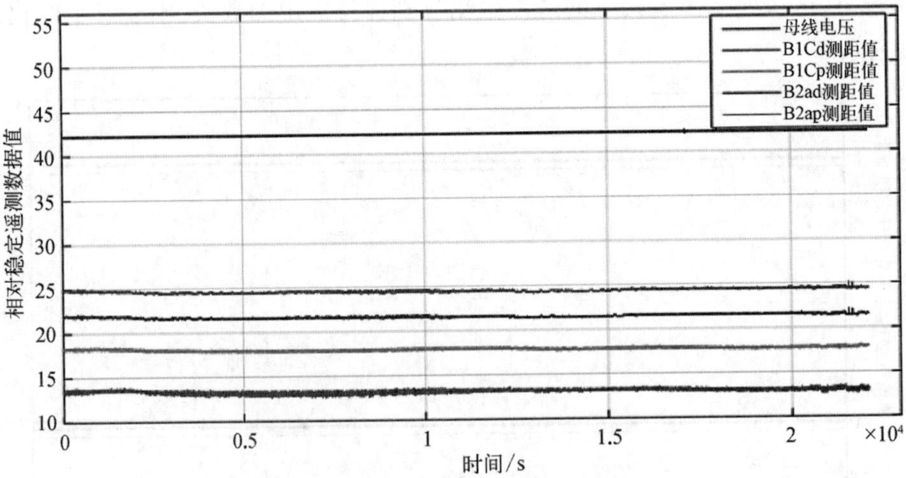

彩图

图 9.1.6　相对稳定遥测数据示意图

从图 9.1.6 可以看出相对稳定的数据几乎没有大的波动，表 9.1.1 是它们的方差。

表 9.1.1　相对稳定数据方差

遥测参数	母线电压	测距值 1	测距值 2	测距值 3	测距值 4
方　差	0.000 219 4	0.031 2	0.016 9	0.015 2	0.015 1

从表 9.1.1 可以发现表中的遥测参数的方差较小，遥测数据总体上与均值的偏离程度较小。

2）不稳定的遥测数据

卫星在轨运行时需要面对高真空、强辐射、微重力、超低温等复杂严酷的空间环境，为了保证卫星各系统平稳运行，各分系统单机必须相互协作，维持卫星系统内部的动态平衡，如热控系统。在轨运行的卫星受外部空间环境的影响，卫星各个部件温度不一，同时，星上内部由于工作状况所产生的热量也会影响卫星内部的温度。卫星热控系统通过控制卫星内部与外部的热交换过程，从而保证卫星在合适的温度下工作，卫星不平稳遥测数据就是在这种情况下产生。选取了某卫星的热控系统的 5 个遥测参数，作图 9.1.7 和表 9.1.2 来说明不稳定遥测数据的特性。

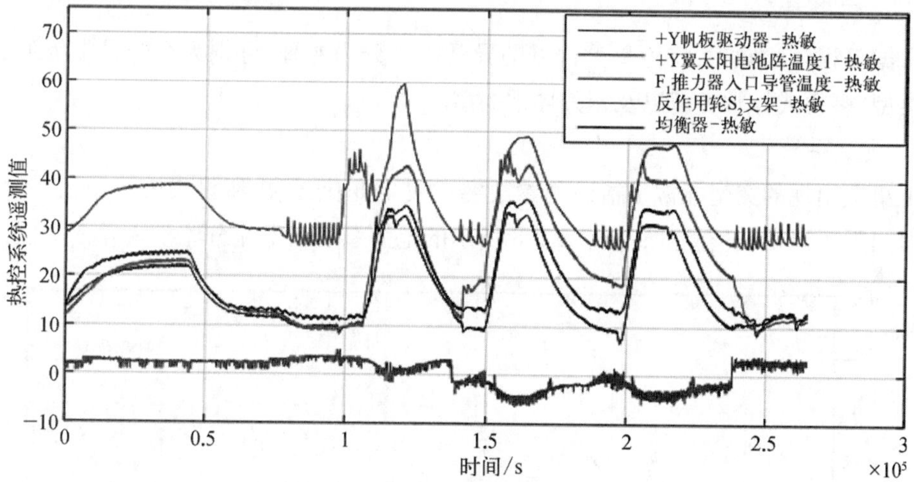

图 9.1.7　不稳定遥测数据示意图

彩图

以上热控系统遥测参数方差如表 9.1.2 所示。

表 9.1.2　热控系统遥测参数方差

遥测参数	+Y 帆板驱动器-热敏	+Y 翼太阳电池阵温度-热敏	F_1 推力器入口导管温度-热敏	反作用轮 S_2 支架-热敏	均衡器-热敏
方差	53.823 6	6.740 6	54.628 7	110.915 8	60.744 7

以上所选取的示例遥测参数全部是来自热控系统中与温度相关的遥测参数，从图 9.1.7 和表 9.1.2 可以发现与温度相关的参数绝大部分波动性较大，遥测数据总体上与均值的偏离程度较大。

3）多模式的相对稳定遥测数据

卫星工作模式众多，在不同的工作状况下遥测参数的数值也会不同。例如，9.1.1 节中分析的电源分系统的帆板电流、充电电流和放电电流。在光照区、地影区由于工作模式的变化遥测参数数值也会发生相应的变化。

图 9.1.2 中三个遥测参数在各工作模式下的方差如表 9.1.3 所示。

表 9.1.3　遥测参数在各工作模式下的方差

遥测参数	帆板电流		放电电流		充电电流	
工作模式	光照区	地影区	放电	不放电	充电	不充电
方差	0.002 5	5.56E－06	2.268 3	3.91E－29	1.042 2E－05	0.021 8

由上表可以发现，在同一工作模式下这些遥测参数的数据又是相对稳定的数据。在此把此类遥测数据定义为多模式的相对稳定遥测数据。

9.1.2　常见故障特性分析

根据工程经验知识，将卫星上常见的异常类型分为 4 种，分别为突变异常类型、缓变异常类型、多模式异常类型以及相关异常类型。

1. 突变异常

卫星上出现的突变异常是指遥测参数突然发生变化，超出所设报警门限值。这种故障报警门限可以很快监测到，如图 9.1.8 所示的电源系统的电流分流模块异常。

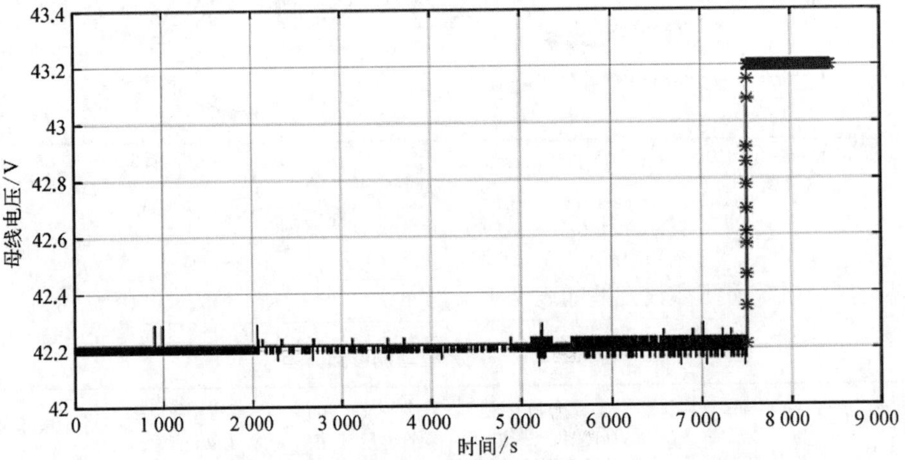

图 9.1.8　电流分流模块异常

当整星负载低于一定的值时，电源控制器的分流模块会发生异常，造成母线电压偏高。图 9.1.8 中，母线电压正常值在 42.21 V 上下波动。当电源控制器的分流模块发生异常时，母线电压快速变大到 43 V 以上。这种异常类型便是突变异常。

2. 缓变异常

缓变异常是最常见的异常类型,它是指遥测参数发生缓慢的变化直至超出报警门限的异常。由于工程上的监测系统所设置的门限区间较大,缓变异常在异常刚开始发生的时候很难监测到,尤其是反映卫星单机温度的遥测参数。因为星上单机温度是卫星内部和外部进行动态平衡的结果,和外部太空环境与内部工作状况有关,所以遥测数据变化没有规律,工程上只能通过设置一个较大的门限来监测,如图 9.1.9 所示。

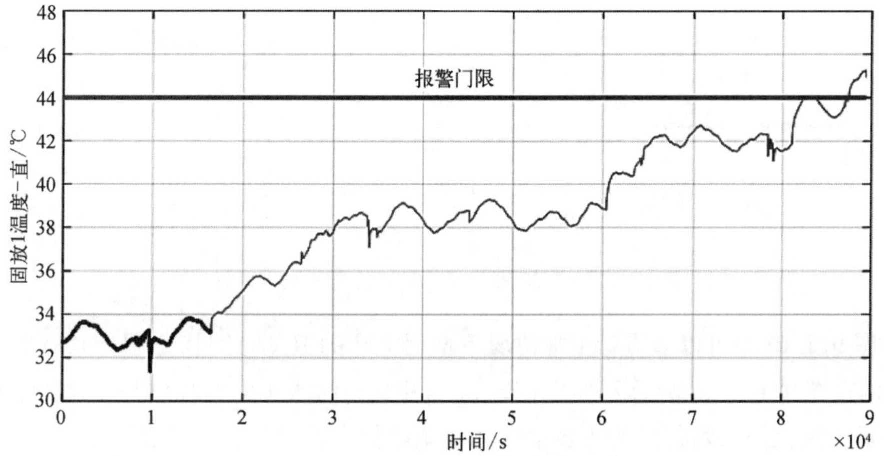

图 9.1.9 缓变异常及阈值监测示意图

3. 多模式异常

如果卫星的某种遥测参数类型属于多模式的相对稳定的遥测数据类型,那么在某个时间段可能会出现遥测值和任何一种正常工作模式下的遥测值都有差异的情况,那么就认为此遥测值是异常的,并定义此异常类型为多模式的遥测数据异常。正常的具有多种工作模式的遥测数据示意图如图 9.1.10 所示,具有多种工作模式的遥测数据

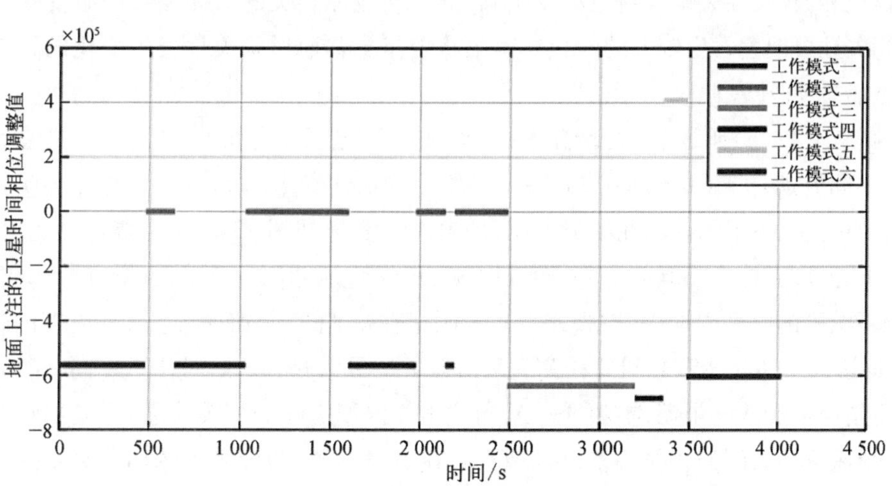

图 9.1.10 正常的具有多种工作模式的遥测数据示意图

彩图

异常如图 9. 1. 11 所示。

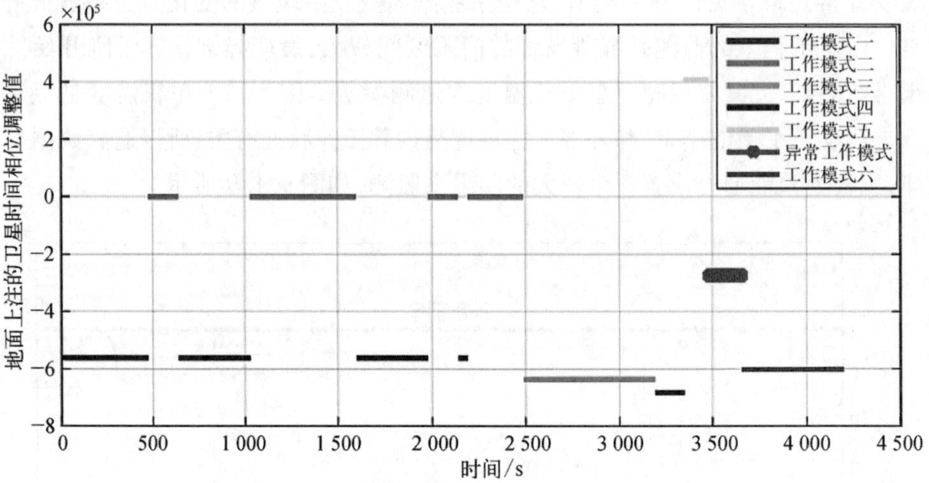

彩图

图 9. 1. 11　具有多种工作模式的遥测数据异常

从图 9. 1. 10 中可以知道，正常情况下地面上注的卫星时间相位调整共有 6 种工作模式，而在图 9. 1. 11 出现了 7 种工作模式，其中红色线表示的调相值是异常的。技术人员可以通过经验知识判断红色线表示的相位调整值是异常的。但是在一般监测过程中，监测软件只设置了一个包含所有调相值在内的很大的报警门限，无法监测到图 9. 1. 11 红色线所示的在报警门限值之内的异常模式。

4. 相关异常

卫星是由多个分系统、多个模块、多个子部件构成的一个整体，这些分系统、模块、子部件共同协作完成卫星的相关任务。因此，表征各分系统、各模块及各子部件工作状态的遥测之间必然存在一定的相关性。当卫星工作状态正常时，这些遥测之间保持一种稳定的或者较小的相关性关系。当卫星发生异常时，与故障相关的遥测参数同时受到故障影响，其相关性可能会发生较大的变化。本书将卫星异常前后相关性发生变化的异常称为“相关异常”，如图 9. 1. 12 所示。

如图 9. 1. 12(a)所示，正常情况下，扩频 A+5 V 电压稳定在 5. 07 V，偶尔会在 5. 07～5. 10 V 之间波动，扩频 A 温度在 23. 2～32. 9℃呈周期性变化，扩频 A+5 V 电压与扩频 A 温度之间的相关关系很弱。而在故障早期，扩频 A 温度在 25. 6～35. 5℃呈周期性变化，较正常情况下，温度整体上小幅度上升，而且扩频 A+5 V 电压超出正常范围的上限 5. 1 V，而且在扩频 A 温度的一个周期内，扩频 A+5 V 电压随着温度的升高而增大，随着温度的降低而减小，即这两个遥测参数之间的相关关系增强了。图 9. 1. 12(b)对比了在同一时间间隔内，正常情况下和故障早期，扩频 A+5 V 和扩频 A 温度之间的相关关系，还是用相关系数表示两个遥测参数间的相关关系，可以看出，在故障早期，两者之间的相关关系总体上较正常情况下的相关关系强。

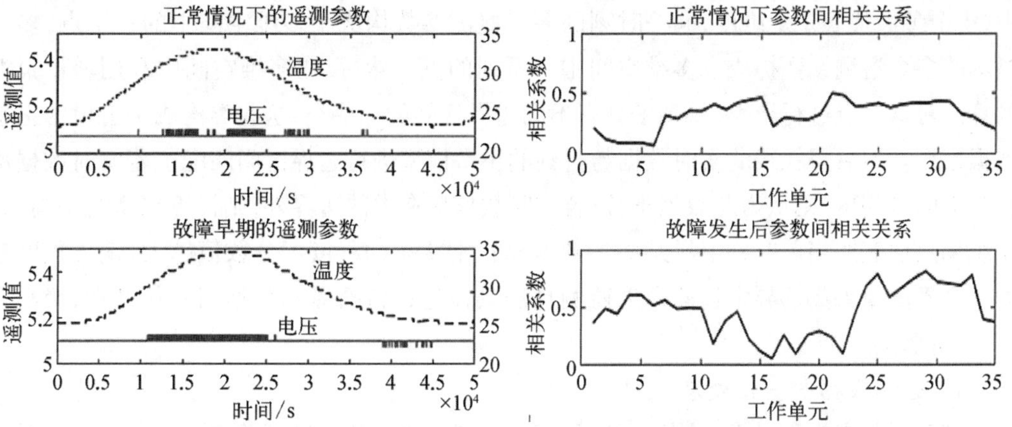

(a) 正常情况下及故障早期遥测值　　(b) 正常情况下及故障前后相关性

图 9.1.12　正常状态和异常状态的相关性对比图

9.2　基于数据驱动的异常检测技术

鉴于导航卫星在轨运行中将产生大量的遥测数据,本书主要讨论基于数据驱动的异常遥测监测技术。目前,基于数据驱动的检测方法在异常检测领域应用较为广泛,它从数据出发,不需要专家知识和精确的数学物理模型,利用统计分析、数据挖掘和机器学习等理论对正常数据建立模型,然后用得到的模型去发现异常数据,具有较好的扩展性和适应性。相比于目前工程上广泛采用的基于门限的异常检测方法,基于数据驱动的异常检测可以较早地发现隐藏在门限范围之内的异常征兆,避免故障蔓延。

本节将针对 9.1.2 节的 4 种常见的故障特性,介绍基于增量聚类的异常检测方法、基于高斯过程回归(Gaussian process regression,GPR)模型的异常检测方法、基于主成分分析的异常检测方法以及基于相关概率的异常检测方法。

9.2.1　基于增量聚类的异常检测方法

基于增量聚类的异常数据监测算法的思想(Iverson,2004;Iverson,2008)最早是由美国国家航空航天局(National Aeronautics and Space Administration,NASA)的 Ames 研究中心提出,并已在国际空间站控制力矩陀螺、“TacSat - 3”卫星“TVSM”项目(Iverson et al.,2012)以及 Ares I - X 火箭的液压系统(Mark and Robert,2008)中得到了成功应用。基于增量聚类的异常数据监测算法是一类无监督的算法,它不需要人工给数据加上标签,只需要通过特定的度量标准对训练数据进行分类,本书的聚类学习算法采用的度量标准是基于欧式距离的度量方法。基于增量聚类的异常监测算法主要包括聚类学习和异常监测两个部分。聚类学习的基本思想是,卫星的健康状态可以由一些参数来反映,在多维空间中,每个参数代表一个维度,同一时刻的多个遥测参数构成了多维空间中的一个点,多个时刻的多个遥测参数构成了多维空间中一系列的点。然后,在多维空间中利用增量聚类的算法对这些点进行聚类,得到了具有不同边界区间的一些类,这些类构成了卫星的正常数据模型。然后将在线的实时数据与得到的正常模型进行边界区间匹配。若实时数据落在某类的区间中,则认为此数据正常;若实时数据落在类的边界外,则计算出系统偏离值。系统偏离值表明当前时刻卫星某些参数偏离正常状态的程度。分数值越大,偏离程度越大。基于增量聚类的异常遥测数据监测算法具体过程包括遥测数据归一化处理、聚类学习、异常监测三个过程。

1. 遥测数据归一化处理

基于增量聚类的异常监测算法适用于对模拟型遥测数据进行监测。由于选取的遥测参数数据范围不一,为了统一量纲,所以需对其进行归一化处理。在数据归一化之前,需要对其进行预处理,包括解码、剔除野值和去除噪声等。

本章节采用 Z - score 方法对数据进行归一化处理。归一化公式表示为

$$Z(y_{p,s}) = \frac{y_{p,s} - \overline{y_p}}{k_z \hat{\sigma}(y_p)} \tag{9.2.1}$$

式中, $y_{p,s}$ 为第 s 个历史正常数据向量的第 p 个参数; $\overline{y_p}$ 为第 p 个参数的均值; $\hat{\sigma}(y_p)$ 为第 p 个参数的标准差; k_z 为归一化常数。

在基于增量聚类的异常监测算法中,将每个数据向量抽象成为高维空间中的一个点,根据得到的 Z - score 值计算此点在每个维度上的坐标值。坐标值计算公式为

$$r_{p,s} = z(y_{p,s})R + O \tag{9.2.2}$$

式中, R 为计算的比例因子,根据具体的 Z - score 后的参数值大小取值; O 为使高维坐标系上的坐标值为正数的偏移值。

2. 聚类学习

在聚类学习过程中,数据向量通过不断迭代的方式进行聚类,其聚类过程包含四个步骤。

1) 初始化数据向量

在聚类学习中,将每个遥测数据点都看作一个行向量,每个遥测数据点的向量结构如表 9.2.1 所示。初始化第一条遥测数据点的向量为第一个类并将它添加到数据库中,同时初始化类中每个维度的边界区间。边界区间的初始化方法为:上边界等于当前数据加上每个维度上总体数据范围的 1%;下边界等于当前数据减去每个维度上总体数据范围的 1%。类的数据结构如表 9.2.2 所示。

表 9.2.1 数据向量的结构设计

参 数	P_1	P_2	P_3	P_4	P_5
数值	25.897 3	0.045 4	26.895 4	36.578 2	4.065 4

表 9.2.2　类的数据结构设计

参　数	P_1	P_2	P_3	P_4	P_5
上边界	26.068 2	-0.009 84	27.052 8	36.893 8	4.145
下边界	25.564 5	0.124 32	26.563	36.202	3.939

2）计算数据向量到类的距离

计算历史数据和每个类的距离 distance(s, c)，计算公式为

$$\text{distance}(s,\ c) = \sum_{p} \Delta_{p,\ s,\ c}^{2} \tag{9.2.3}$$

式中，s 为正常历史数据向量；c 为数据库中的类；p 为参数；$\Delta_{p,\ s,\ c}$ 为第 p 维度上数据向量 s 到类 c 的边界区间的距离，其公式表示为

$$\Delta_{p,\ s,\ c} = \begin{cases} r_{p,\ s} - U_{p,\ c} & r_{p,\ s} > U_{p,\ c} \\ r_{p,\ s} - L_{p,\ c} & r_{p,\ s} < L_{p,\ c} \\ 0 & L_{p,\ c} < r_{p,\ s} < U_{p,\ c} \end{cases} \tag{9.2.4}$$

式中，$U_{p,\ c}$ 为类 c 的 p 维参数的上边界；$L_{p,\ c}$ 为类 c 的 p 维参数的下边界。图 9.2.1 假设数据向量仅包含 2 个维度，$\Delta_{2,\ s,\ c}$ 表示第二维度上数据向量 s 到类 c 的距离。

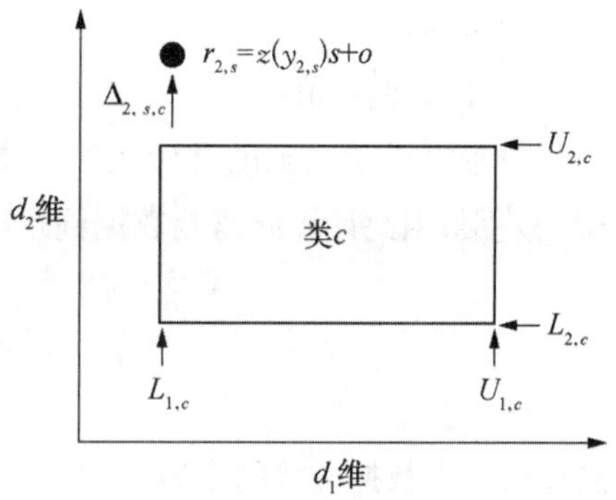

图 9.2.1　二维空间上数据向量各参数到类 c 的距离示意图

3）寻找离最近的类

从 Distance(s, c) 中找到离数据向量最近的类：

$$C_s = \arg\min_c(\text{Distance}(s,\ c)) \tag{9.2.5}$$

然后计算此类到数据向量的欧式距离 E_{dist}，计算公式为

$$E_{\text{dist}} = \sqrt{\min_c(\text{Distance}(s,\ c))} \tag{9.2.6}$$

4）添加数据到类中

如果 $E_{\text{dist}} = 0$，则将当前数据向量添加到类 C_s 中；若 $0 < E_{\text{dist}} < \text{tol}$，则将当前数据向量添加到类 C_s 中，并更新类 C_s 的边界区间；如果 $E_{\text{dist}} > \text{tol}$，则将当前数据初始化为新的类添加到数据库中，同时初始化新类的边界区间。

在聚类学习中，最终学习到的类的数量是由阈值 tol 决定的，tol 大则聚成的类的数目少，tol 小则聚成的类的数目多。但是，结合卫星在轨运行的遥测数据的特性来看，卫星同一工作模式的遥测数据应当被聚成同一个类。因此，卫星遥测数据可以聚成类的数目应该是由学习的遥测数据所包含的工作模式的数目所决定的。所以，阈值 tol 应该取一个可以使聚类数目和正常历史遥测数据所包含的工作模式数目相近的值。

3. 异常监测

异常监测是一个将聚类学习得到的正常模型和需要监测的数据的匹配过程。具体监测步骤如下。

1）被监测数据归一化处理

异常监测算法是实时的,即算法不断地对卫星上下传的解压后的遥测数据进行实时监测,因此在执行异常监测算法之前,需要对下行的解压后的遥测数据进行归一化处理。

归一化处理表达公式和式（9.2.1）相同，只是式（9.2.1）中所有的正常历史数据变为被监测的数据,其他参数所取数值不变。

2）寻找距离最近的类

根据式（9.2.3），计算监测数据到数据库中每个类的距离，并根据式（9.2.5）找到距离最短的类。

3）计算偏离值

由于聚类学习到的类代表了正常数据模型,为了直观描述待监测数据与正常数据模型的差距,因此计算此监测数据到距离最近的类的系统偏离值。计算公式如下：

$$\text{Deviation} = \frac{E_{\text{dist}}}{\sqrt{n_p R^2}} \tag{9.2.7}$$

式中，n_p 为数据参数的个数。

4）计算每个遥测参数对偏离值的贡献值

为了快速定位到异常参数,方便技术人员排查问题,计算监测数据所包含的每个参数对此复合偏离值的贡献值。计算公式如下：

$$D_{s,p} = \frac{\Delta_{p,s,c}}{R} \tag{9.2.8}$$

4. 算法验证分析

本书选取了发生在某在轨卫星上的大功率故障作为仿真案例。本故障是由空间环境、卫星内部某些单机功率增大等因素致使固态功放温度增加、频点测距值和功率监测值发生跳变。具体情况如图 9.2.2 和图 9.2.3 所示。

图 9.2.2 和图 9.2.3 描述了故障发生前后发生异常的相对稳定型的遥测数据的趋势。从图 9.2.2 可以看出，在故障开始发生时刻相对稳定的数据突然变大，虽然数值增幅较小,但是相对稳定的遥测参数本身的方差就比较小,且对于遥测参数本身所代表的意义来说，这个突然变大足以影响卫星的性能。因此认为图 9.2.2 所显示的异常属于突变异常类型。而从图 9.2.3 可以看出图中的相对稳定数据是缓慢变大，因此认为图 9.2.3 所显示的异常是缓变异常类型。

本书选取了发生大功率故障的分系统的 28 个连续型参数,将发生故障之前的正常数

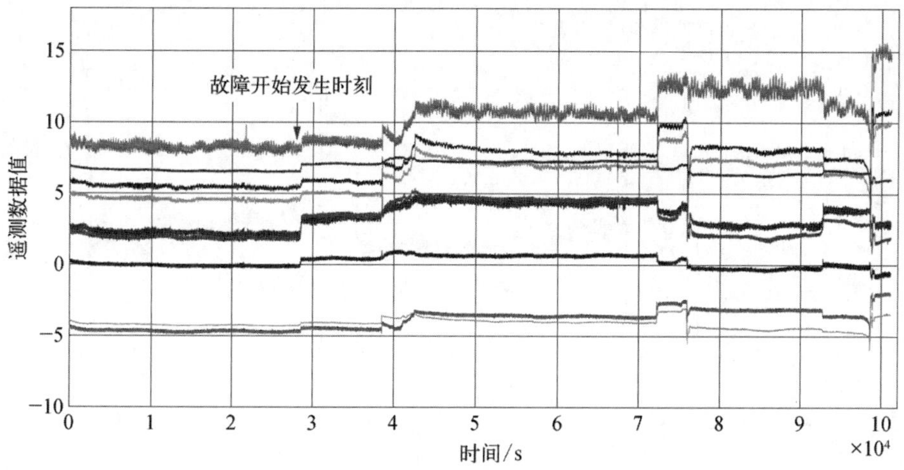

图 9.2.2 故障发生前后的发生异常的相对稳定遥测数据趋势图(突变异常类型)

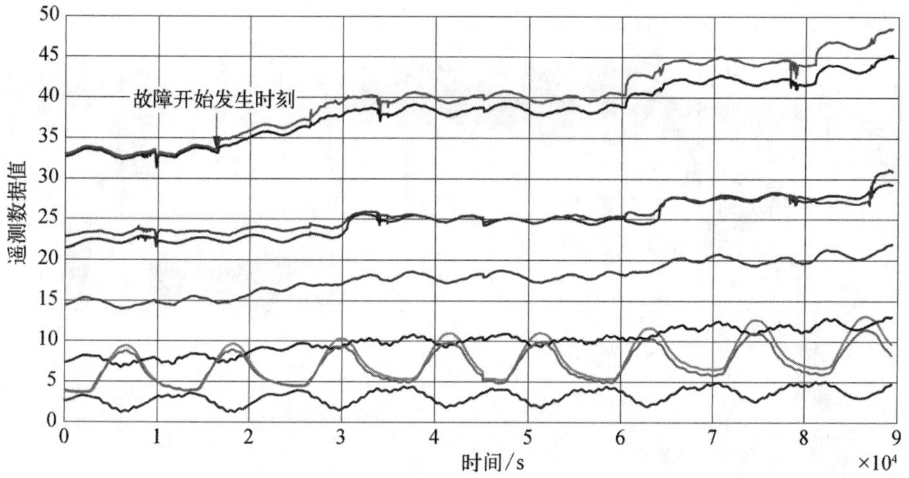

图 9.2.3 故障发生前后的发生异常的相对稳定遥测数据趋势图(缓变异常类型)

据作为学习数据,故障发生前后的异常数据作为测试数据,验证基于增量聚类的异常遥测数据监测算法对缓变异常的有效性。

根据 9.2.1 节所述方法对上述数据做归一化及坐标值计算。其中各参数分别设置为 $R=1$, $O=40$。然后根据 9.2.1 节所述步骤进行聚类学习。在聚类学习中,根据先验知识,分析所学习的遥测数据的工作模式的数目,然后将 tol 确定为 15,得到在轨卫星大功率故障监测结果如图 9.2.4 和图 9.2.5 所示。

图 9.2.4 表示的是在大功率故障发生前后,选取的 28 个遥测参数整体上偏离正常系统的程度。结合图 9.2.5,可以发现在大功率故障发生前,系统偏离值几乎为 0,这表明卫星状态正常;在大功率故障发生时,系统偏离值快速增加到 50 左右,表明卫星此时有异常发生。这和图 9.2.5 所示的故障发生前后的遥测数据变化趋势一致。因此基于增量聚类的异常遥测数据监测算法可以及时地监测到相对稳定数据的缓变异常。

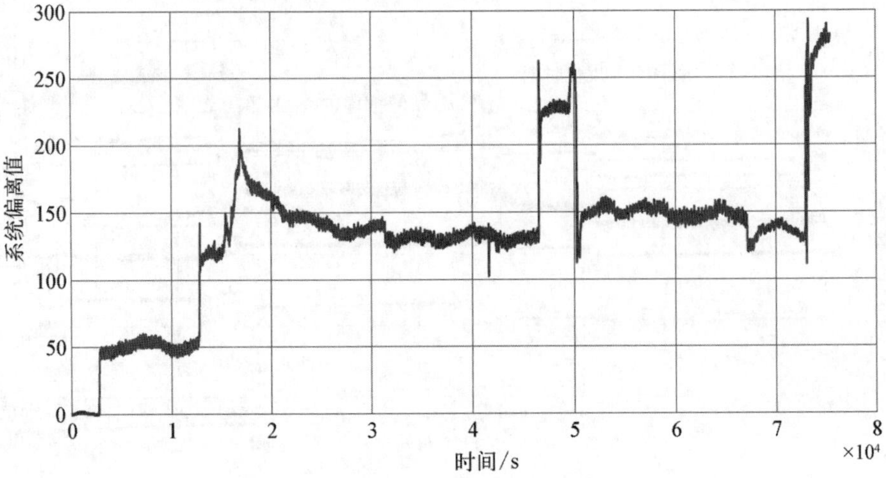

图 9.2.4　在轨某型号卫星大功率监测结果

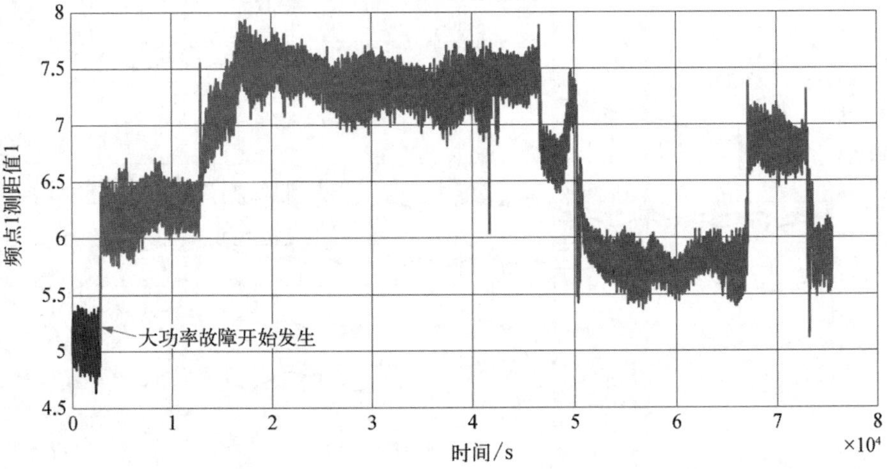

图 9.2.5　大功率故障发生前后遥测数据变化图

根据式 (9.2.8)，计算每个采样时刻每个遥测参数对偏离值的贡献值如图 9.2.6 所示。由于参数众多,无法一一标出,所以选取几个比较重要的参数,进行示例说明。

从图 9.2.6 可以看出，参数对系统偏离值的贡献值与图 9.2.4 和图 9.2.5 相互对应。参数对系统偏离值的贡献值在故障未发时都是 0,在故障开始发生的时刻,遥测参数频点 1 测距值、频点 1 功率值、固放 1 -热敏、固放 1 温度-直的贡献值都快速变大,说明它们发生了异常。而遥测参数氢钟 A -热敏的贡献值一直近似 0,说明遥测参数氢钟 A -热敏未发生异常。这样可以方便技术人员在异常发生的时候快速定位异常参数。

在轨卫星大功率故障为某型号卫星在轨运行时实际发生的故障,根据故障的归零报告来看,在故障开始发生时,地面并未监测到任何异常,直至地面监测系统发现固放温度达到报警门限 44℃后进行报警。基于增量聚类监测到的故障的时间以及门限报警的时间如图 9.2.7 所示。

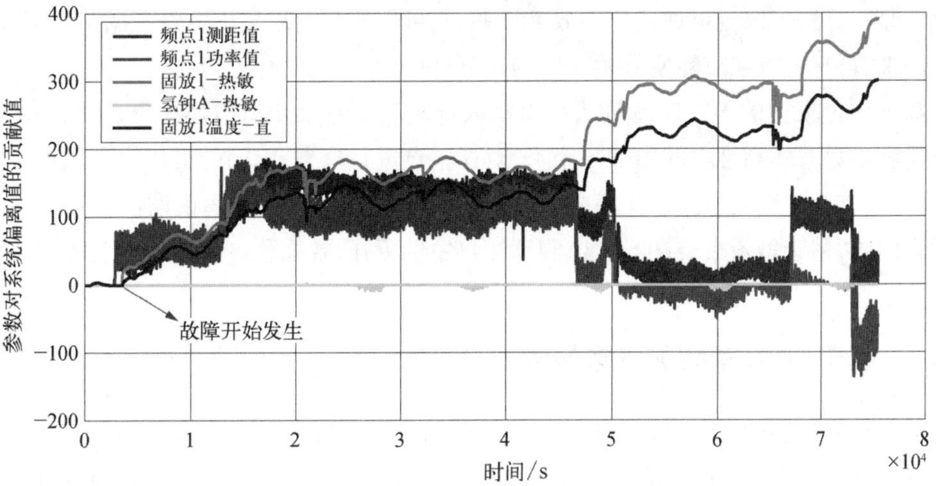

图 9.2.6　参数对系统偏离值的贡献值

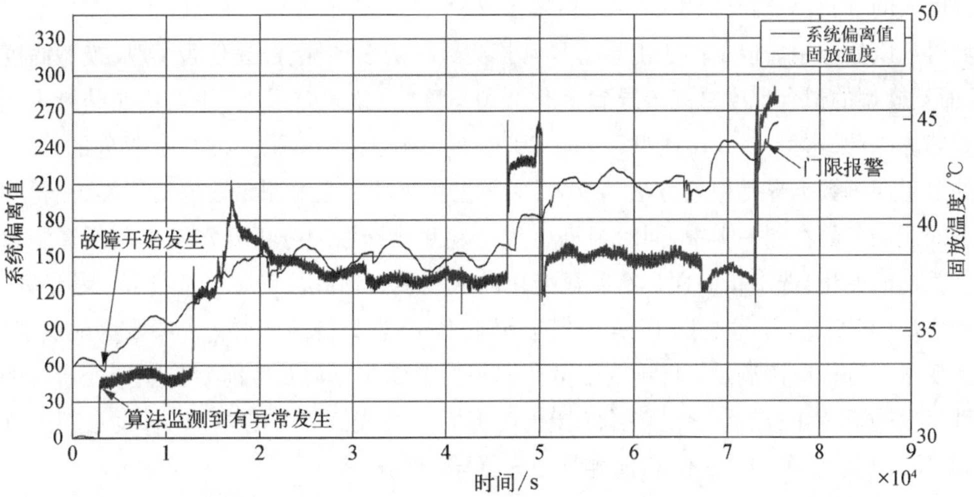

图 9.2.7　基于增量聚类的异常监测算法与基于阈值算法比较

若图 9.2.7 中横轴的单位为 s，那么对比故障发生时间与基于增量聚类监测到的故障时间以及门限报警时间如表 9.2.3 所示。

表 9.2.3　算法对比表

对　比　目　录	时间点
故障开始发生时间点	第 2 790 s
基于增量聚类算法监测到故障的时间点	第 2 890 s
基于阈值算法监测到故障的时间点	第 74 411 s

从表 9.2.3 可以发现，因此，基于增量聚类的异常监测算法在故障发生 100 s 后便监测到故障。而基于阈值的监测算法在故障发生将近 20 h 后才报警。因此，基于增量聚类

的异常监测算法可以更早地监测到故障征兆,它可以监测到未超出所设置阈值的异常值。从本例来看,它可以在故障刚开始发生的几分钟内便监测到故障。

基于增量聚类的异常监测算法可以将数据驱动与专家知识结合起来,将同一时刻的所有遥测参数看作高维空间中的一个点,对这些点进行聚类,不同的类代表不同的工作模式,这样便自动学习到不同工作模式下每个参数的门限。相比于阈值监测由技术专家手工设置门限,基于增量聚类的异常监测算法自主性更强,智能化更高且普适性较好。

9.2.2 基于 GPR 模型的异常检测方法

卫星异常检测的重点是检测遥测数据流中的持续异常,以便提供早期预警。与上述其他算法相比,GPR 模型具有良好的非线性映射能力,能够反映时间序列的固有非线性和波动性,是一种学习目标函数的生成性非参数概率模型,从而能为预测结果提供有意义的置信区间,而且只需要设置少量的超参数,极大地简化了计算过程,近年来在异常检测领域得到广泛应用。但是由于卫星上异常检测数据的多维性,极易使得 GPR 模型高度复杂,而且模型的拟合程度过高会导致泛化能力下降,泛化误差增大,使得检测结果出现大量虚警。因此,这里在 GPR 模型(Dong,2012)的基础上,提出了一种基于改进的 GPR 模型的卫星遥测数据异常检测方法。首先,对数据集中的卫星遥测参数进行聚类,使得相关性大的遥测参数在同一类中,同时根据工程经验和设计原理分析异常发生前后遥测参数间相关性的变化,选出相关性具有明显变化的遥测参数;其次,确定响应变量(因变量)和预测变量(自变量)并建立 GPR 模型进行预测,其中,选择待检测的遥测参数为响应变量,预测变量的选择应该满足:与响应变量在同一类中或在异常发生前后与响应变量间的相关性发生明显变化;最后,考虑泛化误差(叶迎晖和卢光跃,2016)的影响,设定新的预测区间,比较响应变量的真实值和预测范围进行异常检测。

1. GPR 模型

高斯过程是指随机变量的一个集合中任意有限个样本的线性组合都服从联合高斯分布,它的性质由均值函数 $m(x)$ 和协方差函数 $k(x)$ 确定,对于随机变量 x 高斯过程可定义为

$$f(x) \sim \mathrm{GP}(m(x),\ k(x)) \tag{9.2.9}$$

式中,$m(x)$ 和 $k(x)$ 分别为均值函数和协方差函数,可由式(9.2.10)表述:

$$m(x) = E(f(x)) \tag{9.2.10}$$

$$k(x) = E((f(x) - m(x))(f(x') - m(x'))) \tag{9.2.11}$$

对于 d 维预测变量 $x_i(i = 1,\ 2,\ \cdots,\ t)$ 的集合 $x = [x_1,\ x_2,\ \cdots,\ x_t]^{\mathrm{T}}$, $x \in R^{t\times d}$, 对应的响应变量集为 $f(x)$, $f(x) \in R^{t\times 1}$, GPR 模型可定义为

$$y = f(x) + \varepsilon \tag{9.2.12}$$

式中,y 为受噪声污染的响应变量的观测值,并假设噪声 ε 为高斯白噪声,$\varepsilon \sim N(0, \sigma^2)$,则有 $y \sim N(m(x), k(x) + \sigma^2 I_t)$。GPR 模型可以选择不同的核函数作为协方差函数,最常用的为平方指数协方差函数,即

$$k(x_i, x_j) = \sigma_f^2 \exp\left(-\frac{1}{2l^2}(x_i - x_j)^2\right) \tag{9.2.13}$$

式中,$\{\sigma, \sigma_f, l\}$ 为模型的超参数,超参数的求解是一个非线性极值问题,一般采用极大似然法。在对训练数据的对数似然函数求偏导后,可以使用数值优化方法(如共轭梯度下降法、牛顿法等)获得超参数的最优解。

假设 $x^* \in R^{t^* \times d}$ 为测试集的预测变量集合,$f^* \in R^{t^* \times 1}$ 为对应的响应变量集,由高斯过程的定义可知,y 和 f^* 服从以下的联合高斯分布:

$$\begin{bmatrix} y \\ f^* \end{bmatrix} \sim N\left(\begin{bmatrix} m(x) \\ m(x^*) \end{bmatrix}, \begin{bmatrix} K(x, x) + \sigma^2 I_t & K(x, x^*) \\ K(x^*, x) & K(x^*, x^*) \end{bmatrix}\right) \tag{9.2.14}$$

式中,$K(x, x) \in R^{t \times t}$ 为预测变量集合 x 的协方差矩阵;$K_{ij} = k(x_i, x_j)$ 为预测变量各样本间相关性的度量;$K(x, x^*) \in R^{t \times t^*}$ 为预测变量集合 x 与 x^* 间的协方差矩阵,并且 $K(x, x^*) = K(x^*, x)^{\mathrm{T}}$,$K(x^*, x^*)$ 为测试集中预测变量样本间的协方差矩阵。

根据高斯过程的性质,可以很容易地计算出 f^* 的后验分布为 $f^* \mid x, y, x^* \sim N(\mu, \sum)$,其中,

$$\mu = m(x) + K(x^*, x)(K(x, x) + \sigma^2 I_t)^{-1}(y - m(x)) \tag{9.2.15}$$

$$\sum = K(x^*, x^*) - K(x^*, x)(K(x, x) + \sigma^2 I_t)^{-1} K(x, x^*) \tag{9.2.16}$$

2. 基于 GPR 模型的预测和异常检测

GPR 模型具有良好的非线性映射能力,能够反映时间序列固有的非线性和波动性,预测出响应变量的客观规律和发展趋势,可以为正确识别卫星遥测数据异常情况提供科学合理的依据。基于 GPR 模型的异常检测步骤如下。

(1) 学习:将待检测的遥测参数确定为响应变量,使用正常的历史遥测数据学习 GPR 模型;

(2) 预测:利用 GPR 模型计算响应变量的后续预测范围,通常取预测值的 95%置信区间;

(3) 检测:获取实时遥测数据并检查待检测的遥测参数是否在预测范围内,若在预测范围内输出为 0,否则输出为 1;

(4) 警报:如果输出为 1,则判定为出现异常,发出警报。

回归模型与样本观测值拟合优度(Nadeau 和 Bengio,2003)的相对指标,是响应变量

的变异中能用预测变量解释的比例,表达式如下:

$$R^2 = \frac{\sum(\hat{y}_i - \bar{y})^2}{\sum(y_i - \bar{y})^2} \tag{9.2.17}$$

式中,$\hat{y}_i$ 为响应变量的预测值;y_i 为响应变量的观测值;$\bar{y}$ 为响应变量的均值。如果 R^2 接近 1,说明响应变量不确定性的绝大部分都能由回归模型解释;反之,说明回归模型拟合效果不好。

但是,在实际工程应用中,卫星异常检测需要涉及大量的遥测参数,如果将这些遥测参数全部纳入考量,使得算法的复杂度大大增加,而且过度拟合的模型泛化能力低,会导致异常检测的结果不可靠,出现大量虚警。图 9.2.8(a)为卫星测控分系统某单机温度的检测输出,该模型的决定系数 $R^2 = 0.9815$,具有非常高的拟合优度,但是,模型过拟合于训练数据,使得预测区间的范围过于狭小。图 9.2.8(b)中,在卫星正常运行状态下仍然有许多数据点被标记为异常,产生虚警。

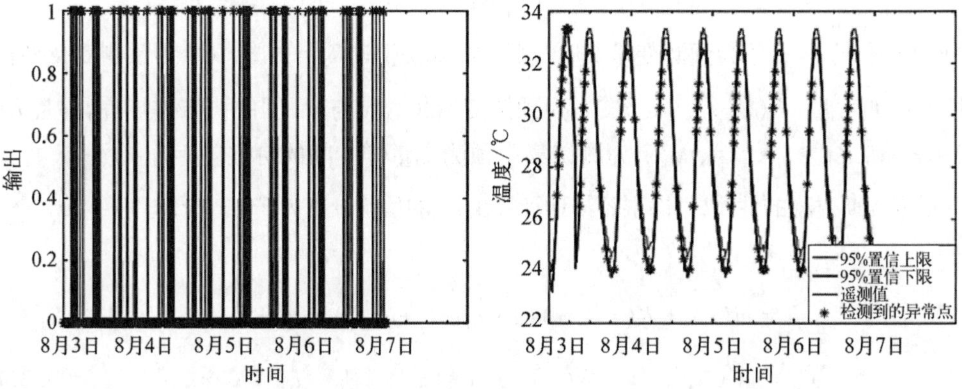

彩图

(a) 某单机温度的检测输出　　(b) 过拟合模型的检测结果

图 9.2.8　基于 GPR 模型的异常检测结果

3. 改进 GPR 模型

在改进的 GPR 模型中,首先通过优化预测变量来保证 GPR 模型的拟合优度,其次,为了降低模型过拟合对预测结果的影响,考虑模型的泛化误差(叶迎晖和卢光跃,2016)并提供更合理的预测范围。此外,还可以计算预测误差来反映异常的程度。

1) 优化预测变量

从前面的分析可知,预测变量的选择对回归模型拟合程度的影响极大。因此,选取适当的预测变量是建立一个理想模型的先决条件,本节结合专家系统和数据驱动两种方法,通过分析遥测参数间的相关性来确定 GPR 模型的预测变量和响应变量。

卫星系统中有大量存在复杂相关关系的遥测参数。因此,首先对数据集中的遥测参数进行聚类,使得相关性大的遥测参数在同一类中,为此引入如下相关距离:

$$d_{x_ix_j} = 1 - |r_{i,j}| \tag{9.2.18}$$

式中，x_i，x_j 分别为不同的遥测参数；$r_{i,j}$ 为二者间的相关系数，由于 $r_{i,j}$ 的正负仅与相关方向有关，所以这里使用它的绝对值。相关系数越大，遥测参数间的相关距离越小，出现在同一类别中的概率就越大。

另外，遥测参数间的关系并不是一成不变的，系统出现异常时，许多遥测参数会因其他参数的变化而发生改变，因此还要根据工程经验和设计原理分析异常发生前后遥测参数间相关性的变化，选出相关性具有明显变化的遥测参数。

将待检测的遥测参数确定为响应变量后，预测变量的选择应该遵循以下两种原则：① 与响应变量在同一类别中；② 在异常发生前后与响应变量间的相关性发生明显变化，如图 9.2.9 所示。

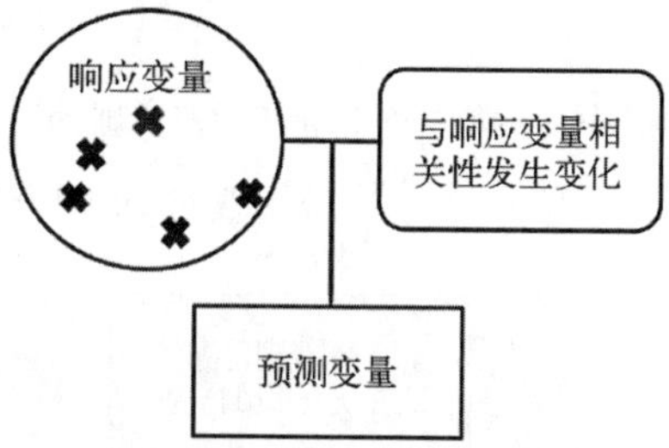

图 9.2.9　优化预测变量

2）估计模型的泛化误差

当学习器把训练样本学得太好的时候，很可能把训练数据自身的一些特点当做了所有潜在数据都会具有的一般性质，这样会导致泛化能力降低，这种现象称为过拟合(over-fitting)(Pang et al. ,2017)。为了评估过拟合对模型造成的影响，需要计算模型的泛化误差。

本章节使用留出法在正常的历史遥测数据集中估计 GPR 模型的泛化误差，过程如下。

(1) 首先，将数据集划分为两个互斥的集合，其中一个集合作为训练集，另一个作为测试集，需要注意的是，训练集和测试集的划分要尽可能保持数据分布的一致性，避免因数据划分过程引入额外的偏差而对最终结果产生影响。

(2) 其次，在使用留出法时，一般要采用若干次随机划分，重复进行实验取平均值作为留出法的估计结果。为了防止因测试集较小，估计结果的方差较大，或因训练集小时引起的估计结果偏差较大，一般将 $\frac{2}{3} \sim \frac{4}{5}$ 的数据作为训练集，剩余的作为测试集。本章节将 70%的样本数据作为训练集，重复进行实验 10 次。

(3) 最后，使用以下公式计算 GPR 模型的泛化误差：

$$\mathrm{GE} = \frac{1}{n}\mathrm{RMSE} = \frac{1}{n}\sqrt{(\hat{y} - y)^2} \tag{9.2.19}$$

式中，n 为重复进行实验的次数；$\hat{y}$ 为响应变量的预测值；y 为响应变量的后续观测值。

3）计算后续预测范围和预测误差

在基于 GPR 模型的异常检测中，使用预测值的 95%置信区间作为后续的预测范围，由于预测区间过于狭窄，导致正常的遥测数据也超出正常范围，带来了大量虚警。于是，本章节考虑了泛化误差对检测结果的影响，重新定义了模型的预测范围如下：

$$[\hat{y} - 2\sigma - \mathrm{GE}, \hat{y} + 2\sigma + \mathrm{GE}] \tag{9.2.20}$$

式中，$\hat{y}$ 为预测值；σ 为预测的标准差；GE 为泛化误差。

在检测过程中，响应变量的观测值超出了所设的预测范围，则可判定卫星遥测数据出现异常，进一步地，可以通过计算预测误差（Pang et al.，2017）来衡量异常的程度，预测误差越大，发生的异常越严重，计算公式如下：

$$\mathrm{PE} = \begin{cases} y - (\hat{y} + 2\sigma + \mathrm{GE}), & y > \hat{y} + 2\sigma + \mathrm{GE} \\ y - (\hat{y} - 2\sigma - \mathrm{GE}), & y < \hat{y} - 2\sigma - \mathrm{GE} \\ 0, & \text{其他} \end{cases} \tag{9.2.21}$$

式中，y 响应变量的后续观测值。

现总结一种基于改进的 GPR 模型的异常检测方法流程如图 9.2.10 所示。

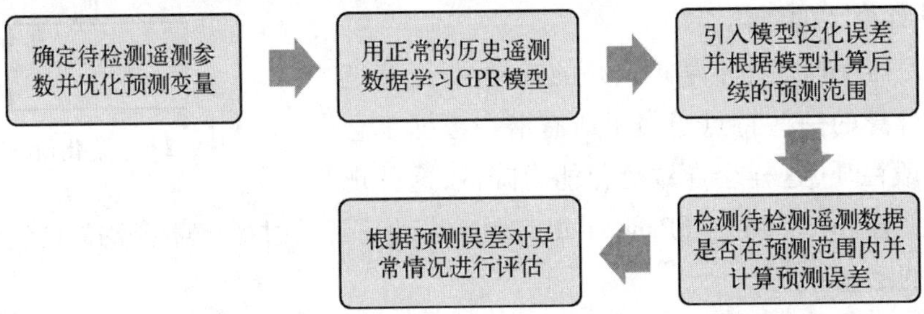

图 9.2.10　基于改进的 GPR 模型的异常检测方法的总体实施框架

4. 算法评价准则

在卫星故障早期检测出遥测数据异常具有重大意义，发现异常的时间越早越好。因此，可以将检测出异常的时间作为检验方法优劣的一个标准。

另外，为了分析方法的稳定性和可靠性，通过表9.2.4所示的混淆矩阵（Reshef et al.，2011）计算检测方法的准确率（accuracy）、精确度（precision）和虚警率（false alarm），计算公式分别如下：

$$\mathrm{accuracy} = \frac{\mathrm{TN} + \mathrm{TP}}{\mathrm{FN} + \mathrm{TP} + \mathrm{FP} + \mathrm{TN}} \times 100\% \tag{9.2.22}$$

$$\mathrm{precision} = \frac{\mathrm{TP}}{\mathrm{FP} + \mathrm{TP}} \times 100\% \tag{9.2.23}$$

$$\mathrm{false\ alarm} = \frac{\mathrm{FN}}{\mathrm{FN} + \mathrm{TP}} \times 100\% \tag{9.2.24}$$

其中，accuracy 反映了检测方法对整个数据的判定能力——能将正常的判定为正常，异常的判定为异常；precision 表示正确检测到的异常数与检测到的异常总数之间的比率；false alarm 代表将正常判定为异常的数量与异常数据总数的比例。

表 9.2.4　混淆矩阵

	检测到正常	检测到异常
实际正常	TN	FP
实际异常	FN	TP

5. 算法验证分析

图 9.2.11 描述的是某在轨卫星发生的真实故障。通过相关分析，发现该故障是由某组件设计不合理引起的，表现为具有周期性的温度参数在工程阈值内缓慢升高，与之有关的遥测参数也随之发生变化，并且故障发生时电压发生跳变。为了验证基于 GPR 模型的异常检测方法的有效性，以图 9.2.11 描述的发生故障前后的遥测数据为对象进行异常检测。作为对照，分别使用未经改进的 GPR 模型和随机选择预测变量的 GPR 模型对相同的数据做异常检测。

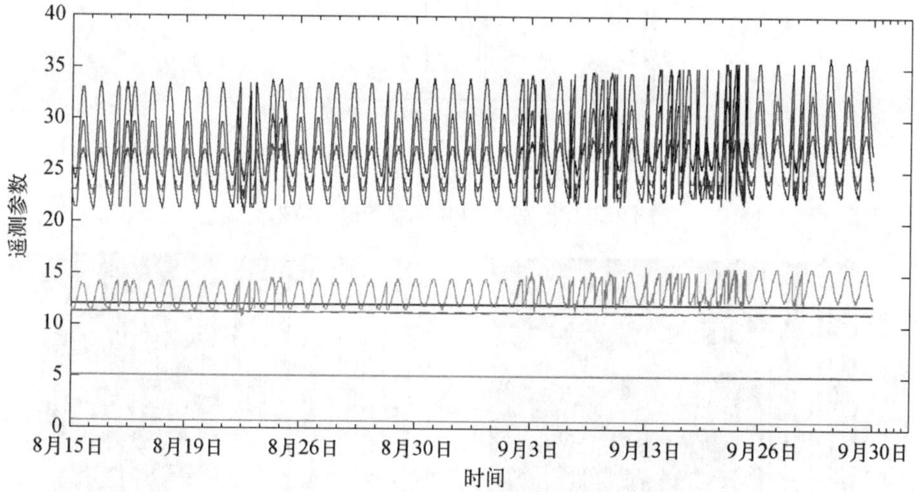

图 9.2.11　故障相关的遥测参数

将异常遥测参数扩频 *A* 温度作为响应变量进行异常检测，改进的 GPR 模型对预测变量进行优化，固放 *A* 温度、扩频 *B* 温度、固放 *B* 温度和扩频 *A*+5 V 电压这四个遥测参数选为预测变量；未改进的 GPR 模型选择除扩频 *A* 温度以外的遥测参数作为预测变量；随机选择预测变量的 GPR 模型将扩频 *A*+5 V 电压、扩频 *B*+12 V 电压、固放 *A* 功率和固放 *A* 电流作为预测变量。

经计算，改进的 GPR 模型决定系数为 $R^2 = 0.9396$，使用留出法在训练集中估计的泛化误差为 GE = 0.1233。作为对照，未改进的 GPR 模型的决定系数 $R^2 = 0.9983$，随机选择预测变量的 GPR 模型的决定系数 $R^2 = 0.4201$。三种方法的实验结果如下。

图 9.2.12 为三种检测方法的预测误差，预测误差越大表示检测到的异常程度越大，图 9.2.13 为基于 GPR 模型的三种检测方法的检测结果，0 表示正常，1 表示异常。前两

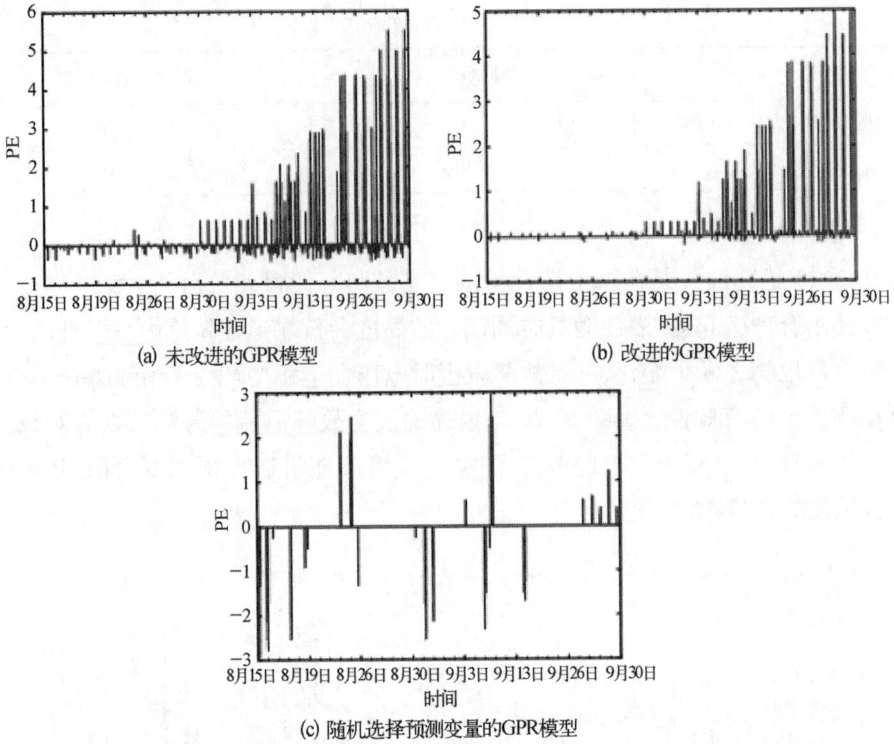

图 9.2.12　基于 GPR 模型的检测结果

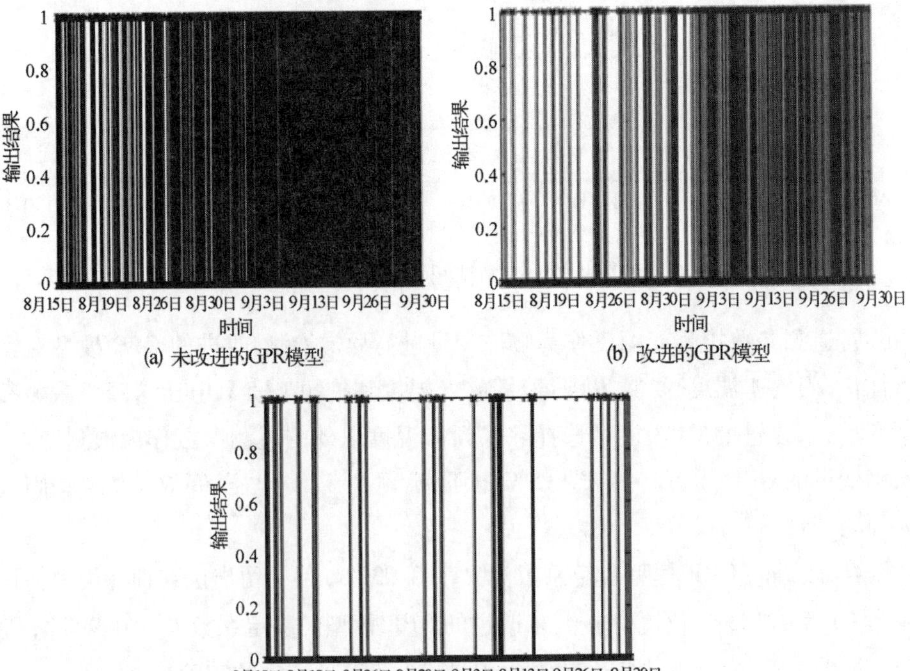

图 9.2.13　基于 GPR 模型的输出结果

种方法在9月3日都能检测到明显异常,而且之后的异常程度总体增大,结合输出结果和表9.2.5的检测评估,可以明显看出改进的方法在故障前期虚警率更低,而且检测结果具有更高的精确度。对于随机选择预测变量的GPR模型,虽然虚警率很低,但是模型拟合程度很低,导致检测结果极其不可靠。

表9.2.5　三种模型的检测评估

	改进的基于预测的模型	未经改进的GPR模型	随机选择预测变量的GPR模型
准确率	68.49%	69.49%	57.31%
精确率	82.7%	72.69%	54.05%
虚警率	5.25%	13%	1.7%

实验证明,本章节所提出的改进的基于GPR模型的异常检测方法可以在故障早期检测到遥测参数的潜在异常,并且具有更高的可靠性。

9.2.3　基于主成分分析的异常检测方法

1. 主成分分析原理

在处理高维数据的过程中,经常会面临“维度灾难”问题,解决这一问题的主要途径是降维。主成分分析(princple component analysis,PCA)是一种常用的降维技术。PCA能够将高维数据投影到低维子空间实现降维。

1) PCA降维原理推导

PCA降维的本质是将高维空间中的线性相关的变量映射到低维子空间中,成为线性无关的低维变量(周志华,2016)。在低维空间中一般通过一个超平面(平面中的直线、空间中的平面的高维推广)对高维空间中的数据点进行合适的表达。在降维过程中,难免会有信息的损失,当然会希望损失的信息越少越好。因此,此超平面应该具有最近重构性和最大可分性。

最近重构性即所有高维空间中的样本点都离这个超平面足够近,从而使因投影造成的信息损失尽量小。最大可分性即高维空间的数据点投影到超平面上时要尽可能得分开。下面将分别以最近重构性和最大可分性两个目标进行PCA的两种等价推导。

a) 最近重构性

假设高维空间$\boldsymbol{R}^n$中有m个数据点$\{x_1, x_2, x_3, \cdots, x_m\}$,需要将数据点从$n$维降至$k$维,在低维空间$\boldsymbol{R}^k$中数据点表示为$\{c_1, c_2, c_3, \cdots, c_m\}$。降维的过程就是希望找到一个映射函数$f$,使$f(x)=c$,重构的过程就是找到一个重构函数$g$将低维数据点映射回高维空间$\boldsymbol{R}^n$,即$g(c)=Dc$,使$x \approx g(f(x))$。其中,$D \in \boldsymbol{R}^{n \times k}$,为了简化问题,限制$D$的列向量是标准正交基向量。如果以最近重构性为目标,PCA的目标就是找到一个最佳的映射函数和重构函数,使重构误差最小。在这里使用L_2范数来衡量原始数据与重构数据之间的距离,即

$$c^* = \arg\min_c \| x - g(c) \|_2 \tag{9.2.25}$$

式中，L_2 范数可以用 L_2 范数平方替代，然后该式可以转化为

$$\begin{aligned}(x - g(c))^{\mathrm{T}}(x - g(c)) &= x^{\mathrm{T}}x - x^{\mathrm{T}}g(c) - g(c)^{\mathrm{T}}x + g(c)^{\mathrm{T}}g(c) \\ &= x^{\mathrm{T}}x - 2x^{\mathrm{T}}g(c) + g(c)^{\mathrm{T}}g(c)\end{aligned} \tag{9.2.26}$$

因为式中第一项 $x^{\mathrm{T}}x$ 与 c 无关，可以忽略，所以可以得到如式(9.2.27)所示的优化目标：

$$c^* = \arg\min_c - 2x^{\mathrm{T}}g(c) + g(c)^{\mathrm{T}}g(c) \tag{9.2.27}$$

将 $g(c) = Dc$ 代入上式，因为 $\boldsymbol{D}$ 的列向量是标准正交基向量，所以得到

$$c^* = \arg\min_c - 2x^{\mathrm{T}}\boldsymbol{D}c + c^{\mathrm{T}}c \tag{9.2.28}$$

对 c 求偏导，得到

$$c = \boldsymbol{D}^{\mathrm{T}}x \tag{9.2.29}$$

所以重构数据可以表示为

$$r(x) = g(f(x)) = \boldsymbol{D}\boldsymbol{D}^{\mathrm{T}}x \tag{9.2.30}$$

最小化重构误差，应该最小化每个数据点上的每个维度的误差，所以需要最小化误差矩阵的 Frobenius 范数，即

$$D^* = \arg\min_D \sqrt{\sum_{i,j} (x^{(i)}j - r(x^{(i)})_j)^2} \tag{9.2.31}$$

为了方便推导，首先考虑 $k = 1$ 的情况，即 D 为单一向量的情况，将 D 简记为 d，这里 $\| d \|_2 = 1$，然后问题简化为

$$d^* = \arg\min_d \sum_i \| x^{(i)} - x^{(i)}dd^{\mathrm{T}} \|_2^2 \tag{9.2.32}$$

令 $X \in \boldsymbol{R}^{m\times n}$，$X$ 为描述原始数据的矩阵，则式(9.2.32)可以重写为

$$d^* = \arg\min_d \| X - Xdd^{\mathrm{T}} \|_F^2 \tag{9.2.33}$$

上式 Frobenius 范数可以简化为

$$\begin{aligned}&\arg\min_d \| X - Xdd^{\mathrm{T}} \|_F^2 \\ &= \arg\min_d \mathrm{tr}((X - Xdd^{\mathrm{T}})^{\mathrm{T}}(X - Xdd^{\mathrm{T}})) \\ &= \arg\min_d \mathrm{tr}(X^{\mathrm{T}}X) - \mathrm{tr}(X^{\mathrm{T}}Xdd^{\mathrm{T}}) - \mathrm{tr}(dd^{\mathrm{T}}X^{\mathrm{T}}X) + \mathrm{tr}(dd^{\mathrm{T}}X^{\mathrm{T}}Xdd^{\mathrm{T}}) \\ &= \arg\min_d - 2\mathrm{tr}(X^{\mathrm{T}}Xdd^{\mathrm{T}}) + \mathrm{tr}(dd^{\mathrm{T}}X^{\mathrm{T}}Xdd^{\mathrm{T}}) \\ &= \arg\min_d - 2\mathrm{tr}(X^{\mathrm{T}}Xdd^{\mathrm{T}}) + \mathrm{tr}(X^{\mathrm{T}}Xdd^{\mathrm{T}}dd^{\mathrm{T}})\end{aligned} \tag{9.2.34}$$

因为 $d^{\mathrm{T}}d=1$，所以

$$\begin{aligned}
&\arg\min_d -2\mathrm{tr}(X^{\mathrm{T}}Xdd^{\mathrm{T}})+\mathrm{tr}(X^{\mathrm{T}}Xdd^{\mathrm{T}}dd^{\mathrm{T}})\\
&=\arg\min_d -2\mathrm{tr}(X^{\mathrm{T}}Xdd^{\mathrm{T}})+\mathrm{tr}(X^{\mathrm{T}}Xdd^{\mathrm{T}})\\
&=\arg\min_d -\mathrm{tr}(X^{\mathrm{T}}Xdd^{\mathrm{T}})\\
&=\arg\max_d \mathrm{tr}(X^{\mathrm{T}}Xdd^{\mathrm{T}})\\
&=\arg\max_d \mathrm{tr}(d^{\mathrm{T}}X^{\mathrm{T}}Xd)
\end{aligned} \tag{9.2.35}$$

式(9.2.35)的优化问题可以等价于

$$\begin{aligned}
&\max\ d^{\mathrm{T}}X^{\mathrm{T}}Xd\\
&\text{s.t.}\ \ d^{\mathrm{T}}d=1
\end{aligned} \tag{9.2.36}$$

以最近重构性为目标，便得到如式所示的优化问题。

式(9.2.36)的优化问题可以通过拉格朗日乘子法(Lagrange multiplier)求解。得到拉格朗日函数为

$$F(d,\ \lambda)=d^{\mathrm{T}}X^{\mathrm{T}}Xd-\lambda d^{\mathrm{T}}d \tag{9.2.37}$$

对 d 求偏导数得

$$XX^{\mathrm{T}}d=\lambda d \tag{9.2.38}$$

所以，只需要求 XX^{T} 的特征向量与特征值，然后对特征值根据值的大小逐序排列。在 $k=k'(1\leqslant k\leqslant n)$ 时，选前面的 k' 个特征值对应的特征向量构成矩阵 $\boldsymbol{D}$，便是PCA得到的解。

b) 最大可分性

如果以最大可分性为目标，那么就是要让映射到低维空间的数据点尽量的分开，即投影数据点之间的方差最大。即优化目标为

$$\max_D \boldsymbol{D}^{\mathrm{T}}XX^{\mathrm{T}}\boldsymbol{D} \tag{9.2.39}$$

和以最近重构性为目标的推导一样，依然限制 $\boldsymbol{D}$ 的列向量是标准正交基向量，所以投影后各维度之间是正交的，即各维度上的信息没有重叠。因此以最大可分性为目标只需要让各维度上的方差最大，所以式可以改为

$$\begin{aligned}
&\max_D \mathrm{tr}(\boldsymbol{D}^{\mathrm{T}}XX^{\mathrm{T}}\boldsymbol{D})\\
&\text{s.t.}\ \ \boldsymbol{D}^{\mathrm{T}}\boldsymbol{D}=I_k
\end{aligned} \tag{9.2.40}$$

式(9.2.40)与式(9.2.36)类似，利用拉格朗日乘子法即可求得最优目标的解为 X 协方差矩阵的前 k 大个特征值所对应的特征向量组成的矩阵。

2) PCA 算法流程

基于上一节的推理,总结 PCA 算法步骤如下:

(1) 对所有原始数据矩阵进行中心化;

(2) 求得原始数据矩阵的协方差矩阵;

(3) 求协方差矩阵的特征值和特征向量;

(4) 根据特征值的大小逐序排列,选用前面的 k 个特征值对应的特征向量并组合成矩阵。

3) 低维空间维数选取

对于 PCA,降维后的维度一般是由用户指定的。但是从重构角度来看,可以设置一个阈值 t, 表示重构数据的准确度, 如 $t = 95\%$。接下来只需要选取满足式(9.2.41)的最小值 k 便可。

$$t = \frac{\sum_{i=1}^{k} \lambda_i}{\sum_{i=1}^{n} \lambda_i} \tag{9.2.41}$$

2. 基于 PCA 的异常监测算法流程

基于 PCA 降维技术的异常监测算法也是一类无监督算法,它的基本思想与基于增量聚类的异常监测算法思想相似,也包括学习和监测两个过程。在学习过程中它通过学习卫星正常遥测数据,得到高维映射到低维的映射函数 f 以及低维映射回高维的重构函数 g。在监测过程中,将学习到的映射函数 f 和重构函数 g 应用到被监测的遥测数据上,对被监测的遥测数据进行投影和重构,得到重构后的遥测数据 $\hat{x} = g(f(x))$, 然后计算重构误差。如果被监测的遥测数据是正常的,那么重构数据应当接近原始遥测数据,即重构误差接近 0;反之,如果被监测的遥测数据是异常的,那么重构数据与原始遥测数据差别会很大,即重构误差比较大。每个遥测数据的重构误差的计算公式为

$$r_i = \| \hat{x}_i - x_i \| \tag{9.2.42}$$

式中, r_i 的大小反映了被监测的遥测数据与学习的正常遥测数据之间的不同程度。当 r_i 超过一定值的时候,认为此时被监测的遥测数据是异常的。基于 PCA 降维技术的异常监测算法过程包括遥测数据均值化处理、正常遥测数据学习以及异常数据监测三个过程。

1) 遥测数据中心化处理

在 PCA 中,数据结构与基于聚类的异常监测算法中的数据结构相同,都是在多维空间中处理的。在多维空间中,每个遥测参数代表一个维度,同一时刻的多个遥测参数构成了多维空间中的一个遥测数据点,多个时刻的多个遥测参数构成了多维空间中一系列的遥测数据点。在对卫星遥测数据做 PCA 降维重构的过程中,每个遥测数据点的向量结构和聚类学习中的向量结构一样,都被看作一个行向量。

在 PCA 中,对数据进行中心化(去均值)处理,并不是独立于 PCA 的数据预处理,而是由 PCA 定义所规定的必须的步骤。因为 PCA 的原理推导中涉及了协方差的计算,而计算协方差本身就需要对数据样本进行中心化处理。中心化处理的公式为

$$x_{io} = x_i - \frac{1}{m}\sum_{i=1}^{m} x_i \tag{9.2.43}$$

式中, x_i 为多维遥测数据点的第 i 维度上的遥测参数; m 为学习的正常多维遥测数据点的个数; x_{io} 为多维遥测数据点第 i 维度上中心化后的遥测参数。

2) 正常遥测数据学习

正常遥测数据学习的目的是通过正常的历史遥测数据,学习到从高维映射到低维的投影函数 f 以及从低维映射回高维的重构函数 g, 其步骤如下所述。

(1) 计算协方差矩阵。将中心化后的遥测数据表示为 X_o, 其中 $X_o \in \mathbb{R}^{m\times n}$, 求得正常遥测数据的协方差矩阵为

$$\mathrm{cov}(X) = X_o^{\mathrm{T}} X_o \tag{9.2.44}$$

(2) 特征值分解。对式(9.2.44)求出的协方差矩阵进行特征值分解, 得到所有特征值 $\{\lambda_1,\ \lambda_1,\ \cdots,\ \lambda_n\}$ 和对应的特征向量 $\{w_1,\ w_1,\ \cdots,\ w_n\}$。

(3) 降维。确定 PCA 降维重构的准确度的阈值 t, 利用式(9.2.41)计算出 PCA 降维后的维度个数 k。然后将特征值按值的大小逐序排序,选前面的 k 个大的特征值所相应的特征向量并按列组成特征矩阵 $W_k = \{w_1,\ w_1,\ \cdots,\ w_n\}$。

经过上面的对正常历史遥测数据的学习过程,便可以得到映射函数 $f(X) = X_o W$ 和重构函数 $g(f) = fW^{\mathrm{T}}$。

3) 异常遥测数据监测

异常遥测数据监测的目的就是将正常遥测数据学习过程中学到的映射函数 f 和重构函数 g 以及遥测数据中心化过程中得到的正常历史遥测数据每个维度上的均值应用到被监测的数据上,过程如下所述。

(1) 遥测数据中心化处理。在基于增量聚类的异常监测中提到,异常监测算法不断地对卫星上下传的解压后的遥测数据进行实时监测,因此在执行异常监测算法之前,需要对下传的解压后的遥测数据进行中心化处理。此处中心化处理所用的均值是正常历史遥测数据的均值。

(2) 遥测数据的降维和重构。利用正常遥测数据学习过程中学到的映射函数 f 和重构函数 g 对中心化后的遥测数据进行降维和重构,如式(9.2.45)所示。

$$\hat{Y} = YWW^{\mathrm{T}} + \bar{X} \tag{9.2.45}$$

式中, Y 为中心化后需要被监测的遥测数据; W 为正常遥测数据学习过程中学到的投影矩阵; $\bar{X}$ 为正常历史遥测数据中心化过程中所计算出的均值矩阵; $\hat{Y}$ 为降维重构后得到的重

构遥测数据。

(3) 计算重构误差。计算重构遥测数据与原始遥测数据的误差,误差计算公式为

$$R = \| \hat{Y} - Y \|_2 \tag{9.2.46}$$

(4) 计算每个遥测参数对重构误差的贡献比例:

$$r_{ij} = \frac{\| \hat{y}_{ij} - y_{ij} \|_2}{R_i} \tag{9.2.47}$$

式中, y_{ij} 为第 i 个遥测数据的第 j 个遥测参数; $\hat{y}_{ij}$ 为第 i 个重建遥测数据的第 j 个遥测参数; R_i 为第 i 个遥测数据的重建误差。

3. 算法验证分析

本节选取了卫星进出光照、地影、月影区的案例作为实验验证对象,将卫星光照区、进入地影区、地影区、出地影区作为正常模式,将卫星进出月区看作异常模式。根据 9.2.3 节将正常模式下的历史遥测数据作为学习数据,将异常模式下的遥测数据作为测试数据,验证基于 PCA 降维技术的异常监测算法对不稳定型的多模式异常遥测监测的有效性。

按照 9.2.3 节的异常监测算法流程,设置重构阈值 $t = 0.95$, 将得到卫星进出月影区前后遥测数据监测结果如图 9.2.14 所示。

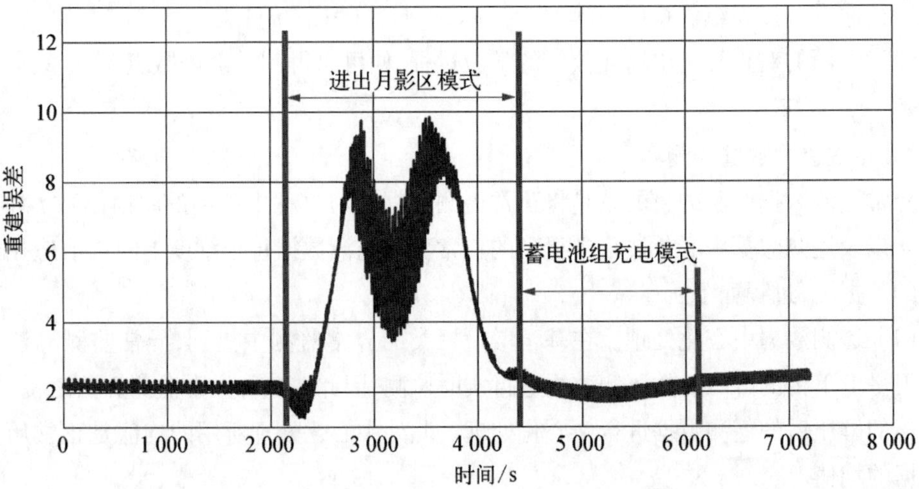

图 9.2.14 基于 PCA 降维技术的卫星进出月影区异常监测结果

从图 9.2.14 可以看出, 基于 PCA 降维技术的异常监测算法可以监测到与学习的遥测数据不同的进出月影区的遥测数据。

计算每个遥测参数对重构误差的贡献比例, 得到如表 9.2.6 所示。由于参数和采样时刻较多,所以在此只列出某些重要参数的一些模式下的贡献比例。

表 9.2.6 参数对重建误差的贡献比例 (%)

模式	遥测参数					
	帆板电流	A 蓄电池充电电流	A 蓄电池放电电流	MEA 电压(S3R)	B 蓄电池充电电流	B 蓄电池放电电流
未进月影区	1.81	57.56	1.00	23.82	57.77	0.85
进月影区	36.85	37.88	43.95	10.17	37.90	44.28
出月影区	28.03	14.18	36.10	26.93	14.06	66.96
充电模式	2.26	34.69	0.16	24.32	33.10	0.01

根据表 9.2.6，可以得出，当故障发生时，技术人员可以快速地根据贡献比例确定异常参数。

因此基于 PCA 降维技术的异常监测算法对具有多种工作模式的不稳定型的遥测数据异常具有很好的监测效果。

9.2.4 基于相关概率模型的异常检测方法

本书上述章节所述的异常监测方法虽然可以监测到早期异常征兆，但是都是对遥测参数本身进行监测。根据 9.1.2 节所述，卫星间的一些遥测参数间存在某种关联性，卫星处于正常状态时，这些遥测参数间的相关性保持稳定或者变化较小，卫星处于异常状态时，与故障相关的遥测参数同时受到故障影响，其相关性可能会发生较大的变化。因此，针对这类相关异常，本章节使用基于相关概率模型的异常检测方法来检测卫星不同周期相关关系的异常模式，主要包含量化相关关系、构建模型、异常检测流程、算法验证分析 4 个步骤。

1. 量化相关关系

卫星遥测数据是一系列多元时间序列，而且许多遥测参数具有周期性，尤其是与温度相关的遥测参数，不同周期参数间相关性的变化可能会反映出卫星异常，而且相对于单点异常，较长时段的异常具有更高的可信度，因此首先以卫星绕地运行一圈为一个工作单元，对遥测数据进行划分，一个工作单元的长度刚好与大部分温度参数一个周期的长度相同。这样，遥测数据便被划分成一系列的工作单元，如图 9.2.15 所示。

在一个工作单元内，各个遥测参数都是长度相等的一元时间序列。计算相关性的方法有很多种（Reshef et al.，2011），由于同一数据集中的遥测参数具有不同的量纲，与协方差相比，相关系数更适合描述各种遥测参数之间的相关性，相关系数越大，相关性越强。本章节通过计算皮尔逊相关系数来量化遥测参数间的相关关系，计算公式为

$$r_{x,y} = \frac{\sum_{i=1}^{n}(x_i - \bar{x})(y_i - \bar{y})}{\sqrt{\sum_{i=1}^{n}(x_i - \bar{x})^2(y_i - \bar{y})^2}} \tag{9.2.48}$$

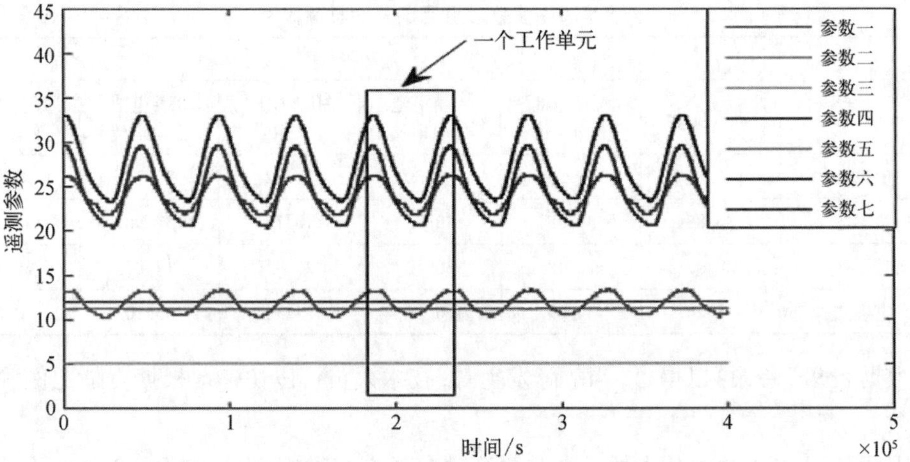

彩图

图 9.2.15　工作单元划分示意图

式中，n 为一个工作单元内时间序列的长度；x_i、y_i 分别为参数 x、y 在某一时刻的遥测值；$\bar{x}$、$\bar{y}$ 分别为参数 x、y 在该工作单元内遥测值的平均值；$r_{x,y}$ 的取值范围为 $-1\sim1$。

之后，计算一个工作单元内每两个遥测参数间的相关系数，这些相关系数便构成了该工作单元的相关系数向量。

2. 构建相关概率模型

假定划分了 M 个工作单元，即卫星绕地运行 M 圈，经计算得到 M 个相关系数向量。正常情况下，卫星每个运行周期情景相似，考虑到地面上人为操作、空间环境不确定因素和遥测数据下传错误等影响，总体来看，正常的相关系数向量占大多数，异常的相关系数向量只占一小部分。由大数定律可知，当 M 足够大时，相关系数向量渐进服从多元正态分布（Zhong et al.，2016）。对于数据来源于多元正态总体的判断，目前没有很好的办法，但是如果一个 p 维的向量服从 p 元正态分布，则它的每一个分量都服从一元正态分布。如图 9.2.16 所示，将几个遥测参数的相关系数向量的每一维作 Q－Q 图。要利用 Q－Q 图鉴别数据是否近似于正态分布，只需看 Q－Q 图上的点是否近似地在一条直线附近。图 9.2.16 显示，相关系数向量的每一个分量都来自一个一元正态分布。

多维遥测数据建立相关概率模型后，可能会造成“维度灾难”，为后续检测增大难度，而且相关系数向量的元素中存在一定的相关性，可能存在信息重叠，本节通过对 PCA 与相关概率模型进行融合，实现高维向量映射到低维空间，解决可能存在的“维度灾难”以及“信息重叠”问题。

PCA 方法原理及算法流程在 9.2.3 节已详细叙述过，在此不再赘述。

3. 异常检测

利用 PCA 得到基于相关概率模型系数矩阵的主元模型后，本书采用 T^2 统计量来检测

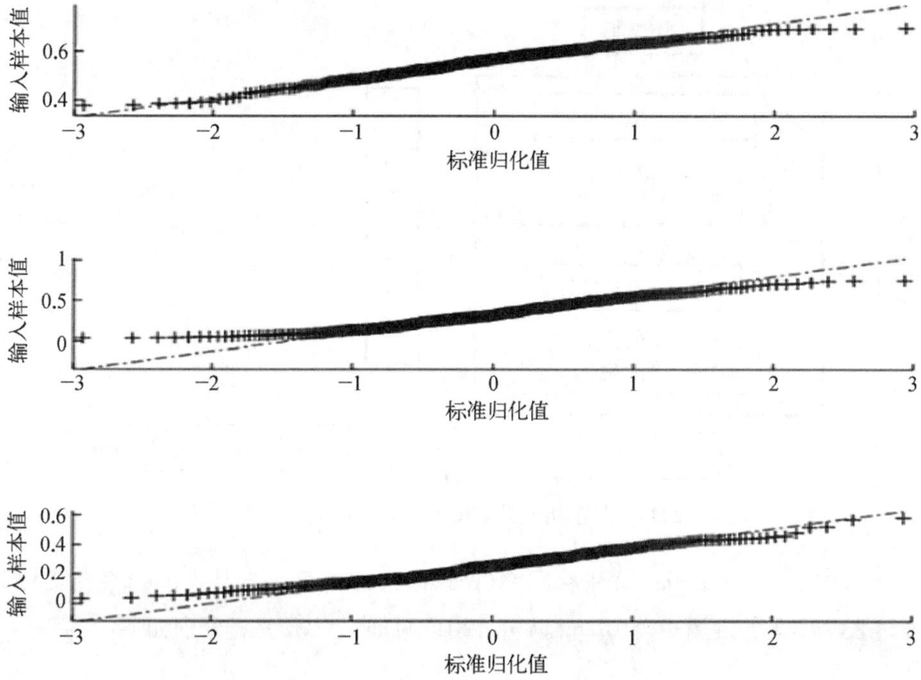

图 9.2.16　相关系数向量的 Q－Q 图

异常。T^2 统计量可以衡量变量在主成分空间的变化，检测函数为

$$T^2 = x^{\mathrm{T}} A \Lambda^{-1} A^{\mathrm{T}} x \leqslant T_{\alpha}^2 \tag{9.2.49}$$

式中，x 为样本的相关系数向量；$\Lambda = \operatorname{diag}\{\lambda_1, \cdots, \lambda_k\}$；$T_{\alpha}^2$ 为置信度为 α 的 T^2 控制限。

$$T_{\alpha}^2 = \frac{k(p^2 - 1)}{p(p - k)} F_{k,\, p-k;\, \alpha} \tag{9.2.50}$$

式中，$F_{k,\, p-k;\, \alpha}$ 为第一自由度为 k，第二自由度为 $p-k$ 的 F 分布；α 通常取 0.01、0.5 和 0.1。

测试样本应满足 $T^2 \leqslant T_{\alpha}^2$，否则判定为异常。

通过上述方法检测出异常后，再将低维空间的数据重构到高维空间，并计算重构高维数据和原始高维数据的重构误差和每个分量对重构误差的贡献比例，贡献比例越大，该分量出现异常的可能性就越高，交叉对比贡献比例较大的分量可以大致确定发生异常的遥测参数，进而为后续的故障定位确定方向。重构误差和每个分量对重构误差的贡献比例计算方法和 9.2.3 节计算方法一致。

基于相关概率模型的异常检测方法流程如图 9.2.17 所示。

4. 算法评价准则

本章节采用的算法评价准则与 9.2.2 节所采用的评价准则不同。本节采用准确率

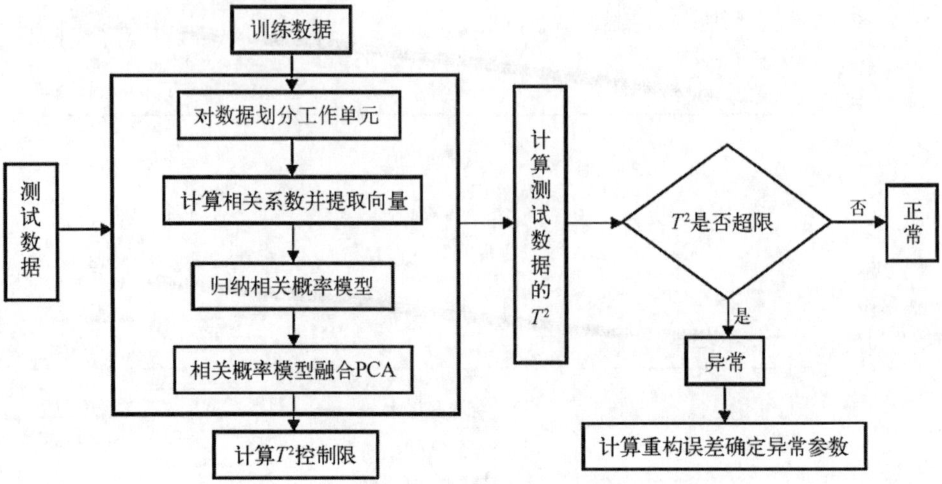

图 9.2.17　基于相关概率模型的异常检测方法流程图

(accuracy)、虚警率(false alarm)和召回率(recall)来评价算法。其中准确率、虚警率和召回率通过表 9.2.7 的混淆矩阵(Pang et al.,2017)计算,计算公式分别如下:

$$\text{accuracy} = \frac{\text{TN} + \text{TP}}{\text{FN} + \text{TP} + \text{FP} + \text{TN}} \times 100\% \tag{9.2.51}$$

$$\text{recall} = \frac{\text{TP}}{\text{FP} + \text{TP}} \times 100\% \tag{9.2.52}$$

$$\text{false alarm} = \frac{\text{FN}}{\text{FN} + \text{TP}} \times 100\% \tag{9.2.53}$$

表 9.2.7　混淆矩阵

	检测为正常	检测为异常
实际正常	TN	FP
实际异常	FN	TP

其中,TN 为被正确识别出的正常数据;FP 为被误判为异常数据的正常数据,FN 为被识别为正常数据的异常数据,TP 为被正确判别的异常数据。

5. *算法验证分析*

本章以某型号在轨卫星的扩频应答机故障为故障案例,将与扩频应答机相关的温度、电压、功率等共 10 个遥测参数作为待检测参数,选取 2018 年 7~10 月的遥测数据为实验对象。样本量为 5 215 000 条,遥测数据采样率为 1 条/s,将 7 月、8 月的正常数据作为训练数据,9 月、10 月故障发生前后的数据作为测试数据,验证基于相关概率模型的主成分分析检测方法的有效性,并和基于 PCA 的异常检测方法、基于相关系数向量方法做出比较，验证相关性变化可以反映早期故障征兆，以及工作单元的模式异常比遥测数据的单点异常具有更高的可靠性。

对于基于 PCA 的异常检测方法，本章节以采样率 1 条/10 min 对遥测数据进行采样，然后直接将训练数据映射到主元空间，分别计算 T^2 控制限，置信度 α 分别取 0.01、0.05 和 0.1，然后将测试数据映射到同一主元空间，计算测试数据的 T^2 统计量并对 T^2 统计量做异常检测。

基于相关系数向量方法不需要建立模型，直接对 9.2.4 节中的相关系数向量进行计算分析。它首先计算训练数据中相关系数向量的均值向量，然后求出训练数据中每个相关系数向量到均值向量的欧式距离，假设第 k 个样本向量到均值向量的距离为 l_k，将距离从大到小排序，样本量为 m，阈值设定为 $d = l_{\alpha m}$，其中，$\alpha = 0.01$、0.05、0.1。最后计算出测试数据中每个相关系数向量到训练数据的均值向量的距离，并分别与阈值进行比较，超出阈值的则判为异常。

三种方法的检测结果如表 9.2.8 所示，为三种方法在不同置信度下检测出异常的时间，可以看出，三种办法都可以提前 20 多天对故障进行预警。

表 9.2.8　检测出异常的时间

	基于相关概率模型的方法	基于 PCA 的方法	基于相关系数向量的方法
$\alpha = 0.01$	9月8日	9月1日	9月8日
$\alpha = 0.05$	9月8日	9月1日	9月3日
$\alpha = 0.1$	9月3日	9月1日	9月3日

图 9.2.18(a)，图 9.2.18(b)和图 9.2.18(c) 分别为基于相关概率模型的异常检测结果，直接对遥测数据进行 PCA 的异常检测结果和基于相关系数向量的异常检测结果。基于 PCA 的异常检测方法虽然能更早地检测出数据异常，但是由于遥测数据中的温度参数周期内变化幅度大，占据最重要的主成分。虽然在故障早期有总体上升的趋势，但是异常程度远小于自身的变化幅度，而且在周期内下降的过程中，又会被判定为正常，导致检测结果极不可靠。基于相关概率模型的异常检测方法在置信度为 0.1 时最早检测到异常，这种结果是合理的，因为可靠性和置信度往往成反比，置信度 α 越小，检测出异常数据的时间越晚，这是牺牲时间来提高检测把握的结果，而且在三种置信度下，不同工作单元的异常模式大部分都能被检测到；基于相关系数向量的检测方法虽然也能够在早期检测到异常，但是在高维空间检测的局限性导致中间部分出现很多漏警的情况。

进一步地，分别计算三种方法的评价指标如下，从表 9.2.9 中可以明显看出，基于相关概率模型的检测方法的准确率和召回率分别明显高于其他两种方法，而且虚警率也最低，具有较高的可靠性，证明了通过分析参数间的相关性，降低了温度参数作为主成分对

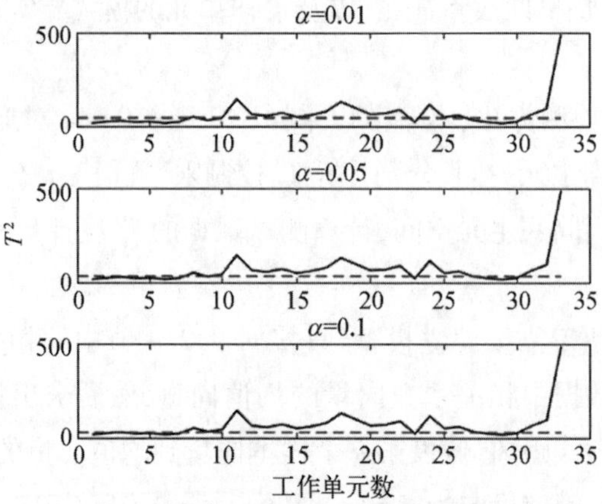

(a) 基于相关概率模型的异常检测结果

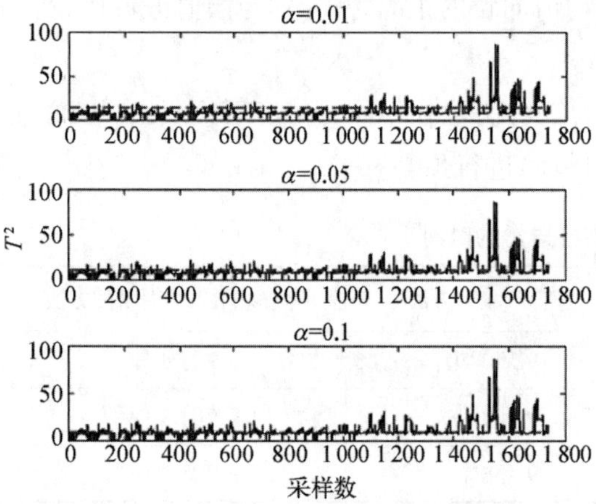

(b) 基于PCA的异常检测结果

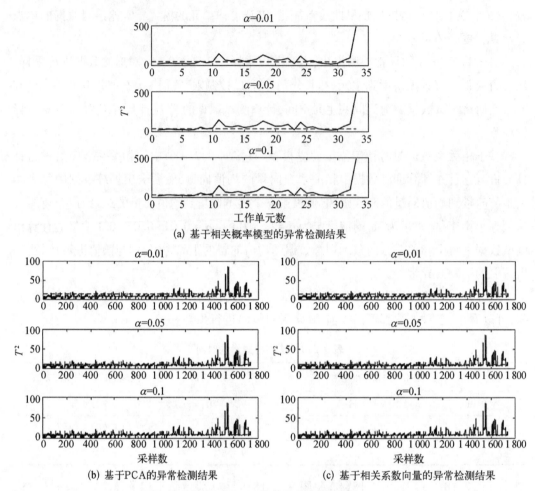

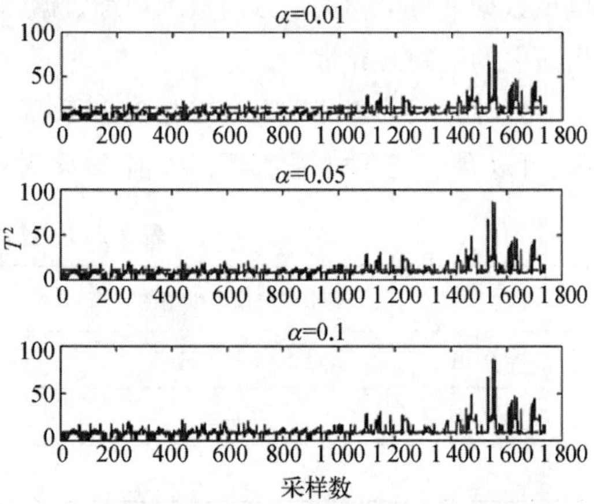

(c) 基于相关系数向量的异常检测结果

图 9.2.18　三种方法的检测结果

检测结果的负面影响,使检测结果更加合理,而且工作单元的异常模式比单点异常更具可信度。

表 9.2.9　检测结果的评估

检测方法	基于相关概率模型的异常检测			基于 PCA 的异常检测			基于相关系数向量的异常检测		
	α = 0.01	α = 0.05	α = 0.1	α = 0.01	α = 0.05	α = 0.1	α = 0.01	α = 0.05	α = 0.1
准确率	78.79%	81.82%	84.85%	41.29%	45.37%	50.37%	39.39%	45.45%	51.52%
虚警率	0	0	4.35%	12.11%	25.33%	23.89%	0	10%	8.33%
召回率	73.08%	76.92%	84.62%	18.52%	33.00%	42.22%	23.08%	34.62%	42.31%

在检测出异常之后,计算相关系数向量的重构误差和每个分量(即某两个遥测参数的相关系数)对重构误差的贡献比例来进一步判定发生异常的遥测参数。

表 9.2.10 显示了相关系数向量的分量对重构误差的贡献比例,由于划分的工作单

元和相关系数向量包含的分量都比较多,这里只选取了某工作单元的几个重要遥测参数间的相关系数。

表 9.2.10　相关系数对重构误差的贡献比例

相关系数	$r_{V_{5,A},V_{12,A}}$	$r_{V_{5,A},T_A}$	$r_{V_{5,B},T_B}$	$r_{T_A,V_{12,A}}$	$r_{T_B,V_{12,B}}$	r_{T_A,T_B}
贡献比例	13.12%	19.49%	9.627 8E−11	18.02%	9.625 7E−11	0.27%

表 9.2.10 中, $V_{5,A}$ 和 $V_{12,A}$ 分别为扩频 A 的+5 V 和+12 V 电压, T_A 和 T_B 分别为扩频 A 和扩频 B 的温度, $V_{5,B}$ 和 $V_{12,B}$ 分别为扩频 B 的+5 V 和+12 V 电压。扩频 B 并未发生故障,因此与之有关的遥测参数间的相关系数对重构误差的贡献很小,几乎可以忽略不计。而与扩频 A+5 V 电压和扩频 A 温度有关的遥测参数间的相关系数对重构误差的贡献很大,因此可以判断出遥测参数间的相关关系发生了变化,通过进一步地交叉对比可以发现是扩频 A+5 V 电压和扩频 A 温度这两个遥测参数发生严重异常。

故障发生前后,与故障相关的参数始终在阈值范围内波动,得益于遥测参数间相关关系的敏感性,本章所采用的基于相关概率模型的异常检测方法能够在故障早期就捕捉到遥测参数间相关关系的异常征兆,而且可以通过对重构误差的贡献比例确定异常参数,以便进行下一步故障诊断,对卫星的健康维护具有重大意义。

9.3　故障诊断技术

本书中的故障诊断主要指故障定位,即发现异常后尝试对异常现象进行解释,找到产生异常的原因、部位和发生时间等。从分类的角度讲,异常检测是一个二分类问题,即系统只有正常和非正常两种情况;而故障诊断是一个多分类问题,即系统处于正常或者某个故障模式下。但是由于人的知识水平有限、部分未知故障并未发生或者有些故障无法检测等,故障空间通常不等价于非正常空间。如图 9.3.1 所示,图中绿色的圆 N(normal)表示正常状态空间,非 N 即是非正常空间,而 F_1、F_2 和 F_3 分别是三种故障(fault)空间,空间中大量的黄色区域为系统退化状态空间或者未知故障状态空间,故障空间是非正常空间的一个子集。

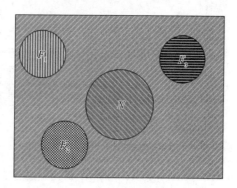

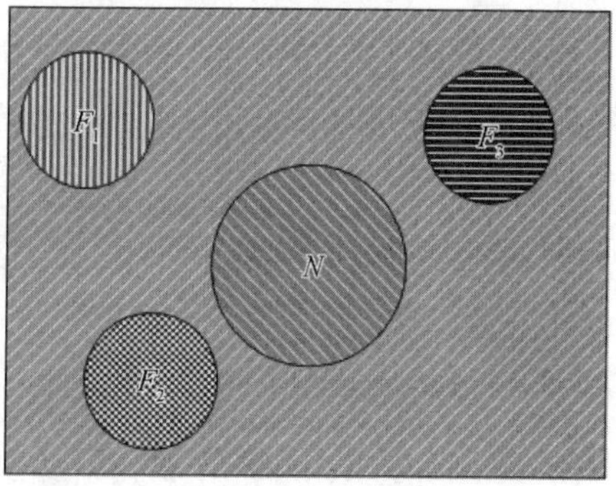

图 9.3.1　故障空间与非正常空间

目前,随着卫星生产的数量越来越多,如何保障卫星在轨稳定运行,及时发现、诊断、隔离、处置故障,已经成为研究热点问题。本章节将首先介绍常用的故障诊断方法,然后重点介绍基于可测性工程与维护系统(testability engineering and maintenance system,TEAMS)的故障诊断方法。

9.3.1 常用故障诊断方法

1. 基于规则的专家系统

基于规则的专家系统是依据长期实践中积累的诊断经验设计出来的一套智能计算机程序,它与基于门限的异常检测系统一样依赖专家经验,所不同的是,基于规则的专家系统多了映射关系,即故障原因与异常现象之间的映射,如图 9.3.2 所示,这种映射可以以 if-then 的形式变成计算机程序,基于规则的专家系统目前仍广泛应用于卫星故障诊断中,如离线的故障预案和在线的自动重启和卫星自动进入安全模式等(孔庆宇等,2015)。

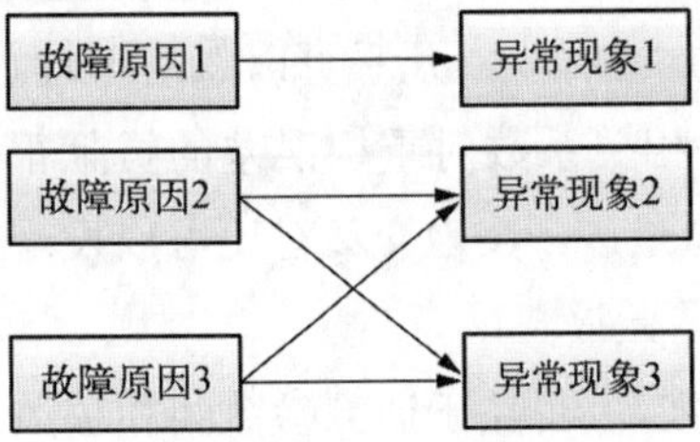

图 9.3.2 故障原因与异常现象的映射关系示例

基于规则的专家系统的优点是可解释性好,有效利用了专家多年的经验知识,对复杂系统的部分关键部件和严重故障诊断简单易用且效果较好。它的缺点也同样明显,如随着诊断规则数量的增加,其效率明显下降,有些专家经验由于实际系统的复杂性和多样性很难形成有效的规则。因此,基于规则的专家系统适合对于系统关键部件和严重故障进行诊断,对于轻微故障和故障机制不明确的故障不宜采用。

2. 基于案例推理的故障诊断方法

基于案例推理(case based reasoning,CBR)的故障诊断方法起源于 1977 年,它模拟人类求解问题的思路,通过搜索历史案例发现新问题的解,该诊断方法的核心是案例知识库的构建与更新和案例检索方式(柳玉和贲可荣,2011),其诊断框架如图 9.3.3 所示。良好的案例知识库表示方法和更新方法是案例检索速度与诊断精度的基础,而检索策略追求两个目标:检索出的案例尽可能少(便于决策),检索出的案例尽可能与当前问题描述相关或相似(提高诊断精度)。

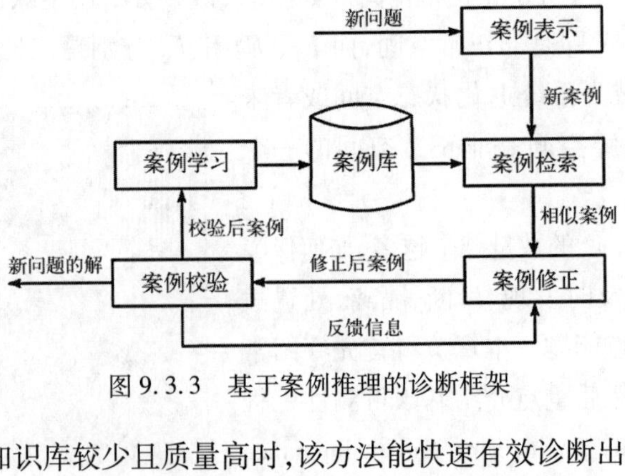

图 9.3.3 基于案例推理的诊断框架

当系统中案例知识库较少且质量高时,该方法能快速有效诊断出已知确定性故障,但是随着案例知识库中案例数量的增加,检索效率会受到影响,案例的质量也会下降,甚至相互矛盾。该方法的成功应用需要有大量的典型的故障案例。如果故障案例较少，还要搭建整个包括案例表示、案例学习、案例检索和案例修正的框架有点大材小用。

3. 基于模糊推理的故障诊断方法

模糊理论是对经典集合理论的扩展，经典集合理论要么真，要么假，而模糊理论中，关系的程度可以用0～1的隶属度表示（杨莉等，2000）。模糊集合的引入扩大了经典集合理论的应用范围，尤其适合处理不确定性和不精确的知识和数据，可用于卫星故障异常检测、故障诊断和知识构建等过程中，如当遥测数据在门限周围徘徊时或对建模所用的知识不明确时都可以用模糊理论。模糊理论通常与其他方法一起运用，如与聚类结合进行模糊聚类，与门限结合进行模糊判决，与定性模型建立结合构成模糊定性模型等。

4. 基于克隆选择故障诊断方法

克隆选择算法同样来源于人体免疫系统，它模仿的是免疫系统对抗原进行免疫应答的过程。克隆选择算法也分为两个过程——学习过程和诊断过程。学习过程对输入的故障样本进行学习，并产生相应的特异性抗体，这些抗体对某种类型的故障样本有极强的亲和力，而对其他类型的故障样本亲和力较弱。诊断过程是用学习过程中学到的特异性抗体对待检数据进行相似度检查，如果待检数据与某个抗体高度相似，则诊断为该抗体所对应的故障类型（刘若辰等，2004）。

克隆选择算法与前述的否定选择算法的不同之处在于，否定选择算法用于学习的是正常样本，是无监督学习，而克隆选择算法学习的有故障类型标签的故障数据，是有监督学习。另一种理解是，否定选择算法是在正常样本外生成了一系列的人工识别球，但没有注明故障类型，而克隆选择算法给其中的一些人工识别球打上故障类型标签，当待检数据与某个带有故障类型标签的人工识别球高度相似时，就认为发生了标签所示的故障，对比如图9.3.4所示。

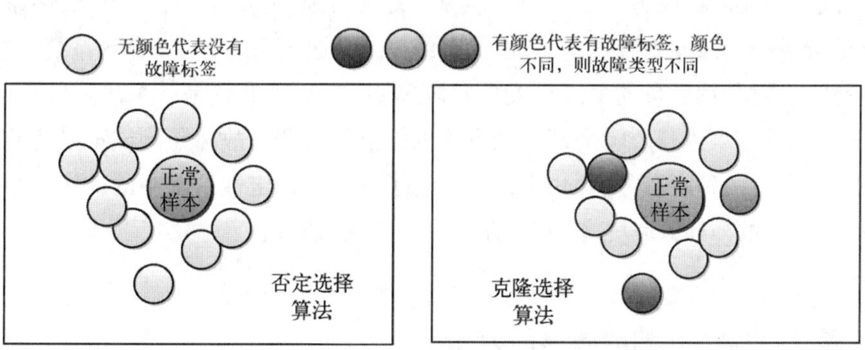

图9.3.4　克隆选择算法与否定选择算法对比

5. 基于定性模型的故障诊断方法

基于定性模型的故障诊断方法，顾名思义就是采用定性方法描述系统的正常和故障发生时行为,并运用逻辑推理方法实现故障诊断。从功能角度说,该方法关注卫星系统在某一时刻的各状态或其他监测量的定性关系、状态转移方式和事件发生的因果关系,而不关注具体数值和变量之间的数值关系。从结构角度说,基于定性模型的故障诊断方法只关心监测变量的逻辑联接关系和相关约束关系(Venkatasubramanian et al. ,2003)。

基于定性模型的故障诊断方法有优点也有缺点。其中优点有,一是模型描述形式灵活,适用于各种类型和结构的诊断知识表达,不需要严密的定量方程;二是与解析模型相比,计算量小,容易在星上实现自主诊断功能;三是避免基于规则的方法由于卫星故障样本数量不够带来的完备性不足。缺点是由于对系统模型描述不精确,需要大量的试验验证,确保定性模型的有效性、准确性。基于定性模型的典型方法有故障树法、符号有向图法和传递系统模型等,代表性的系统如 NASA 的 Livingstone 模型(金洋,2013)、美国 QSI 公司开发的 TEAMS 工具,TEAMS 将在后续进行详细介绍。

6. 基于故障字典的故障诊断方法

故障字典是一种诊断知识的表示方法,它把系统所有的故障模式和测试规则像字典一样,以表格的形式表现出来,如表 9. 3. 1 所示。表中第一列为故障模式,第一行为测试名称,其他区域只有 0 或 1 两种选择,0 代表该列所对应的测试与该行所对应的故障模式无关;1 则代表该列所在的测试与该行所对应的故障模式有关,如果该测试通过即没有问题,则对应的故障模式没有发生,否则需要进行诊断和推理。

表 9. 3. 1 故障字典示例

	测试 1	测试 2	测试 3
故障模式 1	1	0	1
故障模式 2	0	0	1
故障模式 3	0	1	0

基于故障字典的诊断方法具有计算简单、关系明确、适用于线性与非线性系统的优点,十分适合进行故障知识管理,代表性的系统是 QSI 公司开发的 TEAMS 系统,它采用多信号流图建立模型,然后自动生成相关性矩阵,该矩阵本质上就是一个故障字典,最后利用该矩阵与测试结果进行故障推理。该方法的缺点是它假设故障与测试都是确定性的关系,即只有 0 和 1 两种状态,这种知识结构限制了其在不确定性系统中的应用,此外,它还假设数据库中的故障模式是完备的,这在实际中也很难满足。

9. 3. 2 基于 TEAMS 的故障诊断方法

TEAMS 是由美国 QSI 公司开发的集成化的系统软件平台,该软件主要用于美国军工领域系统测试、故障诊断技术和系统维护,如航空航天、汽车、船舶、发动机、工业控制、医疗设备、机器人、工业生产线和通信等高新技术系统的可测性设计、交互式故障诊断、在线监测和维护管理。TEAMS 软件采用多信号流图建立模型,自动生成相关性矩阵,利用该矩阵与测试结果进行故障推理。TEAMS 软件故障诊断流程如图 9.3.5 所示。

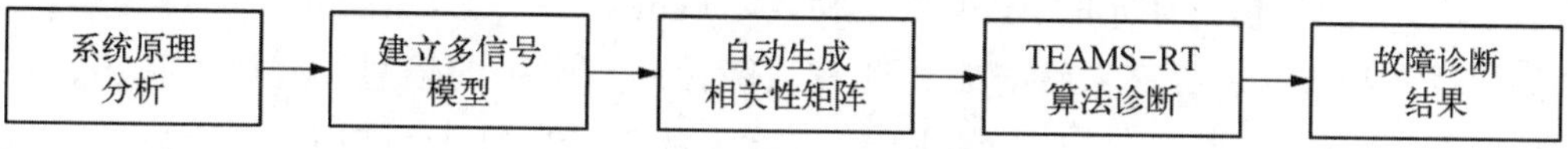

图 9.3.5　TEAMS 故障诊断流程图

(1) 多信号流图建模。多信号模型总体上可以说在结构模型上基础上引入依赖模型的集合,建立模型与系统的原理图紧密相关。多信号模型将系统功能函数特性以模块属性的形式表现出来,详细分析单元内各种功能故障模式,并将故障模式引入到单元中,形成信息流(杨鹏,2008;孔令宽,2009)。

在多信号模型建模过程中,故障可分为两种类型:功能性故障(functional failure)和系统故障(general failure)。功能性故障是指故障部件的某个功能指标无法满足正常使用要求,只影响与该性能指标有关的测试。系统故障是卫星模块(部件或单机)间信息流受到阻碍,影响正常功能之上的系统性、灾难性故障。因此,系统模块中的故障要么影响既定部分功能属性,要么影响模块所有功能属性。

多信号模型采用有向图描述故障传播依赖关系,考虑到多种故障模式,每种故障可以看成一种信号,故称为多信号模型。多信号模型的基本元素包括有向图中四种不同的节点,即模块节点、测试节点、与节点和开关节点,这些节点采用连线相互连接,对于一个给定的模型和系统状态,通过可达性算法,可以得到故障和测试之间的因果关系,以相关性矩阵的形式给出。

(2) 相关性矩阵生成。相关性矩阵是一种表示模块节点间故障传递关系的手段,即故障-测试相关性矩阵。在多信号模型中,系统故障可以沿有向边任意传播,采用可达性分析算法来获得相关性矩阵,功能性故障仅具有局部的传播能力,并不能到达有向边连接的全部节点。对于系统故障而言,可以通过测试点的设置检测任意传播到该测试点的所有系统故障,但对于功能性故障而言,具有选择性。需要将系统故障和功能性故障区别对待,还要考虑模块与信号、信号与测试之间的逻辑关系(杨鹏,2008)。

(3) 可测性工程与维护系统实时版(testability engineering and maintenance system-real time Version)实时诊断算法是对系统中各模块状态的确定过程,其中状态定义为正常、故障、可能故障和未知状态四种状态。通过对测试集中的每一个测试的实施,检测系统模块的测试通过情况,不断更新状态,直到测试完毕,形成测试结果。

9.4　综合故障诊断框架

本书讨论了基于数据驱动的异常检测及基于 TEAMS 的故障诊断方法,这些方法分别从不同的角度对卫星健康管理系统做贡献。但是鉴于实际系统的复杂性和每种方法的局限性,实际中采用单一方法的可靠性较差,当采用多种方法时,这些方法的结果可能是一致的,可能是相互补充的,也可能是相互矛盾的。事实上,这些相互支持和相互矛盾的信息本身包含着提高系统异常检测和故障诊断等水平的信息。有研究指出,运用信息融合技术将多种方法融合到一起,形成综合故障诊断框架可以有效提高卫星健康管理水平。

国外的健康管理框架如应用在 TacSat－3 卫星系统上的 TacSat－3 飞行器系统管理(TacSat－3 vehicle system management,TVSM)框架,TVSM 将故障监测、自动异常监测算法以及诊断工具集成在 TacSat－3 卫星的飞行软件上来验证集成系统健康管理(ISHM)推理技术在未来空间任务中的性能。TVSM 团队选择了三个独立的健康管理算法: TEAMS－RT、航天器健康推理机(spacecraft health inference engine,SHINE)和归纳式监测系统(inductive monitoring system,IMS),每个代表不同功能或类型的推理系统。

图 9.4.1 显示了 TVSM 软件的数据流(Iverson, 2008)。TEAMS－RT 是基于模型的诊断推理的系统。SHINE,这里用作基于规则的诊断推理的专家系统,以及基于非监督学习技术的归纳式监测系统(IMS)。除了诊断算法,还需要三个其他模块来控制推理器: 数据重传模块,数据相关器和抽取器和推理器结果组合器组件。

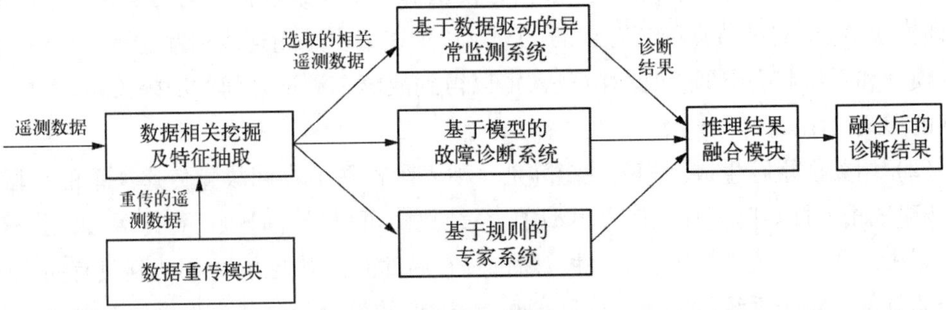

图 9.4.1　TVSM 软件数据流

同样的思想还应用在了 Ares Ⅰ－X 火箭地面诊断系统设计中,该系统同样结合了 TEAMS、SHINE 和 IMS 三种方法, 从该系统的构架图 9.4.2 中可以明显看到该构架采用了多种方法并行的结构(Mark and Robert,2008), 例如, 图 9.4.2 中的异常检测和故障检测起着相同的功能,但该架构并没有对结果进行融合。

卫星故障诊断不像异常检测那样有大量的样本可供学习,可能有少量的异常或故障样本,也可能一点都没有。如果完全没有异常或故障样本,前期的故障诊断拟采取全模型和规则的诊断方法,如果有异常样本的拟对这些样本采用数据驱动的故障诊断方法进行学习,但是从增量学习和诊断的角度讲,数据驱动的诊断方法必不可少,因为卫星迟早会发生异常或故障,基于数据驱动的诊断算法可以对这些样本进行学习然后用于诊断,使系统更加的智能化。

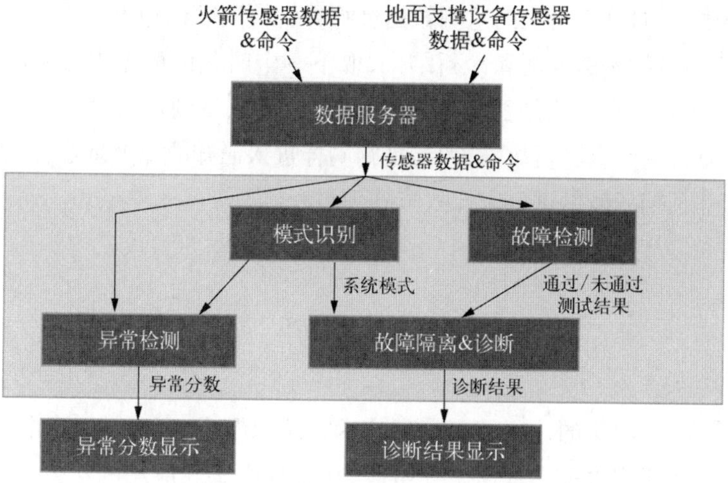

图9.4.2 Ares Ⅰ-X 运载火箭地面诊断系统架构图

本书把故障分为三类：第一类是有故障样本的已知故障，第二类是没有故障样本的已知故障，前两类都是已知故障，最后一类是非预期故障或者称未知故障。第一类故障可以利用机器学习的方法进行故障诊断；第二类故障由于没有故障样本，可采用基于TEAMS的故障诊断方法；最后一类的诊断需要与异常检测相结合，先由基于数据驱动的异常检测算法判定处于异常模式，然后再用前两类故障的诊断算法判定是否属于已知故障，如果不属于则认为发生了非预期故障。

本书提出综合智能故障诊断算法流程如图9.4.3所示。

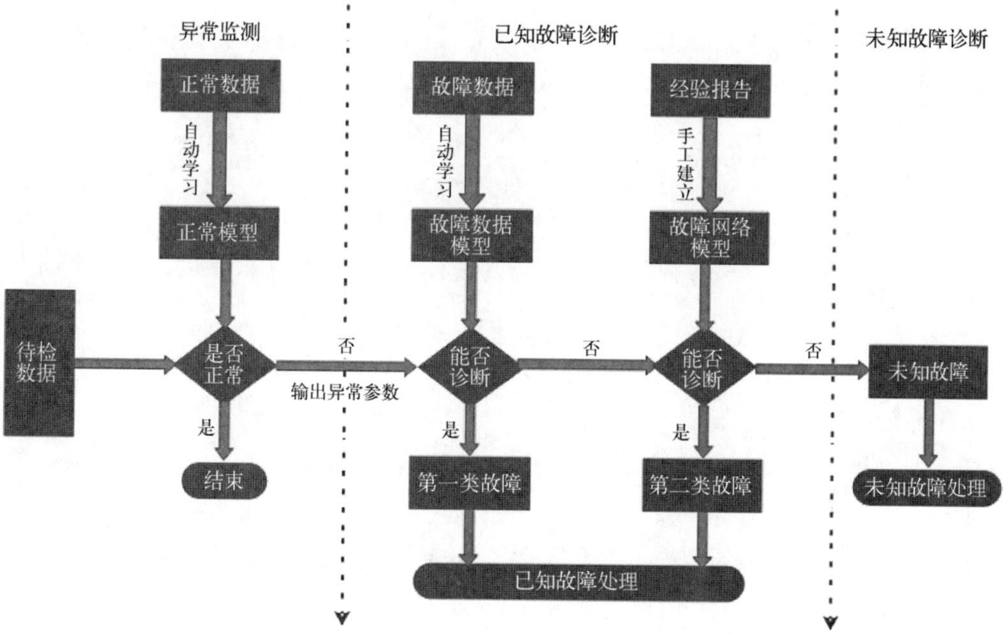

图9.4.3 故障诊断算法流程图

在本框架中，先对某个时刻的遥测数据进行异常检测以识别正常或非正常，如果该时刻是正常的，则对该时刻的监测和诊断结束，取下一个时刻的数据进行验证；如果该时刻是非正常的，则进行诊断检测是否属于第一类故障，如果是则进入已知故障处理过程，如果不是则判断是否属于第二类故障，如果是则同样进入已知故障处理过程，如果仍然不是则说明发生了非预期故障并进入未知故障处理过程。

9.5 本章小结

本章介绍了导航卫星的自主健康管理技术方法以及在工程上的应用。当前，国内的卫星自主健康技术仍多停留在理论研究阶段，在工程中实际应用的较少。本章首先对导航卫星在轨遥测的数据特性以及常见的故障特点进行了分析，然后对几种基于数据驱动的异常检测方法进行了仿真分析，并通过卫星实际发生的故障进行了验证，发现这几种异常检测方法可以在故障早期检测出故障征兆，及时发现未演化为实际故障的问题。另外，本书对常用的故障诊断方法进行了简单介绍，详细介绍了基于 TEAMS 的故障诊断方法，并通过在轨发生的实际故障对 TEAMS - RT 算法进行了验证分析，发现 TEAMS - RT 算法可以较为准确地定位到故障模块，对在轨卫星的故障诊断定位起到积极的作用。最后，本书结合工程实践，提出了一种综合故障诊断框架，以期为导航在轨卫星的自主健康管理提供借鉴。

后　记　AFTERWORD

众所周知，在航天工业的初期，由于器件水平，如工艺、集成度、功能和性能、可靠性等水平较低，传统航天系统和型号总师们，首先在确保任务万无一失的指导下，在设计上会表现出相对保守，在系统层面上，一般会采用天简地繁的设计思路，能在地面实现的功能，绝不在天上做，相对复杂的控制逻辑或过程，必须有地面技术人员协助完成，在重要控制过程中，如变轨过程，人参与判读、决策，起到关键作用。从某种意义上说，相信人犯错的概率远低于机器犯错。在分系统或单机层面，为追求高可靠性等总体指标，大量使用冗余备份等手段，减少单点设计。但在工程设计中，备份切换必然引入单点，实际失效的大多数都是系统单点处，而备份单机启用机会很少。在组件或器件层面上，器件的可靠性主要依靠器件生产后的二筛或补充筛选等质量保证手段。这种靠后天矮中选优的方法，大大增加了成本和研制周期，而且有时也不一定可靠。

近年来，世界航天工业出现快速发展势头，航天任务和活动逐年增多，特别是集成电路技术和新材料、新工艺的快速进步，航天工业的组织模式和国家政策变化，美国的商业航天出现新一波发展势头，航天领域呈现新发展趋势。这种发展势头也带动和刺激了我国商业航天的发展。技术上主要表现为：① 卫星电子学产品集成度越来越高；② 卫星功能综合化，如导通遥等一体化设计；③ 卫星在轨处理能力大大提高，并呈现智能化；④ 卫星组网规模变大，运行管理复杂，自主运行技术势在必行。在组织模式主要表现为：① 设计分层减少，总体与分系统的界面模糊，指标分解优化合理，技术上一体化设计成为趋势；② 由传统的卫星总体、分系统、单机和组件四级分工组织模式，可称为卫星制造 1.0，逐步向卫星总体、组件两级分工组织模式发展，卫星实现批量生产，如美国 StarLink 研制模式，可称为卫星制造 4.0；③ 参与研制卫星的单位数量减少，提高效率、成本大大降低。

在本书中，重点研究了导航卫星星座的自主运行技术，主要包括平台的自主控制技术、自主定轨和自主时间同步技术、载荷设备自主完好性监测技术和卫星自主健康管理技术等。相比之下，平台的自主控制技术相对容易些，随着星上处理能力的提高，早期地面段的任务管理与控制可以逐步在星上实现，以达到信息化、自动化的目的。自主定轨与时间同步技术、自主完好性监测技术的核心方法和算法基本不变，但被处理的数据特性会可能随着不同手段而变化,如星间测距早期采用微波星间链路,近期激光星间链路成为可能,又如天文导航随着部组件技术进步,相应指标也可能提高而成为主要手段之一。相对而言,卫星自主健康管理技术的研究范围非常宽泛,从异常检测、故障诊断和故障恢复,采用的方法主要可以分为两大类,即数据驱动的健康管理技术和基于物理模型的健康管理技术。两类方法区别在于对研究对象先验知识的运用上,前者对研究对象本身可以不予了解,后者则必须对研究对象的物理电路做深入剖析,两种处于研究方法的两端。其实,人们在提出健康管理技术初期,首先想到的是基于物理模型的健康管理方法,但在具体实践中,由于卫星研制处于 1.0 或 2.0 阶段,单机基本有外协单位研制,导致由卫星总体建立物理模型有极大的困难。如今卫星研制进入 4.0 阶段,卫星研制分工有巨大变化,由卫星总体单位建立物理模型成为可能。因此,下阶段的发展方向是建立一套完整的基于物理模型的、自主健康管理的理论和方法,并形成标准,像故障模式的影响分析(failure mode and effect analysis,FEMA)或可靠性设计一样成为卫星设计的一个标准流程,将具有重大意义。基于数据驱动的方法兴起得益于人工智能的发展和星上处理能力的提高。其实质就是从统计数据中,运用数学方法发现异常。其缺陷是缺乏先验知识的运用。因此,在具体实践中,通过研究如何运用数据分析有效建立和使用卫星遥测参数,可以将先验知识引入,同时可以减少海量遥测数据。

卫星或卫星星座自主运行、让航天器更加智能是每个从事航天领域工作者孜孜以求的一个目标,也是人类将来实现太空自由梦想的重要一步。我相信,通过大家的持续努力,实现航天器的完全自主运行会很快到来。

参考文献

REFERENCE

常家超. 2018. 导航卫星自主导航算法误差分析与优化[D]. 上海：中国科学院上海微系统与信息技术研究所.

陈金平，胡小工，唐成盼，等. 2016. 北斗新一代试验卫星星钟及轨道精度初步分析[J]. 中国科学：物理学、力学、天文学，46(11)：119502.

陈俊平，王解先. 2006. GPS 定轨中的太阳辐射压模型[J]. 天文学报，47(3)：310－319.

陈秋丽，陈忠贵，王海红. 2013. 基于导航卫星姿态控制规律的光压摄动建模方法[C]. 第四届中国卫星导航学术年会，武汉.

陈拯民，黄显林，卢鸿谦. 2011. X 射线脉冲星导航中钟差的可观测性问题[J]. 宇航学报，32(6)：1262－1270.

陈智勇. 2013. 小型铷原子频标的时间应用研究[D]. 武汉：中国科学院武汉物理与数学研究所.

程梦飞. 2012. 卫星导航异常信号的模拟与实现[D]. 长沙：国防科学技术大学.

戴冲. 2011. 卫星导航系统空间段仿真关键技术研究[D]. 长沙：国防科学技术大学.

戴伟，焦文海，李维鹏，等. 2009. GPSBlockIIR(M)星载原子钟钟差预报研究[J]. 大地测量与地球动力学，29(4)：111.

杜传利. 2006. 嵌入式 GPS/DR 组合导航系统的硬件设计与实现[D]. 成都：四川大学.

冯磊. 2016. 高精度时间基准生成技术[D]. 上海：中国科学院上海微系统与信息技术研究所.

高玉平，王正明，漆溢. 2004. GPS 共视比对技术在综合原子时中的应用[J]. 时间频率学报，27(2)：81－86.

顾亚楠，陈忠贵，帅平. 2010. 基于 Hadamard 方差的导航星座自主时间同步算法研究[J]. 中国空间科学技术，30(1)：1.

郭海荣. 2006. 导航卫星原子钟时频特性分析理论与方法研究[D]. 郑州：中国人民解放军信息工程大学.

郭吉省. 2013. UTC(NIM)原子时标驾驭研究[D]. 北京：北京工业大学.

郭靖，赵齐乐，李敏，等. 2013. 利用星载 GPS 观测数据确定海洋 2A 卫星 cm 级精密轨道[J]. 武汉大学学报(信息科学版)，38(1)：52－55.

郭熙业，周永彬，杨俊. 2017. 基于导航星间链路的天基高精度时间传递方法[J]. 中国科学：技术科学，47(1)：71－79.

韩春好，刘利，赵金贤. 2009. 伪距测量的概念、定义与精度评估方法[J]. 宇航学报，30(6)：2421－2425.

何雷. 2016. 主备频率产生链路完好性监测试验分析[D]. 西安：中国科学院国家授时中心.
胡小工，黄珹，廖新浩. 2000. 状态转移矩阵的差分算法及其应用[J]. 天文学报，41(2)：113－122.
黄华. 2012. 导航卫星广播星历参数模型及拟合算法研究[D]. 南京：南京大学.
黄凯旋. 2017. 基于 USRP 的实时 GNSS 软件接收机研究[D]. 北京：北京理工大学.
黄学人. 2001. 高稳铷原子频标的参数优化及激光抽运铷原子频标研究[D]. 武汉：中国科学院武汉物理与数学研究所.
季仲梅，杨洪生，王大鸣. 2008. 通信中的同步技术及应用[M]. 北京：清华大学出版社.
金洋. 2013. 基于传递系统模型的在轨卫星故障诊断方法研究[D]. 哈尔滨：哈尔滨工业大学.
锦晓曦. 2016. 北斗接收机测试方法研究[D]. 上海：上海交通大学.
孔令宽. 2009. 基于多信号模型的卫星故障诊断技术研究[D]. 长沙：国防科学技术大学.
孔庆宇，霍景河，王渊. 2015. 基于知识的主流故障诊断技术研究[J]. 兵器装备工程学报，36(9)：60－64.
寇艳红. 2007. GPS 原理与应用[M]. 2 版. 北京：电子工业出版社.
李变. 2005. 我国综合原子时计算软件设计[D]. 西安：中国科学院国家授时中心.
李刚，张丽君，林凌，等. 2009. 利用过采样技术提高 ADC 测量微弱信号时的分辨率[J]. 纳米技术与精密工程，7(1)：75－79.
李国. 2005. 基于过采样技术提高 ADC 分辨率的研究与实现[J]. 计算机工程，31(S1)：244－245，248.
李济生. 1995. 人造卫星精密轨道确定[M]. 北京：解放军出版社.
李理敏. 2011. 导航星座星间精密测距技术研究[D]. 上海：中国科学院上海微系统与信息技术研究所.
李献斌，王跃科，陈建云. 2014a. 基于星历辅助的导航星座星间链路捕获初始信息求解算法[J]. 国防科技大学学报，36(2)：87－92.
李献斌，王跃科，陈建云. 2014b. 导航星座星间链路信号捕获搜索策略研究[J]. 宇航学报，35(8)：946－952.
李孝辉. 2010. 时间频率信号的精密测量[M]. 北京：科学出版社.
林益明，何善宝，郑晋军，等. 2010. 全球导航星座星间链路技术发展建议[J]. 航天器工程，19(6)：1－7.
刘劲. 2011. 基于 X 射线脉冲星的航天器自主导航方法研究[D]. 武汉：华中科技大学.
刘垒，张路，郑辛，等. 2007. 星敏感器技术研究现状及发展趋势[J]. 红外与激光工程，(S2)：529－533.
刘丽丽，王跃科，陈建云，等. 2015. 导航星座自主时间基准的相对论效应[J]. 宇航学报，36(4)：470－476.
刘林. 2000. 航天器轨道理论[M]. 北京：国防工业出版社.
刘林，张强，廖新浩. 1998. 人卫精密定轨中的算法问题[J]. 中国科学院，28(9)：848－856.
刘若辰，杜海峰，焦李成. 2004. 一种免疫单克隆策略算法[J]. 电子学报，(11)：121－125.
刘文祥. 2011. 卫星导航系统高精度处理与完好性监测技术研究[D]. 长沙：国防科学技术大学.
刘宇宏，田瑞甫，徐亮，等. 2010. GNSS 完好性监测与评估技术研究[C]. 第一届中国卫星导航学术年会，北京.
柳玉，贲可荣. 2011. 案例推理的故障诊断技术研究综述[J]. 计算机科学与探索，5(10)：865－879.
卢珍珠，李征航，刘万科，等. 2006. 导航卫星星座整体旋转的检测与校正[J]. 宇航学报，27(6)：1397－1400.

吕振铎,雷拥军. 2013. 卫星姿态测量与确定[M]. 北京: 国防工业出版社.

罗明亮,钱龙军,王军. 2012. 基于伪卫星组网系统的定位精度研究[J]. 火力与指挥控制,37(7):196-199.

马剑波,徐劲,曹志斌. 2005. 一种利用星敏感器的卫星自主定轨方法[J]. 中国科学G辑: 物理学、力学、天文学,(2):213-224.

毛悦. 2009. X射线脉冲星导航算法研究[D]. 郑州: 中国人民解放军信息工程大学.

毛悦,宋小勇,贾小林,等. 2013. 星间链路观测数据归化方法研究[J]. 武汉大学学报(信息科学版),38(10):1201-1206.

潘军洋,胡小工,唐成盼,等. 2017. 北斗新一代卫星时分体制星间链路测量的系统误差标定[J]. 科学通报,62(23):2671-2679.

秦永元,张洪钺,汪叔华. 2015. 卡尔曼滤波与组合导航原理[M]. 3版. 西安: 西北工业大学出版社.

任亚飞,柯熙政. 2006. GPS定位误差中对流层延迟的分析[J]. 西安理工大学学报,22(4):407-410.

尚琳,任前义,张锐,等. 2013. 利用锚固站时序差分测量消除星座旋转误差[J]. 武汉大学学报(信息科学版),38(8):920-924.

石玉磊. 2013. 卫星导航系统星间组网关键技术研究[D]. 长沙: 国防科学技术大学.

帅平,曲广吉,陈忠贵. 2006. 导航星座自主导航技术研究[J]. 中国工程科学,8(3):22-30.

宋小勇. 2009. COMPASS导航卫星定轨研究[D]. 西安: 长安大学.

宋小勇,毛悦,贾小林,等. 2010. 基于星间测距的分布式自主星历更新算法[J]. 武汉大学学报(信息科学版),35(10):1161-1164.

孙兵锋. 2014. 小型化铷原子频标电子学系统和整机设计技术研究[D]. 武汉: 中国科学院武汉物理与数学研究所.

孙波,李计钢,罗文强. 2012. 基于联邦Kalman技术综合提取滑坡监测信息[J]. 长江科学院院报,29(9):39-41.

孙守明,郑伟,汤国建. 2011. 利用X射线脉冲星进行同步定位/授时的可观性分析[J]. 武汉大学学报(信息科学版),36(9):1068-1072.

唐成盼,胡小工,周善石,等. 2017. 利用星间双向测距数据进行北斗卫星集中式自主定轨的初步结果分析[J]. 中国科学: 物理学、力学、天文学,47(2):029501.

滕云万里,王跃科,陈建云,等. 2014. 星间链路建链指向算法研究与性能验证[J]. 仪器仪表学报,35(S2):96-100.

王海红,陈忠贵,初海彬,等. 2012. 导航卫星星载自主轨道预报技术[J]. 宇航学报,33(8):1019-1026.

王海红,刘林,程昊文. 2010. 卫星干扰源定位系统中星历校正技术[J]. 电波科学学报,25(5):905-912.

王家松,祝开建,胡小工. 2012. 卫星轨道——模型、方法和应用[M]. 北京: 国防工业出版社.

王建富,吴金海,钮俊清,等. 2017. 一种雷达卫星标校中的野值剔除方法[J]. 舰船电子对抗,40(3):54-57.

文援兰,廖瑛,梁加红,等. 2009. 卫星导航系统分析与仿真技术[M]. 北京: 中国宇航出版社.

吴海涛,李孝辉,卢晓春,等. 2011. 卫星导航系统时间基础[M]. 北京: 科学出版社.

伍贻威. 2011. 卫星导航系统时间尺度的研究与应用[D]. 长沙: 国防科学技术大学.

谢钢. 2009. GPS原理与接收机设计[M]. 北京: 电子工业出版社.

谢钢. 2013. 全球导航卫星系统原理——GPS、格洛纳斯和伽利略系统[M]. 北京：电子工业出版社.

徐步云，杨晓君，侯维君，等. 2016. 基于M估计的抗野值单站无源定位方法[J]. 雷达科学与技术，14(6)：599－604.

许其凤. 2014. 认识北斗　建设北斗[J]. 中国工程科学，16(8)：26－32.

杨杰辉. 2005. 小型化铷原子频率标准相关电路的研究与设计[D]. 武汉：中国科学院研究生院(武汉物理与数学研究所).

杨莉，尚勇，周跃峰，等. 2000. 基于概率推理和模糊数学的变压器综合故障诊断模型[J]. 中国电机工程学报，20(7)：19－23.

杨鹏. 2008. 基于相关性模型的诊断策略优化设计技术[D]. 长沙：国防科学技术大学.

杨琼，李国通，冷佳醒，等. 2018. 基于增量聚类的卫星异常遥测监测方法[J]. 电子设计工程，26(19)：6－10，15.

杨天社，杨开忠，李怀祖. 2003. 基于知识的卫星故障诊断与预测方法[J]. 中国工程科学，5(6)：63－67.

杨廷高，南仁东，金乘进，等. 2007. 脉冲星在空间飞行器定位中的应用[J]. 天文学进展，25(3)：249－261.

杨阳，张素琴，戴桂兰. 2007. 北斗双星定位系统上的基于联邦Kalman滤波的组合导航技术[J]. 计算机科学，34(3)：110－113.

叶迎晖，卢光跃. 2016. 采用相关系数和拟合优度的频谱盲检测[J]. 信号处理，32(11)：1363－1368.

叶中付. 2009. 统计信号处理[M]. 合肥：中国科学技术大学出版社.

殷海涛. 基于参考站网络的区域对流层4D建模理论、方法及引用研究[D]. 成都：西南交通大学. 2006.

于光平，张昕. 2006. 过采样方法与提高ADC分辨率的研究[J]. 沈阳工业大学学报，28(2)：137－139.

袁海波. 2005. UTC(NTSC)监控方法研究与软件设计[D]. 西安：中国科学院研究生院(国家授时中心).

曾旭平. 2004. 导航卫星自主定轨研究及模拟结果[D]. 武汉：武汉大学.

翟造成，张为群，蔡勇，等. 2009. 原子钟基本原理与时频测量技术[M]. 上海：上海科学技术文献出版社.

张昆，陶建锋，李一立. 2016. 基于粒子滤波的目标跟踪抗野值算法[J]. 火力与指挥控制，41(9)：98－102.

张首刚. 2009. 新型原子钟发展现状[J]. 时间频率学报，32(2)：81－91.

章仁为. 1998. 卫星轨道姿态动力学与控制[M]. 北京：北京航空航天大学出版社.

郑继禹. 2012. 锁相技术[M]. 2版. 西安：西安电子科技大学出版社.

中国卫星导航系统管理办公室. 北斗导航系统空间信号接口控制文件公开服务信号B1C[M]. 北京空间科技信息研究所，2017.

周志华. 2016. 机器学习[M]. 北京：清华大学出版社.

朱俊. 2011. 基于星间链路的导航卫星轨道确定及时间同步方法研究[D]. 长沙：国防科学技术大学.

Abusali P M, Tapley B D, Schutz B E. 1998. Autonomous navigation of global positioning system satellites using cross-link measurements[J]. Journal of Guidance Control & Dynamics, 21(2): 321－327.

Adhya S. 2005. Thermal re-radiation modelling for the precise prediction and determination of spacecraft orbits [D]. London: University College London.

Allan D W, Weiss M A, Jespersen J L. 1991. A frequency-domain view of time-domain characterization of clocks and time and frequency distribution systems[C]. Proceedings of the 45th Annual Symposium on

Frequency Control 1991. Los Angeles: IEEE: 667 – 678.

Ananda M P, Bernstein H, Cunningham K E, et al. 1990. Global Positioning System (GPS) autonomous navigation[C]. Position location and navigation symposium. Las Vegas: IEEE: 497 – 508.

Barnes J A, Chi A R, Cutler L S, et al. 1971. Characterization of frequency stability[J]. IEEE Transactions on Instrumentation and Measurement, IM, 20(2): 105 – 120.

Boehm J, Heinkelmann R, Schuh H. 2007. A global model of pressure and temperature for geodetic applications[J]. Journal of Geodesy, 81(10): 679 – 683.

Burgoon R, Fischer M C. 1978. Conversion between time and frequency domain of intersection points of slopes of various noise processes[C]. 32nd Annual Symposium on Frequency Control. Atlantic City: IEEE: 514 – 519.

Chi A R. 1978. The mechanics of translation of frequency stability measures between frequency and time domain measurements[C]. Available. United States: 523.

Codik A. 1985. Autonomous navigation of gPS Satellites: a challenge for the future[J]. Navigation, 32(3): 221 – 232.

Dach R, Böhm J, Lutz S, et al. 2011. Evaluation of the impact of atmospheric pressure loading modeling on GNSS data analysis[J]. Journal of Geodesy, 85(2): 75 – 91.

Dong D. 2012. Mine gas emission prediction based on gaussian process model[J]. Procedia Engineering, 45: 334 – 338.

Eissfeller B, Zink T, Wolf R, et al. 2000. Autonomous satellite state determination by use of two-directional links[J]. International Journal of Satellite Communications & Networking, 18(5): 325 – 346.

Esnault F, Perrin S, Holleville D, et al. 2008. Reaching a few 10 – 13 τ – 1/2 stability level with the compact cold atom clock HORACE[C]. 2008 IEEE International Frequency Control Symposium. Honolulu: IEEE: 381 – 385.

Felbach D, Heimbuerger D, Herre P, et al. 2003. Galileo payload 10.23 MHz master clock generation with a clock monitoring and control unit (CMCU)[C]. IEEE International Frequency Control Symposium and PDA Exhibition Jointly with the 17th European Frequency and Time Forum, 2003. Proceedings of the 2003. Tampa: IEEE: 583 – 586.

Felbach D, Soualle F, Stopfkuchen L, et al. 2010a. Future concepts for on-board timing subsystems for navigation satellites[C]. EFTF – 2010 24th European Frequency and Time Forum. Noordwijk: IEEE: 1 – 7.

Felbach D, Soualle F, Stopfkuchen L, et al. 2010b. Clock monitoring and control units for navigation satellites [C]. 2010 IEEE International Frequency Control Symposium. Newport Beach: IEEE: 474 – 479.

Fernández F A. 2011. Inter-satellite ranging and inter-satellite communication links for enhancing GNSS satellite broadcast navigation data[J]. Advances in Space Research, 47(5): 786 – 801.

Galleani L, Tavella P. 2009a. Fast computation of the dynamic Allan variance[C]. 2009 IEEE International Frequency Control Symposium Joint with the 22nd European Frequency and Time forum. Besancon: IEEE: 685 – 687.

Galleani L, Tavella P. 2009b. The dynamic Allan variance [J]. IEEE transactions on ultrasonics, ferroelectrics, and frequency control, 56(3): 450 – 464.

Galleani L, Tavella P. 2007. Interpretation of the dynamic Allan variance of nonstationary clock data[C]. 2007 IEEE International Frequency Control Symposium Joint with the 21st European Frequency and Time Forum. Geneva: IEEE: 992 - 997.

Galleani L, Tavella P. 2003. The characterization of clock behavior with the dynamic Allan variance[C]. IEEE International Frequency Control Symposium and PDA Exhibition Jointly with the 17th European Frequency and Time Forum, 2003. Proceedings of the 2003. Tampa: IEEE: 239 - 244.

Galleani L, Tavella P. 2015. The dynamic Allan variance IV: characterization of atomic clock anomalies[J]. IEEE transactions on ultrasonics, ferroelectrics, and frequency control, 62(5): 791 - 801.

Galleani L, Tavella P. 2010. Time and the Kalman filter[J]. IEEE control systems magazine, 30(2): 44 - 65.

Galleani L, Tavella P. 2005. Tracking nonstationarities in clock noises using the dynamic Allan variance[C]. Proceedings of the 2005 IEEE International Frequency Control Symposium and Exposition, 2005. Vancouver: IEEE: 392 - 396.

Galleani L. 2009. The dynamic Allan variance II: A fast computational algorithm[J]. IEEE Transactions on Ultrasonics, Ferroelectrics, and Frequency Control, 57(1): 182 - 188.

Galleani L. 2011. The dynamic Allan variance III: confidence and detection surfaces[J]. IEEE Transactions on Ultrasonics, Ferroelectrics, and Frequency Control, 58(8): 1550 - 1558.

Gray J E, Allan D W. 1974. A method for estimating the frequency stability of an individual oscillator[C]. 28th Annual Symposium on Frequency Control. Atlantic City: IEEE: 243 - 246.

Greenhall C A. 1997. A frequency-drift estimator and its removal from modified Allan variance[C]. Proceedings of International Frequency Control Symposium. Orlando: IEEE: 428 - 432.

Groslambert J, Fest D, Olivier M, et al. 1981. Characterization of frequency fluctuations by crosscorrelations and by using three or more oscillators[C]. Thirty Fifth Annual Frequency Control Symposium. Philadelphia: IEEE: 458 - 463.

Hammesfahr J, Hornbostel A, Hahn J, et al. 1999. Usage of two-directional link techniques for determination of satellite state for GNSS - 2[C]. ION National Technical Meeting. San Diego: 531 - 540.

Hećimović Ž. 2013. Relativistic effects on satellite navigation[J]. Tehnicki Vjesnik, 20(1): 195 - 203.

Iverson D L. 2008. Data mining applications for space mission operations system health monitoring[C]. SpaceOps 2008 Conference. Heidelberg.

Iverson D L. 2004. Inductive system health monitoring[C]. International Conference on Artificial Intelligence. Las Vegas.

Iverson D L, Martin R, Schwabacher M, et al. 2012. General purpose data-driven monitoring for space operations[J]. Journal of Aerospace Computing Information and Communication, 9(2): 26 - 44.

Kumar U M, Sasamal S K, Swain D, et al. 2015. Intercomparison of geophysical parameters from SARAL/AltiKa and Jason - 2 altimeters[J]. IEEE Journal of Selected Topics in Applied Earth Observations & Remote Sensing, 8(10): 4863 - 4870.

Levi F, Calosso C, Godone A, et al. 2013. Pulsed optically pumped Rb clock: a high stability vapor cell frequency standard[C]. 2013 Joint European Frequency and Time Forum & International Frequency Control

Symposium(EFTF/IFC). Prague: IEEE: 599 - 605.

Liu L, Zhang Q, Liao X H. 1999. Problem of algorithm in precision orbit determination[J]. Science in China, 42(5): 552 - 560.

Logachev V, Pashev G. 1996. Estimation of linear frequency drift coefficient of frequency standards[C]. Proceedings of 1996 IEEE International Frequency Control Symposium. Honolulu: IEEE: 960 - 963.

Luba O, Boyd L, Gower A, et al. 2005. GPS III system operations concepts[J]. IEEE Aerospace & Electronic Systems Magazine, 20(1): 380 - 388.

Maine K, Anderson P, Bayuk F. 2004. Communication architecture for GPS III[C]. Aerospace Conference Proceedings. Big Sky: IEEE: 1532 - 1539.

Mark S, Robert W. 2008. Pre-launch diagnostics for launch vehicles[C]. Aerospace Conference Proceedings. Big Sky: IEEE: 1 - 8.

Menn M D, Bernstein H. 1994. Ephemeris observability issues in the global positioning system (GPS) autonomous navigation(AUTONAV)[C]. Position Location and Navigation Symposium, 1994. Las Vegas: IEEE, 677 - 680.

Micalizio S, Godone A, Calosso C, et al. 2012. Pulsed optically pumped rubidium clock with high frequency-stability performance[J]. IEEE Transactions on Ultrasonics, Ferroelectrics, and Frequency Control, 59(3): 457 - 462.

Micalizio S, Godone A, Levi F, et al. 2015. The pulsed optically pumped Rb frequency standard: a proposal for a space atomic clock[C]. 2015 IEEE Metrology for Aerospace(MetroAeroSpace). Benevento: IEEE: 384 - 388.

Nadeau C, Bengio Y. 2003. Inference for the generalization error[J]. Machine Learning, 52(3): 239 - 281.

Oppenheim A V. 1999. Discrete-Time Signal Processing[M]. New York: Pearson Education India.

Oppenheim A V, Willsky A S, Nawab S H. 2001. Signal and System[M]. 2ed. Upper Saddle River: Prentice Hall Press.

Pang J, Liu D, Peng Y, et al. 2017. Anomaly detection based on uncertainty fusion for univariate monitoring series[J]. Measurement, 95: 280 - 292.

Parkinson B W, Spilker J J, Axelrad P, et al. 1996. Global Positioning System: Theory and Applications, Volume I[M]. USA: American Institute of Aeronautics and Astronautics.

Rajan J A, Brodie P, Rawicz H. 2003b. Modernizing GPS autonomous navigation with anchor capability[C]. Proceedings of International Technical Meeting of the Satellite Division of the Institute of Navigation. Portland: 1534 - 1542.

Rajan J A. 2002. Highlights of GPS II-R autonomous navigation[C]. Proceedings of the 58th Annual Meeting of The Institute of Navigation and CIGTF 21st Guidance Test Symposium. Albuquerque: 354 - 363.

Rajan J A, Orr M, Wang P. 2003a. On orbit validation of GPS IIR autonomous navigation[C]. Proceedings of the 59th Annual Meeting of The Institute of Navigation and CIGTF 22nd Guidance Test Symposium. Albuquerque: 411 - 419.

Reshef D N, Reshef Y A, Finucane H K, et al. 2011. Detecting novel associations in large data sets[J]. Science, 334(6062): 1518 - 1524.

Riley W. 2003. Techniques for frequency stability analysis [C]. IEEE international frequency control symposium, Tampa: 1065.

Rossetto N, Esnault F, Holleville D, et al. 2011. Dick effect and cavity pulling on HORACE compact cold atom clock [C]. 2011 Joint Conference of the IEEE International Frequency Control and the European Frequency and Time Forum(FCS) Proceedings. San Francisco: IEEE: 1 - 4.

Sesia I, Galleani L, Tavella P. 2007. Implementation of the dynamic Allan variance for the galileo system test bed V2[C]. 2007 IEEE International Frequency Control Symposium Joint with the 21st European Frequency and Time Forum. Geneva: IEEE: 946 - 949.

Shang L, Liu G H, Zhang R, et al. 2003. An information fusion algorithm for integrated autonomous orbit determination of navigation satellites[J]. Acta Astronautica, 85: 33 - 40.

Sheikh S I. 2005. The use of variable celestial X-ray sources for spacecraft navigation [D]. Maryland: University of Maryland, College Park.

Sánchez M, Pulido J A, Space D, et al. 2008. The ESA "GNSS+" Project: Inter-satellite ranging and communication links in the frame of the GNSS infrastructure evolutions [C]. Proceedings of International Technical Meeting of the Satellite Division of the Institute of Navigation. Savannah: 2538 - 2546.

Sojdr L, Cermak J, Barillet R. 2004. Optimization of dual-mixer time-difference multiplier[C]. 2004 18th European Frequency and Time Forum. Guildford: 588 - 594.

Tang C P, Hu X G, Zhou S S, et al. 2016. Improvement of orbit determination accuracy for beidou navigation satellite system with two-way satellite time frequency transfer[J]. Advances in Space Research, 58(7): 1390 - 1400.

Tavella P, Thomas C. 1991. Comparative study of time scale algorithms[J]. Metrologia, 28(2): 57 - 63.

Tinin M, Konetskaya E V. 2014. Eliminating the second-order ionospheric error in dual-frequency global navigation satellite systems[J]. Journal of Atmospheric and Solar-Terrestrial Physics, 107(1): 99 - 103.

Tregoning P, Herring T A. 2006. Impact of a priori zenith hydrostatic delay errors on GPS estimates of station heights and zenith total delays[J]. Geophysical Research Letters, 33(23): L23303.

Venkatasubramanian V, Rengaswamy R, Kavuri S. 2003. A review of process fault detection and diagnosis: Part II: Qualitative models and search strategies[J]. Computers Chemical Engineering, 27(3): 293 - 311.

Vigue Y, Schutz R E, Abusali Pa M. 1993. Improved thermal force modeling for GPS satellites [J]. Telecommunications & Data Acquisition Progress Report, 115: 32 - 41.

Wang H H, Chen Z G, Zheng J J, et al. 2011. A new algorithm for onboard autonomous orbit determination of navigation satellites[J]. Journal of Navigation, 64(S1): S162 - S179.

Wang M M, Li B F. 2016. Evaluation of empirical tropospheric models using satellite-tracking tropospheric wet delays with water vapor radiometer at Tongji, China[J]. Sensors, 16(2): 186.

Wei G. 1997. Estimations of frequency and its drift rate [J]. IEEE Transactions on Instrumentation and Measurement, 46(1): 79 - 82.

Weiss M A, Hackman C. 1993. Confidence on the three-point estimator of frequency drift [C]. The 24th Annual Precise Time and Time Interval (PTTI) Applications and Planning Meeting. United States: NATIONAL INST OF STANDARDS AND TECHNOLOGY BOULDER CO TIME AND FREQUENCY DIV:

451 - 460.

Wolf R. 2000. Satellite orbit and ephemeris determination using inter satellite links[D]. Neubiberg: University RAF Munich.

Wu A. 2007. Evaluation of GPS Block IIR time keeping system for integrity monitoring[C]. Proceedings of the 39th Annual Precise Time and Time Interval Meeting. Long Beach: AEROSPACE CORP EL SEGUNDO CA: 351 - 362.

Xu Y, Chang Q, Yu Z J. 2011a. On new measurement and communication techniques of GNSS inter-satellite links[J]. Science China Technological Sciences, 55(1): 285 - 294.

Xu Y, Chang Q, Yu Z J. 2011b. A Scheme for GNSS ISL ranging and time synchronization under a new time division duplex mode[J]. IEICE Transactions on Communications, E94 - B(12): 3627 - 3630.

Yanagimachi S, Takamizawa A, Tanabe T, et al. 2013. Dual-mixer time-difference measurement system using discrete fourier transformation [C]. 2013 Joint European Frequency and Time Forum & International Frequency Control Symposium(EFTF/IFC). Prague: IEEE: 310 - 313.

Yi H, Xu B, Gao Y T, et al. 2011. Long-term semi-autonomous orbit determination supported by a few ground stations for navigation constellation[J]. Science China Physics, Mechanics and Astronomy, 54(7): 1342 - 1353.

Zhang D, Guo J M, Chen M, et al. 2016. Quantitative assessment of meteorological and tropospheric zenith hydrostatic delay models[J]. Advances in Space Research, 58(6): 1033 - 1043.

Zhong S S, Hui L, Lin L, et al. 2016. An improved correlation-based anomaly detection approach for condition monitoring data of industrial equipment[C]. 2016 IEEE International Conference on Prognostics and Health Management (ICPHM). Ottawa, IEEE: 1 - 5.

Zhou S S, Hu X G, Wu B. 2010. Orbit determination and prediction accuracy analysis for a regional tracking network[J]. Science China Physics, Mechanics and Astronomy, 53(6): 1130 - 1138.